“十四五”普通高等教育系列教材

“十三五”江苏省高等学校重点教材（2019-1-076）

Mechanism and Machine Theory

机械原理

（第三版）

主　编　申屠留芳

副主编　席平原　桂　艳

编　写　李贵三　杨　平

　　　　魏　伟　王　衍

中国电力出版社
CHINA ELECTRIC POWER PRESS

内 容 提 要

本书为"十四五"普通高等教育系列教材,"十三五"江苏省高等学校重点教材。

本书分四篇共 13 章,第一篇为平面低副机构的分析与设计,包括机构的结构分析、平面连杆机构的分析和设计、其他低副机构;第二篇为平面高副机构的分析与设计,包括凸轮机构及其设计、齿轮机构啮合传动与设计、轮系及其设计、其他高副机构;第三篇为机构动力学基础,包括平面机构的运动分析、运动副中的摩擦和机械效率、平面机构的动态静力分析、机械的平衡、机械的运转及其速度波动的调节;第四篇为机构设计的创新方法,包括机械创新设计基础。每章包括学习要点、复习思考题、习题及本章知识点。附录为习题参考答案及解析法求解程序。

本书内容通俗易懂,使学生对机械原理基本理论的实质有所了解,在掌握和运用基本理论和方法的过程中,能够超越课程的界限去思考和研究问题。

本书可作为普通高等院校机械类本科机械原理课程的教材,还可作为机械类专业课、专业选修课、毕业设计等教学环节的参考教材。

图书在版编目(CIP)数据

机械原理/申屠留芳主编 .—3 版 .—北京:中国电力出版社,2021.12(2022.12 重印)

"十四五"普通高等教育系列教材

ISBN 978 - 7 - 5198 - 6293 - 0

Ⅰ. ①机… Ⅱ. ①申… Ⅲ. 机构学－高等学校－教材 Ⅳ. ①TH111

中国版本图书馆 CIP 数据核字(2021)第 253169 号

出版发行:中国电力出版社

地　　址:北京市东城区北京站西街 19 号(邮政编码 100005)

网　　址:http://www.cepp.sgcc.com.cn

责任编辑:冯宁宁(010-63412537)

责任校对:黄　蓓　郝军燕

装帧设计:赵姗姗

责任印制:吴　迪

印　　刷:望都天宇星书刊印刷有限公司

版　　次:2010 年 2 月第一版　2016 年 6 月第二版　2021 年 12 月第三版

印　　次:2022 年 12 月北京第六次印刷

开　　本:787 毫米×1092 毫米　16 开本

印　　张:21.25

字　　数:485 千字

定　　价:55.00 元

前　言

本书是以教育部本科教材指导委员会 2015 年颁布的机械原理课程的"教学基本要求"为依据编写的，参考了课程指导委员会最近提出的"机械原理课程教学改革建议"，同时，吸收了编者多年来在教学改革中的成果及学科发展的新动向，着重从培养学生创新思维能力、开发创造能力入手，适当扩充了相关内容，以期在培养具有创新能力的人才方面发挥一定的作用。

本书以增加逻辑层次、明晰内容体系、培养创新能力为主线，将内容分四篇，各篇独立设章，共 13 章。第一篇为平面低副机构的分析与设计，第二篇为平面高副机构的分析与设计，第三篇为机构动力学基础，第四篇为机构设计的创新方法。本书主要以平面机构为研究对象，阐述其基本设计原理，尽量通俗易懂，使学生对机械原理基本理论的实质有所了解，在掌握和运用基本理论和方法的过程中，能够超越课程的界限去思考和研究问题。

本书内容适于对学时和内容要求不同的各机械（近机械）类专业的学生，具有以下几个方面的特色：

（1）全书以产品实现全过程（市场调研→任务提出→方案设计→创新思想萌生与创造技术应用→运动学性能分析→动力学性能分析→工作能力设计→结构设计→产品进入市场→用户→产品报废、回收）中所用机械原理的基础理论和解决工程实际问题的一系列机构学的方法、技术为依据来考虑教材内容的取舍，对学生今后学习起到一个较好的衔接作用。

（2）本教材作者制作了与教材配套的辅助教学资源，如微课、动画、视频等数字资源，学生可以手机扫描二维码打开动画，来展现各类常用机构的类型和运动规律过程，从而克服由于教材中静态图形不利于理解各类机构的运动形式的缺点，通过各类机构的运动仿真动画过程增强学生的感性认识，更有利于学生理解各类机构的运动特点和设计方法，也提高了学生对本门课程的学习兴趣。

（3）为了突出提高创新能力问题，专门在最后单列一章，介绍了创新思维、原理、方法和技术，并用实例说明如何创造性地运用已学基本理论解决实际工程问题的基本方法，既强调对基本理论的掌握，更强调如何运用基本理论创造性解决问题的能力，以利于增强学生的基本素质和提高创新能力。也为学生进一步的学习和机构的创新发明提供必要的理论基础。

（4）为了突出提高创新能力问题，在修订版教材中补充了 Simulink 软件中 SimMechanics 组件在平面机构运动分析中的应用，建立了平面连杆机构、凸轮机构和齿轮机构的仿真模型，方便学生利用一系列关联模块来表示平面机构系统，使用 SimMechanics 中的图形界面建立机械多体动力学系统的模型并进行仿真，可以用 Virtual Reality 工具箱或是 MATLAB 图形方式生成系统三维动画，从而培养学生掌握现代设计软件解决工程实际问题的能力，扩展学生的实践创新能力。

教材中打"＊"的章节为选学内容。

本书由江苏海洋大学老师编写，申屠留芳担任主编，席平原、桂艳担任副主编，李贵

三、杨平、魏伟、王衍参编。申屠留芳编写绪论部分内容、第1章、第4章、第9章、第13章部分内容及第2章部分内容，席平原编写第2章部分内容及第8章部分内容，桂艳编写第3章、第6章、第7章，李贵三编写绪论部分内容、第5章部分内容及第12章，杨平编写第10章、第13章部分内容及第8章部分内容，魏伟编写第11章，王衍编写第5章部分内容。

本书在编写过程中得到了江苏海洋大学领导及教材委员会的支持，得到省内外兄弟院校同行专家的支持，得到"江苏海洋大学机械设计制造及其自动化国家一流专业建设点"支持，冯江教授精心审阅了全书，并提出了许多宝贵的修改意见。此外，本书在编写过程中还广泛吸取了国内众多专家学者的研究成果，在此一并致谢。

限于作者水平，加之时间所限，书中难免存在疏漏之处，敬请广大读者批评指正。

编者

2021 年 6 月

目　　录

前言

绪论 ……………………………………………………………………………………… 1

　0.1　机械原理的研究对象 ……………………………………………………………… 1

　0.2　机械原理课程的主要内容 ………………………………………………………… 3

　0.3　机械原理在教学计划中的地位 …………………………………………………… 4

　0.4　机械原理课程的学习方法 ………………………………………………………… 5

　复习思考题 ……………………………………………………………………………… 5

第一篇　平面低副机构的分析与设计

第1章　机构的结构分析 ……………………………………………………………… 6

　1.1　研究机构结构分析的内容和目的 ………………………………………………… 6

　1.2　机构的组成 ………………………………………………………………………… 6

　1.3　机构运动简图的绘制 ……………………………………………………………… 10

　1.4　机构自由度的计算 ………………………………………………………………… 14

　1.5　平面机构的组成原理及结构分析 ………………………………………………… 19

　复习思考题 ……………………………………………………………………………… 24

　习题 ……………………………………………………………………………………… 25

　本章知识点 ……………………………………………………………………………… 27

第2章　平面连杆机构的分析和设计 ………………………………………………… 28

　2.1　概述 …………………………………………………………………………………… 28

　2.2　平面四杆机构的基本类型及其演化 ……………………………………………… 29

　2.3　平面四杆机构的基本知识 ………………………………………………………… 36

　2.4　平面四杆机构的图解法设计 ……………………………………………………… 43

　2.5　平面四杆机构的解析法设计 ……………………………………………………… 49

　2.6　解析法设计四杆机构 MATLAB 求解实例 ……………………………………… 54

　复习思考题 ……………………………………………………………………………… 56

　习题 ……………………………………………………………………………………… 57

　本章知识点 ……………………………………………………………………………… 60

第3章　其他低副机构 ………………………………………………………………… 61

　3.1　概述 …………………………………………………………………………………… 61

　3.2　万向联轴节 ………………………………………………………………………… 61

　3.3　螺旋机构 …………………………………………………………………………… 63

　复习思考题 ……………………………………………………………………………… 66

习题 ·· 67

本章知识点 ·· 67

第二篇　平面高副机构的分析与设计

第4章　凸轮机构及其设计 ··· 68

4.1　概述 ·· 68

4.2　从动件的运动规律 ·· 72

4.3　凸轮轮廓曲线的设计 ·· 81

4.4　凸轮机构基本参数的确定 ··· 91

4.5　凸轮机构从动件的设计 ·· 93

*4.6　空间凸轮机构简介 ·· 97

复习思考题 ·· 98

习题 ·· 99

本章知识点 ··· 102

第5章　齿轮机构啮合传动与设计 ·· 103

5.1　齿轮机构的应用与分类 ·· 103

5.2　齿廓啮合的基本定律 ··· 104

5.3　渐开线与渐开线齿廓 ··· 105

5.4　渐开线标准直齿圆柱齿轮的基本参数与基本尺寸计算 ··········· 108

5.5　渐开线直齿圆柱齿轮啮合传动的分析 ····································· 111

5.6　齿轮齿条啮合及渐开线齿廓的范成法加工 ····························· 118

5.7　渐开线标准直齿圆柱齿轮的根切现象与最少齿数 ··················· 122

5.8　渐开线直齿圆柱齿轮的变位修正与变位齿轮 ·························· 124

5.9　变位齿轮的几何尺寸计算 ··· 126

5.10　变位齿轮传动的啮合特点 ··· 128

*5.11　圆柱直齿轮的传动类型 ··· 130

*5.12　变位系数的选择与分配原则 ··· 132

*5.13　渐开线圆柱直齿轮的检验 ··· 132

5.14　斜齿圆柱齿轮传动机构 ··· 134

*5.15　螺旋圆柱齿轮传动机构 ··· 142

5.16　蜗轮蜗杆传动机构 ··· 144

5.17　圆锥齿轮传动机构 ··· 149

复习思考题 ·· 153

习题 ·· 154

本章知识点 ··· 156

第6章　轮系及其设计 ··· 158

6.1　概述 ··· 158

6.2　定轴轮系的传动比 ·· 160

6.3　周转轮系的传动比 ·· 161

6.4 复合轮系的传动比 ··· 164

6.5 轮系的功用 ·· 166

6.6 行星轮系各轮齿数的确定 ·· 169

*6.7 行星轮系的效率 ·· 170

*6.8 其他新型行星齿轮传动简介 ·· 172

复习思考题 ··· 174

习题 ·· 174

本章知识点 ··· 177

*第7章 其他高副机构 ··· 178

7.1 概述 ··· 178

7.2 棘轮机构 ·· 178

7.3 槽轮机构 ·· 181

7.4 不完全齿轮机构 ·· 183

7.5 凸轮式间歇运动机构 ··· 184

复习思考题 ··· 185

习题 ·· 185

本章知识点 ··· 186

第三篇 机构动力学基础

第8章 平面机构的运动分析 ·· 187

8.1 概述 ··· 187

8.2 用速度瞬心法进行机构的速度分析 ·· 187

8.3 用相对运动图解法进行机构的运动分析 ·································· 193

8.4 机构运动分析的解析法 ··· 203

8.5 SimMechanics在机构运动学仿真中的应用 ····························· 205

复习思考题 ··· 216

习题 ·· 216

本章知识点 ··· 219

*第9章 运动副中的摩擦和机械效率 ··· 220

9.1 概述 ··· 220

9.2 移动副中的摩擦 ·· 220

9.3 螺旋副中的摩擦 ·· 223

9.4 转动副中的摩擦 ·· 224

9.5 机械的效率 ·· 227

复习思考题 ··· 232

习题 ·· 232

本章知识点 ··· 233

*第10章 平面机构的动态静力分析 ·· 234

10.1 概述 ··· 234

10.2　机构构件惯性力的确定 ·· 234

10.3　平面机构动态静力分析的图解法 ································· 238

*10.4　平面机构动态静力分析的解析法 ···························· 244

复习思考题 ·· 244

习题 ··· 244

本章知识点 ·· 245

第 11 章　机械的平衡 ·· 246

11.1　机械平衡的目的和分类 ··· 246

11.2　刚性回转构件的平衡计算 ·· 248

11.3　刚性回转机构的平衡试验 ·· 252

11.4　回转构件的平衡精度 ·· 253

11.5　机构的静平衡 ·· 255

复习思考题 ·· 261

习题 ··· 261

本章知识点 ·· 262

第 12 章　机械的运转及其速度波动的调节 ·················· 264

12.1　概述 ··· 264

12.2　机器的运动方程 ·· 266

12.3　机器的稳定运转及其条件 ·· 272

12.4　周期性速度波动和非周期性速度波动的调节 ·············· 274

复习思考题 ·· 277

习题 ··· 277

本章知识点 ·· 280

第四篇　机构设计的创新方法

第 13 章　机械创新设计基础 ··· 281

13.1　概述 ··· 281

13.2　创新思维 ··· 281

13.3　创造原理与技术 ·· 284

13.4　机械系统原理方案的创新设计 ···································· 292

13.5　机构的创新设计方法 ·· 294

13.6　机械创新设计实例 ·· 299

复习思考题 ·· 307

习题 ··· 307

本章知识点 ·· 309

附录 A　习题参考答案 ··· 310

附录 B　解析法求解程序 ·· 322

参考文献 ·· 329

绪　　论

　　机械原理是一门什么性质的课程、为什么机械专业首先开设的是这门课程、为什么要学习机械原理、机械原理研究哪些内容、怎样才能学好这门课程、学好它对机械专业后续课程的学习又有哪些帮助、它又能培养哪些方面的能力等问题都会在本门课程的学习过程中得到解决。

0.1　机械原理的研究对象

　　机械是机构与机器的总称。机械原理是一门以机构和机器为研究对象的学科。

0.1.1　机器的定义

　　什么是机器，人们并不陌生。在生产和生活中，人们使用着种类繁多的机器，用以减轻人类自身的劳动，提高工作效率。在有些人类难以涉足的环境，更是需要用机器来代替人进行工作。我们不仅对机器有了一些直觉的认识，知道汽车、拖拉机、纺织机、印刷机、各种机床、缝纫机等都是机器，而且知道机器的种类繁多，其构造、用途和性能也各不相同。但什么是一般意义上的机器，它又有哪些共同的特征呢？下面通过两个实例来分析，从中归纳出它们的性能特征，从而对机器作一个概括性的描述。

　　图 0-1 所示为单缸四冲程内燃机，它是汽车、轮船、装载机等各种流动性机械最常用的动力装置，由缸体 1、曲柄 2、连杆 3、活塞 4、火花塞 6、凸轮 8（12）、从动件 5（7）、正时齿轮 9、10、11 及其他一些辅助部分组成。

　　其工作原理为：

　　气缸 1 中的活塞 4 向下移动时，排气阀门 5 关闭，进气阀门 7 在凸轮 8 的控制下打开，将可燃气体吸入气缸，完成进气冲程；当活塞 4 向上移动时，进、排气阀门均关闭，可燃气体受到压缩，这一过程称为压缩冲程；压缩冲程结束后，火花塞 6 利用高压放电，使燃气在气缸中燃烧、膨胀，从而产生压力推动活塞 4 向下移动，称之为做功冲程；活塞 4 向下移动的同时，通过连杆 3 推动曲柄 2 转动，向外输出机械能（力和运动）；当活塞 4 再次向上移动时，进气阀门 7 继续处于关闭状态，排气阀门 5 在凸轮 12 的控制下打开，将废气排出，此过

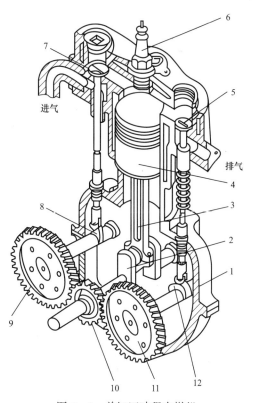

图 0-1　单缸四冲程内燃机

程称为排气冲程。活塞上、下移动一次，曲轴转一圈，则曲轴每转两圈，才完成一次产生动力的循环。由此可见，内燃机由以下三部分组成。

（1）原动部分：火花塞点火，使燃气燃烧产生推动活塞的压力，即将燃气燃烧时产生的热能转变为机械能的部分。

（2）主运动传动部分：将活塞 4 的往复移动转换成曲轴 2 的连续转动，从而输出并传递能量（力和运动）。

（3）协调控制部分：使进气阀门 7 和排气阀门 5 定时开闭。

单缸内燃机正是由以上各部分的协调动作将燃气的热能转换为曲柄转动的机械能而工作的。

图 0-2 所示的机器为牛头刨床，它是将电动机 1 的旋转运动通过带传动，使齿轮 2 带动大齿轮 3 转动；大齿轮 3 上用销钉连接了一个滑块 4，它可以在杆 5 的槽中滑动。杆 5 的下端开有一个槽，槽中有一个与机架 11 铰接的滑块 6。当大齿轮 3 上的销子做圆周运动时，滑块 4 在杆 5 的槽中滑动，同时推动杆 5 绕滑块 6 的中心做往复摆动。杆 5 的上端用销子和牛头滑枕 7 铰接，推动牛头滑枕 7 在刨床床身的导轨中往复移动，滑枕 7 上装有刀架 8，牛头滑枕在工作行程中切削工件，回程时，刀架稍抬起后与牛头滑枕一起快速退回。再次切削前，大齿轮 3 通过连杆和棘轮（图中未画出）及螺杆 10 使工作台 9（工件）横向移动一个进刀的距离，以进行下一次切削。由此可知，牛头刨床也由以下三部分组成。

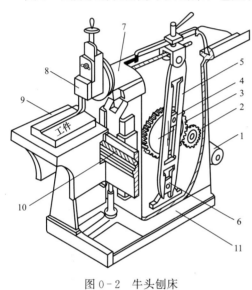

图 0-2　牛头刨床

（1）原动部分：电动机将电能转化为机械能。

（2）主运动传动部分：电动机的转动变为牛头滑枕的往复移动。

（3）协调控制部分：齿轮转动变为工作台适时地间歇运动。

牛头刨床正是由以上各部分的协调动作将电能转换为滑枕（刨头）往复直线移动的机械能而实现刨削加工的。

此外，还有许多我们经常碰到的机器，例如电动机、离心机、空气压缩机、各种机床、起重机、纺织机等。

由以上分析可见，上述所有机器归纳起来具有以下三个共同特征：

（1）都是人为的实物组合体；

（2）各组成部分之间具有确定的相对运动；

（3）都具有一定的功能，并能代替或减轻人类的劳动以完成有用的机械功和转换机械能。

凡同时具备以上三个特征的实物组合体就称为机器。

不难看出，虽然机器的构造、用途和性能各不相同，然而经过分析和归纳，众多的机器不外乎可分为以下三类。

（1）变换能量的机器。例如电动机、内燃机、涡轮机、空气压缩机等，其功能是把一种能量变成机械能。

（2）改变材料形状或位置的机器。例如作加工的机器，各种机床、纺织机、离心机、塑料挤压机等，其功能是改变材料的形状；又如作运输用的机器，起重机、汽车、飞机等，其功能是改变材料或人的位置。

（3）变换信息的机器。例如机械式计算机、机械积分仪、打印机、复印机、传真机、照相机等，其功能是提供或转换信息。

0.1.2　机构的定义

如果抛开机器功能这个特征，而只研究其结构和运动，就能发现机器并不是实现预定运动的最基本的组合体。进一步分析以上两个实例，可以看出，各个实物组合体具有确定的运动是它们称为机器的基本要求。在机器的各种运动中，有些是传递回转运动（如齿轮传动）；有些是把转动变为往复移动（如滑块机构）；有些是利用实物本身的轮廓曲线实现预期运动规律的（如凸轮机构）。例如，单缸内燃机中的构件 2‐3‐4‐1 称为曲柄滑块机构，它在内燃机中的运动功能是将活塞 4 的往复移动变换为曲柄 2 的连续转动；9‐10‐1 或 10‐11‐1 称为齿轮机构，其功能是实现转速大小和方向的变化；7‐8‐1 或 5‐12‐1 称为凸轮机构，它是将凸轮 8 或 12 的旋转运动变换为从动件 7 或 5 的往复移动，且从动件在凸轮廓线的控制下实现预期的运动规律。

这些实物组合体均具备以下两个特征：

（1）都是人为的实物组合体；

（2）各个组成部分之间具有确定的相对运动。

凡同时具备以上两个特征者统称为机构。也就是说，在工程实际中，人们常常根据实现这些运动形式的实物外形特点，把相应的一些具有确定运动的实物组合称为机构。

显而易见，机器是由各种各样的机构组成的，它可以完成能量的转换、做有用功或处理信息；而机构则是机器的运动部分，在机器中仅仅起着运动传递和运动形式转换的作用。

一部机器可能是多种机构的组合体，也可能只含有一个最简单的机构。例如上述的内燃机和牛头刨床，就是由齿轮机构、凸轮机构和连杆机构等多种机构组合而成的；而人们熟悉的发电机、水泵、蒸汽锤等机器，只含有一个机构（发电机就是只含有一个定子和转子所组成的基本机构）。基本机构的数目有限，但通过不同的组合，可以组成千变万化的机器。各种功能不同的机器，可以具有相同的机构，也可以采用不同的机构，机构和机器之间的关系，就好比化学中的化合物和化学元素之间的关系，化学元素有限，但化合物却千变万化，其功能和特点也各不相同。

从实现运动的结构组成观点来看，机器和机构之间并无区别，它们都是具有确定运动的实物组合体，两者是相同的，而它们之间的区别就在于是否具有一定的功能。因此，常用"机械"一词作为"机器"和"机构"的总称。但机械与机器在用法上略有不同，"机器"常用来指一个具体的概念，如内燃机、汽车、拖拉机等，而"机械"则常用在更广泛、更抽象的意义上，如机械工业、农业机械、纺织机械等。所以，机械原理是一门以机构和机器作为研究对象的学科。

0.2　机械原理课程的主要内容

机械原理是一门研究机构及机械运动设计的学科，其主要内容有以下四个方面。

1. 平面低副机构的分析与设计

主要研究机构的组成原理、机构运动的可行性、具有确定运动的条件，以及各种低副机构的分析方法，着重分析连杆机构的设计理论和设计方法。

2. 平面高副机构的分析与设计

介绍各种高副机构的运动设计和分析方法，着重研究凸轮机构、齿轮机构、齿轮系统的设计理论和设计方法。

3. 机构动力学基础

研究在给定原动件运动的条件下，机构各点的运动特性和动力特性，以及在已知外力作用下机械的真实运动规律、机械运转过程中产生的惯性力系的平衡问题等。

4. 机构的创新设计基础

机械创新设计是机械方案设计的主要内容，本篇将介绍机械运动方案设计步骤、功能分析、机构创新、执行机构的运动规律等基本原则和方法。

从另外一个角度看，机器是执行机械运动的装置，机构是机器中的运动部分，所以机械原理课程就是研究机构的课程，它分为机构分析和机构综合两部分。所谓机构分析，就是对已有的机构进行结构、运动和动力分析，研究它的组成原理及实现的功能特点。所谓机构综合，就是根据给出的运动和动力要求，设计出一种机构或机构的组合系统来满足这一运动和动力要求，探索设计符合要求的机构不唯一，从中选出一种最佳的机构。

当然，在机械原理学科中，这两个命题的研究范围十分广泛，其采用的方法也很多。特别是当今世界正经历着一场新的技术革命，新概念、新理论、新方法、新工艺不断出现，处于机械工业发展前沿的机械原理学科，新的研究课题日益繁多，新的研究方法日新月异。诸如自动控制机构、机器人机构、仿生机构、柔性及弹性机构和机电气液综合机构等的研制，诸如优化设计、计算机辅助设计，以及各种数学方法的应用，使机械原理学科的研究呈现高速发展的局面，也为机械原理学科的应用开辟了广阔的途径。然而，作为一门技术基础课程，我们仅研究上述有关机械的一些最基本的原理及最常用的机构分析与综合的方法。

0.3　机械原理在教学计划中的地位

机械是现代化生产和人们生活中不可缺少的重要工具。机械化程度的高低又是衡量一个国家技术水平的重要标志。因此，要加快实现四个现代化的进程，就要创造出更多、更新的机械并改进现有机械。

机械的种类繁多，结构、性能、用途各异。因此，在工科院校中设置的一些专业课研究的是特殊的机械问题，而机械原理的课程任务是研究机械的共性问题，使学生掌握机械机构、运动学和动力学的基本理论、基本知识和基本技能，获得初步的机构运动方案设计能力，这是机械设计中最重要和开始的一步，它可以直接在实际生活中发挥作用。

机械原理是以高等数学、普通物理、机械制图、理论力学为基础，并为以后学习机械设计和各种专业机械课以及新技术等开发打下机械知识基础。因此，机械原理课程是一门重要的技术基础课，在教学中起着承上启下的作用，是高等学校机械类各专业的必修课。此外，本课程的一些内容也可直接应用于生产实际。因此，机械原理课程在机械设计系列课程体系中占有非常重要的位置，在机械专业教学计划中占有极其重要的地位。

0.4　机械原理课程的学习方法

机械原理课程是介于基础理论和工程实际之间的一门专业技术基础课，其内容既抽象又实际；机械原理是研究机械的共性问题，其内容多、概念多、方法多。

根据以上特点应采取以下五个学习方法。

1. 注重与选修课程内容的关联

机械原理作为一门专业技术基础课，它的选修课程有高等数学、物理、机械制图和理论力学等。其中，理论力学与机械原理的联系最为密切。因此，应在消化理论力学中的观点和方法的同时，注意两门课程有关内容的关联。例如，用理论力学中的自由度理论去解决机械原理中机构自由度的计算，从而找出机构的组成原理；用扩展理论力学中的瞬心概念，求解机构中某些点速度的问题；用理论力学中刚体平面运动和点的复合运动理论，引申为用相对运动图解法求速度、加速度等。这样就使读者不会对新课程的内容感到生疏。

2. 注意理论联系实际

机构和机器是机械原理的研究对象。因此，学习过程中应特别注重多接触一些实物和教具，观察它们的组成和运动情况，尤其应特别注重实验和到工厂实习，以提高想象力，有助于对抽象理论的理解。学习中要注意理论联系实际，把所学知识运用于实际，达到举一反三的目的。

3. 注意内容的归纳和总结，严防死记硬背

机械原理内容多，但应注意归纳和总结。例如齿轮一章中，齿轮类型很多，公式也很多，但只要抓住其中的主要原理和条件，便不难记忆和运用。又如反转法原理，在凸轮、齿轮、平面连杆机构中均有应用，只要掌握其原理实质，就可举一反三。

4. 注重习题训练

习题训练是理论联系实际、消化理论的很好途径，也是解决实际问题和加深基本理论的一个重要环节。因此要认真对待习题，千万不能应付了事。

5. 注意加强形象思维能力的培养

从基础课到技术基础课，学习内容变化了，学习方法也应有所改变，其中最重要的一点是在重视逻辑思维的同时，加强形象思维的培养。专业技术基础课不同于基础课，它更加接近工程实际，要理解和掌握本课程的内容，解决工程实际问题，就要逐步培养形象思维能力。

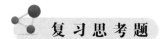

复习思考题

1. 什么是机械、机构和机器？
2. 本课程研究的内容主要包括哪几个方面？
3. 什么是机构分析及机构综合？它们研究哪些主要内容？
4. 机械式手表属于机构还是机器，为什么？

扫一扫

绪论　知识点
视频资源

第一篇 平面低副机构的分析与设计

第1章 机 构 的 结 构 分 析

本章主要介绍平面机构的组成原理和机构运动简图的绘制方法，平面机构自由度的计算及其具有确定运动的条件；掌握对机构进行结构分析的方法（高副低代方法、杆组的级别和机构的级别），为机构的运动学设计、动力学设计奠定最基本的理论基础。

1.1 研究机构结构分析的内容和目的

机械原理课程对机械的研究一般可以概括为两个方面：一是对已有机械进行分析，包括结构分析、运动分析和动力分析；二是对新机构进行设计，即机构运动方案的综合，其中包括机构的选型、运动设计及动力设计。本章的任务主要是研究机构的结构分析，其内容有以下四个方面。

（1）研究组成机构的要素及机构具有确定运动的条件，然后判断机构能否运动。

（2）研究机构的组成原理，并根据结构特点对机构进行分类，以便于对其进行运动分析和力的分析。

（3）研究机构运动简图的绘制方法，即研究如何用简单的图形表示机构的结构和运动状态。

（4）研究机构结构综合方法，即研究在满足预期运动及工作条件下，如何综合出机构可能的结构形式及其影响机构运动的结构参数。

研究机构结构分析的目的：机构的结构分析内容如上所述，那么机构分析的目的就显而易见了。首先，在综合新的机构时，需要知道机构是怎样组合起来的，而且在什么条件下，才能实现确定的运动。此外，对机构组成原理的研究还可以为新机构的创造提供途径。最后，通过对机构的结构分析与分类，可以为举一反三地研究机构的运动分析和动力分析提供方便。

1.2 机 构 的 组 成

1.2.1 机构的组成要素

机构是一个构件系统，但任意拼凑的构件系统不一定能发生相对运动，即使能够运动，也不一定具有确定的相对运动。为了传递运动和动力，机构中各构件之间应具有确定的相对运动。

虽然各种机构的形式和结构各不相同，但通过大量的事例分析可以得知机构是由构件和运动副两个要素组成的，举例分析如下。

1. 构件

所谓构件是指作为一个整体参与机构运动的刚性单元。一个构件，可以是不能拆开的单一整体（即零件），也可以是由若干个不能拆开的单一整体装配起来的刚性体。不能拆开的单一整体称为零件。图 0-1 所示的内燃机就是由气缸、活塞、连杆体、销轴、螺栓、曲柄、齿轮等一系列零件组成的。在这些零件中，有的是作为一个独立的运动单元体而运动的，如活塞；有的则常常由于结构和工艺上的需要，而与其他零件刚性地连接在一起作为一个整体而运动，如图 1-1 中的连杆就是由连杆体、连杆头、螺栓、螺母、垫圈等零件刚性地连接在一起作为一个整体而运动的。这些刚性地连接在一起的零件组成一个独立的运动单元体。因此，构件与零件的区别在于：构件是机器中独立运动的单元，零件是机器中独立加工制造的单元。本课程以构件作为研究的基本单元。

2. 运动副

一个作平面运动的自由构件，具有三个独立的运动。如图 1-2 所示，在 xOy 坐标系中，构件 S 可随其上任一点 A 沿 x 轴、y 轴方向移动和绕 A 点转动，即要描绘它在平面中的位置需要三个独立的参数，这三个独立运动的参数称为构件所具有的自由度。

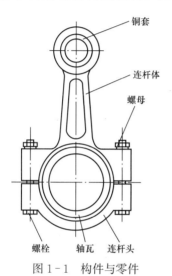

图 1-1 构件与零件

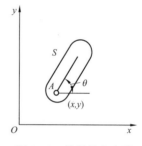

图 1-2 构件的自由度

机构是由构件组成的，每个构件都是以一定的方式与其他构件相互连接起来的，不过这种连接显然不能是刚性的，这种连接是可动的，但其相对运动又受到一定的约束，以保证构件间具有确定的相对运动。我们把由两构件直接接触而又能产生一定相对运动的可动连接称为运动副，而把两构件上能够直接接触而构成运动副的表面称为运动副的元素。这些接触表面不是点、线就是面，因此，点、线和面又称为运动副的元素。图 1-3 中的各图都构成了运动副。

很显然，两构件间的运动副所起的作用是限制构件间的相对运动，使相对运动自由度的数目减少，这种限制作用称为约束，而仍具有的相对运动叫作自由度。图 1-3 中的 (a) 图所示的运动副限制了轴沿三个坐标轴的移动，使轴只能绕 z 轴转动。说明两构件以某种方式相连接而构成的运动副，其相对运动受到约束，其自由度就相应减少，减少的数目等于该运动副所引入的约束数目。当物体在三维空间自由运动时，其自由度有六个，即沿三个坐标轴的移动和绕三个坐标轴的转动。由于两构件构成运动副后，仍需要具有一定的相对运动，故具有六个相对运动的构件，经运动副引入的约束数目最多只能为五个，而剩下的自由度至少为一个。对平面运动的构件来说，其自由度有三个，即沿 x、y 坐标轴的移动和绕 z 坐标轴的转动。由于两构件构成运动副后，仍需要具有一定的相对运

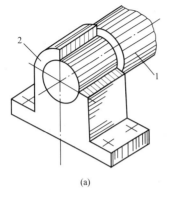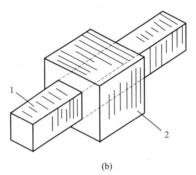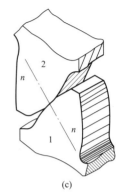

(a)   (b)   (c)

图 1-3 运动副

(a) 转动副；(b) 移动副；(c) 高副

动，故具有三个相对运动的构件，经运动副引入的约束数目最多只能为两个，而剩下的自由度至少为一个。可见，约束就是限制构件自由运动的性能。运动副每引入一个约束，构件就失去一个自由度。

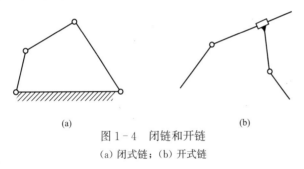

(a)   (b)

图 1-4 闭链和开链

(a) 闭式链；(b) 开式链

3. 运动链

由若干个构件通过运动副连接组成相对可动的构件系统称为运动链。如果运动链中的各构件构成首末封闭的系统则称为闭式链〔见图 1-4（a）〕，否则称为开式链〔见图 1-4（b）〕。在一般机构中，大多采用闭式链，而在机器人机构中则大多采用开式链。

4. 机构

如果运动链中的一个构件固定作为参考系（即机架），在剩下构件中给定一个或几个原动件后，其余构件能随原动件做有确定规律的相对运动，这种运动链即称为机构。机构中作为参考系的构件称为机架，机架相对地面可以是固定的，也可以是运动的，如机床床身、车辆底盘、飞机机身等。机构中按给定运动规律运动的构件称为主动件，或叫原动件，其余随主动件运动的构件称为从动件。

根据组成机构各个构件之间的相对运动是否在同一平面将机构分为两类，即平面机构和空间机构。所谓的平面机构是指组成机构的各构件的相对运动均在同一平面内或在相互平行的平面内。所谓空间机构是指机构各构件的相对运动不在同一平面内或平行的平面内，其中平面机构的应用最广泛。

1.2.2 运动副的分类

运动副有许多不同的分类方法，常见的分类方法有以下几种。

（1）根据运动副所引入的约束数分类。把引入一个约束数的运动副称为 I 级副，引入两个约束数的运动副称为 II 级副，由此类推，最末为 V 级副。表 1-1 给出了常用运动副及其分类情况，例如其中的球面低副约束数为 3（即不能沿三个坐标轴移动），故为 III 级副。

表 1 - 1　　　　　　　　　　　常用的运动副及其简图

名称	运动副元素	图形	简图符号	接触形式	自由度
球面高副	球面-平面			点	5
柱面高副	圆柱面-平面			线	4
球面低副	球面-球面			面	3
球销副	球面-球面 销柱面-槽面			面-线	2
圆柱副	圆柱面-圆柱面			面	2
螺旋副	面-面			面	2
转动副	圆柱面-圆柱面			面	1

名称	运动副元素	图形	简图符号	接触形式	自由度
移动副	平面-平面			面	1
平面高副	曲面			点-线	2

（2）根据构成运动副的两构件的接触情况进行分类。凡是以面接触的运动副称为低副，而以点或线相接触的运动副称为高副。例如，表 1-1 中的球面高副中两运动副元素是点接触；柱面高副为线接触；相互啮合的齿轮间为点或线接触，故上述三种运动副均为高副。移动副中的滑块和导路之间、回转副中两运动副的元素之间都是面接触，故均为低副。

（3）根据构成运动副两元素间相对运动的空间形式进行分类。如果运动副元素间只能相互做平面平行运动，则称为平面运动副，否则称为空间运动副。应用最多的是平面运动副，它只有转动副、移动副（两者统称为低副）和平面高副三种形式。

1.3　机构运动简图的绘制

实际机构往往都是由外形和结构都很复杂的构件组成的。但从运动的观点来看，各种机构都是由构件通过运动副的连接而构成的，构件的运动取决于运动副的类型和机构的运动尺寸（确定各运动副相对位置的尺寸），而与构件的外形、断面尺寸、组成构件的零件数目、固联方式及运动副的具体结构等无关。因此，为了便于研究机构的运动，可以撇开构件、运动副的外形和具体构造，而只用简单的线条和符号代表构件和运动副，并按比例定出各运动副位置，表示机构的组成和传动情况，这样就能准确绘制出表达机构运动特性的简明图，称为机构运动简图。机构运动简图与原机构具有完全相同的运动特性，可以根据运动简图对机构进行运动分析。

有时，只是为了表明机构的运动状态或各构件的相互关系，也可以不按比例来绘制机构运动简图，通常把不按比例绘制的简图称为机构示意图。

绘制机构运动简图的作用有两个，既可以对现有机械进行各种分析（运动分析和动力分析），又可以对新机械进行总体方案的设计。

1.3.1　常见的运动副符号

常见的运动副符号有以下五种。

1. 转动副的符号

如图 1-5 所示。

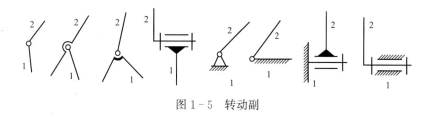

图 1-5 转动副

2. 移动副的符号

如图 1-6 所示。

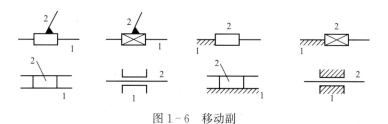

图 1-6 移动副

3. 平面高副的符号

如图 1-7 所示。

图 1-7 高副

4. 螺旋副的符号

如图 1-8 所示。

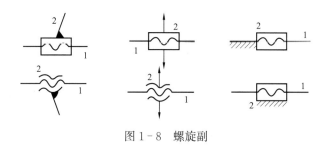

图 1-8 螺旋副

5. 球面副的符号

如图 1-9 所示。

1.3.2 一般构件的表示方式

表 1-2 给出了机构中一般构件的表示方式。

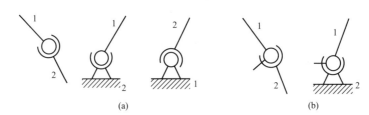

图 1 - 9　球面副

(a) 球面副；(b) 球销副

表 1 - 2　　　　　　　　　　　　　一 般 构 件 表 示 方 式

杆、轴类构件	
固定构件	
同一构件	
两副构件	
三副构件	

表 1 - 3 给出了绘制机构运动简图时一些常用机构的代表符号（摘自 GB/T 4460—2013）。

表 1 - 3　　　　　　　　　常用机构运动简图的代表符号

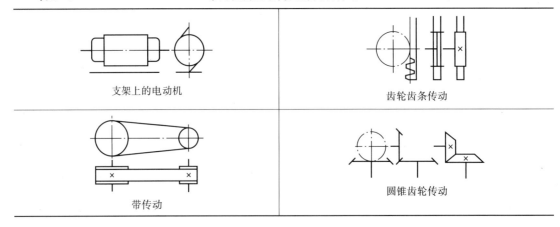

支架上的电动机	齿轮齿条传动
带传动	圆锥齿轮传动

续表

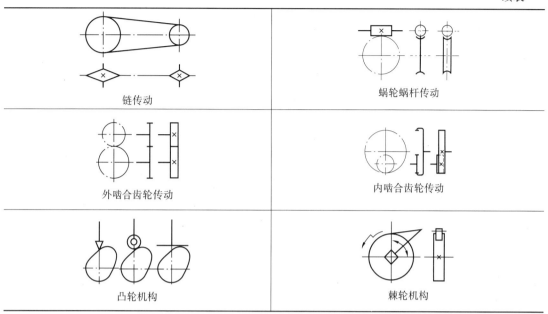

链传动	蜗轮蜗杆传动
外啮合齿轮传动	内啮合齿轮传动
凸轮机构	棘轮机构

1.3.3 机构运动简图的绘制

在绘制机构运动简图时，必须知道机械的实际构造和运动情况。首先确定机构的原动件和执行构件，两者之间为传动部分，再顺着运动传递路线研究原动件的运动是怎样经过传动部分传递到执行构件的，从而认清该机构由多少个构件组成，各构件之间组成了何种运动副，由此确定组成机构的所有构件和运动副的类型，这样才能正确地绘制出机构运动简图。因此，绘制机构运动简图的一般步骤如下所述。

（1）确定机构中的原动件、执行件和两者之间的传动部分，从而找出组成机构的所有构件并确定构件间的运动副类型。

（2）恰当地选择投影面。一般选择机构中与多数构件运动平面相平行的面为投影面，充分反映机构的运动特性。必要时也可以就机械的不同部分选择两个或两个以上的投影面，然后放到同一图面上；或把在主机构运动简图上难以表示清楚的部分，另绘制一局部简图；总之，以能简单清楚地把机械的运动情况正确表示出来为原则。

（3）选择适当的比例尺，比例尺单位为 m/mm。

公式为

$$\mu_L = \frac{实际尺寸(m)}{图上尺寸(mm)}$$

（4）从原动件开始，按机构的运动尺寸定出各运动副的相对位置，用规定的符号画出各运动副并用简单线条连接起来，便可绘制出机构的运动简图。

下面通过具体例子说明机构运动简图的绘制步骤。

【例1-1】 绘制图0-2所示牛头刨床主机构的运动简图。

解 （1）从主动件小齿轮开始，按运动传递顺序，分析各构件之间相对运动的性质，并确定连接各构件的运动副类型。

（2）合理选择视图。本题选择与各回转轴线垂直的平面作为视图平面。

（3）选择适当的长度比例尺 μ_L（m/mm），按机构尺寸和位置画出转动副、移动副和齿轮高副，用线条将各运动副连接起来，即得图 1-10 所示的机构运动简图。

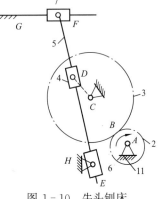

图 1-10　牛头刨床
主机构简图

【例 1-2】 图 1-11 所示为一小型压力机，图中齿轮 $1'$ 与偏心轮 1 为同一构件，绕固定轴心 O_1 连续转动。在齿轮 $6'$ 上开有凸轮凹槽，摆杆 4 上的滚子 5 嵌在凹槽中，从而使摆杆 4 绕 C 轴上下摆动；同时，又通过偏心轮 1、连杆 2、滑杆 3 使 C 轴上下移动；最后，通过在摆杆 4 的插槽中的滑块 7 使冲头 8 实现冲压运动。试绘制机构运动简图。

解　（1）从主动件齿轮 $1'$ 开始，按运动传递顺序，分析各构件之间相对运动的性质，并确定连接各构件的运动副类型。

（2）合理选择视图。本题选择与各回转轴线垂直的平面作为视图平面。

（3）选择适当的长度比例尺 μ_L（m/mm），按机构尺寸位置画出转动副、移动副和齿轮高副，用线条将各运动副连接起来，即得图 1-12 所示的机构运动简图。

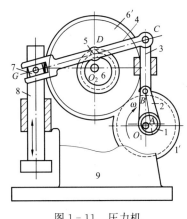

图 1-11　压力机

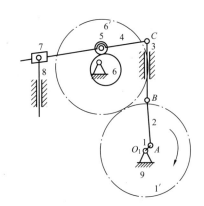

图 1-12　压力机主机构图

1.4　机构自由度的计算

1.4.1　平面机构自由度的计算公式

由于在平面机构中，各构件只作平面运动，不受任何约束的构件在平面中的运动只有三个自由度（即两个移动和一个转动），而每个平面低副（转动副和移动副）各提供两个约束，每个平面高副只提供一个约束。设平面机构中共有 n 个活动构件（不包括机架），若各构件之间共构成 P_L 个低副和 P_H 个高副，则它们共引入了（$2P_L+P_H$）个约束，故机构的自由度 F 为

$$F = 3n - (2P_L + P_H) = 3n - 2P_L - P_H \tag{1-1}$$

这就是平面机构自由度的计算公式，也称为平面机构结构公式。因此，机构自由度数就是机构具有确定运动时所必须给定的外部输入的独立运动参数的数目，为了使机构的位置得

以确定，必须给定独立的广义坐标的数目，称为机构的自由度。下面举例说明。

【例 1-3】 计算图 1-10 所示的牛头刨床主机构的自由度。

解　由图 1-10 所示的机构运动简图可以看出，该机构共有 6 个活动构件（即主动齿轮 2、从动齿轮 3、滑块 4、导杆 5、摇块 6 和滑枕 7），8 个低副（即 A、C、D、E、F 等 5 个转动副，还有分别由滑块 4 与导杆 5，导杆 5 与摇块 6，滑枕 7 与机架 11 构成的 3 个移动副），一个高副 B（齿轮副）。根据式（1-1），便可求得该机构的自由度为

$$F = 3n - 2P_{\mathrm{L}} - P_{\mathrm{H}} = 3 \times 6 - 2 \times 8 - 1 = 1$$

1.4.2　机构自由度的意义及机构具有确定运动的条件

为了按照一定的要求进行运动的传递及变换，当机构的原动件按给定的运动规律运动时，该机构中其余构件的运动也都是完全确定的。一个机构在什么条件下才能实现确定的运动呢？为了说明这个问题，下面看两个例子。图 1-13 所示的铰链四杆机构的运动位置由 B、C 两点确定，每个点要两个位置变量，故需四个位置变量，三个杆长引入三个约束方程，四个位置变量要满足三个约束方程，故只有一个变量是独立的。这说明确定平面四杆机构的位置需要一个独立参数，即机构只有 1 个自由度。

图 1-14 所示的铰链五杆机构有 B、C、D 三个点的六个位置变量，但它们必须满足杆 1、2、3、4 四个杆长的约束方程，位置变量与约束方程之间的差值为 2，在此机构中，若只给定一个独立的运动参数，例如给定构件 1 的运动规律，当构件 1 运动到 AB 位置时，构件 2、3、4 的位置并不确定，它们可以处在 BC、CD、DE 的位置，也可处在 BC'、$C'D'$、$D'E$ 的位置。要使该机构各构件间具有确定的相对运动，则还需要在杆 2、3、4 中再引入一个独立运动参数，例如在杆 4 中按给定的运动规律运动，则此时的铰链五杆机构各构件间的运动就完全确定了。

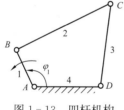

图 1-13　四杆机构

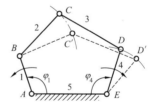

图 1-14　五杆机构

由此可见，所谓机构的自由度，实质上就是机构具有确定位置时所必须给定的独立运动参数数目。在机构中引入独立运动参数的方式是使原动件按给定的某一运动规律运动，所以机构具有确定运动的条件是机构的自由度数必须等于机构应当具有的原动件的数目。

综上所述，机构的自由度 F、原动件的数目和机构的运动三者有着密切的关系。

（1）若 $F \leqslant 0$，则机构不能动；

（2）若 $F > 0$，且与原动件数相等，则机构具有确定运动；

（3）若 $F > 0$，而原动件数 $< F$，则机构运动不确定；

（4）若 $F > 0$，而原动件数 $> F$，则构件间不能运动或在薄弱环节产生破坏。

1.4.3　计算机构自由度时应注意的事项

欲使机构具有确定的运动，则其原动件的数目必须等于该机构的自由度的数目。自由度

的计算结果直接影响到给定原动件的数目，因此，一定要正确计算机构的自由度。在计算机构自由度时，还有一些应注意的事项必须正确处理，否则计算结果往往会发生错误，现将应注意的主要事项简述如下。

1. 复合铰链

如图 1-15（a）所示的构件 1 和构件 2、3 组成两个转动副，连接状况如图 1-15（b）所示。在计算自由度时，必须把它当成两个转动副来计算。像这种由两个以上构件在同一处构成的重合转动副称为复合铰链。同理，由 m 个构件汇集而成的复合铰链应当包含（$m-1$）个转动副。

【例 1-4】 计算图 1-16 所示锯床进给机构的自由度数。

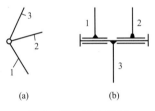
(a)　　　　(b)

图 1-15　复合铰链

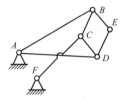

图 1-16　锯床进给机构

解　在该机构中，A、B、C、D 四处都由三个构件组成复合铰链，$n=7$，$P_{\mathrm{L}}=10$，$P_{\mathrm{H}}=0$，由式（1-1）可得

$$F=3n-2P_{\mathrm{L}}-P_{\mathrm{H}}=3\times 7-2\times 10-0=1$$

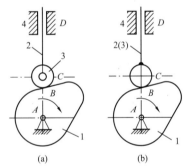
(a)　　　　(b)

图 1-17　局部自由度
(a) 焊前；(b) 焊后

2. 局部自由度

图 1-17 所示的滚子推杆凸轮机构中，为了减少高副元素的磨损，在凸轮 1 和推杆 2 之间装了一个滚子 3。由于滚子 3 绕自身轴线的转动（称为局部运动）不影响从动件的输出运动，因而它只是一种局部自由度。这种对整个机构运动输出不起任何作用的自由度称为局部自由度。在计算机构自由度时，应将局部自由度舍弃不计。

为避免计算出错，在计算机构自由度时，可以设想将滚子与从动件焊成一体，如图 1-17（b）所示，预先排除局部自由度，然后进行计算。

3. 虚约束

在运动副所加的约束中，有些约束对机构的运动只起重复约束的作用，我们把这类不起独立限制作用的约束称为虚约束。图 1-18（a）所示的平行四边形机构中，连杆 2 作平动，BC 杆上各点的轨迹均为圆心在 AD 线上而半径等于 AB 的圆周。为了保证连杆运动的连续性，在该机构中加上一个构件 EF，使其与构件 1、3 相互平行，且长度相等。由于杆 EF 上 E 点的轨迹与杆 BC 上 E 点的轨迹是互相重合的，因此，加上杆 EF 并不影响机构的运动，但此时若按照公式（1-1）计算，则自由度为零。这个结果与实际情况不符，造成这个结果的原因是加入了一个构件 4，这个活动构件给整个机构带来了三个自由度，但同时又增加了两个转动副，这两个运动副引入了四个约束，即多引入了一个约束。但实际上这个约束对机构的运动起重复限制的作用，因而它是一个虚约束。因此，在计算机构自由度时，应从机构的约束数中减去虚约束数，或先将产生虚约束的构件和运动副去掉，然后再进行计算。

图 1-18（a）中，$F = 3n - 2P_\text{L} - P_\text{H} = 3 \times 4 - 2 \times 6 - 0 = 0$；

图 1-18（b）中，$F = 3n - 2P_\text{L} - P_\text{H} = 3 \times 3 - 2 \times 4 - 0 = 1$。

常见的虚约束有以下几种情况。

（1）机构中两活动构件上某两点间的距离始终保持不变时，若用具有两个转动副的附加构件来连接这两个点，将会引入一个虚约束，图 1-18 和图 1-22（a）、（b）均属这种情况。

（2）当两构件组成多个移动副，且其导路互相平行或重合时，只有一个移动副起约束作用，其余都是虚约束，如图 1-19 中的 D、D' 两个移动副，只能按一个移动副计算。

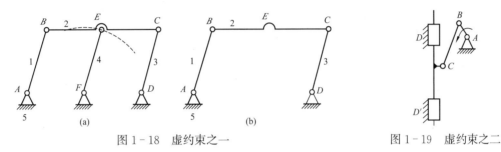

图 1-18　虚约束之一　　　　　　　　　　图 1-19　虚约束之二

（3）当两构件构成多个转动副，且轴线互相重合时，只有一个转动副起作用，其余转动副都是虚约束。图 1-20 所示的曲轴就属于这种情况。

（4）两构件构成高副，两处接触，且法线重合，则只算一处高副。图 1-21 所示的等宽凸轮属于这种情况。

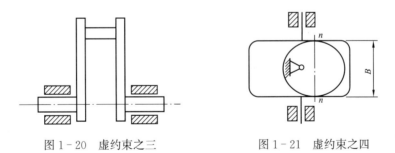

图 1-20　虚约束之三　　　　　　　　　图 1-21　虚约束之四

（5）机构中对运动起重复限制作用的对称部分也会引入虚约束。图 1-22（c）所示的行星轮系中，为了受力均衡，采取两个行星轮对称布置的方式，而事实上只要一个行星轮便可满足运动要求，即两个行星轮的两个高副中只有一个起作用，另一个为虚约束。

在此要特别指出的是，机构中的虚约束都是在一些特定的几何条件下出现的，如果这些几何条件不能满足，则虚约束就会成为实际有效的约束，从而使机构卡住不能运动。图 1-18（a）中，若所加构件 4 不与 1、3 构件平行且长度相等，则机构就不能运动。所以，从保证机构运动和便于加工装配等方面而言，应尽量减少机构的虚约束。但为了改善构件的受力，增加机构的刚度，在实际机械中虚约束又被广泛地应用着。图 1-22（c）中的轮系，为了改善受力情况，使机构的重心位于齿轮 1 的回转轴线上，在行星轮 2 的相反方向

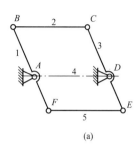 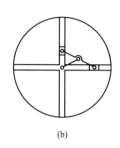 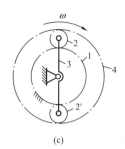

图 1-22 虚约束之五

上加入一个和行星轮 2 完全相同的齿轮，要求这几个行星轮完全对称布置。

虚约束的作用有三个：改善构件的受力情况，如多个行星轮；增加机构的刚度，如轴与轴承、机床导轨；使机构运动顺利，避免运动不确定，如车轮。

【例 1-5】 计算图 1-23（a）所示的大筛机构的自由度。

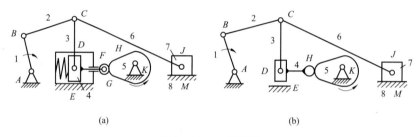

图 1-23 大筛机构

(a) 去掉前；(b) 去掉后

解　机构各构件均在同一平面运动，活动构件数 $n=8$，A、B、C、D、G、K、J 为转动副，E、F、M 为移动副。G 处滚子中的转动副为局部自由度，E、F 处活塞及活塞杆与气缸组成两平行移动副，其中有一个为虚约束，计算运动副时应减去。去掉虚约束和局部自由度后，可将图 1-23（a）转化成图 1-23（b）来分析，$n=7$，$P_L=9$，$P_H=1$，得

$$F = 3n - 2P_L - P_H = 3\times7 - 2\times9 - 1 = 2$$

故为了使机构具有确定的相对运动，可以用构件 1 和凸轮 5 作为原动件。

【例 1-6】 在图 1-24 所示的机构中，构件 AB、EF、CD 相互平行且相等，试计算该机构的自由度。

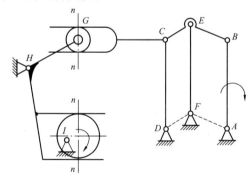

图 1-24 凸轮连杆组合机构

解　由于构件 AB、EF、CD 相互平行且相等，杆件 EF 属虚约束，滚子 G 处有一局部自由度，去掉机构中的局部自由度和虚约束后，则有

$$n=6, \quad P_L=7, \quad P_H=2$$

代入公式计算得

$$F = 3n - 2P_L - P_H = 3\times6 - 2\times7 - 2 = 2$$

4. 关于齿轮副的约束情况

（1）若两齿轮在重力或其他外力作用下，两个齿轮的轮齿齿廓之间相互靠紧，如图 1-25

（a）所示，即无齿侧间隙，轮齿的两侧都参加接触，且两接触点处的公法线方向并不彼此重合，故该齿轮副提供两个约束。

（2）若两齿轮中心距因受到约束而不变时，两个齿轮的轮齿齿廓之间存在着侧隙，如图 1-25（b）所示，即只有一侧参加接触，故只提供一个约束。

（3）如果两构件在多处接触所构成的平面高副，在各接触点处的公法线方向彼此不重合，如图 1-25（c）、（d）所示，就构成了复合高副，它相当于一个低副。

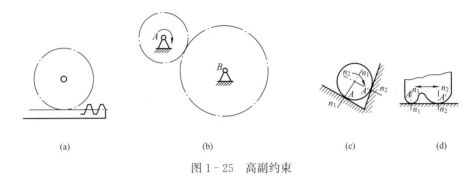

图 1-25 高副约束

*1.4.4 简述空间机构自由度的计算

由于空间机构中各自由构件的自由度为 6，所具有的运动副类型由 I 级副到 V 级副，对应提供的约束数目分别为 1～5。设一空间机构中共有 n 个活动构件，其中有 P_1 个 I 级副，有 P_2 个 II 级副，有 P_3 个 III 级副，有 P_4 个 IV 级副，有 P_5 个 V 级副，则可得空间机构的自由度计算公式为

$$F = 6n - 5P_5 - 4P_4 - 3P_3 - 2P_2 - P_1 = 6n - \sum_{i=1}^{5} iP_i \qquad (1-2)$$

应用式（1-2）还需要注意公共约束，所谓公共约束是指机构中所有构件共同失去的自由度，还需将式（1-2）加以修正才能应用。设公共约束数为 m，则可得如下机构自由度计算公式

$$F = (6-m)n - \sum (i-m)P_i$$

其中，m 为公共约束，对于平面机构，$m=3$。即平面构件具有 3 个公共约束，最多只能有 3 个自由度。

以上只是对空间机构的自由度公式作一简单介绍，详细内容可参阅相关文献。

1.5 平面机构的组成原理及结构分析

1.5.1 平面机构的组成原理

机构可看成由机架、原动件和从动件系统三部分组成。将具有确定运动的机构（原动件数等于自由度数）的机架和原动件除去后，余下的从动件系统应是自由度为 0 的构件组。而这个自由度为零的构件组，有时还可以再拆成更简单的自由度为零的构件组。把最后不能再拆的最简单的自由度为 0 的构件组称为基本杆组或称为阿苏尔杆组（Assur group），简称杆组。根据上面的分析可知，任何机构都可以看作是由若干个基本杆组依次连接于原动件和机架上构成的。这就是机构的组成原理。

根据上述原理，当对现有机构进行运动分析或动力分析时，可将机构分解为机架和原动件及若干个基本杆组，然后对相同的基本杆组以相同的方法进行分析，有利于计算机辅助分析与设计和程序的模块化。例如，对于图 1-26 （a）所示的颚式破碎机，因其自由度为 1，故只有一个原动件。如将原动件 1 和机架 6 与其余构件拆开，则由构件 2、3、4、5 所构成的杆组的自由度为零。而且这个自由度为零的杆组还可以再拆分为由构件 4 与 5 和构件 2 与 3 所组成的两个基本杆组，如图 1-26 （b）所示，它们的自由度均为零。反之，当设计一个新机构的机构运动简图时，可先选定一个机架，并将数目等于机构自由度的原动件用运动副连接于机架上，然后再将一个个基本杆组依次连于机架和原动件上，从而构成一个新机构。

应注意的是，在拼接杆组时，不能将同一杆组的各个外端副接于同一构件上，否则将起不到增加杆组的作用。例如对 Ⅱ 级杆组而言，两外端副若接在同一构件上，则该 Ⅱ 级杆组就退变成一个构件了。

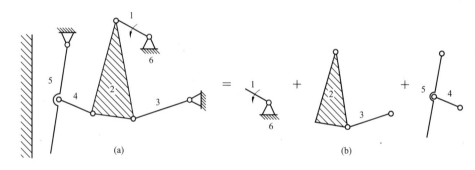

图 1-26 杆组

(a) 拆分前；(b) 拆分后

1.5.2 平面机构的结构分类

根据式 （1-1），组成平面机构的基本杆组应满足以下条件

$$F = 3n - 2P_L - P_H = 0 \qquad\qquad (1-3)$$

如果基本杆组的运动副全部为低副，则上式可变为

$$F = 3n - 2P_L = 0 \quad 或 \quad n = (2/3)P_L \qquad\qquad (1-4)$$

由于构件数和运动副数都必须是整数，故 n 应是 2 的倍数，而 P_L 应是 3 的倍数，它们的组合有 $n=2$，$P_L=3$ 和 $n=4$，$P_L=6$ 等。可见，最简单的平面基本杆组是由两个构件和三个低副组成的，把这种基本杆组称为 Ⅱ 级杆组。Ⅱ 级杆组是应用最多的基本杆组，绝大多数机构都是由 Ⅱ 级杆组组成的。Ⅱ 级杆组只有七种不同的形式，是根据转动副和移动副的数目和排列的不同而得出的，如图 1-27 所示。

在少数结构比较复杂的机构中，除了 Ⅱ 级杆组外，可能还有其他较高级别的基本杆组。图 1-28 所示的三种结构形式均由四个构件和六个低副所组成，而且均不能拆成两个完整的 Ⅱ 级杆组，此种基本杆组被称为 Ⅲ 级杆组。

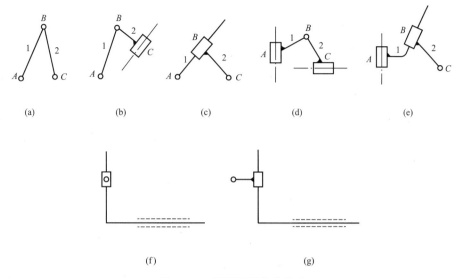

图 1-27　Ⅱ级杆组基本类型

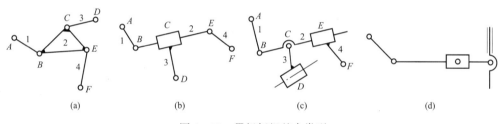

图 1-28　Ⅲ级杆组基本类型

图 1-29 所示的是一种Ⅳ级杆组，是比Ⅲ级杆组还高的基本杆组，在实际机构中很少遇见，此处就不再列举了。

在同一机构中可包含不同级别的基本杆组，我们把机构中所包含的基本杆组的最高级数作为机构的级数。如把由最高级别为Ⅱ级组的基本杆组构成的机构称为Ⅱ级机构，把最高级别为Ⅲ级组的基本杆组构成的机构称为Ⅲ级机构，而把只有机架和原动件构成的机构称为Ⅰ级机构，这就是机构结构的分类方法。

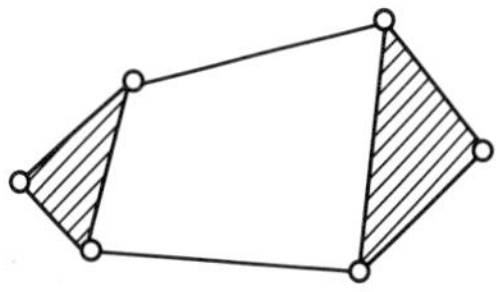

图 1-29　Ⅳ级杆组
基本类型

1.5.3　平面机构的结构分析

为了正确地判断已有机构的运动特征和选用分析的方法，常需要按基本杆组对机构进行结构分析。机构结构分析就是将已知机构分解为原动件、机架和若干个基本杆组，进而了解机构的组成，并确定机构的级别。其核心就是正确划分出其组成的基本杆组。因此，结构分析的路线与上述结构的组成路线顺序相反，常从末端输出构件开始，按基本杆组从后开始向原动件依次"拆组"，直至只剩Ⅰ级机构（一般指原动件和机架）为止。

因此，机构结构分析的步骤和注意点如下所述。

（1）正确计算机构的自由度，以确定原动件数、机架和输出构件，并将产生的虚约束、局部自由度的构件和运动副去掉。

（2）如果机构中有高副，则按照下节讲的高副低代原则用低副替代高副成为全低副机构。

（3）从离原动件最远的输出构件开始，依次拆分基本杆组，每次拆杆组，均是由低向高拆，而且保证剩下的杆组是自由度为零的杆组。为保证拆杆组的正确性，应注意以下几点：

1）首先按Ⅱ级杆组拆下两个相邻构件和与之连接的一个内接副和两个外接副。

2）若该杆组拆出后，余下的部分仍是一个与自由度相同的机构，除原动件外未出现不与其他构件连接的单独构件和单独运动副则是正确的。如果不是这样，则改拆为Ⅲ级杆组，再用上述条件检查，直至满足上述条件，说明拆组正确。

3）对剩下的杆组再按照1）和2）的方法拆组，拆到只剩Ⅰ级机构（一般指原动件和机架），则整个机构的拆组结束。

（4）按所有基本杆组中的最高级别杆组确定机构的类别，作为进行机构运动和受力分析时选择的依据。

【例 1-7】　计算图1-30所示机构的自由度，并确定机构的级别。

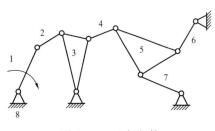

图 1-30　八杆机构

解　该机构无虚约束和局部自由度，因 $n=7$，$P_{\mathrm{L}}=10$，$P_{\mathrm{H}}=0$，所以其自由度为

$$F = 3n - 2P_{\mathrm{L}} - P_{\mathrm{H}} = 3 \times 7 - 2 \times 10 = 1$$

构件1为原动件，距离1最远与其不直接相连的构件4、5、6、7可以组成Ⅲ级杆组，剩下的构件2、3可组成Ⅱ级杆组，最后剩下构件1和机架8组成Ⅰ级机构。该机构由一个Ⅰ级机构、一个Ⅱ级杆组和一个Ⅲ级杆组所组成，因而为Ⅲ级机构。

当原动件由构件1改为构件6时，机构的级别由Ⅲ级降为Ⅱ级，读者可自己验证。说明同一机构当原动件不同时，机构的级别可能不同。

1.5.4　平面机构的高副低代

上述机构的组成原理和结构分析方法全是针对低副机构的，但实际应用过程中，除低副机构外，还有其他多种类型的机构，特别是含高副的机构。为将低副机构的结构分析与运动分析方法用于含高副的平面机构，可按一定约束条件将平面机构中的高副虚拟地用低副代替，这就是所谓的高副低代，它表明了平面高副与低副之间的内在联系。

为了不改变原高副机构的结构特性及运动特性，高副低代必须满足以下两个条件：

（1）代替前后机构的自由度完全相同；

（2）代替前后机构的瞬时速度和瞬时加速度完全相同。

由于平面机构中一个高副仅提供一个约束，而一个低副却提供两个约束，为保证它们提供的约束数相同，就不能用一个低副直接来代替一个高副。那么如何高副低代呢？下面先用两个例子来说明这个问题。

图1-31所示为一高副机构，构件1和构件2分别为绕 A 和 B 转动的两个圆盘，两圆盘的圆心分别为 O_1 和 O_2，半径分别为 R_1 和 R_2，它们在 C 点构成高副。当机构运动时，两圆连心线 O_1O_2 的长度将保持不变，同时，AO_1 及 BO_2 的长度在运动过程中也保持不变。因此，如果设想用一个虚拟的构件分别与构件1、2在 O_1、O_2 点以转动副相连，来替代由两圆弧所构成的高副（机构如图中虚线所示），显然这样的替代对机构的自由度和运动均不发生任何改变，即它满足高副低代的两个条件。高副低代后的这个平面低副机构称为原平面高副机构的替代机构，由于无论在何处高副接触，替代机构的各杆长均保持不变，因

此，称这种替代为永恒替代。

图 1-32 所示的机构，其高副元素为两个非圆曲线，在图示位置它们在接触点 C 处的曲率中心分别为点 O_1 和 O_2。在对此高副进行低代时，同样可以用一个虚拟的构件分别在 O_1、O_2 点与构件 1、2 以转动副相连，瞬时的替代机构如图 1-32 中虚线所示，也能满足高副低代的两个条件，所不同的是此高副接触两个曲线的轮廓在各处的曲率半径各不相同，其曲率中心至构件回转轴的距离也随之不同，所以这种替代称为瞬时替代，其替代机构的尺寸将随机构位置的不同而不同。

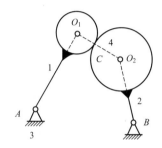
图 1-31　高副低代（一）

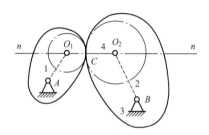
图 1-32　高副低代（二）

根据以上分析可以得出以下结论：在平面机构中进行高副低代时，为了使替代前后机构的自由度、瞬时速度和瞬时加速度都保持不变，只要用一个虚拟构件与两高副构件在过接触点的曲率中心处以转动副相连即可。

高副低代的关键是找出构成高副的两轮廓曲线在接触点处的曲率中心，然后用一个构件和位于两个曲率中心的两个转动副来代替该高副。

高副低代有以下两种特殊情况。

（1）如果两接触轮廓之一为直线［如图 1-33（a）所示的凸轮机构的平底摆杆］，则因其曲率中心在无穷远处，所以低代时虚拟构件这一端的转动副将转化为以移动副来替代这处的高副，替代机构如图 1-33（b）所示。

（2）若两接触轮廓之一为一点［如图 1-34（a）所示的凸轮机构的尖端推杆］，则因其曲率中心对推杆来说就在尖端处，其替代方法如图 1-34（b）所示。

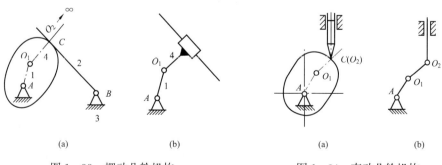
图 1-33　摆动凸轮机构　　　　　　图 1-34　直动凸轮机构
（a）替代前；（b）替代后　　　　　（a）替代前；（b）替代后

将含有高副的平面机构进行低代后，可视其为只含有低副的平面机构，以前所述的分析方法均可以用在该机构上进行分析。

【例 1-8】　试确定如图 1-35（a）所示机构的自由度，并确定机构的级别（以凸轮为原动件）。

解　机构共有 8 个活动件（含滚子构件 2），10 个低副（G 是铰链数为 2 的复合铰链），2 个高副，1 个局部自由度，没有虚约束。要对该机构进行结构分析，必须将机构进行高副低代，化为如图 1-35（b）所示的全低副机构。

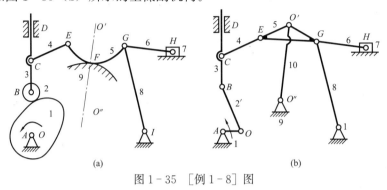

图 1-35　［例 1-8］图

（1）机构自由度的计算。

$$F = 3n - 2P_L - P_H = 3 \times 7 - 2 \times 9 - 2 = 1$$

（2）机构级别的确定。

从远离原动件 1 处开始拆分基本杆组。首先拆出Ⅱ级杆组 6、7。注意由于 G 为复合铰链，故随杆组 6、7 带走一个铰链 G' 后，该处还剩下一个铰链 G''；下一步只能拆出一个Ⅲ级杆组 4、5、8、10（因要再拆出Ⅱ级杆组的尝试均遭失败）；紧跟着又可再拆出另一个Ⅱ级杆组 2'、3，剩下一个原动件和一个机架，如图 1-36 所示。因杆组的最高级别为Ⅲ级，故该机构为Ⅲ级机构。

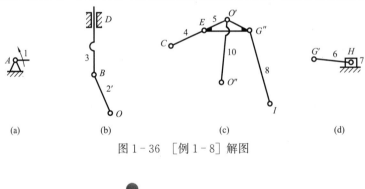

图 1-36　［例 1-8］解图

复习思考题

1. 机构的结构分析主要包括哪些内容？对机构进行结构分析的目的是什么？

2. 什么是构件？构件与零件有何区别？

3. 什么是高副？什么是低副？在平面机构中高副和低副一般各带来几个约束？齿轮副的约束应如何确定？

4. 什么是运动链？运动链和机构有什么联系和区别？

5. 什么是机构运动简图？它与机构示意图有什么区别？绘制机构运动简图的目的和意义是什么？绘制机构运动简图应注意哪些问题？

6. 什么是机构的自由度？在计算平面机构的自由度时应注意哪些问题？

7. 既然在计算机构自由度时，要将局部自由度及虚约束除去，那么为什么在实际机构中局部自由度与虚约束又出现较多?

8. 机构具有确定运动的条件是什么? 若不满足这一条件, 机构将会出现什么情况?

9. 对平面机构进行"高副低代"时应满足什么条件?

10. 什么是基本杆组? 机构的组成原理是什么? 如何确定基本杆组及机构的级别?

1-1　绘制图 1-37 所示机构的运动简图。

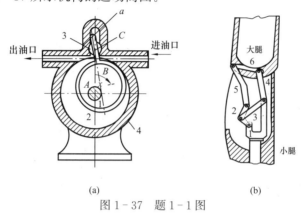

(a)　　　　　　　　　　(b)

图 1-37　题 1-1 图

1-2　计算图 1-38 所示机构的自由度, 并指出复合铰链、局部自由度和虚约束。

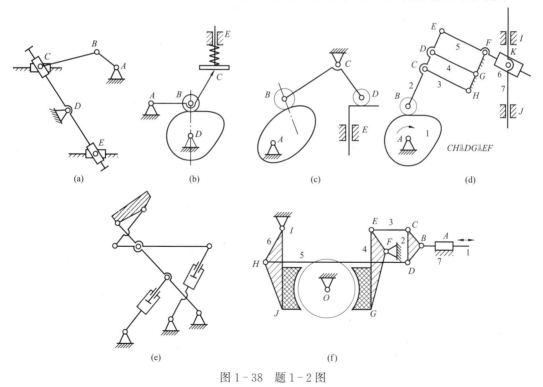

(a)　　　　(b)　　　　(c)　　　　(d)

$CH \parallel DG \parallel EF$

(e)　　　　　　　　(f)

图 1-38　题 1-2 图

1-3　判断图 1-39 所示机构是否具有确定的运动, 若否, 提出修改方案。

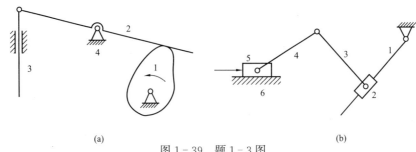

(a)   (b)

图 1-39　题 1-3 图

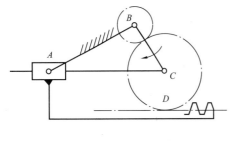

图 1-40　题 1-4 图

1-4　试计算图 1-40 所示连杆-齿轮组合机构的自由度，图中绘有箭头的构件为原动件（若有复合铰链、局部自由度或虚约束应明确指出）。

1-5　计算如图 1-41 所示两种平面机构的自由度，分析此机构是否具有确定的运动。如何才能具有确定的运动？

1-6　计算如图 1-42 所示机构的自由度（指出复合铰链、局部自由度及虚约束）并确定机构的级别，所拆的杆组需画图表示，并指出该基本杆组的组别。

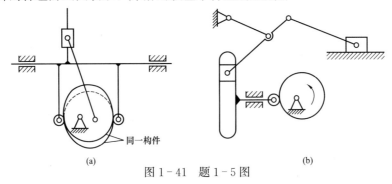

同一构件

(a)   (b)

图 1-41　题 1-5 图

1-7　计算图 1-43 所示机构的自由度，并确定杆组及机构的级别（图中所示机构分别以构件 2、4、8 为原动件）。

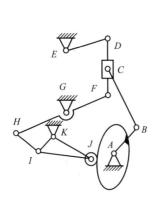

图 1-42　题 1-6 图

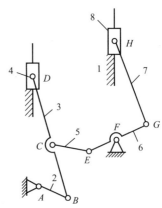

图 1-43　题 1-7 图

1-8　试对如图 1-44 所示机构：①计算机构自由度；②进行高副低代；③若取凸轮为原动件，此机构是几级机构？若滑块为原动件，此机构是几级机构？并划分杆组。

1-9　试求如图 1-45 所示机构的自由度，进行高副低代和结构分析，并判别机构级别。

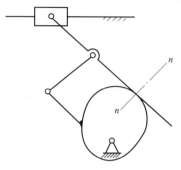
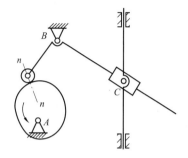

图 1-44　题 1-8 图　　　　　　图 1-45　题 1-9 图

本章知识点

1. 关于机构的组成要素：

(1) 什么是构件？构件与零件有什么区别？

(2) 什么是运动副？运动副有哪些常用类型？掌握常用运动副的特点。

(3) 什么是运动链？什么是机构？

2. 掌握常用机构构件和运动副的简图符号。

3. 如何绘制机构运动简图？

4. 什么是自由度？什么是约束？掌握平面机构自由度的计算公式。

5. 掌握机构自由度的意义和机构具有确定运动的条件。

6. 什么是复合铰链？在计算机构自由度时，如何处理复合铰链？

7. 什么是局部自由度？在计算机构自由度时，如何处理局部自由度？

8. 什么是虚约束？机构中的虚约束起什么作用？机构中常见的虚约束有哪几种？在计算机构自由度时，如何处理虚约束？

9. 什么是基本杆组？Ⅱ级杆组有几种形式？

10. 机构的组成原理是什么？

11. 如何对机构进行结构分析？

12. 机构的高副低代有哪些基本方法？

扫一扫

第1章　知识点
视频资源

第2章　平面连杆机构的分析和设计

本章介绍了平面四杆机构的基本形式和演化方法，主要介绍平面四杆机构的工作特性、传动特点及其设计方法。平面四杆机构是设计多杆机构的基础，主要设计方法有图解法和解析法。

2.1　概　　　述

全部由低副（转动副、运动副、球面副等）将若干刚性构件连接组成的机构称为低副机构，工程上也把这类机构称为连杆机构。按构件间的相对运动关系，将连杆机构分为平面连杆机构和空间连杆机构两大类；根据机构中是否含有一副杆，连杆机构还可分为闭链型和开链型连杆机构。所谓平面连杆机构，是指机构中各运动构件均在相互平行的平面内运动；所谓空间连杆机构，是指机构中各运动构件不都在相互平行的平面内运动。含有一副杆的连杆机构称为开链型连杆机构，否则为闭链型连杆机构。在这两类连杆机构中，平面闭链连杆机构应用广泛，尤其是以四个构件组成的平面四杆机构应用更为广泛。

连杆机构是以杆件的数目来命名的，四个构件以低副组成则称为四杆机构，由五个构件组成则称为五杆机构，依此类推。五个以上连杆机构则称为多杆机构。平面多杆机构是在平面四杆机构的基础上依次叠加杆组而成，对于多杆机构，由于其尺度参数多，运动要求复杂，设计也较困难。因此，本章主要讨论平面四连杆机构的设计方法，对于多杆机构的设计方法可参阅有关专著。

平面连杆机构广泛地应用于各种机械和仪表中，例如内燃机中的曲柄滑块机构（见图2-1）、搅拌机中的曲柄摇杆机构（见图2-2）、飞机起落架（见图2-3）等。

平面连杆机构之所以应用如此广泛，是因为它具有如下显著的优点：

（1）相对高副机构而言，低副机构的零件容易制造，生产成本相对较低；

（2）由于低副是面接触，接触应力相对高副较小，故承载能力较强，工作可靠；

（3）连杆机构的构件可以做得较长，故可实现较大空间范围的运动，容易实现力和运动的远距离传递；

（4）连杆机构可以实现多种运动要求，例如转动、摆动、移动、平面或空间的复杂轨迹运动及间

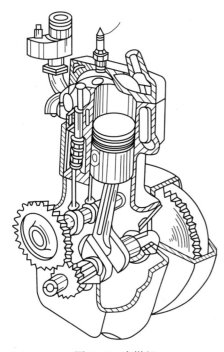

图2-1　内燃机

歇运动等。

　　连杆机构由于有作平面或空间运动的构件，它们在运动中产生的惯性力和惯性力矩不易平衡，容易使机构在运动中产生振动和冲击，严重时还会影响机械产品的工作精度与寿命，因此，连杆机构通常不适合于高速工作的场合。其次，尽管连杆机构可以实现一些复杂的

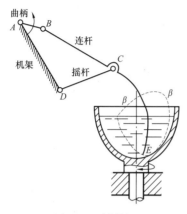

图 2-2　搅拌机

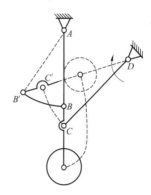

图 2-3　飞机起落架

轨迹运动，但要精确实现设计要求的复杂轨迹曲线的运动是相当困难的，甚至是不可能的，在实现运动要求的灵活性与复杂性方面，它不如某些高副机构，例如凸轮机构。此外，连杆机构的构件数和运动副数越多，则传动效率越低，传动累积误差越大，设计也越复杂。随着计算机的发展和现代数学工具的日益完善，以前不易解决的复杂平面连杆机构的设计问题正在逐步获得解决。

　　由于平面连杆机构在生产实际中应用十分广泛，故本章对平面连杆机构从以下三方面进行重点讨论：

　　(1) 平面连杆机构的基本结构和类型选择。

　　(2) 平面连杆机构的基本特性及其分析方法。

　　(3) 平面连杆机构的尺度综合问题。尺度综合要解决的主要问题是：根据设计要求提出的综合参数，采用相应的综合方法，最终得出能满足设计要求的机构运动简图参数。

　　平面连杆机构的设计方法大致可分为图解法、解析法、图谱法和实验法四类。

2.2　平面四杆机构的基本类型及其演化

　　在平面连杆机构中，结构最简单的且应用最广泛的是由四个构件所组成的平面四杆机构，其他多杆机构可看成在此基础上依次增加杆组而组成的。

2.2.1　平面四杆机构的基本形式——铰链四杆机构

　　所有运动副均为转动副的四杆机构称为铰链四杆机构，它是平面四杆机构的最基本型式。其他型式的四杆机构可以认为是它的演化形式。在图 2-4 所示的铰链四杆机构中，AD为机架，AB、CD 两杆与机架相连称为连架杆，连接两连架杆的构件 BC 称为连杆。而在连架杆中，按连架杆能否做整周转动，把连架杆分为曲柄和摇杆，能做整周转动的连架杆称为曲柄，在一定角度来回摆动的非整周转动的连架杆称为摇杆。

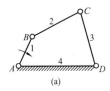 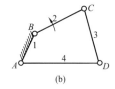 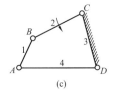

图 2-4　铰链四杆机构

在铰链四杆机构中，四个运动副都是转动副。如果组成转动副的两构件能相对做整周转动（如图 2-4 中的 A、B 副），则称为整转副（有的教材上称为周转副），而不能做相对整周转动的运动副（如图 2-4 中的 C、D 副），则称为摆转副。在铰链四杆机构中，按连架杆是曲柄还是摇杆可将四杆机构分为图 2-4 所示的 3 种基本形式。

1. 曲柄摇杆机构

铰链四杆机构的两连架杆中一个能做整周转动，另一个只能做往复摆动的机构，称为曲柄摇杆机构，它在工业中得到广泛的应用，如颚式破碎机机构（见图 2-5）、雷达天线俯视机构（见图 2-6）和搅拌机构（见图 2-2）等。

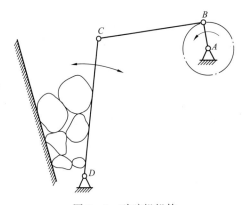

图 2-5　破碎机机构

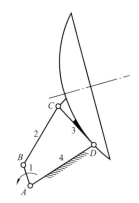

图 2-6　雷达天线俯仰机构

2. 双曲柄机构

铰链四杆机构的两连架杆均能做整周转动的机构称为双曲柄机构。当主动曲柄连续等速转动时，从动曲柄一般不做等速转动，而做变速运动。图 2-7 所示的惯性筛中，当原动曲柄 AB 做等速回转运动时，从动曲柄 CD 做变速转动，从而使筛网具有较大变化的加速度，利用加速度所产生的惯性力，使被筛材料达到理想的筛分效果。双曲柄机构中有两种特殊机构，即平行四边形机构和反平行四边形机构，在双曲柄机构中，若两对边构件长度相等且平行，则称为平行四边形机构，该机构的特点是主动曲柄和从动曲柄均以相同角速度转动，同时连杆作平动；在双曲柄机构中，两曲柄长度相同，而连杆与机架不平

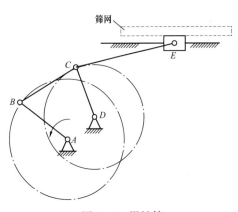

图 2-7　惯性筛

行，称为反平行四边形机构，当以长边为机架时，该机构的特点是两曲柄转向相反，当以短边为机架时，该机构的特点和一般双曲柄机构相似。例如，图 2-8 所示的机车车轮的联动机构就利用了平行四边形机构的运动特性；而图 2-9 所示的车门开闭机构则利用了反平行四边形两曲柄反向转动的运动特性。

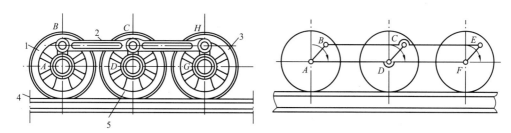

图 2-8　机车车轮的联动机构

3. 双摇杆机构

铰链四杆机构中的两连架杆均不能做整周转动，即两连架杆都是摇杆，则称为双摇杆机构。图 2-10 所示的鹤式起重机中的四杆机构即为双摇杆机构，当原动摇杆 AB 摆动时，从动摇杆 CD 也随之摆动，位于连杆 BC 延长线上的重物悬挂点 E 将沿近似水平直线移动。

在双摇杆机构中，若两摇杆长度相等并且最短，则构成等腰梯形机构，汽车前轮转向机构（见图 2-11）就是其应用之一。

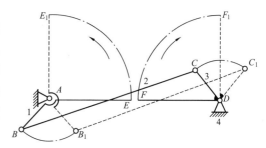

图 2-9　车门开闭机构

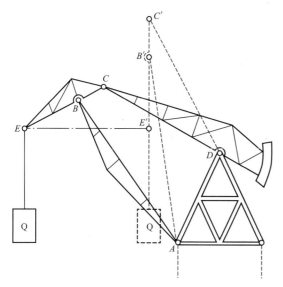

图 2-10　鹤式起重机机构

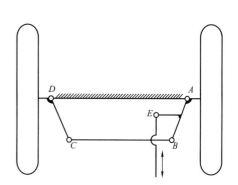

图 2-11　汽车前轮转向机构

2.2.2　平面四杆机构的演化方式

除上述三种形式的铰链四杆机构之外，在工程机械中还广泛地应用着其他形式的四杆机构。不过，这些形式的四杆机构可认为是由基本型式演化而得的。机构的演化，不仅是为了满足运动方面的要求，还往往是为了改善受力状况及满足结构设计上的需要。各种演化机构的外形虽然各不相同，但它们的性质以及分析和设计方法却常常是相同的或类似的，这就为连杆机构的设计研究提供了方便。

掌握这些演化方法，有利于对连杆机构进行创新设计。下面介绍各种演化方法。

1. 转动副演化为移动副

在图 2 - 12 所示的曲柄摇杆机构中，铰链 C 将沿圆弧 $\beta - \beta$ 往复运动。如图 2 - 12（a）所示，若将摇杆 3 做成滑块形式，使其沿圆弧导轨 $\beta - \beta$ 往复滑动，显然，此时两机构的运动性质不发生改变，但此时的铰链四杆机构已经演化成具有曲线导轨的曲柄滑块机构，如图 2 - 12（b）所示。

又若将摇杆 CD 的杆长增大至无穷长，则圆弧 $\beta - \beta$ 的曲率半径越来越大直至无穷大，曲线导轨将变成直线导轨，与连杆相连的转动副 C 转化成移动副，于是机构就演化成为曲柄滑块机构。滑块移动导路到曲柄回转中心之间的距离 e 称为偏距。如果 e 不为零，称为偏置曲柄滑块机构，如图 2 - 12（c）所示；如果 e 等于零，则为对心曲柄滑块机构，如图 2 - 12（d）所示。曲柄滑块机构在冲床、内燃机、压力机中得到了广泛的应用。

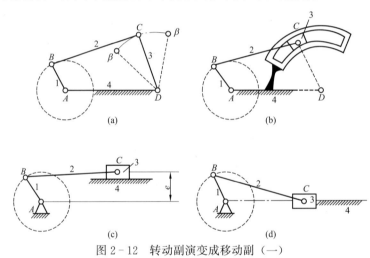

图 2 - 12 转动副演变成移动副（一）

图 2 - 12（d）所示的对心曲柄滑块机构还可进一步演化为图 2 - 13（c）所示的双滑块四杆机构。连杆 2 上的 B 点相对于转动副 C 的运动轨迹为 $\beta - \beta$ 的圆弧，如果设想连杆 2 的长度变为无限长，圆弧 $\beta - \beta$ 将渐变为直线。如再把连杆做成滑块，则该曲柄滑块机构就演化成具有两个移动副的四杆机构，如图 2 - 13（c）所示。在该机构中，从动件 3 的位移与原动件 1 的转角的正弦成正比（$S = l_{AB} \sin \varphi$），故该机构又称为正弦机构。它多应用在仪表和解算装置中。

由此可知，带有一个或两个滑块的四杆机构可以由全铰链四杆机构演化而得。

2. 扩大转动副径向尺寸

图 2 - 14 所示的曲柄滑块机构，当曲柄 AB 的实际尺寸很短、曲柄销需要传递较大动力而承受较大冲击载荷时，由于结构的需要，通常将运动副 B 的半径扩大，直至超过曲柄 AB 的长度，得到如图 2 - 14（c）所示的机构。此时，曲柄 1 变成了一个几何中心为 B、回转中

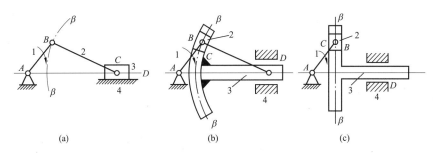

图 2-13 转动副演变成移动副（二）

心为 A 的偏心圆盘，其回转中心至几何中心的偏心距 e 即为原曲柄的长度，这种机构称为偏心轮机构。该机构与原曲柄滑块机构的运动特性相同，其机构运动简图也完全一样。偏心轮机构在冲床、剪床、锻压设备和柱塞泵中应用较广。

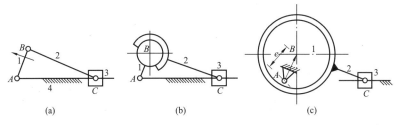

图 2-14 偏心轮机构

3. 选用不同的构件为机架

低副运动的可逆性：构成低副的两构件之间的相对运动，不因其中哪个构件是固定件而改变。因此可以选择不同的构件为机架来得到不同的机构。

(1) 变换铰链四杆机构的机架位置。根据上述原理，我们可以在各杆杆长不变的情况下选择不同的机架来得到不同类型的机构。以铰链四杆机构为例，如图 2-4 所示的三种铰链四杆机构，各杆长间的相对运动和长度都不变，但选取不同构件为机架，演化成了具有不同结构形式、不同运动性质和不同用途的三种机构。

(2) 变换单移动副机构的机架位置。若将图 2-12 (d) 所示的对心曲柄滑块机构，重新选用不同构件为机架，又可演化成不同运动特性和不同用途的四杆机构。

若选构件 1 为机架，如图 2-15 (a) 所示，虽然各构件的形状和相对运动关系都未改变，但滑块 3 将在可转动（或摆动）的构件 4 上做相对移动，构件 4 称为导杆，此时图 2-12 (d) 所示的曲柄滑块机构就演化成转动（或摆动）导杆机构；牛头刨床驱动刨刀往复移动的机构就是摆动导杆机构。

若选构件 2 为机架，滑块 3 仅能绕机架上的铰链 C 做摆动，此时演化成曲柄摇块机构，如图 2-15 (b) 所示。它广泛应用于机床、液压驱动装置中，图 2-16 所示的自卸卡车车厢的翻斗机构即为一例，其中摇块 3 为油缸，用压力油推动活塞使车厢翻转。

若选用滑块 3 为机架，如图 2-15 (c) 所示，即演化成移动导杆机构，有的教材也称为定块机构或直动滑杆机构。图 2-17 所示的手摇唧筒机构即为一例。

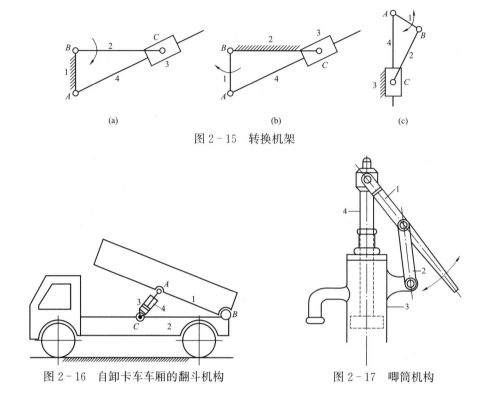

图 2-15　转换机架

图 2-16　自卸卡车车厢的翻斗机构　　　　　图 2-17　唧筒机构

（3）变化双移动副机构的机架位置。如图 2-18 所示的具有两个移动副的四杆机构，取
4 构件为机架，则得正弦机构图（a），缝纫机的下针机构就是应用实例；取构件 1 为机架，
则得双转块机构图（b），它常应用在两距离很小的平行轴的联轴器，十字滑块联轴节就是
应用实例；当选取构件 3 为机架时，则得双滑块机构图（c），常应用它作椭圆仪。

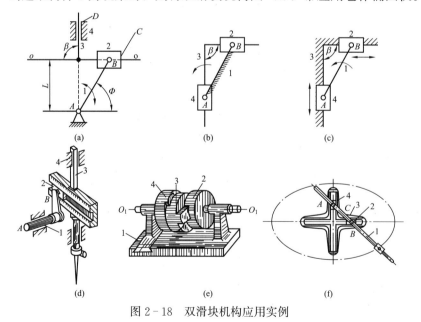

图 2-18　双滑块机构应用实例

表 2-1 列出了常见的四杆机构的几种型式。

表 2-1　　　　　　　　　　四杆机构的几种型式

Ⅰ 铰链四杆机构	Ⅱ 含一个移动副的四杆机构	Ⅲ 含有两个移动副的四杆机构	机架
曲柄摇杆机构	曲柄滑块机构	正切机构	4
双曲柄机构	转动导杆机构	双转块机构	1
曲柄摇杆机构	摆动导杆机构 曲柄摇块机构	正弦机构	2
双摇杆机构	移动导杆机构	双滑块机构	3

综上所述，铰链四杆机构可以通过以上三种方式演化出其他形式的四杆机构。

2.3 平面四杆机构的基本知识

由于铰链四杆机构是平面四杆机构的最基本形式，其他的四杆机构可认为是由它演化而来。所以本节着重研究铰链四杆机构的一些工作特性，其结论可应用到其他形式的四杆机构中。

2.3.1 平面四杆机构有曲柄的条件

平面四杆机构中有曲柄的前提是其运动副中必有整转副或周转副存在，故下面先来讨论转动副中有整转副的条件。

所谓整转副是两构件能做360°相对转动的运动副，否则称摆转副。

下面以图 2-19 所示的四杆机构为例，说明平面四杆机构有曲柄存在的条件。

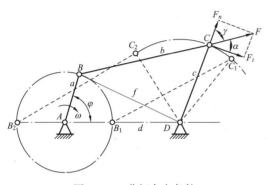

图 2-19 曲柄存在条件

在图 2-19 中，设四杆机构各杆的杆长分别为 a、b、c、d，设 $d>a$，在杆 AB 绕转动副 A 转动过程中，铰链点 B 与 D 之间的距离 f 是不断变化的，由几何知识知：只要三角形 BCD 存在，则杆 AB 就能绕 A 点继续转动（特例情形：当 $a+d=b+c$ 时，三角形 BCD 成一直线）。当 B 点到达图示点 B_1 和 B_2 两位置时，f 值分别达到最大值 $f_{max}=d+a$ 和最小值 $f_{min}=d-a$。

要使 A 成为整转副，则 AB 杆应能占据与 AD 杆拉直和重叠共线的两个特殊位置，即可以构成三角形 B_1C_1D 和三角形 B_2C_2D。根据三角形两边之和大于第三边这一几何关系，并结合机构运动的特点，可得

$$a+d\leqslant b+c$$
$$a+b\leqslant c+d$$
$$a+c\leqslant b+d$$

以上三式两两相加，得

$$a\leqslant c；a\leqslant b；a\leqslant d$$

由此可得 a 杆相对于 d 杆能做整周转动的条件是：

(1) 最短杆与最长杆的长度之和应小于等于其他两杆长度之和。此条件称为杆长条件。

(2) 组成周转副的两杆中必有一杆为四杆中最短杆。

上述条件表明，当四杆机构各杆的长度满足杆长条件时，有最短杆参与构成的两个转动副都是整转副，而其余的转动副则是摆转副。

由此可得出，四杆机构有曲柄的条件为：

(1) 各杆的长度应满足杆长条件；

(2) 连架杆或机架中必有一最短杆。

根据以上的结论，我们可得出以下推论，这推论也可当结论来使用。

铰链四杆机构根据各杆长度不同，可分为两大类：

（1）当最短构件与最长构件的长度之和大于其他两构件长度之和时，所有运动副均为摆动副，此时的四杆机构取任何一个构件为机架，均为双摇杆机构。

（2）当最短构件与最长构件的长度之和小于等于其他两构件长度之和时，最短构件上两个转动副均为整转副。此时取最短构件为机架——得到双曲柄机构；取最短构件任一相邻构件为机架——得到曲柄摇杆机构；取最短构件对面的构件为机架——得到双摇杆机构，如图 2－4 所示。

下面讨论含有移动副的四杆机构有曲柄的条件，如图 2－20 所示的偏置曲柄滑块机构，根据机构演化原理，可认为移动副是转动中心在无穷远处的转动副，从而将机构转化成铰链四杆机构来分析，得偏置曲柄滑块机构有曲柄的条件为：$b > a + e$；若 $e = 0$，则 $b > a$。

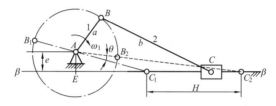

图 2－20　滑块机构曲柄存在条件

【例 2－1】　在图 2－21 所示铰链四杆机构中，已知：$b = 50\text{mm}$，$c = 35\ \text{mm}$，$d = 30\text{mm}$，AD 为固定件。

（1）如果能成为曲柄摇杆机构，且 AB 是曲柄，求 a 的极限值。

（2）如果能成为双曲柄机构，求 a 的取值范围。

（3）如果能成为双摇杆机构，求 a 的取值范围。

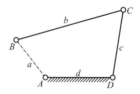

图 2－21　铰链四杆机构

解　（1）若能成为曲柄摇杆机构，则机构必须满足"杆长条件"，且 AB 应为最短杆。因此

$$b + a \leqslant c + d \Rightarrow 50 + a \leqslant 35 + 30$$

所以

$$a \leqslant 15\ （\text{mm}）$$

（2）若能成为双曲柄机构，则应满足"杆长条件"，且 AD 必须为最短杆。这时，应考虑下述两种情况：

1）当 $a \leqslant 50\text{mm}$ 时，BC 为最长杆，应满足

$$b + d \leqslant a + c \Rightarrow 50 + 30 \leqslant a + 35$$

所以

$$a \geqslant 45\text{mm} \Rightarrow 45\text{mm} \leqslant a \leqslant 50\text{mm}$$

2）当 $a > 50\text{mm}$ 时，AB 为最长杆，应满足

$$a+d\leqslant b+c\Rightarrow a+30\leqslant 50+35$$

所以

$$a\leqslant 55\text{mm}\Rightarrow 50\text{mm}<a\leqslant 55\text{mm}$$

将两种情况下得出的结果综合起来，即得 a 的取值范围为

$$45\text{mm}\leqslant a\leqslant 55\text{mm}$$

（3）若能成为双摇杆机构，则应该不满足"杆长条件"。这时，需按下述三种情况加以讨论：

1）当 $a<30\text{mm}$，AB 为最短杆，BC 为最长杆，则应有

$$a+b>c+d\Rightarrow a+50>35+30$$

所以

$$a>15\ (\text{mm})$$
$$15\text{mm}<a<30\text{mm} \tag{2-1}$$

2）当 $50\text{mm}>a\geqslant 30\text{mm}$ 时，AD 为最短杆，BC 为最长杆，则应有

$$d+b>a+c\Rightarrow 30+50>a+35$$

所以

$$a<45\ (\text{mm})$$
$$30\text{mm}\leqslant a<45\text{mm} \tag{2-2}$$

3）当 $a>50\text{mm}$ 时，AB 为最长杆，AD 为最短杆，则应有

$$a+d>b+c\Rightarrow a+30>50+35$$

所以

$$a>55\ (\text{mm})$$

另外，还应考虑到 BC 与 CD 杆延长成一直线时，需满足三角形的边长关系（一边小于另两边之和），即 $a<115\text{mm}$

所以

$$55\text{mm}<a<115\text{mm} \tag{2-3}$$

将不等式（2-1）和式（2-2）加以综合，并考虑到式（2-3），得出 a 的取值范围应为

$$15\text{mm}<a<45\text{mm}\ \text{和}\ 55\text{mm}<a<115\text{mm}$$

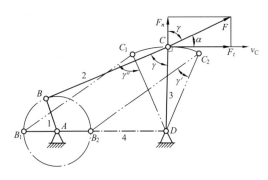

图 2-22　压力角和传动角

2.3.2　压力角和传动角

在图 2-22 所示的铰链四杆机构中，如果不考虑各运动副的摩擦力及构件的惯性力和重力，则连杆 2 是二力共线的构件（即二力杆），由主动件 1 经过连杆 2 作用在从动件 3 上的驱动力 F 的方向将沿着连杆 2 的中心线 BC 方向。而 C 点的速度方向应垂直于从动件 CD，力 F 可分解为两个分力：沿着受力点 C 的速度 v_C 方向的分力 F_t 和垂直于 v_C 方向的分力 F_n。设力 F 与着力点的速度 v_C 方向之间所夹的锐角为 α，则

$$\begin{cases} F_t = F \cdot \cos\alpha \\ F_n = F \cdot \sin\alpha \end{cases}$$

其中，沿 v_C 方向的分力 F_t 是使从动件转动的有效分力，对从动件产生有效转动力矩；而 F_n 则是仅仅在转动副 D 中产生附加径向压力的分力。由上式可知：α 越大，径向压力 F_n 也越大。在不计摩擦及构件的重力和惯性力的情况下，主动件给从动件的力的方向与从动件上该点的绝对速度方向之间所夹的锐角，称为机构在此位置时的压力角，用 α 表示。压力角的余角称为传动角，用 γ 表示，$\gamma = 90° - \alpha$。显然，γ 角越大，则有效分力 F_t 越大，而径向压力 F_n 就越小，对机构的传动越有利。因此，在连杆机构中，常用传动角的大小及其变化来衡量一机构传力性能的优劣。

在机构的运动过程中，传动角 γ 的大小是变化的。为了保证机构有良好的传力性能，应使 $\gamma_{\min} \geqslant 40° \sim 50°$，对于高速和大功率的传动机械应取较大值；对于一些受力很小或不常使用的操纵机构，则可允许传动角小一些，只要不引起机构的自锁即可。

由于传动角是机构位置的函数，那么在曲柄转一整圈的过程中，最小传动角会出现在哪个位置呢？下面以曲柄摇杆机构为例来分析，当曲柄 AB 转到与机架 AD 重叠共线和展开共线两位置 AB_1、AB_2 时，传动角将出现极值 γ' 和 γ''（传动角总取锐角）。

当 $\angle B_2C_2D < 90°$ 时，有

$$\gamma' = \angle B_2 C_2 D = \arccos\frac{b^2 + c^2 - (d-a)^2}{2bc} \tag{2-4}$$

当 $\angle B_1C_1D < 90°$ 时，有

$$\gamma'' = \angle B_1 C_1 D = \arccos\frac{b^2 + c^2 - (d+a)^2}{2bc} \tag{2-5}$$

当 $\angle B_1C_1D > 90°$ 时，有

$$\gamma'' = 180° - \angle B_1 C_1 D = 180° - \arccos\frac{b^2 + c^2 - (d+a)^2}{2bc} \tag{2-6}$$

比较 γ' 和 γ''，其中的较小者即为最小传动角 $\gamma_{\min}$，即 $\gamma_{\min} = \min[\gamma', \gamma'']$。

由传动角的计算公式可见，传动角的大小与机构中各杆的长度有关，故可按给定的许用传动角来设计四杆机构；另外，设计好的四杆机构，也必须验证它的最小传动角，若不满足传力性能要求，则重新设计杆长直至满足为止。

2.3.3　急回运动和行程速比系数

在图 2-23 所示的曲柄摇杆机构中，当主动曲柄 1 位于 B_1A 而与连杆 2 成一直线时，从动摇杆 3 位于右极限位置 C_1D。当曲柄 1 以等角速度 ω_1 逆时针转过角 φ_1 而与连杆 2 重叠时，曲柄到达位置 B_2A，而摇杆 3 则到达其左极限位置 C_2D。机构所处的这两个位置称为极限位置。当曲柄继续转过角 φ_2 而回到位置 B_1A 时，摇杆 3 则由左极限位置 C_2D 摆回到右极限位置 C_1D。从动件的往复摆角均为 ψ。由图可以看出，曲柄相应的两个转角 φ_1 和 φ_2 为

$$\varphi_1 = 180° + \theta$$

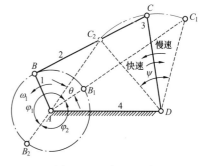

图 2-23　急回运动

$$\varphi_2 = 180° - \theta$$

上式中，θ 为摇杆位于两极限位置时曲柄与连杆的两共线位置所夹的角度，称为极位夹角。当曲柄以等角速度 ω_1 逆时针转过 φ_1 时，摇杆将由位置 C_1D 摆到位置 C_2D，其摆角为 ψ，所需时间为 t_1，C 点的平均速度为 v_1；当曲柄以等角速度 ω_1 继续转过 φ_2 时，摇杆将由位置 C_2D 摆回到位置 C_1D，其摆角仍为 ψ，但所需时间为 t_2，C 点的平均速度为 v_2。由于曲柄作等角速度转动，因 θ 的存在使得 $\varphi_1 > \varphi_2$，所以有 $t_1 > t_2$，$v_2 > v_1$。摇杆摆回的平均速度不同，摇杆的这种性质称为急回运动，为了表明急回运动的急回程度，通常用行程速度变化系数（或称行程速比系数）K 来衡量，即

$$K = \frac{v_2}{v_1} = \frac{t_1}{t_2} = \frac{\varphi_1}{\varphi_2} = \frac{180° + \theta}{180° - \theta} \tag{2-7}$$

此式表明，当机构的极位夹角 $\theta \neq 0$ 时，机构便具有急回特性，θ 值越大，K 值也越大，机构的急回特性也越明显。机构的急回特性在工程上的应用有以下两种情况：第一种情况是工作行程要求慢速前进，以利于切削等工序的进行，而回程时为了节省空回时间，则要求快速返回，缩短生产周期，提高工作效率，如牛头刨床和插床就是利用这点工作的；第二种情况是对某些颚式破碎机，要求动颚板快进慢退，使得被破碎的石头能及时推出颚板。

急回机构的急回方向与原动件的回转方向有关，工程使用中应加以注意。在有急回要求的设备上应明显地标注出原动件的正确回转方向。

对于有急回运动要求的机械，设计时应先确定急回程度，即先确定行程速度变化系数 K，由 K 求出 θ，再设计各杆的尺寸。

$$\theta = 180° \frac{K-1}{K+1} \tag{2-8}$$

有时某一机构本身无急回特性，但当它与另一机构组合后，此组合后的机构并不一定也无急回特性。机构有无急回特性，应从急回特性的定义入手进行分析。

下面分析带有滑块的四杆机构的急回特性。

（1）对心的曲柄滑块机构，根据急回特性的定义可知，无急回特性。

（2）偏置的曲柄滑块机构，根据急回特性的定义可知，有急回特性，θ 角大小如图 2-24 所示。

（3）摆动导杆机构，根据急回特性的定义可知，有急回特性，且 $\theta = \psi$，如图 2-25 所示。

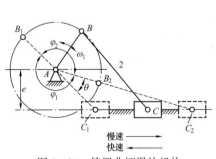

图 2-24　偏置曲柄滑块机构

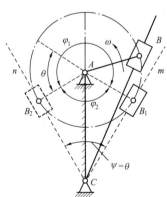

图 2-25　摆动导杆机构

2.3.4　死点位置

所谓机构的死点位置是主动件传递给从动件的力的方向与从动件上该点的速度方向之间的夹角为 90°，即传动角 $\gamma = 0°$ 时机构所处的位置。

下面来看一下死点位置的形成：在图 2 - 26 所示的曲柄摇杆机构中，设摇杆 CD 为主动件，则当机构处于图 2 - 26 所示的两个虚线位置之一时，连杆与曲柄在一条直线上，出现了传动角 $\gamma = 0°$ 的情况。这时主动件 CD 通过连杆作用于从动件 AB 上的力恰好通过其回转中心，所以出现了不能使构件 AB 转动的"顶死"现象，机构的此种位置称为死点位置，简称死点。

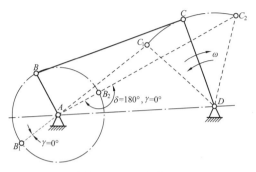

图 2 - 26　死点位置

对于传动机构来说，机构有死点是不利的，为了使机构能顺利地通过死点而正常运转，应该采取措施使机构能顺利通过死点位置。对于连续运转的机器，可以在从动件上安装飞轮，利用从动件的惯性来通过死点位置，缝纫机就是利用皮带轮的惯性顺利通过死点；也可采用机构错位排列的方法，即将两组以上的机构组合起来，而使各组机构的死点位置相互错开等方法，如图 2 - 27 所示的蒸汽机车的车轮联动机构，在左右两组曲柄滑块机构中，两曲柄位置错开 90°。

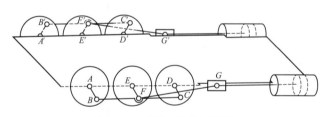

图 2 - 27　蒸汽车轮联动机构

任何事物都是一分为二的，机构的死点位置也有它的积极一面，在工程实际中，不少场合也利用机构的死点位置来实现一定的工作要求。夹紧工件用的连杆式快速夹具就是利用死点位置来夹紧工件的，如图 2 - 28（a）所示。在连杆 2 的手柄处施以压力 F 将工件夹紧后，连杆 BC 与连架杆 CD 成一直线。撤去外力 F 之后，在工件反弹力 F_n 作用下，从动件 3 处于死点位置（即使此反弹力再大，也不会使工件松脱）。再如图 2 - 28（b）所示的飞机起落架机构，当飞机着陆时，连杆 BC 与从动件 CD 位于一直线上。因机构此时处于死点位置，故机轮着地时产生的巨大冲击力不会使从动件反转，从而保持着支撑状态，保证飞机安全着陆。

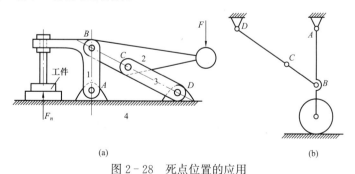

(a)　　　　　　　　　　　　　(b)

图 2 - 28　死点位置的应用

（a）连杆式快速夹具；（b）飞机起落架

2.3.5　运动的连续性

当主动件连续运动时，从动件也能连续地占据预定的位置，称为机构具有运动的连续性。如图 2-29 所示的曲柄摇杆机构中，当主动件 AB 连续地转动时，从动件摇杆 CD 或 $C'D$ 可以占据在其摆角 φ_3 或 φ'_3 内的某一预定位置。

角度 φ_3 或 φ'_3 称为极限摆角，其所决定的从动件范围称为运动的可行域（图 2-29 中的阴影区域）。由图可知，从动件摇杆根本不可能进入角度 δ_3 或 δ'_3 所决定的区域，这个区域称为运动的非可行域。

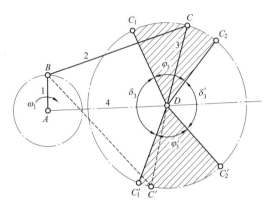

图 2-29　曲柄摇杆机构运动可行域图

因此，从动件摇杆只能在某一可行域内运动，而不可能从一个可行域跃入另一个可行域内。在设计曲柄摇杆机构时，不能要求从动摇杆在两个不连通的可行域内运动。

可行域的范围受机构中构件长度的影响，当已知构件的长度后，可行域就可以通过作图求得。至于摇杆究竟能在哪个可行域内运动，则取决于机构的初始位置。

综上所述，在铰链四杆机构中，若机构的可行域被非可行域分隔成不连续的几个域，而从动件各位置又不在同一个可行域内，则机构的运动必然是不连续的。

2.3.6　铰链四杆机构的连杆曲线谱

平面连杆机构中，连杆上不同位置的点随着机构的运动，会被导引到连杆运动平面不同的位置，从而描绘出各种形状不同的平面轨迹曲线，这些轨迹曲线又被称为连杆曲线。可以证明：铰链四杆机构的连杆曲线是 6 阶代数曲线；带一个移动副的平面四杆机构是 4 阶代数曲线。因此，铰链四杆机构的连杆曲线形状更丰富，变化也更多、更富有应用价值。当需要设计一个平面四杆机构引导连杆上某一点实现预期的轨迹时，如果再现轨迹精度要求不高时，可直接采用连杆曲线图谱来进行设计。

连杆曲线图谱是由如图 2-30 所示的装置绘制的。此装置实际上是一个铰链四杆机构的模型。装置中取原动件 AB 的长度为 1 单位长度，其余各构件相对于 AB 的长度做成可调的，在连杆上固定一块不透明的多孔薄板。当机构运动时，薄板上的每一个小孔的运动轨迹就是一连杆曲线。在绘制图谱时，可在薄板下装上感光纸，用光束照射办法，把小孔的运动轨迹印在感光纸上。这样，每变动一次各杆的相对杆长就可得到一组曲线。最后记录下的大量曲线经整理汇编，收集成册，汇编成"连杆曲线图谱"供使用者查阅。

图 2-31 为图谱中的一张图。图 2-31 中右下方的 3、1、2、2.5 分别表示图中各杆的相对长度比，曲线及曲线上的空心小圆表示机构运动到图示位置时，连杆上小圆位置的点所描绘出的轨迹曲线。设计时可以直接在图谱中查找与设计要求轨迹相近的曲线及其发生机构，如果查找到的连杆曲线已能满足设计要求时，则直接将发生机构的相对长度比按比例放大或缩小即可，若尚感不足，也可以用该发生机构的尺寸作为计算初值对机构进行优化设计，直至满足要求为止。

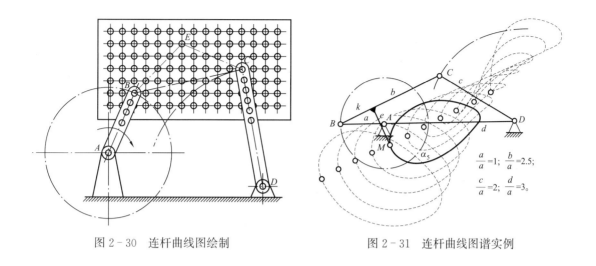

图 2-30　连杆曲线图绘制　　　　　　　图 2-31　连杆曲线图谱实例

$\dfrac{a}{a}=1; \quad \dfrac{b}{a}=2.5;$

$\dfrac{c}{a}=2; \quad \dfrac{d}{a}=3。$

2.4　平面四杆机构的图解法设计

2.4.1　平面四杆机构设计的三类基本问题

平面连杆机构在工程实际中应用十分广泛。根据机械的用途和性能要求的不同，对连杆机构设计的要求是多种多样的，但这些设计要求，通常可归纳为以下三大类设计问题：

1. 实现刚体给定位置的设计

在这类设计问题中，要求所设计的机构能引导一个刚体顺序通过一系列给定的位置。该刚体一般是机构的连杆。

2. 实现预定运动规律的设计

在这类设计问题中，要求所设计机构的主、从动连架杆之间的运动关系能满足预定的对应位置关系或某种给定的函数关系。如车门开闭机构，工作要求两连架杆的转角满足大小相等而转向相反的运动关系，以实现车门的开启和关闭；又如汽车前轮转向机构，工作要求两连架杆的转角满足某种函数关系，以保证汽车顺利转弯；再比如，在工程实际的许多应用中，要求在主动连架杆匀速运动的情况下，从动连架杆的运动具有急回特性，以提高劳动生产率。

3. 满足预定的轨迹要求

在这类设计问题中，要求所设计机构在运动过程中，连杆上的某些点的轨迹能符合预定的轨迹要求。如图 2-10 中的鹤式起重机的起重机构，当重物提升到一定的高度时，希望它能作水平直线移动，以避免货物做不必要的上下起伏运动。

连杆机构的设计方法有图解法、解析法和试验法，现分别介绍如下：

2.4.2　图解法设计四杆机构

对于四杆机构来说，当其铰链中心位置确定后，各杆的长度也就随之确定。用图解法进行设计，就是利用各铰链之间相对运动的几何关系，通过作图确定各铰链的位置，从而定出各杆的长度。下面根据设计要求的不同，分别加以介绍。

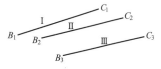

图 2-32　连杆三个位置

1. 按给定连杆位置设计四杆机构

如图 2-32 所示，设工作要求某刚体在运动过程中能依次占据Ⅰ、Ⅱ、Ⅲ三个给定位置，试设计一铰链四杆机构，引导该刚体实现这一运动要求。设计问题为实现连杆给定位置的设计。首先根据刚体的具体结构，在其上选择活动铰链点 B 和 C 的位置。一旦确定了 B 和 C 的位置，对应于刚体 3 个位置时活动铰链的位置 B_1C_1，B_2C_2 和 B_3C_3 也就确定了。

设计的主要任务：确定固定铰链点 A、D 的位置。

设计步骤：如图 2-33 所示，因为连杆上活动铰链 B、C 分别绕固定铰链 A、D 转动，所以连杆在 3 个给定位置上的 B_1、B_2 和 B_3 点，应位于以 A 为圆心，连架杆 AB 为半径的圆周上；同理，C_1、C_2 和 C_3 三点应位于以 D 为圆心，以连架杆 DC 为半径的圆周上。因此，分别连接 B_1、B_2 和 B_2、B_3，再分别作这两条线段的中垂线 b_{12} 和 b_{23}，其交点即为固定铰链中心 A。同理，分别连接 C_1、C_2 和 C_2、C_3，再分别作这两条线段的中垂线 c_{12} 和 c_{23}，可得另一固定铰链中心 D。则 AB_1C_1D 即为所求四杆机构在第一个位置时的机构运动简图。

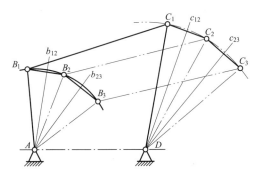

图 2-33　给定连杆三个位置的设计

在选定了连杆上活动铰链点位置的情况下，由于三点唯一地确定一个圆，故给定连杆 3 个位置时，其解是确定的。改变活动铰链点 B、C 的位置，其解也随之改变，从这个意义上讲，实现连杆 3 个位置的设计，解有无穷多个。如果给定连杆两个位置，则固定铰链点 A、D 的位置可在各自的中垂线上任取，故其解也有无穷多个。设计时，可添加其他附加条件（如机构尺寸、传动角大小、有无曲柄等），从中选择合适的机构。如果给定连杆 4 个位置，因任一点的 4 个位置并不总在同一个圆周上，因而活动铰链 B、C 的位置就不能任意选定。但总可以在连杆上找到一些点，它的 4 个位置是在同一圆周上，故满足连杆 4 个位置的设计也是可以解决的，不过求解时要用到所谓圆点曲线和中心点曲线理论。关于这方面的问题，需要时可参阅有关文献，这里不再做进一步介绍。

综上所述，按给定连杆位置的设计，因活动铰链点 B、C 的选择不唯一，其设计的解也不唯一。

2. 按给定连架杆对应位置设计四杆机构

设计一个四杆机构作为函数生成机构，这类设计命题即通常所说的按两连架杆预定的对应角位置设计四杆机构。

如图 2-34 所示，设已知两连架杆的三组对应位置 AB_1、DE_1；AB_2、DE_2；AB_3、DE_3；其对应的三组角位移分别为 φ_{10}、ψ_{10}；φ_{12}、ψ_{12}；φ_{13}、ψ_{13}；并已知两固定铰链 A

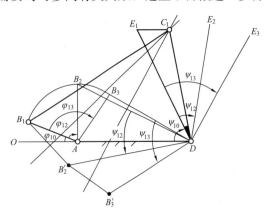

图 2-34　给定连架杆的对应位置的设计

和 D 的位置,连架杆 AB 的长度,要求设计此铰链四杆机构能实现以上三组对应关系。

设计此四杆机构的关键:求出连杆 BC 上活动铰链点 C 的位置,一旦确定了 C 点的位置,连杆 BC 和另一连架杆 DC 的长度也就确定了。

用图解法设计时,通常将给定两连架杆的对应位置问题,转化为按给定连杆的位置设计四杆机构来处理。

我们知道,低副机构具有运动可逆性,选取不同的构件为机架,可以获得不同类型的机构,但它们之间的相对运动保持不变。为此,对已有的铰链四杆机构 $ABCD$ 进行分析。当主动连架杆 AB 运动时,连杆上铰链 B 相对于另一连架杆 CD 的运动是绕铰链点 C 的转动。因此,以 C 为圆心,以 BC 长为半径的圆弧即为连杆上已知铰链点 B 相对于铰链点 C 的运动轨迹。如果能找到铰链 B 的这种轨迹,则铰链 C 的位置就不难确定了。对这类设计问题,本文采用机构反转法(或称为机构倒置法)来设计。下面来介绍这一方法。

对图 2-34,设想机架由 AD 变为 CD,也即固定其上的标线 DE,此时,原连架杆 AB 现变成连杆,原连杆 BC 变成连架杆,此机构 B 点的轨迹是以 C 为圆心,BC 为半径的圆弧,只要能得到 B 点在运动过程中的几个位置,就能确定活动铰链 C 的位置了。

根据上述方法,固定标线 DE_1,连接 B_2E_2、B_3E_3,然后将机构 AB_2E_2D、AB_3E_3D 固联,使整个机构一起作为一个刚体绕 D 点反方向转动一个角度,对机构 AB_2E_2D 来说,转过 $\angle E_2DE_1 = \psi_{12}$ 角度,使得 DE_2 和 DE_1 重合;对机构 AB_3E_3D 来说,转过 $\angle E_3DE_1 = \psi_{13}$ 角度,使得 DE_3 和 DE_1 重合,这时,得到连杆 AB 在反转过程中的对应位置 $A'_2B'_2$ 和 $A'_3B'_3$。

可以看到,固定 CD 杆作为机架,通过"刚化","反转"得到连杆 AB 的三对对应位置 AB_1、$A'_2B'_2$、$A'_3B'_3$,而此时 A 点的运动轨迹应在以 D 为圆心、AD 为半径的圆上,而 B 点则应在以 C 点为圆心,CB 为半径的圆上。所以,作 $\overline{B_1B'_2}$、$\overline{B'_2B'_3}$ 的垂直平分线,其交点就是 C 点。由于交点只有一个,所以该机构只有一个解。注意 DE 仅代表 CD 杆上的一条标线,所以,C 点不一定在标线上。

以上是给定三组对应位置设计的四杆机构,其解正好是唯一的。现设想若给定两组对应位置,此时的四杆机构就不唯一了,因为两组对应位置,在"刚化","反转"的过程中,只能得到一组反转位置 $A'_2B'_2$,作 $\overline{B_1B'_2}$ 的垂直平分线,则其上的任意一点都可以作为转动副的中心 C,故有无穷多个解,若附加其他条件,就能唯一确定 C 点的位置了。

为作图清晰起见,可以省略 A 点在反转过程中所留下的轨迹,直接刚化 $\triangle B_2E_2D$ 和 $\triangle B_3E_3D$,使 $\triangle B_2E_2D \cong \triangle B'_2E_1D$,$\triangle B_3E_3D \cong \triangle B'_3E_1D$,得到点 B'_2 和 B'_3。

3. 按给定行程速比系数 K 设计四杆机构

根据行程速比系数设计四杆机构时,可利用机构在极限位置时的几何关系,再结合其他辅助条件进行设计,下面将介绍几种常见机构的设计方法。

(1)曲柄摇杆机构。已知曲柄摇杆机构中摇杆长 CD、摆角 ψ 以及行程速比系数 K,试设计该四杆机构。

设计步骤如下:

1)首先,根据行程速比系数 K,计算极位夹角 θ,即

$$\theta = 180° \times \frac{K-1}{K+1}$$

2）其次，任选一点 D 作为固定铰链，如图 2-35 所示，并以此点为顶点作等腰三角形 DC_2C_1，使两腰之长等于摇杆长 CD，$\angle C_1DC_2=\Psi$。然后过 C_2 点作 $C_2M\perp C_1C_2$，再过 C_1 点作 $\angle C_2C_1N=90°-\theta$，得到直线 C_1M 和 C_2N 的交点为 P。最后以线段 $\overline{C_1P}$ 为直径作圆，则此圆周上任一点与 C_1，C_2 连线所夹之角度均为 θ。而曲柄转动中心 A 可在圆弧 $\overset{\frown}{C_2PE}$ 或 $\overset{\frown}{C_1F}$ 上任取。

由图 2-35 可知，曲柄与连杆重叠共线和拉直共线的两个位置为 $\overline{AC_1}$ 和 $\overline{AC_2}$，则

$$\overline{AC_1}=\overline{AB_1}+\overline{B_1C_1}; \qquad \overline{AC_2}=\overline{B_2C_2}-\overline{AB_2}$$

由以上两式可解得曲柄长度为

$$\overline{AB}=\frac{\overline{AC_1}-\overline{AC_2}}{2}=\frac{\overline{GC_1}}{2}$$

线段 $\overline{GC_1}$ 可由以 A 为圆心、$\overline{AC_2}$ 为半径作圆弧与 $\overline{AC_1}$ 的交点 G 来求得，而连杆长 $\overline{BC}$ 为

$$\overline{BC}=\overline{AC_1}-\overline{AB_1}$$

设计时应注意，曲柄轴心 A 点不能选在 EF 劣弧段上，否则机构将不满足运动连续性要求。因为这时机构的两极限位置 DC_1、DC_2 将分别在两个不连通的可行域内。

由于曲柄轴心 A 位置有无穷多，故满足设计要求的曲柄摇杆机构有无穷多个。如未给出其他附加条件，设计时通常以机构在工作行程中具有较大的传动角为出发点，来确定曲柄轴心的位置，若机构传动角不满足要求，则需要重新选择 A 点位置。当 A 向 E（F）靠近时，机构的最小传动

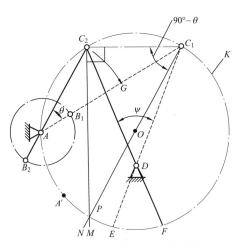

图 2-35　曲柄摇杆机构的设计

角将随之减小而趋向于零，故曲柄轴心 A 适当远离 E（F）较为有利。如果设计要求中给出了其他附加条件，则 A 点的位置应根据附加条件来确定。

（2）曲柄滑块机构。设已知其行程速比系数 K、行程 H，要求设计此机构。

与上述设计曲柄摇杆机构类似，先计算极位夹角 θ，然后作 $C_1C_2=H$，作角 $\angle OC_1C_2=\angle OC_2C_1=90-\theta$，以交点 O 为圆心，过 C_1、C_2 作圆，如图 2-36 所示，则曲柄的轴心 A 应在该圆弧上。再作一直线与 C_1C_2 平行，其间的距离等于偏距 e，则此直线与上述圆弧的交点即为曲柄轴心 A 的位置。当 A 点确定后，曲柄和连杆的长度也就随之确定。

（3）导杆机构。设摆动导杆机构的机架长度 d，行程速比系数 K，要求设计此机构。

由图 2-25 可知，导杆机构的极位夹角 θ 与导杆的摆角 Ψ 相等。设计时先计算极位夹角 θ，然后任选一点 C 作为固定铰链，作 $\angle B_1CB_2=\Psi=\theta$，再作其角等分线，并在该线

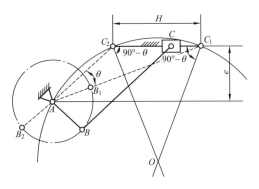

图 2-36　曲柄滑块机构的设计

上量取 $l_{AC}=d$，得曲柄的中心 A，过 A 点作导杆任一极限位置的垂线 AB_1（或 AB_2），AB_1（或 AB_2）即为曲柄的长度。

【例 2-2】 已知图 2-37 所示曲柄滑块机构中，$l_{AB}=20$mm，$l_{BC}=70$mm，偏距 $e=10$mm。如果该图是按 $\mu_l=0.001$m/mm 的比例绘制而成的，试用作图法决定：

（1）滑块的行程长度 H；

（2）极位夹角 θ；

（3）出现机构最小传动角的位置 $AB'C'$ 及最小传动角 $\gamma_{\min}$；

（4）如果该机构用作曲柄压力机，滑块朝右运动是冲压工件的工作过程，请确定曲柄的合理转向和传力效果最好的机构瞬时位置，并求出最大传动角 $\gamma_{\max}$。

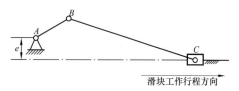

图 2-37　曲柄滑块机构

解　（1）当连杆与曲柄两次共线时，一定是滑块位于左右两极限位置 C_1 和 C_2，于是 $C_1C_2=H$，它可以用图解法来确定。如图 2-38 所示，以 A 为圆心，分别以（$l_{BC}-l_{AB}$）和（$l_{BC}+l_{AB}$）为半径作弧与滑块上 C 点的轨迹线交于 C_1 和 C_2 点，则 C_1 至 C_2 点的距离即为滑块的行程，量得 $H=40$mm。

（2）AC_1 和 AC_2 的夹角 $\angle C_2AC_1$ 即为机构的极位夹角，量得 $\theta=6°$。

（3）当曲柄位于与滑块导路线垂直的位置 AB' 时，机构具有最小传动角 $\gamma_{\min}=64°$。

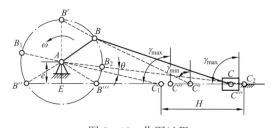

图 2-38　作图过程

（4）关于曲柄 AB 的合理转向应根据下列两理由之一进行判定：

其一，为使机构在工作行程中有更好的传力效果，应使机构具有 $\gamma_{\min}$ 的瞬时位置处于输出件的非工作行程（返回行程）中。其二，为提高机器的生产效率应利用机构输出构件的急回特性。为此，曲柄应该逆时针转动方为合理。当曲柄由 AB_1 转过 $\varphi_1=180°+\theta$ 到达 AB_2 时，伴随着滑块朝右运动作为工作行程，而 AB_2 到达 AB_1 所转过的角度 $\varphi_2=180°-\theta$，对应地滑块向左运动为非工作（返回）行程，且具有最小传动角 $\gamma_{\min}$ 的瞬时位置 $AB'C'$ 刚好处于返回行程。

（5）当连杆 BC 两次位于 C 点轨迹线上时，机构瞬时位置 $AB''C''$ 和 $AB'''C'''$ 均具有最大传动角 $\gamma_{\max}=90°$。所以，滑块在 C''' 处冲压工作最好。

【例 2-3】 要求设计一摇杆滑块机构，以实现图 2-39 所示摇杆和滑块上铰链中心 C 点的三组对应位置，并确定摇杆长度 l_{AB} 和连杆长度 l_{BC}。图示比例尺 $\mu_l=0.001$m/mm。

解　根据反转法，以第一个位置为机架，将第二、第三位置"刚化""反转"相应的角度，使得第二位置和第一位置重合，第三位置和第一位置重合，得到相应的位置 C'_2 和 C'_3，作 $\overline{C_1C'_2}$ 和 $\overline{C'_2C'_3}$ 的垂直平分线，得到 B_1 点。

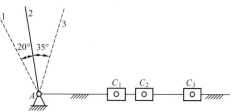

图 2-39　摇杆滑块机构

设计的摇杆滑块机构如图 2-40 中 AB_1C_1 所示，由图中可量得相应的杆长。

摇杆 l_{AB}、连杆 l_{BC} 如图 2-40 所示。

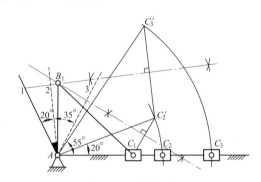

图 2-40　作图过程

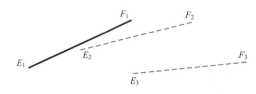

图 2-41　[例 2-4] 图

【例 2-4】　如图 2-41 所示，已知固定铰链中心 A、D 的位置及机构在运动过程中其连杆上的标线（即在连杆上作出的标志连杆位置的线段）EF 分别要占据的三个位置 E_1F_1、E_2F_2 和 E_3F_3。试确定两活动铰链 B、C 的位置。

解　如图 2-42 所示。

连接 AE_1F_1D、AE_2F_2D、AE_3F_3D。把它们看成刚体，将四边形 AE_2F_2D、四边形 AE_3F_3D 进行移动，使 E_2F_2 与 E_3F_3 均与 E_1F_1 重合。即作四边形 $A_1E_1F_1D_1\cong AE_2F_2D$，四边形 $A_2E_1F_1D_2\cong AE_3F_3D$，由此即可求得 A、D 点的第二、第三位置 A_1、D_1 及 A_2、D_2。由 A、A_1、A_2 三点所确定的圆弧的圆心即为活动铰链 B 的几何中心 B_1；同样 D、D_1、D_2 三点可确定活动铰链 C 的几何中心 C_1。AB_1C_1D 即为所求的四杆机构。

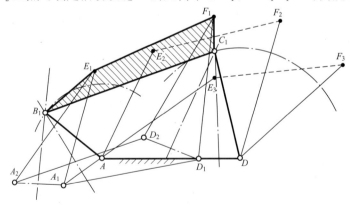

图 2-42　[例 2-4] 解图

说明：如果已知连杆 BC 所处的三个空间位置 B_1C_1、B_2C_2 和 B_3C_3，设计四杆机构，只需要连接 B_1B_2 和 B_2B_3，分别作它们的中垂线，求得交点即为固定铰链 A；连接 C_1C_2 和 C_2C_3，分别作它们的中垂线，求得交点即为固定铰链 D。

本题是应用机构倒置的概念，改取四杆机构的连杆为机架，则原机构中的固定铰链 A、D 将变为活动铰链，而活动铰链 B、C 则变为固定铰链。

2.5　平面四杆机构的解析法设计

图解法设计四杆机构形象直观、思路清晰，但作图麻烦且误差较大。而在用解析法设计四杆机构时，首先需要建立包含机构各尺度参数和运动参数在内的解析关系式，然后根据已知的运动变量求机构的尺度参数。解析法的特点为可借助于现代设计方法和计算机求解，求解准确。在这版教材修订中引入现代设计软件 MATLAB/Simulink 进行机构的运动学和动力学仿真分析，能够使设计分析过程简单方便、快捷直观，也培养了学生运用现代化的手段解决设计问题的能力。

2.5.1　有急回运动平面四杆机构的综合解析法

1. 曲柄摇杆机构的设计

设已知行程速比系数 K、摇杆长度 c 以及其摆角 ψ，要求设计该曲柄摇杆机构 ABCD。设曲柄、连杆和机架的长度分别为 a、b、d，由行程速比系数 K 求出极位夹角 θ，过 C_1、C_2 作圆使得 C_1C_2 圆弧所对的圆周角为 θ，在圆弧上任取一点 A，并设 $\angle AOC_1 = \alpha$，该圆的半径为 R，圆心 O 到铰链 D 的距离为 H，根据图 2-43 中的几何关系，注意到：$a+b=2R\sin\left(\theta+\dfrac{\alpha}{2}\right)$，$b-a=2R\sin\dfrac{\alpha}{2}$，可得曲柄摇杆机构的综合方程：

$$
\left.
\begin{aligned}
R &= c\sin\left(\frac{\psi}{2}\right)\Big/\sin\theta \\[4pt]
H &= c\cos\left(\frac{\psi}{2}\right) - R\cos\theta \\[4pt]
a &= 2R\cos\left(\frac{\theta+\alpha}{2}\right)\sin\left(\frac{\theta}{2}\right) \\[4pt]
b &= 2R\sin\left(\frac{\theta+\alpha}{2}\right)\cos\left(\frac{\theta}{2}\right) \\[4pt]
d &= \sqrt{R^2+H^2+2RH\cos(\theta+\alpha)}
\end{aligned}
\right\}
\tag{2-9}
$$

当再给出第四个设计参数，例如给出 a 或 b 或 d 的长度，则由式（2-9）中的第三、第四或第五式可以解出 α。

若要求机架 AD 与摇杆摆角的角平分线垂直，则可以从图 2-43 中的 $\triangle ADO$ 中直接求出 α

$$
\alpha = \arccos\left\{\frac{\sin\left[(\psi/2)-\theta\right]}{\sin(\psi/2)}\right\} - \theta
\tag{2-10}
$$

将求出的 α 代入式（2-9）中，即可求出满足行程速比系数 K 的曲柄摇杆机构。

除了可以根据机构的几何参数来进行机构综合外，还可以根据机构设计的动力参数确定 α。

例如，当要求机构的最小传动角不小于机构的许用传动角时，将式（2-9）代入：

$$
\cos\gamma_{\min} = \cos[\gamma] = \frac{b^2+c^2-(d-a)^2}{2bc}
\tag{2-11}
$$

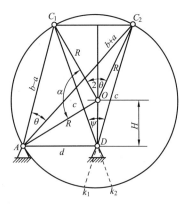

图 2-43 解析法设计曲柄摇杆机构

得机构的综合方程，由此方程解出 α 代回式（2-9），可以综合出既满足机构的运动设计参数 K，又满足机构的动力设计参数 $[\gamma]$ 要求的曲柄摇杆机构，综合出来的四杆机构再根据

$$\gamma' = \arccos\left[\pm\frac{b^2+c^2-(d+a)^2}{2bc}\right]\quad[\gamma \text{ 为钝角时取（一）号}]$$

验算式（2-8）算出的传动角是否是最小传动角。

由于该机构综合方程是一个关于 α 的超越函数方程，可用 2.5.2 介绍的现代设计方法求解。

2. 偏置式曲柄滑块机构设计

从图 2-44 中容易得出机构的综合方程：

$$\left.\begin{aligned}
R &= \frac{H}{2\sin\theta}\\
a &= 2R\cos\left(\frac{\theta+\alpha}{2}\right)\sin\left(\frac{\theta}{2}\right)\\
b &= 2R\sin\left(\frac{\theta+\alpha}{2}\right)\cos\left(\frac{\theta}{2}\right)\\
e &= (b-a)\sin\left(\theta+\frac{\alpha}{2}\right)
\end{aligned}\right\}\qquad(2\text{-}12)$$

当给定 H 和 K 后，若再给出其他设计条件，例如曲柄长度 a，连杆长度 b 或偏距 e，则可以分别从式（2-12）中的第二、第三式或第四式中解出 α，于是可以综合出能满足设计要求的偏置式曲柄滑块机构。此外，也可以根据传动角要求来进行机构综合。

当机构位于最小传动角位置时，有

$$\cos\gamma_{\min} = \frac{a+e}{b}\qquad(2\text{-}13)$$

将式（2-12）代入式（2-13）中，得最小传动角最大偏置式曲柄滑块机构的机构综合方程。当给出设计参数

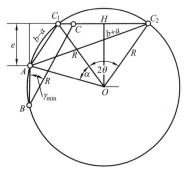

图 2-44 解析法设计曲柄滑块机构

为：滑块的行程 H、行程速比系数 K 和许用传动角 $[\gamma]$，可由机构综合方程解出 α，将 α 值代到式（2-12）中，即可综合求出满足设计要求的曲柄滑块机构。下面将介绍现代设计软件 MATLAB 在机构设计中的应用。

2.5.2　MATLAB 的发展沿革

MATLAB 语言是由美国的 Clever Moler 博士于 1980 年开发的，设计者的初衷是为解决"线性代数"课程的矩阵运算问题，取名 MATLAB 即 Matrix Laboratory 矩阵实验室的意思。

它将一个优秀软件的易用性与可靠性、通用性与专业性、一般目的的应用与高深的科学技术应用有机的相结合，MATLAB 是一种直译式的高级语言，比其他程序设计语言容易。标志着计算机语言向"智能化"发展，MATLAB 被称为第四代编程语言。MATLAB 已经

不仅仅是一个"矩阵实验室"了，它集科学计算、图像处理、声音处理于一身，并提供了丰富的 Windows 图形界面设计方法。

近年来，MATLAB 语言已在我国推广使用，现在已应用于各学科研究部门和许多高等院校。使用 MATLAB，工作效率可能成百上千倍的提高，使得技术人员真正是在做研究，而不是在编程。比如：编写一个优化的程序，需要几千行程序，而应用另一种优化方法时，还需要重复工作，大大降低了工作效率。

由于 MATLAB 对工作效率的提高，在研究中的编程量大大降低，使得研究生、科技人员可以有更多的时间考虑课题，这样可以在同样的时间内出更多的成果。加上 MALTAB 软件跟踪着本学科世界的前沿，所以基本上代表着最新发展方向，利用这些工具箱，可以提高科研的质量。

MATLAB 在美国已经作为大学工科学生必修的计算机语言之一（C，FORTRAN，ASSEMBLER，MATLAB）；在那里，MATLAB 是攻读学位的大学生、硕士生、博士生必须掌握的基本工具。在欧美大学里，诸如应用代数、数理统计、自动控制、数字信号处理、动态系统仿真等课程的教科书都把 MATLAB 作为内容，这成了现代教科书与旧版书籍的区别性标志。

显然，今天的 MATLAB 已经不再是仅仅解决矩阵与数值计算的软件，更是一种集数值与符号运算、数据可视化图形表示与图形界面设计、程序设计、仿真等多种功能于一体的集成软件。新版教材的 MATLAB 已经成为线性代数、数值分析计算、数学建模、信号与系统分析、自动控制、数字信号处理、机械系统仿真等一批课程的基本教学工具。

2.5.3　MATLAB 的特点及应用领域

在 MATLAB 中，矩阵运算是把矩阵视为一个整体来进行，基本上与线性代数的处理方法一致。矩阵的加减乘除、乘方开方、指数对数等运算，都有一套专门的运算符或运算函数。当 MATLAB 把矩阵（或数组）独立地当作一个运算量来对待后，向下可以兼容向量和标量。不仅如此，矩阵和数组中的元素可以用复数作基本单元，向下可以包含实数集。这些就是 MATLAB 区别于其他高级语言的根本特点。以此为基础，还可以概括出如下一些MATLAB 的特色。

1. 语言简洁，编程效率高

因为 MATLAB 定义了专门用于矩阵运算的运算符，使得矩阵运算就像列出算式执行标量运算一样简单，而且这些运算符本身就能执行向量和标量的多种运算。利用这些运算符可使一般高级语言中的循环结构变成一个简单的 MATLAB 语句，再结合 MATLAB 丰富的库函数可使程序变得相当简短，几条语句即可代替数十行甚至几百行 Fortran 语言程序语句的功能。

2. 交互性好，使用方便

在 MATLAB 的命令窗口中，输入一条命令，立即就能看到该命令的执行结果，体现了良好的交互性。

3. 强大的绘图能力，便于数据可视化

MATLAB 不仅能绘制多种不同坐标系中的二维曲线，还能绘制三维曲面，体现了强大的绘图能力。正是这种能力为数据的图形化表示（即数据可视化）提供了有力工具，使数据的展示更加形象生动，有利于揭示数据间的内在关系。

4. 学科众多、领域广泛的工具箱

工具箱实际是用 MATLAB 语句编成的、可供调用的函数文件集，用于解决某一方面的专门问题或实现某一类新算法。MATLAB 工具箱中的函数文件可以修改、增加或删除，用户也可根据自己研究领域的需要自行开发工具箱并外挂到 MATLAB 中。Internet 上有大量的由用户开发的工具箱资源。MATLAB 工具箱（函数库）可分为两类：功能性工具箱和学科性工具箱。功能性工具箱主要用来扩充其符号计算功能、图示建模仿真功能、文字处理功能以及与硬件实时交互的功能。而学科性工具箱是专业性比较强的，如机构学仿真工具箱、液压系统仿真工具箱、优化工具箱、汽车动力系统仿真工具箱、统计工具箱、控制工具箱、通信工具箱、图像处理工具箱、并行计算工具箱等。

到目前为止，MATLAB 本身提供的工具箱有 40 多个，可参考文献［27］，涉及机构分析与优化设计的有：

（1）机构学仿真工具箱（SimMechanics Toolbox）；

（2）汽车动力系统仿真工具箱（SimDriveline Toolbox）；

（3）优化工具箱（Optimization Toolbox）；

（4）仿真工具箱（Simulink Toolbox）。

2.5.4　MATLAB 操作界面

安装后首次启动 MATLAB 所得的操作界面如图 2-45 所示，这是系统默认的、未曾被用户依据自身需要和喜好设置过的界面。MATLAB 的主界面是一个高度集成的工作环境，有 4 个不同职责分工的窗口。它们分别是命令窗口（Command Window）、历史命令（Command History）窗口、当前目录（Current Directory）窗口和工作空间（Workspace）窗口。

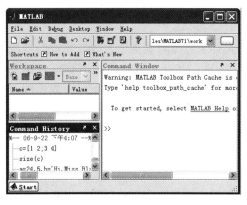

图 2-45　MATLAB 软件默认的主界面

菜单栏和工具栏在组成方式和内容上与一般应用软件基本相同或相似，本节简单介绍 MATLAB 的命令窗口（Command Window）。

在 MATLAB 默认主界面的右边是命令窗口。因为 MATLAB 至今未被汉化，所有窗口名都用英文表示，所以 "Command Window" 即指命令窗口。命令窗口顾名思义是接收命令输入的窗口，但实际上，可输入的对象除 MATLAB 命令之外，还包括函数、表达式、语句以及 M 文件名或 MEX 文件名等，为叙述方便，这些可输入的对象以下通称语句。

MATLAB 的工作方式之一是：在命令窗口中输入语句，然后由 MATLAB 逐句解释执行并在命令窗口中给出结果。命令窗口可显示除图形以外的所有运算结果。

命令窗口可从 MATLAB 主界面中分离出来，以便单独显示和操作，当然也可重新返回主界面中，其他窗口也有相同的行为。分离命令窗口可执行 Desktop 菜单中的 Undock Command Window 命令，也可单击窗口右上角的按钮，另外还可以直接用鼠标将命令窗口拖离主界面。若将命令窗口返回到主界面中，可单击窗口右上角的按钮，或执行 Desktop 菜单中的 Dock Command Window 命令。

2.5.5　MATLAB 的各种文件

因为 MATLAB 是一个多功能集成软件，不同的功能需要使用不同的文件格式去表现，所以 MATLAB 的文件也有多种格式。最基本的是 M 文件、数据文件和图形文件，除此之外，还有 MEX 文件、模型文件和仿真文件等。下面分别予以说明。

（1）M 文件，以 .m 为扩展名，所以称为 M 文件。M 文件是由一系列 MATLAB 语句组成的文件，包括命令文件和函数文件两类，命令文件类似于其他高级语言中的主程序或主函数，而函数文件则类似于子程序或被调函数。

MATLAB 众多工具箱中的（函数）文件基本上是 M 函数文件。因为它们是由 ASCII 码表示的文件，所以可由任一文字处理软件编辑后以文本格式存放。

（2）数据文件，以 .mat 为扩展名，所以又称 MAT 文件。在讨论工作空间窗口时已经涉及 MAT 文件。显然，数据文件保存了 MATLAB 工作空间窗口中变量的数据。

（3）图形文件，以 .fig 为扩展名。主要由 MATLAB 的绘图命令产生，当然也可用 File 菜单中的 New 命令建立。

（4）MEX 文件，以 .mex 或 .dll 为扩展名，所以称 MEX 文件。MEX 实际是由 MATLAB Executable 缩写而成的，由此可见，MEX 文件是 MATLAB 的可执行文件。

（5）模型和仿真文件，模型文件以 .mdl 为扩展名，由 Simulink 仿真工具箱在建立各种仿真模型时产生。仿真文件以 .s 为扩展名。

2.5.6　MATLAB 的 M 文件程序设计

MATLAB 与其他高级计算机语言一样，可以编制 MATLAB 程序进行程序设计，而且与其他几种高级计算机语言比较起来，有许多无法比拟的优点。

MATLAB 作为一种高级计算机语言，有两种常用的工作方式，一种是交互式命令行操作方式，另一种是 M 文件的编程工作方式。在交互式命令行操作方式下，MATLAB 被当作一种高级"数学演算纸和图形显示器"来使用。在 M 文件的编程工作方式下，MATLAB 可以像其他高级计算机语言一样进行程序设计，可以用普通的文本编辑器把一系列 MATLAB 语句写在一起构成 MATLAB 程序，然后存储在一个文件里，文件的扩展名为 .m，因此称为 M 文件。

M 文件有脚本文件（Script File）和函数文件（Function File）两种形式。脚本文件通常用于执行一系列简单的 MATLAB 命令，运行时只需输入文件名字，MATLAB 就会自动按顺序执行文件中的命令；函数文件和脚本文件不同，它可以接受参数，也可以返回参数，在一般情况下，用户不能靠单独输入其文件名来运行函数文件，而必须由其他语句来调用，MATLAB 的大多数应用程序都以函数文件的形式给出。在 MATLAB 的编辑器中建立、打开、编辑、运行与保存 M 文件。

2.5.7　MATLAB 数据可视化

完备的图形功能使计算结果可视化，是 MATLAB 的重要特点之一。用图表和图形来表示数据的技术称为数据可视化。MATLAB 不但擅长与矩阵相关的数值运算，而且还提供了许多在二维和三维空间内显示可视信息的函数，利用这些函数可以绘制出所需的图形；MATLAB 提供了丰富的修饰方法，合理地使用这些方法，使我们绘制的图形更为美观、精确。MATLAB 的绘图功能和方法可以参阅相关资料，此处不再详细介绍。

2.6　解析法设计四杆机构 MATLAB 求解实例

2.6.1　给定连杆机构极限位置和速比系数 K 设计四杆机构

1. 建立连杆机构的运动几何方程

如图 2-46 所示的铰链四杆机构，根据行程速比系数 K 计算出极位夹角，在连杆机构的极限位置和最小传动角位置，由于 $a=l_1$，$b=l_2$，$c=l_3$，$d=l_4$，$\overline{C_1C_2}=2c\sin\dfrac{\psi}{2}$。

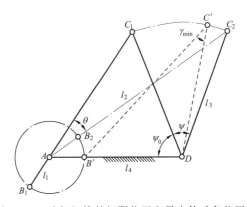

图 2-46　连杆机构的极限位置和最小传动角位置图

根据图 2-46 中四个三角形 $\triangle AC_1C_2$，$\triangle AC_1D$，$\triangle AC_2D$，$\triangle B'C'D$ 的余弦定理得

$$(b+a)^2+(b-a)^2-2(b+a)(b-a)\cos\theta=\left(2c\sin\frac{\psi}{2}\right)^2 \tag{2-14}$$

$$\cos\psi_0=\frac{d^2+c^2-(b-a)^2}{2cd} \tag{2-15}$$

$$\cos(\psi_0+\psi)=\frac{d^2+c^2-(b+a)^2}{2cd} \tag{2-16}$$

$$\cos\gamma_{\min}=\frac{b^2+c^2-(d-a)^2}{2bc} \tag{2-17}$$

已知：曲柄摇杆机构摇杆的长度 250mm，摇杆摆角 30°，以及行程速比系数 1.25，要求机构的最小传动角 40°。

2. M 文件和运算结果（见附录 B-1）

2.6.2　给定连架杆对应位置设计连杆机构

1. 建立机构的位置方程式

如图 2-47 所示，设要求从动件 3 与主动件 1 之间满足一系列的对应位置关系，即 $\psi_i=f(\phi_i)$，i=1，2，…，n，试设计此四杆机构。

在图 2-47 所示机构中，运动变量有三个，分别为 φ、δ 和 ψ；设计变量有四个，即各

杆的长度 a、b、c、d，由设计要求知运动变量中 φ 和 ψ 为已知条件，只有 δ 为未知。现将各构件的长度分别用矢量 $\boldsymbol{a}$、$\boldsymbol{b}$、$\boldsymbol{c}$、$\boldsymbol{d}$ 表示，又因机构同比例放大或缩小，不会改变各机构的相对转角关系，故设计变量应为各构件的相对长度，现取 $a/a=1$，$b/a=m$，$c/a=n$，$d/a=p$。所以，设计变量有五个，分别为 m、n、p 以及 φ 和 ψ，φ 和 2ψ 的计量起始角 φ_0 和 ψ_0。

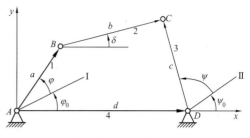

图 2-47　按连架杆对应位置设计的解析法

建立如图 2-47 所示的坐标系，使 x 轴与机架重合，各构件以矢量表示，其转角从 x 轴正向沿逆时针方向度量为正。根据各构件所构成的矢量封闭形，可写出下列矢量方程式

$$\boldsymbol{a}+\boldsymbol{b}=\boldsymbol{d}+\boldsymbol{c} \tag{2-18}$$

将各矢量分别向坐标轴投影，则得

$$\begin{cases} m\cos\delta_i = p + n\cos(\varphi_i+\psi_0) - \cos(\varphi_i+\varphi_0) \\ m\sin\delta_i = n\sin(\varphi_i+\varphi_0) - \sin(\varphi_i+\varphi_0) \end{cases} \tag{2-19}$$

为消去未知角 δ_i，将上两等式两边平方后相加，整理后得

$$\cos(\varphi_i+\varphi_0) = n\cos(\psi_i+\psi_0) - \frac{n}{p}\cos(\psi_i+\psi_0-\varphi_i-\varphi_0) + \frac{n^2+p^2+1-m^2}{2p}$$

为简化上式，再令

$$C_0 = n$$
$$C_1 = -n/p$$
$$C_2 = (n^2+p^2+1-m^2)/2p$$

则得

$$\cos(\varphi_i+\varphi_0) = C_0\cos(\psi_i+\psi_0) + C_1\cos(\psi_i+\psi_0-\varphi_i-\varphi_0) + C_2 \tag{2-20}$$

上式含有 C_0、C_1、C_2、φ_0、ψ_0 这 5 个待定参数，由此可知，两连架杆转角对应关系最多只能给出 5 组，才有确定解。如给定两连架杆的初始角 φ_0、ψ_0，则只需给定 3 组对应关系即可求出 C_0、C_1、C_2，进而求出 m、n、p。最后可根据实际需要决定构件 AB 的长度，这样其余构件长度也就确定了。相反，如果给定的两连架杆对应位置组数过多，或者是一个连续函数 $\psi_i = f(\varphi_i)$（即从动件的转角 ψ 和主动的转角 φ 连续对应），则因 φ 和 ψ 的每一组相应值即可构成一个方程式，因此方程式的数目将比机构待定尺度参数的数目多，而使问题成为不可解。在这种情况下，一般采用连杆机构的近似综合（如函数插值逼近法等）或优化综合等方法来近似满足要求，这些方法可参考有关资料。

2. M 文件和运算结果（见附录 B-2）

2.6.3　已知连杆位置设计四杆机构

1. 机构位置的数学方程式

如图 2-48 所示铰链四杆机构，在机架上建立固定坐标系，已知连杆平面上两点 M、N

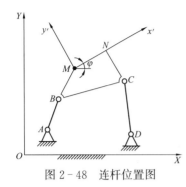

图 2-48　连杆位置图

在坐标系的坐标为：

M_i（x_{Mi}，y_{Mi}），N_i（x_{Ni}，y_{Ni}）　（i＝1，2，3…），以 M 为原点在连杆上建立动坐标系 $Mx'y'$，其中 x' 轴正向 MN 的指向。设 B、C 两点在动坐标系中的坐标为：（x'_B，y'_B），（x'_C，y'_C）。

在固定坐标系中与 M_i、N_i 相对应的位置坐标为（x_{Bi}，y_{Bi}），（x_{Ci}，y_{Ci}）。

则 B、C 两点分别在固定坐标系和动坐标系中的坐标变换为

$$x_{Bi}＝x_{Mi}＋x'_B\cos\varphi_i－y'_B\sin\varphi_i$$
$$y_{Bi}＝y_{Mi}＋x'_B\sin\varphi_i＋y'_B\cos\varphi_i$$
$$x_{Ci}＝x_{Mi}＋x'_C\cos\varphi_i－y'_C\sin\varphi_i$$
$$y_{Ci}＝y_{Mi}＋x'_C\sin\varphi_i＋y'_C\cos\varphi_i$$

$$(2-21)$$

式中 φ_i 为 x 轴正向至 x' 轴正向沿逆时针方向的夹角。

$$\varphi_i＝\arctan\frac{y_{Mi}－y_{Ni}}{x_{Mi}－x_{Ni}}$$

$$(2-22)$$

若固定铰链中心 A、D 在固定坐标系中的坐标为（x_A，y_A），（x_D，y_D），则根据机构运动过程中两连架杆长度不变的条件可得：

$$(x_{Bi}－x_A)^2＋(y_{Bi}－y_A)^2＝(x_{B1}－x_A)^2＋(y_{B1}－y_A)^2$$

$$(2-23)$$

$$(x_{Ci}－x_D)^2＋(y_{Ci}－y_D)^2＝(x_{C1}－x_A)^2＋(y_{C1}－y_A)^2\quad(i＝2,3,\cdots,n)$$

$$(2-24)$$

当 A、D 位置未给定时，式（2-21）含有四个未知量 x'_B，y'_B，x_A，y_A，共有 $n-1$ 个方程，其有解的条件是 $n＝5$，即四连杆机构最多能精确实现连杆 5 个位置；当 A、D 位置给定时，四连杆机构最多能精确实现连杆 3 个位置，数学模型转化为求解线性方程组。

2. M 文件和运算结果（见附录 B-3）

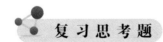

1. 铰链四杆机构和滑块四杆机构各有哪几种基本类型？

2. 四杆机构中构件具有两个整转副的条件是什么？构件成为曲柄的充分条件和必要条件各是什么？

3. 在铰链四杆机构中，当曲柄作主动件时，机构是否一定存在急回特性？为什么？机构的急回特性可以用什么系数来描述？它与机构的极位夹角有何关系？

4. 判断下列概念是否正确？如果不正确，请改正。

（1）极位夹角就是从动件在两个极限位置的夹角。

（2）压力角就是作用在构件上的力与速度的夹角。

（3）传动角就是连杆与从动件的夹角。

5. 压力角（或传动角）的大小对机构的传力性能有什么影响？四杆机构在什么条件下有死点？死点在机构中有什么利弊？

6. 当曲柄作主动件时，说明下列四杆机构具有最大压力角的位置：

（1）曲柄摇杆机构；

（2）曲柄滑块机构；

（3）摆动导杆机构；

（4）转动导杆机构。

（提示：滑块对导杆的作用力方向始终与导杆垂直。）

7. 当曲柄作从动件时，说明下列四杆机构的死点位置：

（1）曲柄摇杆机构；

（2）曲柄滑块机构；

（3）摆动导杆机构；

（4）转动导杆机构。

（提示：分别考察曲柄与连杆共线以及导杆与曲柄垂直的两个位置的传动角。）

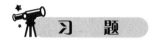

习　题

2-1　如图 2-49 所示的四杆机构各构件长度为 $a=240$mm，$b=600$mm，$c=400$mm，$d=500$mm，试问：

（1）当取杆 4 为机架时，是否有曲柄存在。

（2）当取杆长度不变，能否采用选不同杆为机架的办法获得双曲柄机构和双摇杆机构？如何获得？

（3）若 a、b、c 三杆的长度不变。取杆 4 为机架，要获得曲柄摇杆机构，d 的取值范围应为何值？

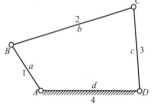

图 2-49　题 2-1 图

2-2　在图 2-50 所示铰链四杆机构中，各杆长度分别为 $l_{AB}=28$mm，$l_{BC}=52$mm，$l_{CD}=50$mm，$l_{AD}=72$mm。

（1）若取 AD 为机架，求该机构的极位夹角 θ，杆 CD 的最大摆角 φ 和最小传动角 $\gamma_{\min}$；

（2）若取 AB 为机架，该机构将演化成何种类型的机构？为什么？请说明这时 C、D 两个转动副是周转副还是摆转副？

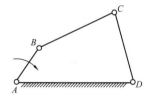

图 2-50　题 2-2 图

2-3　已知机构行程速度变化系数 $K=1.25$，摇杆长度 $l_{CD}=400$mm，摆角 $\psi=30°$，机架处于水平位置。试用图解法设计一个曲柄摇杆机构，并且检验机构的 $\gamma_{\min}$。

2-4　设计偏置曲柄滑块机构，已知滑块的行程速度变化系数 $K=1.5$，滑块的行程 $S=50$mm，偏心距 $e=20$mm。试用图解法确定曲柄长度 l_{AB} 和连杆长度 l_{BC}。

2-5　如图所示为用铰链四杆机构作为加热炉门的启闭机构。炉门上两铰链的中心距为 50mm，炉门打开后成水平位置时要求炉门的外边朝上，固定铰链装在轴线 yy 上，其相互位置的尺寸如图 2-51 所示。试设计此机构。

2-6　如图 2-52 所示设计一铰链四杆机构。已知摇杆的长度 $CD=75$mm，行程速比系数 $K=1.5$，机架 AD 的长度 $AD=100$mm，摇杆的一个极限位置与机架间的夹角为 $\psi'=45°$，试求曲柄的长度 AB 和连杆的长度 BC（有两组解）。

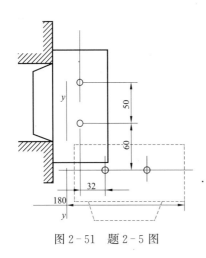

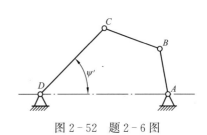

图 2-51　题 2-5 图　　　　　　　图 2-52　题 2-6 图

2-7　已知颚式破碎机的行程速比系数 $K=1.2$，颚板长度 $l_{CD}=350\text{mm}$，其摆角 $\psi=35°$，曲柄长度 $l_{AB}=80\text{mm}$，试确定该机构的连杆 BC 和机架 AD 的长度，并验算其最小传动角 $\gamma_{\min}$ 是否在允许范围之内。

2-8　如图 2-53 所示，已给出平面四杆机构的连杆和主动连架杆 AB 的两组对应位置，以及固定铰链 D 的位置，已知 $l_{AB}=25\text{mm}$，$l_{AD}=50\text{mm}$。试设计此平面四杆机构。

2-9　图 2-54 为开关的分合闸机构。已知 $l_{AB}=150\text{mm}$，$l_{BC}=200\text{mm}$，$l_{CD}=200\text{mm}$，$l_{AD}=400\text{mm}$。试回答：

(1) 该机构属于何种类型的机构；

(2) AB 为主动件时，标出机构在虚线位置时的压力角 α 和传动角 γ；

(3) 分析机构在实线位置（合闸）时，在触头接合力 Q 作用下机构会不会打开，为什么?

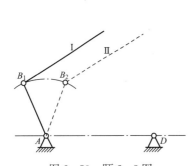

图 2-53　题 2-8 图

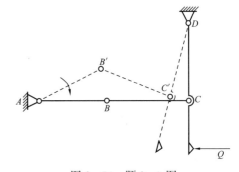

图 2-54　题 2-9 图

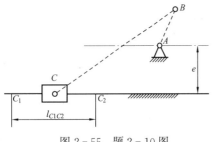

图 2-55　题 2-10 图

2-10　如图 2-55 所示，设计一偏置曲柄滑块机构，已知滑块的行程速度变化系数 $K=1.5$，滑块的行程 $l_{C1C2}=100\text{mm}$，导路的偏距 $e=20\text{mm}$。试求：

(1) 用作图法确定曲柄长度 l_{AB} 和连杆长度 l_{BC}；

(2) 若滑块从点 C_1 至 C_2 为工作行程方向，试确定曲柄的合理转向；

（3）用作图法确定滑块工作行程和空回行程时的最大压力角。

2-11　现需设计一铰链四杆机构，已知摇杆 CD 的长度 $l_{CD}=150$mm，摇杆的两极限位置与机架 AD 所成的角度 $\varphi_1=30°$，$\varphi_2=90°$，机构的行程速比系数 $K=1$，试确定曲柄 AB 和连杆 BC 的长度。

2-12　试用图解法设计图 2-56 所示曲柄摇杆机构 $ABCD$。已知摇杆 $l_{DC}=40$mm，摆角 $\varphi=45°$，行程速度变化系数 $K=1.2$，机架长度 $l_{AD}=b-a$（a 为曲柄长，b 为连杆长）。

2-13　用图解法设计一摇杆滑块机构。已知摇杆 AB 上某标线的两个位置 AE_1 和 AE_2，以及滑块 C 的两个对应位置 C_1 和 C_2（见图 2-57）。试确定摇杆上铰链 B 的位置，并要求摇杆的长度 l_{AB} 为最短（直接在图 2-57 上作图）。

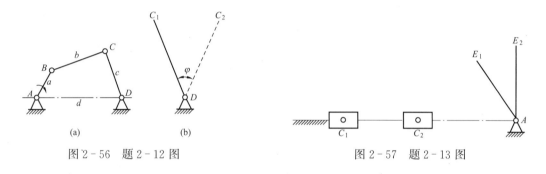

图 2-56　题 2-12 图　　　　　　　　　　图 2-57　题 2-13 图

2-14　设计一铰链四杆机构，已知 $l_{AD}=60$mm，$l_{AB}=40$mm，要求两连架杆能实现图 2-58 所示的三对对应位置，试用作图法求 l_{BC}，l_{CD}，并画出机构在第二位置时的 C_2 点。

2-15　设计一对心曲柄滑块机构如图 2-59 所示，已知连架杆与滑块的三组对应位置为：$\varphi_1=60°$，$\varphi_2=85°$，$\varphi_3=120°$，$s_1=36$mm，$s_2=28$mm，$s_3'=19$mm。试确定各杆（l_{AB}，l_{BC}）长度。

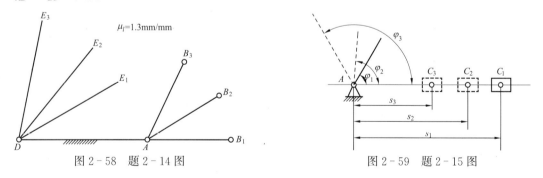

图 2-58　题 2-14 图　　　　　　　　　　图 2-59　题 2-15 图

2-16　设计一铰链四杆机构（见图 2-60）。已知构件 $l_{AB}=25$mm，机架长度为 $l_{AD}=50$mm，并要求两连架杆的对应转角位置关系为：$\alpha_1=40°$，$\alpha_2=90°$，$\alpha_3=150°$，$\psi_1=45°$，$\psi_2=70°$，$\psi_3=100°$。试求连杆 BC 及连架杆 CD 的长度。

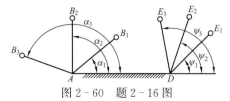

图 2-60　题 2-16 图

本章知识点

1. 平面四杆机构的基本型式是什么？它有几种类型？

2. 曲柄摇杆机构、双曲柄机构和双摇杆机构的特点各是什么？它们有哪些用途？

3. 平面连杆机构有几种演化方式？平面四杆机构的基本类型可以演化出哪些机构？

4. 铰链四杆机构有曲柄的条件是什么？理解有曲柄条件的推导过程。

5. 什么是压力角？什么是传动角？掌握连杆机构传动角的计算方法。

6. 什么是极位夹角？什么是急回运动？什么是行程速比系数？掌握极位夹角与行程速比系数的关系式。

7. 什么是机构的死点位置？掌握死点位置在机构中的应用。

8. 掌握平面四杆机构的运动特征及其设计的基本问题。

9. 掌握按给定行程速比系数设计四杆机构的方法。

扫一扫

第2章　知识点
视频资源

第3章 其 他 低 副 机 构

本章主要介绍万向联轴节，螺旋机构的工作原理、类型、运动特性及其应用。

3.1 概　　述

在各种机械中，除了广泛用到前面一章所介绍的平面连杆机构外，还经常用到其他类型的一些空间低副机构，如汽车的变速输出与车桥输入间连接用的万向传动装置。本章将对万向联轴节机构，螺旋机构的组成、工作原理、运动特点及应用分别做简要介绍。

3.2 万 向 联 轴 节

万向联轴节又称为万向铰链机构，适用于传递两相交轴间的运动和动力，而且在传递过程中，还允许主、从动轴轴线的夹角在一定范围内变动。故万向联轴节是一种常用的变夹角传动机构，被广泛应用于汽车、机床、冶金机械等传动系统中。

3.2.1 单万向联轴节

单万向联轴节的结构如图 3-1 所示。轴 1 及轴 2 的末端各有一叉头，叉头分别通过转动副 A、B 与中间"十字形"构件 3 相连，转动副 A、B 的轴线垂直相交于"十字形"构件的中心 O，轴 1 和轴 2 与机架 4 组成转动副，主、从动轴 1、2 的轴线亦相交于 O 点，夹角为 α。

由图 3-1 可见，当轴 1 转一周时，轴 2 也必然转一周，但是两轴的瞬时角速度比却并不恒等于 1，而是随时间变化的。设两轴的角速度分别为 ω_1 和 ω_2，轴 1 相连叉头的转角为 φ_1，其两轴角速度的比为

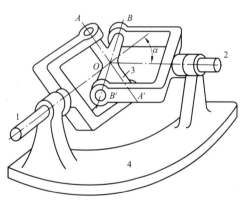

图 3-1　单万向联轴节

$$\frac{\omega_2}{\omega_1} = \frac{\cos\alpha}{1 - \sin^2\alpha\cos^2\varphi_1} \qquad (3-1)$$

为简单起见，现仅就其两个特殊位置加以说明。如图 3-2（a）所示，当主动轴 1 的叉面在图样平面内时，从动轴 2 的叉面则垂直图样平面，即 $\varphi_1 = 0°$ 或 $180°$ 时，角速度比值最大，其值为 $\left(\dfrac{\omega_2}{\omega_1}\right)_{max} = \dfrac{1}{\cos\alpha}$；如图 3-2（b）所示，当从动轴 2 的叉面在图样平面内时，从动轴 1 的叉面则垂直图样平面，即 $\varphi_1 = 90°$ 或 $270°$ 时，角速度比值最小，其值为 $\left(\dfrac{\omega_2}{\omega_1}\right)_{min} = \cos\alpha$。由此可知，当主动轴 1 以角速度 ω_1 等速回转时，从动轴 2 的角速度 ω_2 在 $\left(\dfrac{\omega_2}{\omega_1}\right)_{max}$ 及

$\left(\dfrac{\omega_2}{\omega_1}\right)_{\min}$ 的范围内变化，即

$$\cos\alpha \leqslant \frac{\omega_2}{\omega_1} \leqslant \frac{1}{\cos\alpha} \tag{3-2}$$

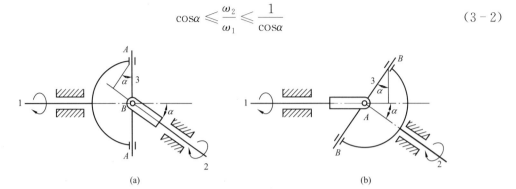

图 3-2　单万向联轴节速度分析

(a) 单万向联轴节（$\varphi_1 = 0°$ 或 $180°$）；(b) 单万向联轴节（$\varphi_1 = 90°$ 或 $270°$）

当两轴夹角 α 值变化时，角速度比值也将改变。图 3-3 为不同轴夹角 α 时，传动比 $i_{21} = \omega_2/\omega_1$ 随 α 变化的曲线。由图可知，传动比的变化幅度随轴夹角 α 的增大而增大。为使 ω_2 波动不致过大，一般情况下两轴夹角 α 最大不超过 $35°\sim45°$。

3.2.2　双万向联轴节

单万向联轴节的主动轴作等速转动时，其从动轴的转速将产生波动，这种波动随两轴夹角 α 的增大而增大，它将影响机器的正常工作，特别是在高速情况下，由此引起的附加动载荷将导致严重地振动。为了消除上述从动轴变速转动的缺点，常将单万向联轴节成对使用，也就是双万向联轴节，即用一个中间轴 2 和两个单万向联轴节将主动轴 1 和从动轴 3 连接起来，如图 3-4 所示。

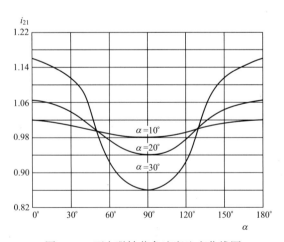

图 3-3　万向联轴节角速度比变化线图

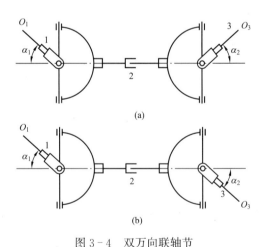

图 3-4　双万向联轴节

(a) 轴 1 与轴 3 轴线相交；(b) 轴 1 与轴 3 轴线平行

对于连接相交［见图 3-4 (a)］或平行［见图 3-4 (b)］的两轴的双万向联轴节，为使主、从动轴的角速度恒相等，应满足如下三个条件。

(1) 主、从动轴 1、3 和中间轴 2 应位于同一平面内；

（2）中间轴两端的叉面应位于同一平面内；

（3）主、从动轴 1、3 的轴线与中间轴 2 的轴线之间的夹角相等。

双万向联轴节常用来传递平行轴或相交轴的运动。

3.2.3 万向联轴节的应用

单万向联轴节结构上的特点，使它能传递不平行轴的运动，并且当工作中两轴夹角发生变化时仍能继续传递运动，因此安装、制造精度要求不高。双万向联轴节常用来传递相交轴或平行轴的运动，当位置发生变化从而使两轴夹角发生变化时，不但可以继续工作，而且在满足上述的两个条件时，还能保证两轴等角速度比传动。

图 3-5 是双万向联轴节在汽车驱动系统中的应用，其中内燃机和变速箱安装在车架上，而后桥用弹簧和车架连接。在汽车行驶时，由于道路不平，使弹簧发生变形，致使后桥与变速箱之间的相对位置不断发生变化。在变速箱输出轴和后桥传动装置的输入轴之间，通常采用双万向联轴节连接，以实现等角速比传动。

图 3-6 所示为用于轧钢机轧辊传动中的双万向联轴节，它能适应不同厚度钢坯的轧制。

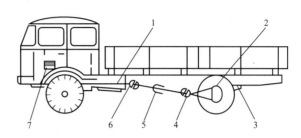

图 3-5 双万向联轴节在汽车驱动系统中的应用

1—变速箱输出轴；2—后桥；3—弹簧；

4、6—万向联轴节；5—传动轴；7—内燃机

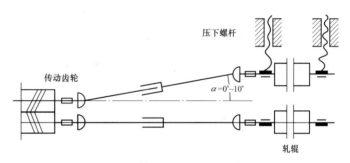

图 3-6 双万向联轴节在轧钢机轧辊传动中的应用

3.3 螺 旋 机 构

用螺旋副连接两构件而形成的机构称为螺旋机构。常用的螺旋机构中，除包含螺旋副外，还有转动副和移动副。

3.3.1 常用螺旋机构的类型及应用

1. 单螺旋副机构

图 3-7（a）所示为单螺旋副机构。图中，构件 1 为螺杆，构件 2 为螺母，构件 3 为机架，A 为转动副，B 为螺旋副，其导程为 h_B，C 为移动副。当螺杆 1 转动 φ 角时，螺母 2 的位移 s 为

$$s = h_B \frac{\varphi}{2\pi} \qquad (3-3)$$

这种螺旋机构常用于台钳及许多金属切削机床的走刀机构中。如图 3-8 所示的机床横向进刀架便是单螺旋副机构的应用实例。单螺旋机构也常用于千斤顶、螺旋压榨机及

图 3-9 所示的螺旋拆卸装置中。

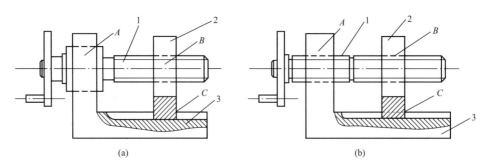

图 3-7 螺旋副机构

(a) 单螺旋副机构；(b) 双螺旋副机构

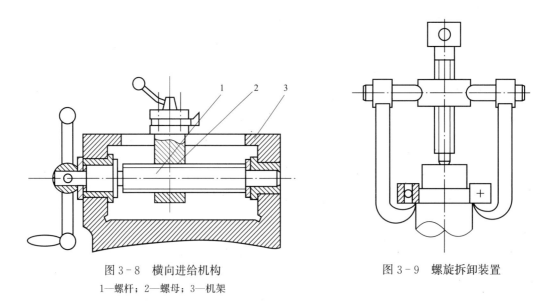

图 3-8 横向进给机构

1—螺杆；2—螺母；3—机架

图 3-9 螺旋拆卸装置

2. 双螺旋副机构

在图 3-7 (b) 所示的双螺旋副机构中，A 和 B 均为螺旋副，其导程分别为 h_A 和 h_B。若两螺旋副的螺旋方向相同，当螺杆 1 转动角 φ 时，螺母 2 的位移 s 为

$$s = (h_A - h_B) \frac{\varphi}{2\pi} \tag{3-4}$$

由上式可知，若 h_A 和 h_B 近于相等时，则位移 s 可以极小。这种螺旋机构称为差动螺旋机构。差动螺旋的优点是：能产生极小的位移，而其螺纹的导程并不小。因此，常被用于螺旋测微器、分度机构及天文和物理仪器中。

在上述的双螺旋机构中，如果两个螺旋方向相反而导程大小相等，则当螺杆 1 转动角 φ 时，螺母 2 的位移为

$$s = (h_A + h_B) \frac{\varphi}{2\pi} = 2h_A \frac{\varphi}{2\pi} = 2s' \tag{3-5}$$

式中，s' 为螺杆 1 的位移。

由式（3-5）可知，螺母 2 的位移是螺杆 1 位移的两倍，也就是说可以使螺母 2 产生很快的移动。这种螺旋机构称为复式螺旋机构。复式螺旋常用在使两构件能很快接近或分开的场合。图 3-10（a）所示为复式螺旋被用作火车车厢连接器。图 3-10（b）所示为铣床上铣圆柱体零件用的定心夹紧机构。它由平面夹爪 1（螺母 1）和 V 形夹爪 2（螺母 2）组成定心机构。此定心夹紧机构中螺杆 3 的左（A）、右（B）两段螺纹的尺寸相同但旋向相反，螺杆 3 利用螺钉作轴向定位，因而只能转动而不能移动，而螺母 1 和 2 在夹具体内只能移动不能转动。当转动螺杆 3 时，螺母 1 和 2 分别向左、右移动，从而将工件 5 夹紧或松开。图 3-10（c）为压榨机构，螺杆 6 两端分别与螺母 7、8 组成旋向相反、导程相同的螺旋副，压板 11 根据复式螺旋的原理上下运动压榨物件。

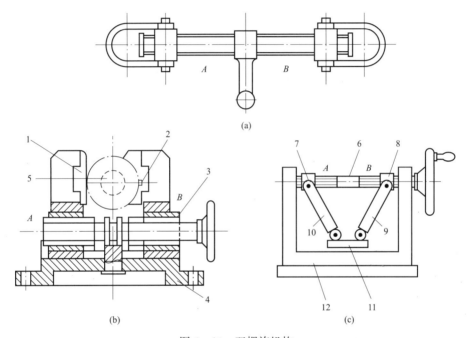

图 3-10 双螺旋机构
（a）复式螺旋机构；（b）定心夹紧机构；（c）压榨机构
1—平面夹爪；2—V 型夹爪；3、6—螺杆；4—底座；5—工件；
7、8—螺母；9、10—连杆；11—压板；12—机架

3. 滚动螺旋副机构

按螺杆与螺母之间的摩擦状态，可将螺旋机构分为滑动螺旋机构和滚动螺旋机构。滑动螺旋机构中的螺杆与螺母的螺旋面直接接触，摩擦状态为滑动摩擦。滚动螺旋机构是在螺杆与螺母的螺纹滚道间有滚动体。滚动螺旋可分为滚子螺旋和滚珠螺旋两类。由于滚子螺旋的制造工艺复杂，所以应用较少。

滚珠螺旋传动就是在具有螺旋槽的螺杆和螺母之间，连续填装滚珠作为滚动体的螺旋传动。如图 3-11 所示，机架 7 上的滚动轴承支撑着螺母 6，当螺母 6 被齿轮 1 通过键 3 的带动而旋转时，利用滚珠 4 在螺旋槽内滚动使螺杆 5 做直线运动。滚珠沿螺旋槽（螺杆与螺母上的螺旋槽对合起来形成的滚珠滚道）向前滚动，并借助于导向装置（图中未画出）将滚珠导入返回滚道，然后再进入工作滚道中，如此往复循环，使滚珠形成一个闭合的循环回路。

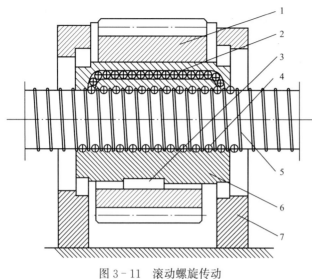

图 3-11　滚动螺旋传动

1—齿轮；2、4—滚珠；3—键；5—螺杆；6—螺母；7—机架

滚珠螺旋传动具有传动效率高、起动力矩小、传动灵敏平稳、工作寿命长等优点。目前随着数控机床的发展，滚动螺旋传动在机床、航空、汽车、拖拉机等领域中得到越来越广的应用。其缺点主要是制造工艺较复杂。

3.3.2　螺旋机构的相关参数及选择

根据不同的使用要求，有的螺旋机构需要具有自锁性；有的则要求能实现微动作用，即要求具有大的减速比（如车床中刀具的进给螺旋机构）。在这两种情况下，螺旋均须选择较小的螺纹导程角 λ（当要求自锁时，λ 应小于螺纹的当量摩擦角 φ_v）。不过，这样的螺旋机构的机械效率都较低。好在这种情况下，机械效率的高低一般都不是主要问题。

与上述相反，对于传递功率大和要求实现快动作用的螺旋机构（如螺旋压力机），则应力求提高其机械效率。这时其螺旋就应选择较大的螺纹导程角。为此可采用多头螺纹。因为螺纹导程角 λ 与螺纹头数 z 具有如下关系

$$\tan\lambda = \frac{zt}{\pi d_2} \qquad\qquad (3-6)$$

在螺纹中径 d_2 和螺距 t 相同的情况下，螺纹的头数 z 越多，螺纹的导程角 λ 也就越大。但应当指出的是，如果对螺旋机构的传动要求较高，不宜采用多头螺旋，因其加工精度一般不易得到保证。

一般的螺旋机构，大多是变转动为移动。但当 $\lambda \gg \varphi_v$ 时，也可变移动为转动。如枪管中的膛线使子弹出膛后能快速旋转，以增加子弹飞行的稳定性，就是利用了这个原理。

3.3.3　螺旋机构的特点

螺旋机构有如下优点：

（1）能将回转运动变换为直线运动，而且运动准确性高。例如，一些机床进给机构，都是利用螺旋机构将回转运动变换为直线运动。

（2）速比大。可用于如千分尺那样的螺旋测微器中。

（3）传动平稳，无噪声，反行程可以自锁。

（4）省力。可用于图 3-9 所示的螺旋拆卸工具，将配合得很紧的轴和轴承分开。

螺旋机构的缺点：效率低、相对运动表面磨损快；实现往复运动要靠主动件改变转动方向。

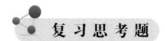

复习思考题

1. 单万向联轴节的工作特点如何？适用于什么场合？有什么限制？

2. 双万向联轴节要保证主、从动轴间的传动比为常数，必须满足什么条件？在满足这些条件后，主动轴和中间轴间的传动比也为常数吗？

3. 螺旋机构可以大概分为几类？它们的结构特点和运动特点是什么？

4. 什么叫差动螺旋？什么叫复式螺旋？它们有什么异同？

5. 复式螺旋机构为什么可以使螺母产生快速移动？

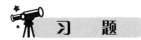

3-1 在单万向连轴节中，轴 1 以 1500rad/min 等角速转动，轴 3 变速转动，其最高转速为 1732rad/min ，试求：

（1）轴 3 的最低转速；

（2）在轴 1 一转中，φ_1 为何值时两轴转速相等；

（3）轴 3 处于最高转速与最低转速时，轴 1 的叉面处于什么位置？

3-2 图 3-12 所示螺旋机构中，螺旋 A、B、C 均为右旋，导程分别为 $h_A = 6$mm，$h_B = 4$mm，$h_C = 24$mm。试求当构件 1 按图示方向转一圈时，构件 2 的轴向位移 s_2 及转角 φ_2。

3-3 图 3-13 所示为一微动调节的差动螺旋机构，构件 1 与机架 3 组成螺旋副 A，其导程 $h_A = 2.8$mm，右旋。构件 2 与机架 3 组成移动副 C，2 与 1 还组成螺旋副 B，现要求当构件 1 转一圈时，构件 2 向右移动 0.2mm，问螺旋副 B 的导程 h_B 为多少？右旋还是左旋？

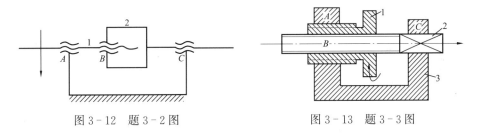

图 3-12 题 3-2 图   图 3-13 题 3-3 图

本章知识点

1. 掌握单万向联轴节的结构和运动特性。

2. 掌握双万向联轴节的结构和运动特性。

3. 万向联轴节的应用。

扫一扫

第3章 知识点
视频资源

第二篇　平面高副机构的分析与设计

第4章　凸 轮 机 构 及 其 设 计

本章介绍凸轮机构的工作原理、分类、从动件的常用运动规律及其适用场合。主要介绍凸轮轮廓曲线反转法设计的基本原理，平面凸轮轮廓曲线的设计方法以及凸轮机构基本尺寸确定的原则等内容。

4.1　概　　　述

凸轮机构是含有凸轮的高副机构，具有结构简单、紧凑、工作可靠等特点。凸轮机构可以使从动件精确地实现各种预期的运动规律，还易于多个运动的相互协调配合，它广泛应用于各种机械，特别是自动机械、自动控制装置和装配生产线中。在设计机构时，当需要其从动件必须准确地实现某种预期的运动规律时，常采用凸轮机构。

4.1.1　凸轮机构的基本组成及应用特点

图4-1为内燃机配气凸轮机构。具有曲线轮廓的构件1为凸轮，当它以等角速度转动时，其曲线轮廓与气阀2的平底接触并驱使气阀按预期的运动规律往复运动，并与活塞的运动相协调，适时地启闭阀门。

图4-2所示为用于冲床上的凸轮机构。具有曲线轮廓的凸轮1固定在冲头上，当凸轮随冲头上下往复移动时，驱使装有圆柱滚子的从动件2以一定的规律作水平往复移动，从而带动机械手完成相应的功能。

图4-3所示为自动车床的进刀机构。具有曲线凹槽的构件1为凸轮。当它以等角速转动时，利用其曲线凹槽的侧面推动从动件2绕固定轴往复摆动，并通过扇形齿轮和固定在刀架3上的齿条啮合来控制刀架的运动。刀架的运动规律，取决于凸轮1上曲线凹槽的形状。

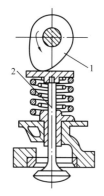
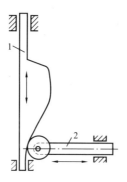
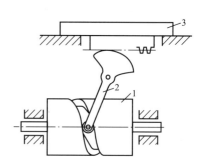

图4-1　内燃机配气凸轮机构　　图4-2　冲床凸轮机构　　图4-3　自动车床的进刀机构

由以上几个例子可以看出，凸轮机构由凸轮、从动件和机架三个基本构件组成，从动件是直动的，称为推杆，从动件是摆动的，则称为摆杆。凸轮通常是具有曲线轮廓或凹槽的构件，当它运动时，通过其曲线轮廓与从动件形成高副接触，根据凸轮轮廓曲线的形状和尺寸使从动件获得预期的运动。

凸轮机构的最大优点是几乎可以使从动件实现任意要求的运动规律。它的主要缺点在于凸轮轮廓与从动件之间是高副接触，易于磨损，故多用于传递动力不大的场合。

一方面，随着现代机械技术高速发展，凸轮机构的运动速度也越来越高，因此高速凸轮的设计及其动力学问题的研究已引起普遍重视，并已提出适于在高速条件下采用的推杆运动规律以及一些新型的凸轮机构。另一方面，随着计算机技术的发展，凸轮机构的计算机辅助设计和制造已获得了普遍应用，它提高了设计和加工的速度和质量，也为凸轮机构的更广泛应用创造了条件。

4.1.2　凸轮机构的分类

根据不同的工作要求和结构条件，研究设计出了多种形式的凸轮机构，其工作特点和设计方法也有所区别，为了便于分析和设计，需将它们按一定的原则进行分类。常用的分类方法有以下几种。

1. 按照凸轮的形状分类

（1）盘形凸轮。这是凸轮的最基本形式，其结构简单，应用最广泛。这种凸轮是一个绕固定轴转动并且具有变化向径的盘形零件，当其绕固定轴转动时，可推动从动件在垂直于凸轮转轴的平面内运动，如图4-1所示。

（2）移动凸轮。当盘形凸轮的转轴位于无穷远处时，就演化成了移动凸轮（或楔形凸轮）。凸轮呈板状，相对于机架作直线移动，如图4-2和图4-4（a）所示。

在以上两种凸轮机构中，凸轮与从动件之间的相对运动均为平面运动，故又统称为平面凸轮机构。

（3）圆柱凸轮。凸轮的轮廓曲线在圆柱体上［见图4-3和图4-4（b）］，可看作是将移动凸轮轮廓曲线绕在圆柱体上而形成的。在圆柱凸轮机构中，凸轮与从动件之间的相对运动是空间运动，故属于空间凸轮机构。

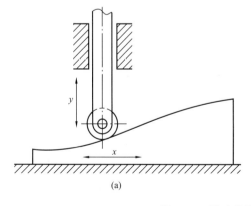
(a)

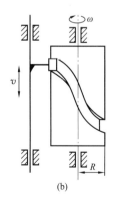
(b)

图4-4　移动凸轮
(a) 移动凸轮；(b) 圆柱凸轮

2. 按照从动件运动副元素的形状分类

按照从动件运动副元素的形状不同可分为四类：尖端（或尖顶）从动件、曲面从动件、滚子从动件和平底从动件，这四种类型各自的特点和应用场合见表 4-1。

表 4-1   从动件的类型及适用场合

名　称	图　形	说　明
尖端从动件（直动从动件）		从动件的尖端能够与任意复杂的凸轮轮廓保持接触，从而使从动件实现任意的运动规律。这种从动件结构最简单，但尖端处易磨损，故只适用于速度较低和传力不大的场合
曲面从动件（摆动从动件）		为了克服尖端从动件的缺点，可以把从动件的端部做成曲面，称为曲面从动件。这种结构形式的从动件在生产中应用较多
滚子从动件（摆动从动件）		为减小摩擦、磨损，在从动件端部安装一个滚轮，把从动件与凸轮之间的滑动摩擦变成滚动摩擦，因此摩擦、磨损较小，可用来传递较大的动力，这种形式的从动件也应用最广
平底从动件（直动从动件）		从动件与凸轮轮廓之间为线接触，接触处易形成油膜，润滑状况好。在不计摩擦时，凸轮对从动件的作用力始终垂直于从动件的平底，受力平稳，传动效率高，常用于高速场合。缺点是与之配合的凸轮轮廓必须全部为外凸形状

3. 按照从动件的运动形式分类

凸轮机构中从动件的运动形式有两种。

(1) 移动从动件 (或直动从动件)。从动件作往复移动, 根据其从动件中心线是否通过凸轮转动轴心, 可以进一步分成对心式和偏置式两种, 如图 4-1 的配置就属于对心式。

(2) 摆动从动件。从动件做往复摆动, 见表 4-1 中的曲面从动件和滚子从动件。

4. 按照凸轮与从动件维持高副接触 (封闭) 的方式分类

凸轮轮廓与从动件之间形成的高副通常是一种单面约束。为维持该约束方式, 必须解决从动件与凸轮轮廓保持接触的问题。

(1) 力封闭型凸轮机构。所谓力封闭型, 是指利用重力、弹簧力或其他外力使从动件与凸轮轮廓始终保持接触。图 4-1 所示的凸轮机构就是利用弹簧力来保持高副接触的一个实例。

(2) 形封闭型凸轮机构。所谓形封闭型, 是指利用高副元素本身的几何形状使从动件与凸轮轮廓始终保持接触。常见的有以下几种形式。

1) 槽凸轮机构, 如图 4-5 (a) 所示, 凸轮轮廓曲线做成凹槽, 从动件的滚子置于凹槽中以保持从动件与凸轮在运动过程中的接触。这种封闭形式结构简单, 从动件的运动规律也不受限制。其主要缺点是加大了凸轮的尺寸和重量。

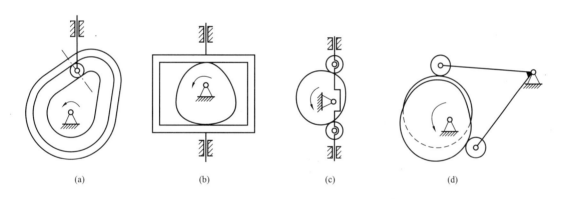

图 4-5　形封闭凸轮机构
(a) 槽凸轮机构; (b) 等宽凸轮机构; (c) 等径凸轮机构; (d) 共轭凸轮机构

2) 等宽凸轮机构, 如图 4-5 (b) 所示, 从动件做成矩形框架形状, 利用凸轮轮廓上任意两条平行切线间的距离恒等于框架内侧的宽度来保持从动件轮廓的接触。

3) 等径凸轮机构, 如图 4-5 (c) 所示, 从动件上装有滚子, 利用过凸轮轴心所做的任一径向线上与凸轮轮廓相切的两滚子中心距离始终保持不变的特点来实现从动件与凸轮轮廓的接触。

等宽凸轮机构和等径凸轮机构的从动件运动规律的选择受到一定的限制。当 180° 范围内的凸轮轮廓根据从动件的运动规律确定后, 另外 180° 范围内的凸轮轮廓根据等宽或等径的原则来确定。

4) 共轭凸轮机构, 如图 4-5 (d) 所示。这种凸轮机构利用两个固结在一起的凸轮来控制一个具有两个滚子的从动件, 其中一个凸轮 (主凸轮) 驱使从动件实现推程运动, 另一个凸轮 (从凸轮) 驱使从动件实现回程运动。因此, 这种凸轮机构又称为主回凸轮机构, 它克服了等宽、等径凸轮机构只能在凸轮转角的 180° 范围内来设计运动规律的不足，但结构复杂，制造精度要求较高。

以上介绍了凸轮机构的几种分类方法。将不同类型的凸轮和从动件组合起来，就可以得到各种不同形式的凸轮机构。设计时，可根据工作要求和使用场合的不同加以选择。

4.2　从动件的运动规律

凸轮机构设计的基本任务是根据工作要求确定从动件的运动规律，选定合适的凸轮机构的形状和有关的基本尺寸，然后按照这一运动规律设计出凸轮应有的轮廓曲线。推杆运动规律的选择关系到凸轮机构的工作质量。本节将介绍推杆常用的运动规律，并对运动规律的选择作一简要的讨论。在介绍运动规律之前，先了解从动件运动规律与凸轮机构基本参数之间的关系。

4.2.1　凸轮机构的工作循环与运动学设计参数

图 4-6（b）所示为对心尖端移动从动件盘形凸轮机构。以凸轮的最小向径 r_0 为半径所做的圆称为凸轮的基圆，r_0 称为基圆半径。图示位置从动件的尖端与凸轮轮廓上的 B_0 点接触，此时从动件处于最低位置。当凸轮沿逆时针方向转过角度 Φ'_s 时，从动件的尖端与凸轮基圆上的 B_0B 段接触，从动件在离凸轮转动轴心最近的位置停留不动。这一过程称为近休止阶段，其对应的凸轮转角 Φ'_s 称为近休止角。当凸轮继续转过角度 Φ 时，向径逐渐增大的轮廓 BD 推动从动件按一定的规律运动到离凸轮转动轴心的最远点 D，这一过程称为推程阶段。在此阶段，凸轮的相应转角 Φ 称为推程运动角，简称推程角。当凸轮继续转过角度 Φ_s

时，从动件的尖端与凸轮上的圆弧段轮廓 DD_0 接触，从动件在离凸轮转动轴心最远的位置停留不动。这一过程称为远休止阶段，其对应的凸轮转角 Φ_s 称为远休止角。当凸轮继续转过角度 Φ' 时，向径逐渐减小的轮廓 D_0B_0 使从动件按一定的运动规律回到离凸轮转动轴心的最近点 B_0，这一过程称为回程阶段。在此阶段，凸轮的相应转角 Φ' 称为回程运动角，简称回程角。至此，凸轮机构完成了一个工作循环。

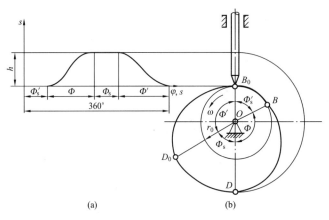

图 4-6　凸轮机构工作原理图
（a）从动位移线图；（b）从动件盘形凸轮机构

图 4-6（a）所示的是对应于凸轮机构一个工作循环的从动件位移线图，横坐标代表凸轮转角 φ，纵坐标代表从动件的位移 s。从动件上升的最大距离称为升距或行程，用 h 表示。

从动件的位移线图反映了从动件的位移随时间或凸轮转角变化的规律。根据位移变化规律。还可以求出速度、加速度的变化规律，这些规律统称为从动件的运动规律。从动件的位移 s、速度 v、加速度 a 随时间 t 或凸轮转角 φ 变化的曲线，统称为从动件的运动线图。

从上面的分析中可以看出，凸轮轮廓曲线的形状决定了从动件的运动规律。要想使从动件实现某种运动规律，就要设计出与其相应的凸轮轮廓曲线。

4.2.2　从动件常用的运动规律

由上述可知，从动件的运动规律是由凸轮轮廓曲线的形状决定的。反过来说，从动件不同的运动规律，要求凸轮具有不同的轮廓曲线形状，正确选择和设计从动件的运动规律，是凸轮机构设计的主要环节。工程实际中对凸轮机构的要求是多种多样的。例如，自动车床中用来控制刀具进给运动的凸轮机构，要求刀具（即从动件）在工作行程阶段做等速运动，它提出的是速度要求；内燃机中控制进气阀和排气阀的凸轮机构要求从动件具有良好的动力学性能，该凸轮机构提出的是加速度要求；而在某些控制机构中，对从动件只有简单的升距要求。人们经过长期的理论研究和生产实践，已经将这些凸轮机构的运动规律分为两大类，一类是严格按照生产实际中提出的运动规律来设计凸轮的轮廓曲线，这类凸轮轮廓的设计是严格按照实际的运动规律的；另一类是生产实际中对从动件只有时间和升距要求，可以自己设计它的运动规律。对这一类，它的推程段和回程段的运动规律可以人为地选择，也是经常所说的常用的运动规律。

凸轮机构的主动件是凸轮，它一般作等速运动，角速度为 ω，从动件的运动规律是指推杆的位移 s、速度 v、加速度 a 随时间 t 或凸轮转角 φ 变化的规律，可以用线图表示，也可以用数学方程式表示。若已知从动件的位移方程为 $s = f(\varphi)$，将位移方程对时间逐次求导，可以得到速度 v、角速度 a 和跃度 j 的方程。方程为

$$v = \frac{\mathrm{d}s}{\mathrm{d}t} = \frac{\mathrm{d}s}{\mathrm{d}\varphi}\frac{\mathrm{d}\varphi}{\mathrm{d}t} = \omega\frac{\mathrm{d}s}{\mathrm{d}\varphi}$$

$$a = \frac{\mathrm{d}v}{\mathrm{d}t} = \frac{\mathrm{d}v}{\mathrm{d}\varphi}\frac{\mathrm{d}\varphi}{\mathrm{d}t} = \omega^2\frac{\mathrm{d}^2 s}{\mathrm{d}\varphi^2}$$

$$j = \frac{\mathrm{d}a}{\mathrm{d}t} = \frac{\mathrm{d}a}{\mathrm{d}\varphi}\frac{\mathrm{d}\varphi}{\mathrm{d}t} = \omega^3\frac{\mathrm{d}^3 s}{\mathrm{d}\varphi^3}$$

此外，若已知从动件的加速度方程，也可以通过逐步积分的方法得到相应的速度方程和位移方程。

下面就来介绍常用的运动规律及其特性，便于凸轮机构设计时参考。

从动件的常用运动规律主要有以下几类。

1. 基本运动规律

基本运动规律有两类，一类是多项式，另一类是三角函数。

（1）多项式类运动规律。这类运动规律的位移方程的一般形式为

$$s = C_0 + C_1\varphi + C_2\varphi^2 + C_3\varphi^3 + \cdots + C_n\varphi^n \tag{4-1}$$

式中，φ 为凸轮转角；s 为推杆位移；C_0、C_1、C_2、$\cdots$、C_n 为待定系数，根据工作要求决定的边界条件确定。常用的运动规律中，一般 $n \leqslant 3$。

1）一次多项式运动规律。设凸轮以等角速度 ω 转动，在推程段，凸轮的运动角为 Φ，推杆完成的行程为 h，当 $n = 1$ 时，有

$$\left.\begin{array}{l} s = C_0 + C_1\varphi \\ v = \dfrac{\mathrm{d}s}{\mathrm{d}t} = C_1\omega \\ a = \dfrac{\mathrm{d}v}{\mathrm{d}t} = 0 \end{array}\right\} \tag{4-2}$$

设取边界条件为：

在始点处 $\qquad\qquad\qquad\qquad\varphi=0,\ s=0$

在终点处 $\qquad\qquad\qquad\qquad\varphi=\varPhi,\ s=h$

则由式（4-2）可得 $C_0=0$，$C_1=h/\varPhi$，故推杆推程的运动方程为

$$\left.\begin{aligned} s &= \frac{h\varphi}{\varPhi} \\ v &= \frac{h\omega}{\varPhi} \\ a &= \frac{\mathrm{d}v}{\mathrm{d}t}=0 \end{aligned}\right\} \qquad (4-3)$$

在回程时，因规定推杆的位移总是由其位于基圆弧处的最低位置算起，故推杆的位移 s 是逐渐减小的，而其运动方程为

$$\left.\begin{aligned} s &= h\left(1-\frac{\varphi}{\varPhi'}\right) \\ v &= -\frac{h\omega}{\varPhi'} \\ a &= \frac{\mathrm{d}v}{\mathrm{d}t}=0 \end{aligned}\right\} \qquad (4-4)$$

式（4-4）中，$\varPhi'$ 为凸轮的回程运动角，注意凸轮的转角 φ 总是从该段运动规律的起始位置计量起。

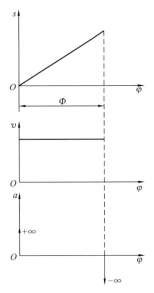

图 4-7　等速运动规律推程段的运动线图

由上述可知，推杆此时作等速运动，故又称为等速运动规律。图 4-7 所示为推程段的运动线图。由图可见，其推杆在运动的开始和终止的瞬时，因速度有突变，所以这时推杆在理论上将出现无穷大的加速度和惯性力，因而会使凸轮机构受到极大冲击，这种冲击称为刚性冲击。因此，等速运动规律只适用于低速轻载场合。

2）二次多项式运动规律。当 $n=2$ 时，其表达式为

$$\left.\begin{aligned} s &= C_0+C_1\varphi+C_2\varphi^2 \\ v &= \frac{\mathrm{d}s}{\mathrm{d}t}=C_1\omega+2C_2\omega\varphi \\ a &= \frac{\mathrm{d}v}{\mathrm{d}t}=2C_2\omega^2 \end{aligned}\right\} \qquad (4-5)$$

由式（4-5）知，这时推杆的加速度为常数。为了保证凸轮机构运动的平稳性，通常应使从动件在推程或回程的前半段做等加速运动，后半段作等减速运动，加速度和减速度绝对值相等，在加速段和减速段凸轮的运动角及推杆的行程各占一半，因此，这种运动规律又称为等加速等减速运动规律。由于其位移曲线为两段在等加等减交接点光滑相连的反向抛物线，故又称为抛物线运动规律。推程等加速段的边界条件为：

在始点处 $\qquad\qquad\qquad\qquad\varphi=0,\ s=0,\ v=0$

在终点处 $\qquad\qquad\qquad \varphi = \Phi/2,\ s = h/2$

将其代入式（4-5），求得 $C_0 = 0$，$C_1 = 0$，$C_2 = 2h/\Phi^2$，故推杆等加速段的方程为

$$\left.\begin{array}{l} s = 2h\varphi^2/\Phi^2 \\[4pt] v = 4h\omega\varphi/\Phi^2 \\[4pt] a = 4h\omega^2/\Phi^2 \end{array}\right\} \qquad (4-6)$$

式（4-6）中，φ 的变化范围为 $0 \sim \Phi/2$。

由式（4-6）可见，在此阶段，推杆的位移 s 与凸轮转角 φ 的平方成正比，故其位移曲线为一段向上弯的抛物线，如图 4-8 所示。

推程等减速段的边界条件为：

在始点处 $\qquad\qquad\qquad s = h/2,\quad \varphi = \Phi/2$

在终点处 $\qquad\qquad\qquad \varphi = \Phi,\quad s = h,\quad v = 0$

将其代入式（4-5），求得 $C_0 = -h$，$C_1 = 4h/\Phi$，$C_2 = -2h/\Phi^2$，故推杆等减速段的运动方程为

$$\left.\begin{array}{l} s = \dfrac{h - 2h(\Phi - \varphi)^2}{\Phi^2} \\[10pt] v = \dfrac{4h\omega(\Phi - \varphi)}{\Phi^2} \\[10pt] a = \dfrac{-4h\omega^2}{\Phi^2} \end{array}\right\} \qquad (4-7)$$

式中，φ 的变化范围为 $\Phi/2 \sim \Phi$。这时推杆的位移曲线如图 4-8 所示，为一段向下弯的抛物线。

由图可见，在运动的起始、等加等减的转折点和运动的终止点三点的加速度有突变，不过这一突变为有限值的突变，因而引起的冲击较小，故称这种冲击为柔性冲击。因此，等加速等减速运动规律适用于中速轻载场合。

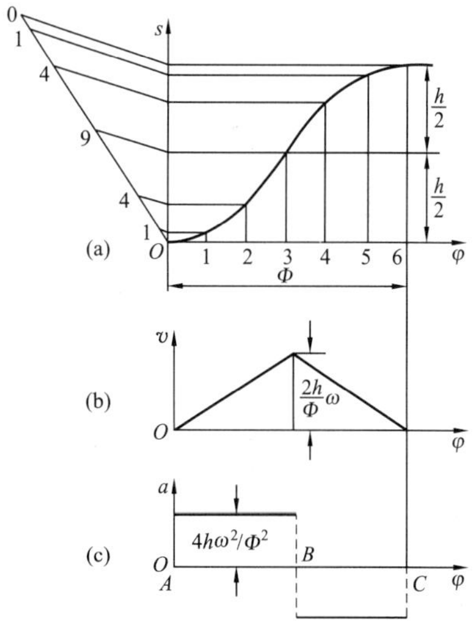

同理，可得回程段的等加速等减速运动规律的运动方程为：

等加速回程段

$$\left.\begin{array}{l} s = h - 2h\varphi^2/\Phi'^2 \\[4pt] v = -4h\omega\varphi/\Phi'^2 \\[4pt] a = -4h\omega^2/\Phi'^2 \end{array}\right\} \quad (\varphi = 0 \sim \Phi'/2)$$

$$(4-8)$$

等减速回程段

$$\left.\begin{array}{l} s = 2h(\Phi' - \varphi)^2/\Phi'^2 \\[4pt] v = -4h\omega(\Phi' - \varphi)/\Phi'^2 \\[4pt] a = 4h\omega^2/\Phi'^2 \end{array}\right\} \quad (\varphi = \Phi'/2 \sim \Phi') \qquad (4-9)$$

图 4-8　等加等减运动规律推程段的运动线

3）3-4-5 次多项式运动规律。当采用 3-4-5 次多项式时，其表达式为

$$
\left.
\begin{aligned}
s &= C_0 + C_1\varphi + C_2\varphi^2 + C_3\varphi^3 + C_4\varphi^4 + C_5\varphi^5 \\
v &= \mathrm{d}s/\mathrm{d}t = C_1\omega + 2C_2\omega\varphi + 3C_3\omega\varphi^2 + 4C_4\omega\varphi^3 + 5C_5\omega\varphi^4 \\
a &= \mathrm{d}v/\mathrm{d}t = 2C_2\omega^2 + 6C_3\omega^2\varphi + 12C_4\omega^2\varphi^2 + 20C_5\omega^2\varphi^3
\end{aligned}
\right\}
\tag{4-10}
$$

因待定系数有六个，故可设定六个边界条件。

在始点处 $\qquad\qquad\qquad\qquad \varphi = 0, \ \ s = 0, \ \ v = 0, \ \ a = 0$

在终点处 $\qquad\qquad\qquad\qquad \varphi = \Phi, \ \ s = h, \ \ v = 0, \ \ a = 0$

代入式（4-10）可得

$C_0 = C_1 = C_2 = 0$，$C_3 = 10h/\Phi^3$，$C_4 = -15h/\Phi^4$，$C_5 = 6h/\Phi^5$，故其位移方程为

$$
s = 10h\varphi^3/\Phi^3 - 15h\varphi^4/\Phi^4 + 6h\varphi^5/\Phi^5
\tag{4-11}
$$

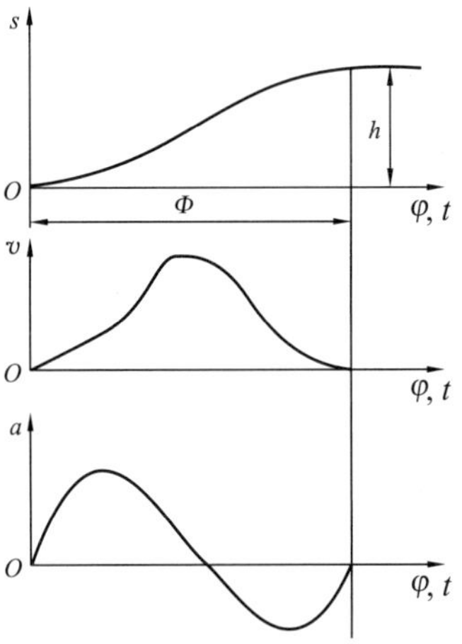

图 4-9　3-4-5 次多项式运动
规律推程段的运动线图

式（4-11）称为 3-4-5 次多项式，图 4-9 为其运动线图。由图可知，此运动规律既无刚性冲击也无柔性冲击。因此，3-4-5 次多项式运动规律适用于高速中载场合。

如果工作中有多种要求，只需把这些要求列成相应的边界条件，并增加多项式中的方次，即可求得推杆相应的运动方程。不过，方次越高，方程越复杂，带来的动力性能就越好，但设计计算复杂，加工精度也难以达到。故工程实际中通常不宜采用大于 3 次的多项式。

（2）三角函数类运动规律。

1）余弦加速度运动规律。余弦加速度运动规律又称为简谐运动规律。其一般形式为

$$
a = C_1 \cos\left(\frac{2\pi}{T}t\right)
$$

式中，T 为周期。

设凸轮转过推程运动角 Φ 所对应的时间为 t，由于从动件的速度在推程起始和终止瞬时的速度为零，因此在一个行程中所采用的加速度曲线只能为 1/2 周期的余弦波，故 $T = 2t$。于是，余弦加速度运动方程的表达式为

$$
a = C_1 \cos\left(\frac{\pi}{\Phi}\varphi\right)
\tag{4-12}
$$

由此可得推程段的运动方程为

$$
\left.
\begin{aligned}
s &= \frac{h}{2}\left[1 - \cos\left(\frac{\pi}{\Phi}\varphi\right)\right] \\
v &= \frac{\pi h \omega}{2\Phi}\sin\left(\frac{\pi}{\Phi}\varphi\right) \\
a &= \frac{\pi^2 h \omega^2}{2\Phi^2}\cos\left(\frac{\pi}{\Phi}\varphi\right)
\end{aligned}
\right\}
\tag{4-13}
$$

回程段的运动方程为

$$s = \frac{h}{2}\left[1 + \cos\left(\frac{\pi}{\Phi'}\varphi\right)\right]$$
$$v = -\frac{\pi h \omega}{2\Phi'}\sin\left(\frac{\pi}{\Phi'}\varphi\right) \qquad (4-14)$$
$$a = -\frac{\pi^2 h \omega^2}{2\Phi'^2}\cos\left(\frac{\pi}{\Phi'}\varphi\right)$$

其推程段的运动线图如图 4 - 10 所示。由图可知，在运动的起始点和终止点推杆的加速度有突变，故存在柔性冲击。若推杆推程和回程均采用余弦加速度运动规律，且无远休止角和近休止角，即从动件作无停歇地升-降-升连续往复运动时，加速度曲线则是一条连续的曲线（如图中虚线所示），从而可避免柔性冲击。因此，余弦加速度运动规律适用于中速中载场合。

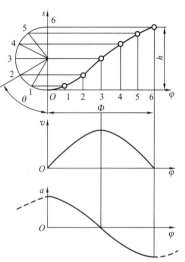

图 4 - 10 简谐运动规律推程段的运动线图

2）正弦加速度运动规律。正弦加速度运动规律又称摆线运动规律，其一般形式为

$$a = C_1\sin\left(\frac{2\pi}{T}t\right)$$

同理，由于从动件的速度在推程起始和终止瞬时的速度为零，因此在一个行程中所采用的加速度曲线应该是一个完整的正弦波，于是，正弦加速度运动方程的表达式为

$$a = C_1\sin\left(\frac{2\pi}{\Phi}\varphi\right) \qquad (4-15)$$

由此可得推程段的运动方程为

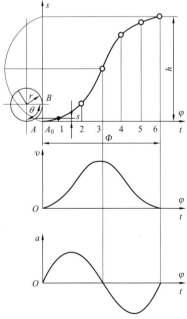

图 4 - 11 摆线运动规律推程段运动线图

$$s = h\left[\frac{\varphi}{\Phi} - \frac{1}{2\pi}\sin\left(\frac{2\pi}{\Phi}\varphi\right)\right]$$
$$v = \frac{h\omega}{\Phi}\left[1 - \cos\left(\frac{2\pi}{\Phi}\varphi\right)\right] \qquad (4-16)$$
$$a = \frac{2\pi h \omega^2}{\Phi^2}\sin\left(\frac{2\pi}{\Phi}\varphi\right)$$

回程段的运动方程为

$$s = h\left[1 - \frac{\varphi}{\Phi'} + \frac{1}{2\pi}\sin\left(\frac{2\pi}{\Phi'}\varphi\right)\right]$$
$$v = -\frac{h\omega}{\Phi'}\left[1 - \cos\left(\frac{2\pi}{\Phi'}\varphi\right)\right] \qquad (4-17)$$
$$a = -\frac{2\pi h \omega^2}{\Phi'^2}\sin\left(\frac{2\pi}{\Phi'}\varphi\right)$$

其推程段的运动线图如图 4 - 11 所示。由图可知，该运动规律既无刚性冲击又无柔性冲击。正弦加速度运动规律适用于高速轻中载场合。表 4 - 2 列出了几种常用运动规律的运动线图和特点。

表 4 - 2　　　　　　　　　　**几种常用运动规律的运动线图和特点**

名　称	运动线图	特点及应用
等速运动规律	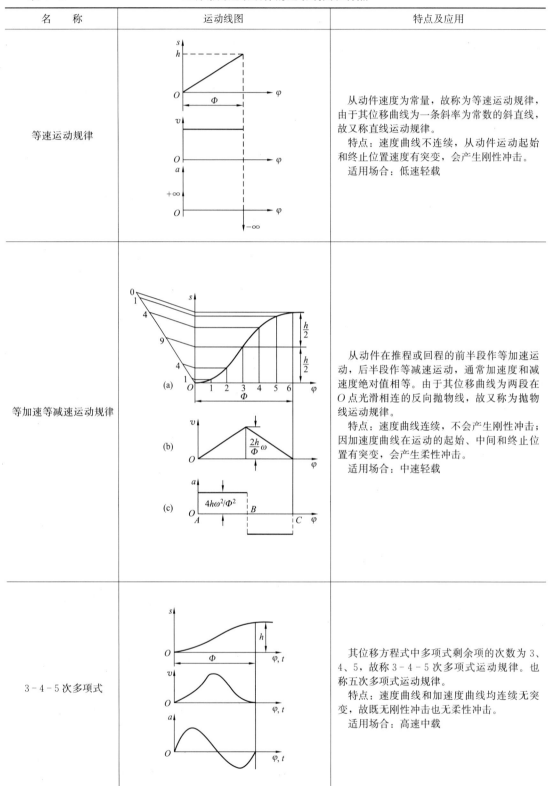	从动件速度为常量，故称为等速运动规律，由于其位移曲线为一条斜率为常数的斜直线，故又称直线运动规律。 特点：速度曲线不连续，从动件运动起始和终止位置速度有突变，会产生刚性冲击。 适用场合：低速轻载
等加速等减速运动规律		从动件在推程或回程的前半段作等加速运动，后半段作等减速运动，通常加速度和减速度绝对值相等。由于其位移曲线为两段在 O 点光滑相连的反向抛物线，故又称为抛物线运动规律。 特点：速度曲线连续，不会产生刚性冲击；因加速度曲线在运动的起始、中间和终止位置有突变，会产生柔性冲击。 适用场合：中速轻载
3 - 4 - 5 次多项式		其位移方程式中多项式剩余项的次数为 3、4、5，故称 3 - 4 - 5 次多项式运动规律。也称五次多项式运动规律。 特点：速度曲线和加速度曲线均连续无突变，故既无刚性冲击也无柔性冲击。 适用场合：高速中载

名　　称	运动线图	特点及应用
简谐运动规律		当质点在圆周上做匀速运动时，其在该圆直径上的投影所构成的运动称为简谐运动，由于其加速度曲线为余弦曲线，故又称为余弦加速度运动规律。 　　特点：速度曲线连续，因此不会产生刚性冲击，但在运动的起始和终止位置加速度曲线不连续，因此会产生柔性冲击。 　　适用场合：中速中载。当从动件作无停歇的升-降-升连续无停歇运动时，加速度曲线变成连续曲线，可用于高速场合
摆线运动规律		当滚圆沿纵坐标轴做匀速纯滚动时，圆周上一点的轨迹为一摆线。此时该点在纵坐标轴上的投影随时间变化的规律称摆线运动规律，由于其加速度曲线为正弦曲线，故又称为正弦加速度运动规律。 　　特点：速度曲线和加速度曲线均连续无突变，故既无刚性冲击也无柔性冲击。 　　适用场合：高速轻中载

* 2. 组合运动规律

在工程实际中，对从动件的运动和动力特性的要求是多种多样的。为了克服单一运动规律的某些缺陷，获得更好的运动和动力特性，可以把几种运动规律曲线拼接起来，构成组合运动规律。构成组合运动规律时，可以根据凸轮机构的工作性能指标，选择一种基本运动规律为主体，再用其他类型的基本运动规律与其拼接。拼接时应遵循以下两个原则：

（1）位移曲线和速度曲线（包括运动的起始点和终止点）必须连续，以避免刚性冲击。

（2）对于高速凸轮机构，要求其加速度曲线（包括运动的起始点和终止点）必须连续，以避免柔性冲击。

因此，当用不同运动规律组合时，它们在连接点处的位移、速度和加速度值应分别相等，这是运动规律组合时必须满足的边界条件。常用的组合运动规律有改进型等速运动规律、改进型正弦加速度运动规律、改进型梯形加速度运动规律等。图 4-12 所示为两种改进型等速运动规律运动线图。图 4-12 （a） 中，位移曲线用两段圆弧与直线拼接，这种组合运动规律避免了刚性冲击，但仍有柔性冲击。若要进一步改善凸轮机构的动力性能，可用正弦加速度运动规律与等速运动规律的两端拼接，这样的组合运动规律既无刚性冲击，又无柔性冲击，如图 4-12（b）所示。

　　图 4-13（a）所示为在等加速等减速运动规律的加速度突变处采用斜直线拼接，称为梯形加速度运动规律。由图可知，这种组合运动规律的加速度曲线无突变，避免了柔性冲击。若用正弦加速度曲线代替斜直线，则可使加速度曲线光滑连续，如图 4-13（b）所示。这种运动规律称为改进型梯形加速度运动规律，其具有良好的动力性能，适用于高速轻载的场合。

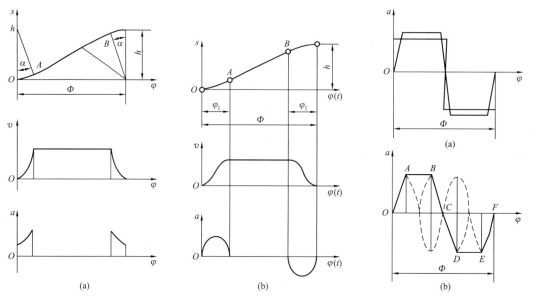

図 4-12　组合运动规律　　　　　　　　図 4-13　改进型梯形加速度运动规律

4.2.3　设计从动件运动规律时要考虑的问题

　　在设计从动件运动规律时，必须先了解机器的工作过程，满足机器的工作要求，同时还应当考虑使凸轮机构具有良好的动力性能和便于加工制造等因素。选择或设计从动件运动规律，需要考虑的因素很多，其中主要有以下几个问题。

　　（1）当机器的工作过程对从动件的运动规律有特殊要求时，应从实现工作过程要求出发，设计其运动规律，此时的运动规律完全由工作要求确定。

　　（2）当机器的工作过程只要求从动件具有一定的工作行程，而对其运动规律无特殊要求时，从动件运动规律的设计具有较大的灵活性。对于低速凸轮机构，主要考虑便于加工；对于高速凸轮机构，则应先考虑动力特性，以减小惯性力和冲击为依据。

　　（3）当机器对从动件的运动特性有特殊要求，而只用一种基本运动规律又难以满足这些要求时，可以考虑采用满足要求的组合运动规律。

　　（4）在设计从动件的运动规律时，除了要考虑其冲击特性外，还要考虑从动件的最大速度 v_{max}、最大加速度 a_{max}、最大跃度 j_{max}。若其 v_{max} 较大，则当从动件突然被阻止时，将产生很大的冲击力。另外，v_{max} 越大，从动件系统的动能就越大，对频繁启停的工作系统将降低其运动平稳性。因此，对这类从动件系统应选择最大速度 v_{max} 较小的运动规律。从动件工作行程的最大加速度 a_{max} 越大，则惯性力越大，由惯性力引起的动压力也就越大，对构件的强度、耐磨性的要求就越高。因此，对于高速凸轮机构，应当选择最大加速度 a_{max} 较小的运动规律。最大跃度 j_{max} 与惯性力的变化率密切相关，它对从动件系统的振动和工作平稳性有直接影响，因此，j_{max} 越小越好。

表 4-3 列出了几种常用运动规律的特性以及推荐的应用范围，供设计从动件运动规律时参考。

表 4-3　　　　　　　　　　从动件常用运动规律特性比较及适用场合

运动规律	冲击特性	v_{max}	a_{max}	j_{max}	适用场合
等速（直线）	刚性	1.00	∞	—	低速轻负荷
等加等减速（抛物线）	柔性	2.00	4.00	∞	中速轻负荷
3-4-5 次多项式（五次多项式）	无	1.88	5.77	60.0	高速中负荷
简谐（余弦加速度）	柔性	1.57	4.93	∞	中速中负荷
摆线（正弦加速度）	无	2.00	6.28	39.5	高速轻中负荷

4.3　凸轮轮廓曲线的设计

4.3.1　凸轮轮廓曲线设计的反转法原理

选定了凸轮机构形式、从动件运动规律和凸轮基圆半径后，就可以着手进行凸轮轮廓线的设计了。凸轮轮廓曲线的设计方法有作图法和解析法，为便于建立设计模型，两种方法都应用反转法原理。

凸轮机构工作时，凸轮和从动件都在运动，为了在图纸上绘制出凸轮的轮廓曲线，应让凸轮相对于图纸平面相对静止，为此，本节采用反转法。下面以图 4-14 所示的对心尖端移动从动件盘形凸轮机构为例来说明其原理。

当凸轮绕轴 O 以等角速度 ω 逆时针方向转动时，将推动从动件按预期的运动规律运动。现在设想给整个机构加上一绕凸轮轴心 O 转动的公共角速度（$-\omega$）。这时，凸轮与从动件之间的相对运动保持不变，但凸轮将静止不动成为机架，而移动从动件一方面随导路一起以等角速度（$-\omega$）绕 O 点转动，另一方面又按已知的运动规律在导路中作往复移动，由于从动件尖端始终与凸轮轮廓相接触，所以在反转后尖端的运动轨迹就是凸轮的轮廓曲线；若为摆动从动件，则从动件一方面随其摆动中心 A 以等角速度（$-\omega$）绕 O 点转动，另一方面又按已知的运动规律相对机架摆动，由于从动件尖端在反转运动过程中应始终与凸轮轮廓曲线保持接触，故反转后从动件尖端在上述复合运动中相对于凸轮的运动轨迹就是摆动凸轮的轮廓曲线。

根据反转法原理，在设计凸轮轮廓曲线时，凸轮静止不动，而从动件相对于凸轮轴心 O 以（$-\omega$）做反转运动，从动件随机架反转的同时，又和凸轮之间按给定的运动规律作往复移动，如图 4-14 所示。从动件尖端所留下的轨迹曲线即为凸轮的轮廓曲线。

凸轮的轮廓曲线又分为两种，理论廓线和实际廓线。对于尖端从动件，两条曲线合二为一；对于滚子从动件，滚子中心的轨迹曲线为理论廓线，一系列滚子圆的包络线为实际廓线；对于平底从动件，平底与导路的交点所构成的轨迹曲线为理论廓线，

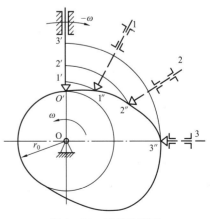

图 4-14　反转法原理

一系列平底线的包络线为实际廓线。

由于这种方法是假定凸轮固定不动而使从动件连同导路一起反转，故称反转法（或运动倒置法）。尽管凸轮机构的形式多种多样，但反转法原理适用于各种凸轮轮廓曲线的设计。下面将针对不同的从动件类型来说明凸轮轮廓曲线的设计原理。

4.3.2　移动从动件盘形凸轮轮廓线的设计

1. 尖端移动从动件

以一偏置移动尖端从动件盘形凸轮机构为例。设已知凸轮的基圆半径为 r_0，从动件轴线偏于凸轮轴心的左侧，偏距为 e，凸轮以等角速度 ω 顺时针方向转动，从动件的位移曲线如图 4-15（b）所示，试设计凸轮的轮廓曲线。

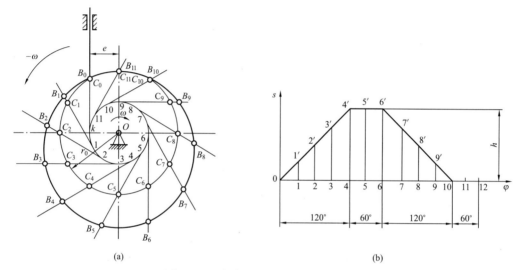

图 4-15　尖端从动件凸轮轮廓线设计

依据反转法原理，具体设计步骤如下所述。

（1）选取适当的比例尺，做出从动件的位移线图。将位移曲线的横坐标分成若干等份，得分点 1、2、…、12。

（2）选取同样的比例尺，以 O 为圆心、r_0 为半径作基圆，并根据从动件的偏置方向画出从动件的起始位置线，该位置线与基圆的交点为 B_0，B_0 便是从动件尖端的初始位置。

（3）以 O 为圆心、$Ok=e$ 为半径作偏距圆，该圆与从动件的起始位置线切于 k 点。

（4）自 k 点开始，沿（$-\omega$）方向将偏距圆分成与图 4-15（b）横坐标对应的区间和等份，得若干个分点。过各分点作偏距圆的切射线，这些线代表从动件在反转过程中从动件占据的位置线。它们与基圆的交点分别为 C_1、C_2、…、C_{11}。

（5）在上述切射线上，从基圆起向外截取线段，使其分别等于图 4-15（b）中相应的坐标，即 $C_1B_1=11'$，$C_2B_2=22'$，…，得点 B_1、B_2、…、B_{11}，这些点代表反转过程中从动件尖端依次占据的位置。

（6）将点 B_0、B_1、B_2、…，连成光滑的曲线，即得所求的凸轮轮廓曲线。

这条轮廓曲线既是尖端从动件的理论廓线，又是它的实际廓线。

2. 滚子从动件

在图 4-16 所示的滚子直动从动件盘形凸轮机构中，滚子与从动件铰接，故滚子中心的运动规律即为从动件的运动规律。如果把滚子中心视作尖底从动件的尖底，则按上述方法可以求出一条凸轮轮廓，称为该凸轮的理论轮廓。该凸轮的实际轮廓称为工作轮廓。在设计滚子从动件盘形凸轮时，先用上述方法确定凸轮的理论轮廓，然后用理论轮廓求工作轮廓（也称实际廓线），以理论轮廓上各点为圆心，滚子半径 r_r 为半径作一系列的滚子圆，这些滚子圆的包络线即为凸轮的实际廓线。所以，凸轮的理论廓线和实际廓线到其法线 $n-n$ 方向的距离处处相等，其值为滚子半径 r_r，即两曲线为法向等距曲线。

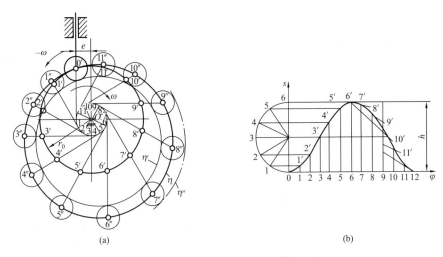

图 4 - 16　滚子从动件凸轮轮廓线设计

3. 平底从动件

平底从动件盘形凸轮机构凸轮轮廓曲线的设计思路与上述滚子从动件盘形凸轮机构相似，不同的是取从动件导路于平底的交点作为假想的尖端，如图 4 - 17 所示。按上述方法，先做出尖端 B_0 所在的凸轮理论轮廓，然后在各反转位置作一系列的平底线，这些平底线的包络线即为平底从动件的实际廓线。

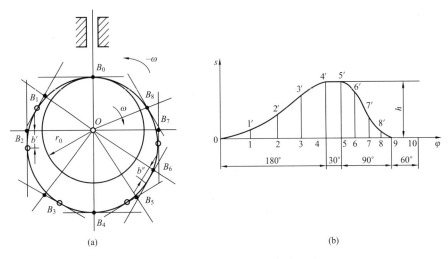

图 4 - 17　平底从动件凸轮廓线设计

4.3.3　摆动从动件盘形凸轮轮廓线的设计

图 4-18 所示为一尖端摆动从动件盘形凸轮机构。已知凸轮轴心与从动件转轴之间的中心距为 a，凸轮基圆半径为 r_0，从动件长度为 l，凸轮以等角速度 ω 逆时针转动，从动件的运动规律如图 4-18（b）所示。要求设计该凸轮的轮廓曲线。

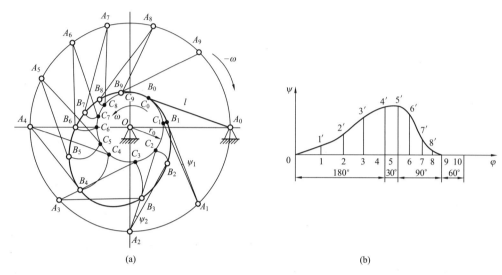

图 4-18　尖端摆动从动件凸轮轮廓线设计

反转法原理同样适用于摆动从动件凸轮机构。

根据反转法原理，当给整个机构以 $-\omega$ 反转后，凸轮将维持不动而从动件的摆动中心 A 则以 $-\omega$ 绕 O 点做圆周运动，同时从动件按给定的运动规律相对机架 OA 摆动，因此，凸轮廓线的设计步骤如下所述。

（1）选取适当的比例尺，作出从动件的位移线图，在位移曲线的横坐标上将推程运动角和回程运动角区间各分成若干等份，如图 4-18（b）所示。与移动从动件不同的是，这里的纵坐标代表从动件的角位移 ψ，因此，其比例尺为 1mm 代表多少角度。

（2）以 O 为圆心、以 r_0 为半径作基圆，并根据已知的中心距 l_{OA}，确定从动件转轴 A 的起始位置 A_0。然后以 A_0 为圆心，以从动件摆杆长度 l_{AB} 为半径作圆弧，交基圆于 C_0 点，A_0C_0（即 A_0B_0）代表从动件的初始位置，C_0（B_0）即为从动件尖端的初始位置。

（3）以 O 为圆心、以 OA_0 为半径作圆，并自 A_0 点开始沿着 $-\omega$ 的方向将该圆分成与图 4-18（b）中横坐标对应的区间和等份，得点 A_1、A_2、…、A_9，它们代表反转过程中从动件摆动中心 A 依次占据的位置。

（4）以上述各点为圆心，以从动件摆杆长度 l_{AB} 为半径，分别作圆弧，交基圆于 C_1、C_2、…、C_9 各点，得到从动件各初始位置 A_1C_1、A_2C_2、…、A_9C_9；再分别作 $\angle C_1A_1B_1$、$\angle C_2A_2B_2$、…、$\angle C_9A_9B_9$，使它们与图 4-18（b）中对应的角位移相等，即得线段 A_1B_1、A_2B_2、…、A_9B_9。这些线段代表反转过程中从动件依次占据的位置，而 B_1、B_2、…、B_9 各点就是摆杆尖端在反转过程中所处的位置。

（5）将点 B_1、B_2、…、B_9 连成光滑的曲线，即得摆动从动件凸轮的轮廓曲线。对尖端从动件，这既是一条理论廓线，又是一条实际廓线，对滚子和平底从动件，这是一条理论廓线，同理，也能做出相应的实际廓线。

*4.3.4 圆柱凸轮轮廓曲线的设计

圆柱凸轮机构是一种空间凸轮机构。其特点是从动件的运动平面与凸轮的回转平面相垂直。滚子从动件与圆柱凸轮的接触表面是一个空间曲面，在平面内不能确切表示其形状，仅能以平面投影表示其近似形状。圆柱凸轮机构有三种构造形式：

（1）在圆柱端面上制成轮廓曲线；

（2）在圆柱表面上制成凹槽；

（3）将不同曲线的金属板固定在圆柱体表面上构成凸轮凹槽，这种构造形式便于调整更换。

无论是何种圆柱凸轮，其轮廓曲线均为一空间曲线，但圆柱面可以展开成平面，圆柱凸轮展开后便成为平面移动凸轮。平面移动凸轮是盘形凸轮的一个特例，它可以看作转动中心在无穷远处的盘形凸轮。因此可用上述盘形凸轮轮廓曲线设计的原理和方法来绘制圆柱凸轮轮廓曲线的展开图。下面以常见的直动和摆动从动件为例，讲解轮廓曲线的设计方法。

1. 直动从动件圆柱凸轮轮廓曲线的设计

图 4 - 19（a）所示为一直动从动件圆柱凸轮机构。设已知凸轮的中径为 R（滚子中心到圆柱凸轮回转轴线的距离），滚子半径为 r_r，从动件的运动规律如图 4 - 19（c）所示，凸轮以等角速 ω 作顺时针方向回转，则圆柱凸轮轮廓曲线的设计步骤如下所述。

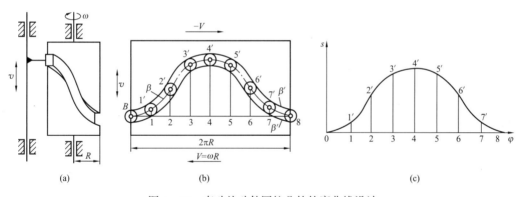

图 4 - 19 直动从动件圆柱凸轮轮廓曲线设计

（1）以 $2\pi R$ 为底边作一矩形表示圆柱凸轮展开后的圆柱面，如图 4 - 19（b）所示，圆柱面的匀速回转运动就变成了展开面的横向匀速直线移动，且移动速度 $v=R\omega$。

（2）将展开面底边沿 $-v$ 方向分成与从动件位移曲线对应的等份，得到反转后从动件的一系列位置。

（3）在这些位置上量取相应的位移量 s，得 $1'$、$2'$、$\cdots$、$7'$ 若干点，将这些点光滑连接得出展开面的理论轮廓曲线。

（4）以理论轮廓曲线上各点为圆心，滚子半径为半径，作一系列的滚子圆，并作滚子圆的上下两条包络线即为凸轮的实际轮廓曲线。

2. 摆动从动件圆柱凸轮轮廓曲线的设计

对摆动从动件圆柱凸轮，同样也可设计出摆动从动件凸轮轮廓曲线。

设凸轮的平均圆柱半径为 R_m，从动件长度为 l，滚子半径为 r_r，凸轮转动方向和从动

件运动规律如图 4-20（b）所示，则该凸轮机构的展开图可按下述步骤设计。

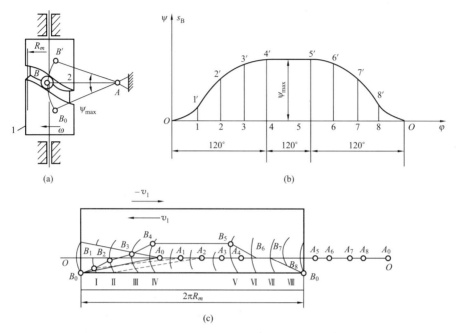

图 4-20 摆动从动件圆柱凸轮轮廓曲线设计

（1）以 $2\pi R_m$ 为底边作一矩形，如图 4-20（c）所示，该矩形代表以 R_m 为半径的圆柱凸轮展开后的圆柱面。

（2）作 OO 线垂直于凸轮的回转轴线，并作 $\angle OA_0B_0=\dfrac{1}{2}\Psi_{max}$，从而得到从动摆杆的初始位置 A_0B_0。

（3）取线段 A_0A_0 的长度为 $2\pi R_m$，并沿 $-v$ 方向将 A_0A_0 线分成与位移曲线横坐标对应的区间和等份，得 A_1、A_2、A_3、…，这些点代表反转过程中从动摆杆转轴中心 A 的一系列位置。

（4）以 A_1、A_2、A_3、…，各点为圆心，以摆杆长度 l 为半径作一系列圆弧，然后作 $\angle I A_1B_1$、$\angle II A_2B_2$、$\angle III A_3B_3$、…，分别等于位移曲线上各对应位置从动件的摆角 Ψ_1、Ψ_2、Ψ_3、…，得点 B_1、B_2、B_3、…，这些点代表反转过程中从动件滚子中心依次占据的位置［若作位移线图 4-20（b）时，选取适当的比例尺，使代表从动件最大摆角的线段 $44'=l\cdot\Psi_{max}$，则位移线图 4-20（b）的纵坐标代表从动件滚子中心所摆过的弧长 s_B。此时可在上述圆弧上直接截取与图 4-20（b）中对应的纵坐标长度，得点 B_1、B_2、B_3、…各点］。

（5）将 B_1、B_2、B_3、…，各点连成光滑的曲线，即得凸轮理论廓线的展开图，如图 4-20（c）所示。然后用上述作滚子圆及圆族包络线的方法即可得到圆柱凸轮展开轮廓的实际廓线。

对于摆动从动件凸轮机构来说，由于从动件滚子的摆动圆弧位于一平面中，而凸轮廓线位于圆柱曲面上，所以，严格来说，从动件摆动后其滚子将不再处于以 R_m 为半径的圆柱面中；若摆角过大，滚子甚至可能与外圆柱面脱离接触，因此，这种机构不宜用在摆角过大的场合。为了减小摆角所产生的设计误差，通常令从动件的中间位置垂直于凸轮转轴。

随着机械技术不断朝着高速、精密、自动化的方向发展以及 CAD/CAM 技术的广泛应用，凸轮轮廓曲线的解析法越来越受到人们的重视。解析法由于具有计算精度高、速度快，适用于凸轮在数控机床上加工的优点，获得了广泛的应用，下面介绍解析法。

4.3.5 凸轮轮廓设计的解析法

所谓用解析法设计凸轮廓线，就是根据工作要求的从动件的运动规律和已知的机构参数，求出凸轮廓线的方程式，并利用计算机精确地计算出凸轮廓线上各点的坐标值。下面以几种常见的凸轮机构为例，介绍凸轮轮廓曲线设计的解析法。

1. 尖端从动件盘形凸轮机构

图 4-21 所示为一偏置尖端移动从动件盘形凸轮轮廓曲线。已知从动件运动规律 $s=s(\varphi)$，从动件移动导路偏在凸轮转动轴心 O 的右侧，偏距为 e，凸轮以等角速度 ω 逆时针方向转动。建立如图 4-21 所示的直角坐标系 Oxy，B_0 点为从动件处于推程起始位置时尖端所处的位置，当凸轮转过 φ 角后，从动件的位移为 s。根据反转法原理作图，在图中可以看出，此时尖端将位于 B 点，该点的直角坐标为

$$\left.\begin{array}{l} x_B=(s_0+s)\sin\varphi+e\cos\varphi \\ y_B=(s_0+s)\cos\varphi-e\sin\varphi \end{array}\right\} \tag{4-18}$$

式中，e 为偏距，$s_0=\sqrt{r_0{}^2-e^2}$。

式（4-18）即为尖端移动从动件盘形凸轮的轮廓曲线方程，对尖端从动件来说，该方程既是理论廓线方程，也是实际廓线方程。式中，若从动件的导路偏在 y 轴右侧，则 $e>0$，否则，$e<0$；若为对心移动从动件，则 $e=0$。式中的凸轮转角 φ 也有正负之分，若凸轮逆时针方向转动，则 $\varphi>0$，否则 $\varphi<0$。

2. 滚子从动件盘形凸轮机构

图 4-22 所示为偏置滚子移动从动件盘形凸轮机构，图中 B_0 点为从动件处于推程起始位置时滚子中心所处的位置。凸轮转过 φ 角后，从动件的位移为 s。建立直角坐标系 Oxy，根据反转法原理作图，在图中可以看出，此时滚子中心将位于 B 点，由于滚子中心 B 是从动件上的一个铰接点，该点的运动规律就是从动件的运动规律。因此，可以将滚子中心视为尖端从动件的尖端，建立凸轮轮廓曲线方程。

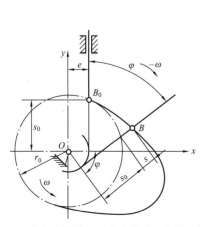

图 4-21 解析法设计尖端直动从动件凸轮轮廓曲线

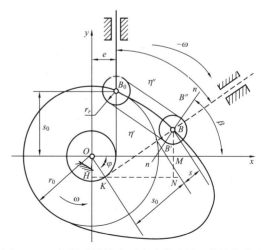

图 4-22 解析法设计滚子直动从动件凸轮轮廓曲线

（1）理论廓线方程。按前述处理尖端移动从动件盘形凸轮轮廓曲线的方法，可以建立与式（4-18）相同的凸轮轮廓曲线方程，称为凸轮的理论轮廓曲线方程，B 点的轨迹曲线称为滚子从动件凸轮的理论轮廓曲线 η。应当指出，在设计滚子从动件盘形凸轮机构时，r_0 指的是理论轮廓曲线的最小向径。

（2）实际轮廓曲线方程。在滚子从动件盘形凸轮机构中，凸轮的实际廓线是以理论廓线上各点为圆心，以滚子的半径 r_r 为半径，作一系列滚子圆，然后作该圆族的内包络线 η'，即为滚子从动件凸轮的工作轮廓曲线，称为滚子从动件凸轮的实际轮廓曲线。因此，实际廓线与理论廓线在法线方向上处处等距，故称 η' 为 η 的等距曲线，在各点法线上均相差滚子半径 r_r。所以，如果已知理论廓线上任一点 B 的坐标 $(x，y)$ 时，只要沿理论廓线在该点的法线方向取距离为 r_r，即可得到实际廓线上相应点 B' 的坐标值 $(x'，y')$。具有凹槽的凸轮，有两条实际轮廓曲线 η' 和 η''。

由高等数学知识可知，曲线上任一点的法线斜率与该点的切线斜率互为负倒数，故理论廓线上 B 点处的法线 nn 的斜率为

$$\tan\beta = \frac{\mathrm{d}x_B}{-\mathrm{d}y_B} = \frac{\dfrac{\mathrm{d}x_B}{\mathrm{d}\varphi}}{-\dfrac{\mathrm{d}y_B}{\mathrm{d}\varphi}} \tag{4-19}$$

式中，$\dfrac{\mathrm{d}x_B}{\mathrm{d}\varphi}$，$\dfrac{\mathrm{d}y_B}{\mathrm{d}\varphi}$ 可由式（4-18）求得。

应当注意，β 角在 $0°\sim360°$ 之间变化，β 角具体属于哪个象限，可以根据式（4-19）中的分子、分母值的正负号来判断。

由图 4-22 可知，当 β 求出后，实际廓线上对应点 B' 的坐标可由下式求出

$$\left.\begin{array}{l} x' = x \mp r_r\cos\beta \\ y' = y \mp r_r\sin\beta \end{array}\right\} \tag{4-20}$$

式中，$\cos\beta$ 和 $\sin\beta$ 可由式（4-21）求出，即有

$$\left.\begin{array}{l} \cos\beta = \dfrac{-\dfrac{\mathrm{d}y}{\mathrm{d}\varphi}}{\sqrt{\left(\dfrac{\mathrm{d}x}{\mathrm{d}\varphi}\right)^2 + \left(\dfrac{\mathrm{d}y}{\mathrm{d}\varphi}\right)^2}} \\[4ex] \sin\beta = \dfrac{\dfrac{\mathrm{d}x}{\mathrm{d}\varphi}}{\sqrt{\left(\dfrac{\mathrm{d}x}{\mathrm{d}\varphi}\right)^2 + \left(\dfrac{\mathrm{d}y}{\mathrm{d}\varphi}\right)^2}} \end{array}\right\} \tag{4-21}$$

将式（4-21）代入式（4-20）可得

$$\left.\begin{array}{l} x' = x \mp r_r \dfrac{\dfrac{\mathrm{d}y}{\mathrm{d}\varphi}}{\sqrt{\left(\dfrac{\mathrm{d}x}{\mathrm{d}\varphi}\right)^2 + \left(\dfrac{\mathrm{d}y}{\mathrm{d}\varphi}\right)^2}} \\[4ex] y' = y \mp r_r \dfrac{\dfrac{\mathrm{d}x}{\mathrm{d}\varphi}}{\sqrt{\left(\dfrac{\mathrm{d}x}{\mathrm{d}\varphi}\right)^2 + \left(\dfrac{\mathrm{d}y}{\mathrm{d}\varphi}\right)^2}} \end{array}\right\} \tag{4-22}$$

式（4-22）即为凸轮实际廓线的方程式。式中，上面一组减号表示一条内包络廓线 η'，下面一组加号表示一条外包络线 η''。

3. 平底移动从动件盘形凸轮机构

在平底移动从动件盘形凸轮机构中，从动件的平底通常垂直于从动件移动导路，其凸轮的实际轮廓曲线是平底一系列位置的包络线。这种凸轮机构的从动件偏置与否，都不影响凸轮轮廓曲线的形状，一般按对心从动件进行设计。

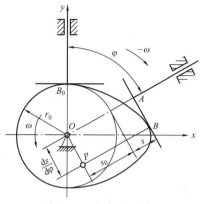

图4-23所示为一对心平底移动从动件盘形凸轮机构。建立直角坐标系 Oxy，从动件处于推程起始位置时，与凸轮在 B_0 点接触。当凸轮沿逆时针方向转过 φ 角时，从动件的位移为 s。根据反转法原理作图，在图中可以看出，凸轮与从动件在 B 点接触，P 点即为该位置时凸轮与从动件的相对速度瞬心。因此，从动件的速度为 $v = v_P = OP \cdot \omega$

即

图4-23 解析法设计平底直动从动件凸轮轮廓曲线

$$OP = \frac{v}{\omega} = \frac{\mathrm{d}s}{\mathrm{d}\varphi}$$

由图可知，B 点的直角坐标为

$$\left.\begin{array}{l} x_B = (r_0 + s)\sin\varphi + \dfrac{\mathrm{d}s}{\mathrm{d}\varphi}\cos\varphi \\[3mm] y_B = (r_0 + s)\cos\varphi - \dfrac{\mathrm{d}s}{\mathrm{d}\varphi}\sin\varphi \end{array}\right\} \tag{4-23}$$

式（4-23）即为凸轮的实际廓线方程。

*4. 刀具中心轨迹计算

当在数控铣床上铣削凸轮，或者用线切割机加工凸轮以及在磨床上磨削凸轮时，通常需要给出刀具中心的直角坐标值。对于滚子从动件盘形凸轮，通常都尽可能采用直径与滚子相同的刀具。这时，刀具中心轨迹与凸轮理论轮廓曲线重合。所以在凸轮工作图上只需要标注理论轮廓曲线和实际轮廓曲线的坐标值，供加工和检验时使用。如果用直径大于滚子直径的铣刀或砂轮来加工凸轮时，刀具中心轨迹不再与凸轮理论轮廓曲线重合。所以在凸轮工作图上还应标注刀具中心轨迹的坐标值，以供加工使用。

（1）滚子从动件盘形凸轮机构。由图4-24可知，刀具中心轨迹是一条与凸轮实际轮廓曲线处处相差一个刀具半径 r_c 的等距曲线。因此，如以 $|r_c - r_r|$ 为半径作一系列滚子圆，则当 $r_c > r_r$ 时，刀具的中心轨迹 η_c 相当于以理论轮廓曲线 η 上的各点为圆心，以 $(r_c - r_r)$ 为半径作一系列滚子圆的外包络线；当 $r_c < r_r$ 时，刀具的中心轨迹 η_c 相当于以理论轮廓曲线 η 上的各点为圆心，以 $(r_r - r_c)$ 为半径作一系列滚子圆的内包络线；因此，只要用 $|r_c - r_r|$ 代替 r_r，便可以由式（4-23）得到刀具轨迹中心的直角坐标方程。

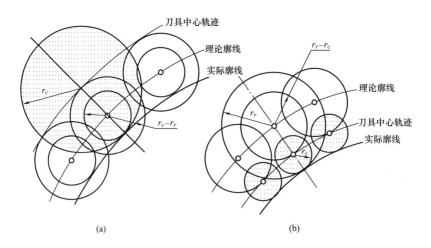

图 4 - 24　刀具中心轨迹

（a）刀具直径大于滚子直径；（b）刀具直径小于滚子直径

$$
\left.
\begin{aligned}
x_c &= x_B \pm |r_c - r_r| \frac{\dfrac{\mathrm{d}y_B}{\mathrm{d}\varphi}}{\sqrt{\left(\dfrac{\mathrm{d}x_B}{\mathrm{d}\varphi}\right)^2 + \left(\dfrac{\mathrm{d}y_B}{\mathrm{d}\varphi}\right)^2}} \\[2em]
y_c &= y_B \pm |r_c - r_r| \frac{\dfrac{\mathrm{d}x_B}{\mathrm{d}\varphi}}{\sqrt{\left(\dfrac{\mathrm{d}x_B}{\mathrm{d}\varphi}\right)^2 + \left(\dfrac{\mathrm{d}y_B}{\mathrm{d}\varphi}\right)^2}}
\end{aligned}
\right\}
\tag{4-24}
$$

当 $r_c > r_r$ 时，取下面一组减号值；当 $r_c < r_r$ 时，取上面一组加号值。

（2）平底移动从动件盘形凸轮机构。平底移动从动件盘形凸轮机构的凸轮可以用砂轮的端面磨削，也可以用铣刀、砂轮或钼丝的外圆加工。

1）用砂轮的端面加工凸轮。图 4 - 25 中，平底上的 A 点即为刀具中心。由图可知，其直角坐标形式的轨迹方程为

$$
\left.
\begin{aligned}
x_A &= (r_0 + s)\sin\varphi \\
y_A &= (r_0 + s)\cos\varphi
\end{aligned}
\right\}
\tag{4-25}
$$

2）用圆形刀具加工凸轮。在图 4 - 25 中，由于在加工过程中，刀具的外圆总是与凸轮的实际廓线相切，因此，刀具中心的运动轨迹是凸轮实际轮廓曲线的等距曲线，根据图 4 - 25 和式（4 - 23）可以得到刀具轨迹中心的直角坐标方程为

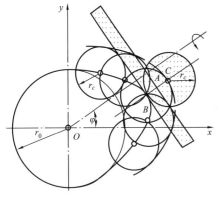

图 4 - 25　平底从动件刀具中心轨迹

$$
\left.
\begin{aligned}
x_C &= x_B + r_e\sin\varphi = (r_0 + s)\sin\varphi + \frac{\mathrm{d}s}{\mathrm{d}\varphi}\cos\varphi + r_c\sin\varphi \\[1em]
y_C &= y_B + r_e\cos\varphi = (r_0 + s)\cos\varphi + \frac{\mathrm{d}s}{\mathrm{d}\varphi}\sin\varphi + r_c\cos\varphi
\end{aligned}
\right\}
\tag{4-26}
$$

4.4　凸轮机构基本参数的确定

无论是用作图法还是解析法，在设计凸轮轮廓线前，除了需要根据工作要求选定从动件的运动规律，还需确定凸轮机构的一些基本参数，如基圆半径 r_0、偏距 e、滚子半径 r_r 等。这些参数的选择除应保证使从动件能准确地实现预期的运动规律外，还应使机构具有良好的动力性能和合理的结构尺寸。

下面以常用的移动滚子从动件和平底从动件盘形凸轮机构为例，来讨论凸轮机构基本尺寸的设计原则和方法。

4.4.1　凸轮机构的压力角

压力角是衡量凸轮机构传力特性好坏的一个重要参数。凸轮机构的压力角是指在不计摩擦的情况下，凸轮对从动件作用力的方向线与从动件上力作用点的速度方向之间所夹的锐角。选定运动规律之后，凸轮机构的压力角主要取决于凸轮机构的基本尺寸。图 4-26 所示的偏置移动滚子从动件盘形凸轮机构，从动件导路偏在凸轮转动轴心的右侧，偏距为 e，凸轮逆时针方向转动，角速度为 ω，从动件移动速度为 v，过滚子中心 B 点所作理论廓线的法线 nn 与从动件的运动方向线之间所夹的锐角 α 就是机构在这个位置上的压力角 α。

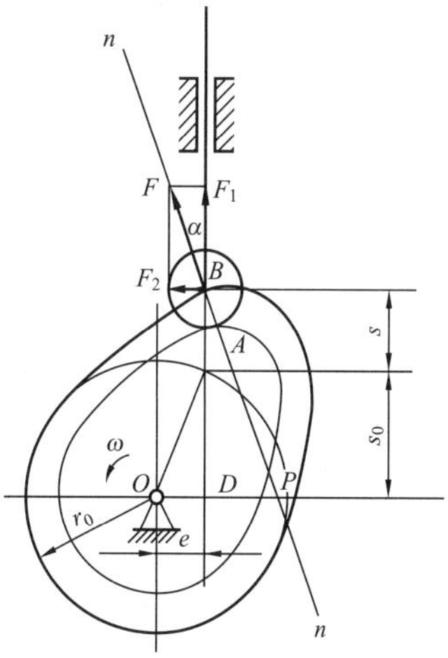

图 4-26　压力角

过 B 点所做的凸轮轮廓曲线的法线 nn 与过凸轮转动轴心所作从动件导路的垂线交于 P 点，该点即为凸轮与从动件的相对速度瞬心。由瞬心定义可知，$v = v_P = \omega \cdot OP$，则有 $OP = \dfrac{v}{\omega} = \dfrac{\mathrm{d}s}{\mathrm{d}\varphi}$，于是，由图中 $\triangle BDP$ 可得

$$\tan\alpha = \frac{\mathrm{d}s/\mathrm{d}\varphi \mp e}{s + \sqrt{r_0^2 - e^2}} \tag{4-27}$$

式中，偏距 e 的正负号与从动件的偏置方位有关。对心移动从动件盘形凸轮机构中，将 $e=0$ 代入上式，可得

$$\tan\alpha = \frac{\dfrac{\mathrm{d}s}{\mathrm{d}\varphi}}{s + r_0} \tag{4-28}$$

由式（4-27）和式（4-28）可以看出，移动从动件盘形凸轮机构的压力角 α 与基圆半径 r_0、从动件的偏置方位和偏距 e 有关。为了设计出满足预期运动规律，并且具有良好动力性能的凸轮机构，必须合理地确定从动件的偏置方位和偏距 e 以及基圆半径 r_0。

*4.4.2　偏置方位和偏距 e 的确定

偏置方位的选择应有利于减小凸轮机构推程时的压力角，以改善机构的传力性能。因此，应当使从动件偏置在推程时位于瞬心 P 的同一侧。需要指出的是，若推程压力角减小，则回程压力角将增大。但是由于推程是工作行程，并且规定推程的许用压力角较小而回程的压力角较大，所以在设计凸轮机构时，如果压力角超过了许用值，而机械的结构空间又不允许增大基圆半径以减小压力角，则可以通过选取适当的偏置方位来获得较小的推程压力角。

下面介绍凸轮机构正偏置和负偏置的概念。

以凸轮回转中心为原点，从动件推程运动方向为 x 轴，正向建立右手直角坐标系。

为统一计算公式，引入凸轮转向系数 η 和从动件偏置方向系数 e，并规定

$$\begin{cases} \eta = 1, \text{凸轮转向为顺时针} \\ \eta = -1, \text{凸轮转向为逆时针} \end{cases}$$

$$\begin{cases} e = 1, \text{从动件导路偏于 } y \text{ 轴正侧} \\ e = -1, \text{从动件导路偏于 } y \text{ 轴负侧} \\ e = 0, \text{从动件导路与 } y \text{ 轴重合} \end{cases}$$

则

$$\begin{cases} \eta e = 1, \text{ 正偏置} \\ \eta e = -1, \text{ 负偏置} \end{cases}$$

因推程 $\dfrac{\mathrm{d}s}{\mathrm{d}\delta} \geqslant 0$，故凸轮机构按正偏置时，可减小推程压力角，同时，回程压力角增大。

又因回程 $\dfrac{\mathrm{d}s}{\mathrm{d}\delta} \leqslant 0$，故凸轮机构按负偏置时，可减小回程压力角，但同时推程压力角将增大。

所以，一般选用正偏置凸轮机构。偏距 e 的确定既可以用图解法，也可以用解析法，具体可参阅相关文献。

4.4.3 压力角与作用力的关系

凸轮对从动件的作用力 F 可以分解成两个分力，即沿着从动件运动方向的分力 F_t 和垂直于运动方向的分力 F_n。只有前者是推动从动件克服载荷的有效分力，后者只能增大从动件与导路间的滑动摩擦，它是一种有害分力。压力角 α 越大，有害分力越大；当压力角 α 增加到某一数值时，有害分力所引起的摩擦阻力将大于有效分力 F_t，这时无论凸轮给从动件的作用力有多大，都不能推动从动件运动，即机构发生自锁。因此，从减小推力，避免自锁，使机构具有良好的受力状况来看，压力角 α 应越小越好。

由图 4-26 可见，机构在不同位置时，压力角的数值一般是不同的。在一般情况下，总希望所设计的凸轮机构既有较好的传力特性，又具有较紧凑的尺寸。但由以上分析可知，这两者是互相制约的。因此，在设计凸轮机构时，应兼顾两者统筹考虑。为了提高机构的效率、改善其受力情况，使机构能顺利工作，通常规定凸轮机构的最大压力角 $\alpha_{\max}$ 应小于某一许用压力角 $[\alpha]$，即 $\alpha_{\max} < [\alpha]$，而 $[\alpha]$ 值远小于机构的临界压力角 α_C。根据工程实践经验，在推程时，直动从动件取 $[\alpha] = 30° \sim 40°$，当要求凸轮尺寸尽可能小时，可取 $[\alpha] = 45°$；摆动从动件取 $[\alpha] = 35° \sim 45°$。回程时，从动件一般由弹簧力、重力等推动返回，通常不会产生自锁，故可采用较大的压力角，许用压力角 $[\alpha']$ 可以在 $70° \sim 80°$ 之间选取。

4.4.4 压力角与机构尺寸的关系

盘形凸轮的基圆半径主要受以下三个条件的限制：

（1）凸轮的基圆半径应大于凸轮轴的半径；

（2）最大压力角 $\alpha_{\max}$ 应小于或等于许用压力角 $[\alpha]$；

（3）凸轮轮廓曲线的最小曲率半径 $\rho_{\min}$ 大于零。

设计凸轮机构时，除了应使机构具有良好的受力状况外，还希望机构结构紧凑。而凸轮尺寸的大小取决于凸轮基圆半径的大小。在实现相同运动规律的情况下，由式（4-27）可知，基圆半径越大，凸轮的尺寸也越大。因此，要获得轻便紧凑的凸轮机构，就应当使基圆半径尽可能地小。但是基圆半径的大小又和凸轮机构的压力角有直接关系。在移动滚子从动件盘型凸轮机构的情况下，可推导出压力角与基圆半径的关系

$$r_0 = \sqrt{\left(\frac{\left|\dfrac{\mathrm{d}s}{\mathrm{d}\varphi} \mp e\right|}{\tan\alpha} - s\right)^2 + e^2} \qquad (4-29)$$

由式（4-29）可以看出，在其他条件不变的情况下，压力角越大，基圆半径越小，即凸轮尺寸越小。因此，从使机构结构紧凑的观点来看，压力角越大越好。但压力角再大也不能超过许用压力角 $[\alpha]$。因此，凸轮的基圆半径应在 $\alpha < [\alpha]$ 的前提下选择。由于在机构的运转过程中，压力角的值是随凸轮与从动件的接触点的不同而变化的，即压力角是机构位置的函数。因此，只要使 $\alpha_{\max} = [\alpha]$，就可以确定出凸轮的最小基圆半径。

工程上常常借助于诺模图来确定凸轮的最小基圆半径，这种方法快捷、方便、适用。读者可参阅相关文献。

4.5 凸轮机构从动件的设计

从动件的设计是凸轮机构设计中的一个重要环节。例如，从动件高副元素的形状、从动件与凸轮轮廓保持接触的方式、滚子从动件的滚子直径、平底从动件的平底宽度等的确定，与凸轮机构的工作场合、工作性能、从动件的运动规律等方面的要求密切相关。下面对凸轮机构的从动件设计时涉及的主要问题进行讨论。

4.5.1 从动件形状的选择

一般来说，平面凸轮可以采用尖端、滚子、平底等形状的从动件，而空间凸轮机构通常只采用滚子从动件。从动件高副元素形状的选择还应当考虑凸轮机构的应用场合。例如，尖端从动件结构简单，可以与任何形状的轮廓曲线实现精确的接触，从而实现预期的运动规律，但由于在凸轮表面和从动件接触处（尖端处）容易产生过大的磨损，因此，只适用于传递运动的凸轮机构，如仪器仪表中的凸轮机构。为了减少磨损，在条件允许的情况下，也可以将从动件的形状做成球面，这在一定程度上克服了尖端的缺点，在工程实际中应用较多。

工程实际中应用最广泛的是滚子从动件，因为滚子从动件具有摩擦磨损小、承载能力较高的特点。工程中常采用向心球轴承作为滚子，也可以用滚针轴承或圆柱形套筒作为滚子。如航空发动机中的凸轮机构大都采用滚子从动件，因为航空发动机的凸轮轴转动速度高，凸轮圆周速度大，采用其他形式的从动件将使磨损过大。但是，在汽车、拖拉机中，由于发动机的空间位置有限，加上滚子销轴的强度又比较低，采用滚子从动件不一定合适。

平底从动件由于凸轮与平底的接触面间容易形成油膜，具有润滑状况好、受力平稳、传动效率高的优点，在许多高速中重载场合得到应用。例如，汽车发动机的配气凸轮机构，内燃机中的进气排气机构等。当然，采用平底从动件，它所要求的凸轮轮廓必须全部是外凸的。此外，受许可的相对滑动速度的限制，平底从动件仅适用于小凸轮机构中。

4.5.2　滚子从动件滚子半径的确定

在滚子从动件盘形凸轮机构中，滚子半径的选择要考虑滚子的结构、强度及凸轮轮廓曲线的形状等多方面的因素。滚子从动件盘形凸轮的实际廓线，是以理论廓线上各点为圆心作一系列滚子圆，然后作该圆族的包络线得到的。因此，凸轮实际廓线的形状将受滚子半径大小的影响。若滚子半径选择不当，有时可能使从动件不能准确地实现预期的运动规律。

如图 4 - 27 所示，设理论轮廓曲线的曲率半径为 ρ，实际轮廓曲线的曲率半径为 ρ_a，滚子半径为 r_r，它们之间有下列关系：

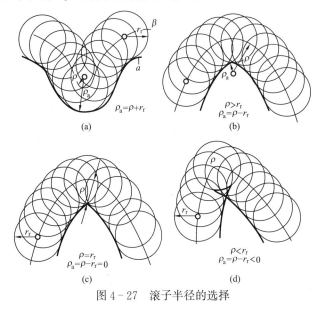

图 4 - 27　滚子半径的选择

当凸轮轮廓曲线内凹时，如图 4 - 27（a）所示，有

$$\rho_a = \rho + r_r \qquad (4-30)$$

这时，ρ_a 总是大于 ρ，因此，不管滚子半径的大小如何，实际轮廓曲线总可以根据理论廓线平滑地做出，而且不会失真。

当凸轮轮廓曲线外凸时，如图 4 - 27（b）、（c）、（d）所示，这时，实际曲率半径 ρ_a 为

$$\rho_a = \rho - r_r \qquad (4-31)$$

式（4 - 31）有以下三种情况。

（1）$\rho > r_r$。这时，$\rho_a > 0$，可以根据理论廓线作出光滑的实际轮廓曲线，如图 4 - 27（b）所示。

（2）$\rho < r_r$。这时，$\rho_a < 0$，实际轮廓曲线出现交叉，如图 4 - 27（d）所示。在加工过程中，交点以外的交叉部分将被切去，致使从动件无法准确实现预期的运动规律，这种现象称为失真。

（3）$\rho = r_r$。这时，$\rho_a = 0$，实际廓线的曲率半径为零，实际廓线将出现尖点，如图 4 - 27（c）所示。由于尖点处极易磨损，凸轮工作一段时间后会出现运动失真现象，这种现象称为变尖。

通过上述分析可知，对于外凸的凸轮轮廓曲线，应使滚子半径 r_r 小于理论廓线的最小曲率半径 ρ_{min}。在用解析法求解凸轮轮廓曲线时，可同时求得理论廓线上任一点的曲率半径 ρ，从而确定最小曲率半径 ρ_{min}，再恰当地选定滚子半径。

为了避免运动失真，减小应力集中和磨损，设计时应保证实际轮廓曲线的最小曲率半径 ρ_{amin} 满足

$$\rho_{amin} = \rho_{min} - r_r \geqslant 3\text{mm}$$

即

$$r_r \leqslant \rho_{min} - 3\text{mm}$$

另外，从强度、结构等因素考虑，滚子半径也不能太小。根据工程实际情况，一般取 $r_r \leqslant 0.8\rho_{min}$。

4.5.3　平底从动件平底尺寸的确定

设计平底从动件凸轮机构，要保证从动件的平底与凸轮轮廓始终正常接触，这就需要平底的长度足够长，否则也会引起运动失真现象。由图 4-28 可知，从动件的平底与凸轮的接触点并不总是在从动件约定的导路中心线上，而且接触点 B 同导路中心线与平底的交点 A 的距离和方位随机构的运动而不断变化。因此，为了保证从动件平底与凸轮的正常接触，平底左右两侧的最小宽度应大于 B 点和 A 点之间的最大距离。B 点和 A 点之间的距离在推程段和回程段各不相同，应根据推程和回程的运动规律分别进行计算，然后取其最大值。设平底两侧取同样的长度，则平底应有的长度 l 为

$$l = 2 \left| \frac{\mathrm{d}s}{\mathrm{d}\varphi} \right|_{\max} + (5 \sim 7)\mathrm{mm} \qquad (4-32)$$

对于平底从动件凸轮机构，有时也会出现失真现象。如图 4-29 所示，当取基圆的半径为 r_0 时，由于推杆 B_1 和 B_3 的平底线相交于 B_2 位置内，因而使凸轮的实际廓线不能与位置 B_2 相切，故推杆不能按预期的运动规律运动，即出现失真现象。为了解决这一失真现象，可适当地增大凸轮的基圆半径。图 4-29 中将基圆半径由 r_0 增大到 r_0'，实际廓线与三个位置 B_1'、B_2'、B_3' 均能相切，避免了失真现象。

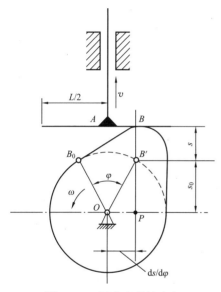

图 4-28　平底宽度的确定

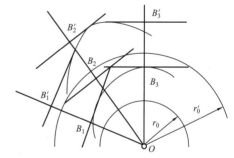

图 4-29　失真现象及采取措施

综上所述，在设计凸轮廓线之前需要选定凸轮的基圆半径，而凸轮基圆半径的选择需考虑到实际的结构条件、压力角以及凸轮工作廓线是否会出现变尖和失真等。除此之外，当为直动从动件时，应在结构许可的条件下，取较大的导轨长度和较小的悬臂尺寸，并恰当地选取滚子半径或平底尺寸等，合理地选择这些尺寸是保证凸轮机构具有良好工作性能的重要因素。

【例 4-1】　图 4-30 所示为一偏心圆盘凸轮机构，凸轮的回转方向如图所示。要求：

(1) 说明该机构的详细名称；

(2) 在图上画出凸轮的基圆，并标明图示位置凸轮机构压力角和从动件 2 的位移；

(3) 在图上标出从动件的行程 h 及该机构的最小压力角的位置。

解　(1) 该凸轮机构的名称为：偏置直动滚子从动件盘形凸轮机构。

(2) r_0、α、s，如图 4-31 所示。

(3) h 及 $\alpha_{\min}$ 的发生位置如图 4-31 所示。

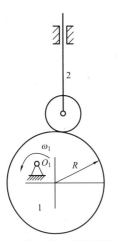

图 4-30　偏心圆盘凸轮机构（一）

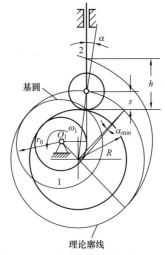

图 4-31　偏心圆盘凸轮机构（二）

【例 4-2】　如图 4-32 所示的摆动从动件盘形凸轮机构中，已知机构尺寸和凸轮转向。当凸轮转过 90°时，从动件摆动多大角度？并标出该位置凸轮机构的压力角。

　　解　（1）找出凸轮转过 90°的位置（见图 4-33）。

　　（2）标出 ψ。

　　（3）标出 α，$\alpha=0°$。

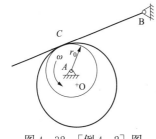

图 4-32　［例 4-2］图

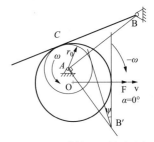

图 4-33　［例 4-2］解图

【例 4-3】　试画出图 4-34 所示的凸轮机构中凸轮 1 的理论廓线，并标出凸轮基圆半径 r_0、从动件 2 的行程。

　　解　（1）理论廓线如图 4-35 所示。

　　（2）基圆半径 r_0 如图 4-35 所示。

　　（3）行程 h 如图 4-35 所示。

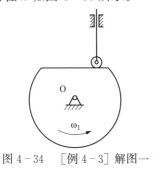

图 4-34　［例 4-3］解图一

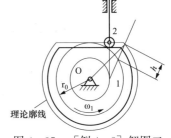

图 4-35　［例 4-3］解图二

*4.6 空间凸轮机构简介

凸轮与从动件之间的相对运动为空间运动时，称为空间凸轮机构。从动件的运动方式有两种，即往复移动和往复摆动。空间凸轮机构可以使从动件具有较大的行程，或者使从动件实现一些特殊的运动规律，从而得到广泛应用。空间凸轮的轮廓都是复杂的空间曲面，根据从动件的运动规律计算轮廓的空间坐标，是一项比较复杂的工作。另外，从制造角度出发，通常也没有必要按空间曲面的坐标进行加工。因此，在常规的空间凸轮设计中，常常采用近似方法。例如将圆柱凸轮的圆柱面展开成矩形平面，而将圆锥凸轮的圆锥面展开成扇形平面等，然后按平面凸轮的轮廓曲线设计方法，计算展开的轮廓曲线坐标。本节对一些较典型的空间凸轮机构的应用特点进行介绍。

1. 圆柱凸轮机构

图 4-36 所示为一种圆柱分度凸轮机构，主动轮为具有曲线凸脊的圆柱凸轮，从动件为均布柱销的圆盘，凸轮转动时，通过其曲线凸脊拨动柱销，从动件作间歇分度运动。这种机构在糖果包装、香烟、火柴包装和拉链嵌齿机等自动机械中得到广泛应用，分度精确度可达 $30''$，分度频率可高达每分钟 1500 次左右。

2. 圆锥凸轮机构

如图 4-37 所示，凸轮为一相对于机架作定轴转动的圆锥形构件，从动件可以作往复移动或摆动。这种凸轮因其轮廓加工比较困难而应用较少。圆锥凸轮机构的特点是可以在有限的空间中改变所需要的从动件的运动方向。

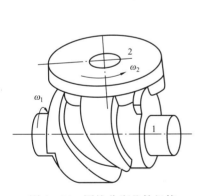

图 4-36 圆柱分度凸轮机构

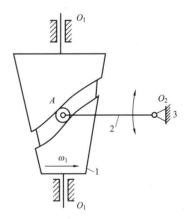

图 4-37 圆锥凸轮机构

3. 弧面凸轮机构

图 4-38 所示为一种弧面分度凸轮机构，凸轮转动时，使从动件作间隙分度运动。这种机构可以在高速下承受较大的载荷，运转平稳，噪声和振动都很小，在高速冲床、多色印刷机和包装机械等自动机械中得到广泛应用，分度频率高达每分钟 2000 次左右，分度精度达 $15''$。

4. 球面凸轮机构

如图 4-39 所示，凸轮像一个切掉一部分的回转凸球，凸轮的轴线与从动件的轴线相交，凸轮转动，从动件作定轴摆动。这种凸轮机构在特殊应用场合下才被采用。

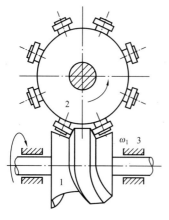

图 4-38 弧面分度凸轮机构

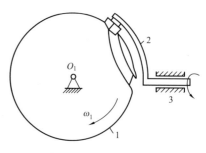

图 4-39 球面凸轮机构

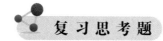

复习思考题

1. 试比较尖端、滚子和平底从动件的优缺点及其应用场合。

2. 在等加速等减速运动规律中，是否可以只有等加速而无等减速？

3. 选择从动件运动规律应考虑哪些方面的问题？

4. 什么叫刚性冲击，如何避免刚性冲击？什么是凸轮机构传动中的柔性冲击？

5. 什么是反转法？

6. 基圆半径是否一定是凸轮实际轮廓曲线的最小向径？

7. 在选取滚子半径和基圆半径的尺寸时，应当注意哪些问题？

8. 什么是凸轮机构的压力角？设计时，为什么要控制压力角的最大值？

9. 什么是凸轮工作廓线的变尖现象和推杆运动的失真现象，它对凸轮机构的工作有何影响？应如何加以避免？

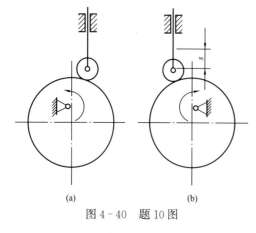

(a)   (b)

图 4-40 题 10 图

10. 在图 4-40 所示凸轮机构中，哪个是正偏置？哪个是负偏置？说明偏置方向对凸轮机构压力角有何影响？

11. 试标出上题图 4-40（a）在图示位置时凸轮机构的压力角，凸轮从图示位置转过 90° 后推杆的位移。并标出上题图 4-40（b）中推杆从图示位置升高位移 s 时，凸轮的转角和凸轮机构压力角。

12. 有一滚子推杆盘形凸轮机构，在使用中发现推杆滚子的直径偏小，欲改用较大的滚子，是否可行，为什么？

13. 有一对心直动推杆盘形凸轮机构，在使用中发现推程压力角稍偏大，拟采用偏置的办法来改善，是否可行，为什么？

14. 力封闭与几何形状封闭凸轮机构许用压力角的确定是否一样，为什么？

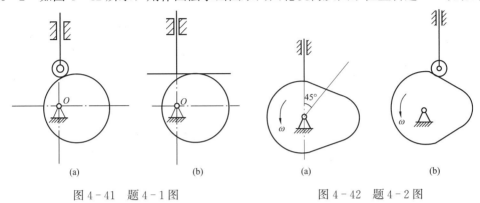

习　题

4-1　如图 4-41 所示为两种不同从动件型式的偏心轮机构，若它们有完全相同的工作廓线，试指出这两机构的从动件运动规律是否相同，并在图中画出它们在图示位置的机构压力角。

4-2　如图 4-42 所示，用作图法求出图示两凸轮机构从图示位置转过 45°时的压力角。

图 4-41　题 4-1 图　　　　　　　　图 4-42　题 4-2 图

4-3　设计一偏置移动滚子从动件盘形凸轮机构。凸轮回转方向和从动件初始位置如图 4-43 所示。已知偏距 $e=10\text{mm}$，基圆半径 $r_0=40\text{mm}$，滚子半径 $r_r=10\text{mm}$。从动件的运动规律如下：$\Phi=180°$，$\Phi_s=30°$，$\Phi'=120°$，$\Phi_s'=30°$，从动件在推程中以简谐运动规律上升，升程 $h=30\text{mm}$；回程以等加速等减速运动规律返回原处。试用图解法绘制从动件位移线图 $s=s(\varphi)$ 及凸轮轮廓。

4-4　设计一平底摆动从动件盘形凸轮机构。凸轮回转方向和从动件初始位置如图 4-44 所示。已知 $l_{OA}=75\text{mm}$，$r_0=30\text{mm}$，从动件运动规律如下：$\Phi=180°$，$\Phi_s=0°$，$\Phi'=180°$，$\Phi_s'=0°$，从动件推程以简谐运动规律顺时针摆动，$\Psi_{\max}=20°$；回程以等加速等减速运动规律返回原处。试用图解法绘出凸轮轮廓，并确定从动件的长度（要求分点间隔≤30°）。

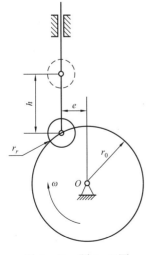

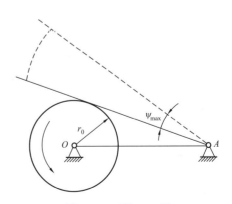

图 4-43　题 4-3 图　　　　　　　　图 4-44　题 4-4 图

4-5 已知从动件的运动规律 $s=s(\varphi)$ 如图 4-45（a）所示，机构简图如图 4-45（b）所示。已知基圆半径 $r_0=30$mm，偏距 $e=15$mm。求：

（1）尖底接触，凸轮顺时针转动时，试用图解法绘制凸轮轮廓。

（2）尖底接触，凸轮逆时针转动时，用图解法绘制出凸轮轮廓。

（3）从动件改为滚子接触时，取滚子半径 $r_r=10$mm，凸轮逆时针转动，用图解法绘制出凸轮轮廓。

（4）在图上量出上列各轮廓在 $\varphi=60°$ 时的压力角 α，并比较，同时比较在 2 和 3 两种情况下的运动失真（作图时分点角度≤20°）。

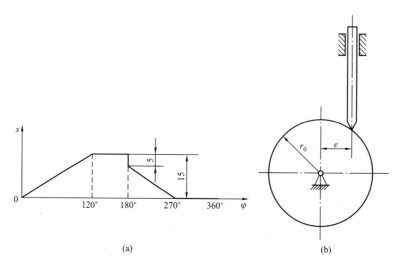

图 4-45 题 4-5 图
（a）从动件的运动规律；（b）机构简图

4-6 图 4-46 所示的对心移动滚子从动件盘形凸轮机构中，已知凸轮的实际廓线为一圆，其圆心在 A 点，回转方向如图所示。$R=40$mm，$l_{OA}=25$mm，$r_r=10$mm。试求：

（1）凸轮的理论廓线；

（2）凸轮的基圆半径 r_0；

（3）从动件的升程 h；

（4）推程中的最大压力角 α_{max}；

（5）若凸轮实际廓线不变，而将滚子半径改为 15mm，那么从动件的运动规律有无变化？

4-7 已知图 4-47 所示偏心圆盘凸轮机构的各部分尺寸，试在图上用作图法求：

（1）凸轮机构在图示位置时的压力角 α；

（2）凸轮的基圆（半径为 r_0）；

（3）从动件从最下位置摆到图示位置时所摆过的角度 ψ；

（4）凸轮相应转过的角度 φ。

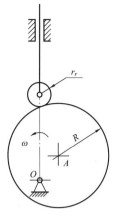

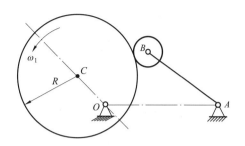

　图 4-46　题 4-6 图　　　　　　　　　　　图 4-47　题 4-7 图

4-8　图 4-48 为偏置直动尖顶推杆盘形凸轮机构，凸轮廓线为渐开线，渐开线的基圆半径 $r_0=40\text{mm}$，凸轮以 $\omega=20\text{rad/s}$ 逆时针旋转。试求：

(1) 在 B 点接触时推杆的速度 v_B；

(2) 推杆的运动规律（推程）；

(3) 凸轮机构在 B 点接触时的压力角；

(4) 试分析该凸轮机构在推程开始时有无冲击？是哪种冲击？

4-9　如图 4-49 所示，偏置直动滚子从动件盘形凸轮机构，已知凸轮实际轮廓线为一圆心在 O 点的偏心圆，其半径为 R，从动件的偏距为 e，试用作图法：

(1) 确定凸轮的合理转向；

(2) 画出该机构的凸轮理论廓线及基圆；

(3) 在图上标出图示位置凸轮机构的压力角。

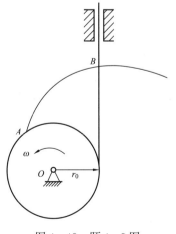

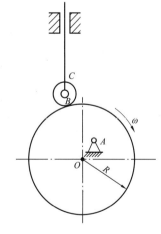

　图 4-48　题 4-8 图　　　　　　　　　　　图 4-49　题 4-9 图

4-10　图 4-50 为一摆动平底从动件盘形凸轮机构，凸轮轮廓为一圆，圆心为 O，凸轮回转中心为 A。试用作图法在图中画出：

(1) 该机构在图示位置的压力角 α_B；

（2）轮廓上 D 点与平底接触时的压力角 α_D；

（3）凸轮与平底从 B 点接触转到 D 点接触时，凸轮的转角 φ（保留作图线）。

4-11   在图 4-51 凸轮机构中，凸轮为一偏心圆盘，圆盘半径 $R=80$mm，圆盘几何中心 O 到回转中心 A 的距离 $OA=30$mm，偏距 $e=15$mm，平底与导路间的夹角 $\beta=45°$，当凸轮以等角速度 $\omega=1$rad/s 逆时针回转时，试求：

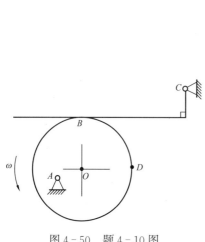

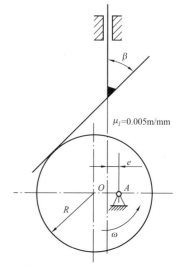

图 4-50   题 4-10 图   图 4-51   题 4-11 图

（1）凸轮实际廓线的基圆半径 r_0；

（2）从动件的行程 h；

（3）该凸轮机构的最大压力角 α_{max} 与最小压力角 α_{min}；

（4）从动件的推程运动角 Φ 和回程运动角 Φ'；

（5）从动件的最大速度 v_{max}。

本章知识点

1. 凸轮机构是如何分类的？

2. 什么是凸轮的基圆、偏距、从动件行程、从动件推程、从动件回程、从动件远（近）行程？

3. 什么是凸轮的推程运动角、回程运动角、远（近）休止角？

4. 凸轮从动件有几种基本运动规律？什么是凸轮从动件的组合运动规律？

5. 掌握凸轮轮廓线设计的基本原理。

扫一扫

第4章   知识点
视频资源

6. 掌握解析法设计直动从动件盘形凸轮、平底直动从动件盘形凸轮的廓线设计方法。

7. 掌握凸轮机构的压力角及其许用范围。

8. 滚子半径的大小对轮廓曲线有何影响？如何确定从动件滚子半径？

9. 了解几种空间凸轮机构。

第 5 章 齿轮机构啮合传动与设计

齿轮的运动转化是一种匀速的定轴转动转换成另一种匀速的定轴转动，齿轮是应用最广泛的机构，在现代机械系统中，几乎找不到没有应用齿轮的机械，原因之一就是它在运动转换中主动件和从动件的运动不仅是连续的，并且瞬时速度都是常数。这一章主要介绍渐开线齿轮的性质、渐开线齿轮传动的啮合原理和渐开线齿轮运动尺寸的设计等。

5.1 齿轮机构的应用与分类

齿轮机构是一对相互啮合传动的高副机构，通过轮齿的啮合来实现传动要求，因此同摩擦轮、带传动等机械传动相比较，其特点是：传动比稳定、工作可靠、效率高、寿命较长、适用的圆周速度和功率范围广、机械效率较高等优点。它广泛应用在石油化工机械、各种机械和仪表中，用于传递轴间距离适中的平行轴、相交轴、相错轴之间的运动和动力。

齿廓曲线具有较长的发展过程，自 18 世纪以来，就逐步出现摆线、渐开线、圆弧等曲线作为齿廓曲线。随着对齿轮传动质量要求的提高，目前仍有新的齿廓曲线出现，但由于缺乏普遍性和渐开线理论的成熟及范成切齿法的普及，渐开线齿轮机构得到广泛的应用。

根据齿轮机构所传递的运动两轴线的相对位置、运动形式及齿轮的几何形状，齿轮机构分为以下几种基本类型。

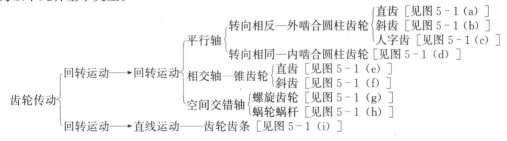

以上各类齿轮机构均是具有恒定传动比的机构，齿轮的基本几何形状均为圆形。与之相应的有能实现传动比按一定规律变化的非圆形齿轮机构，如图 5—1（j）所示，主要应用于对传动比有特殊要求的机械中。

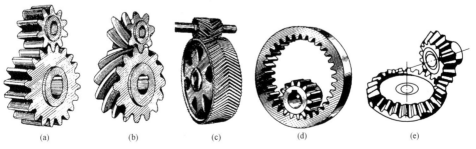

图 5-1 齿轮机构的基本类型（一）
(a) 直齿；(b) 斜齿；(c) 人字齿；(d) 内啮合圆柱齿轮；(e) 锥齿轮直齿

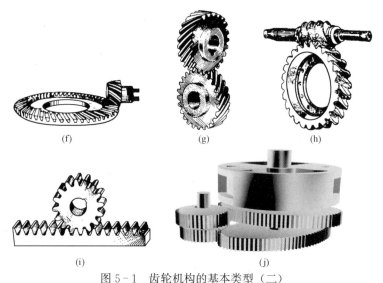

(f)　　　　　　　　　(g)　　　　　　　　　(h)

(i)　　　　　　　　　　　　　　　(j)

图 5-1　齿轮机构的基本类型（二）

(f) 斜齿锥齿轮；(g) 螺旋齿轮；(h) 蜗轮蜗杆；(i) 齿轮齿条；(j) 非圆形齿轮

5.2　齿廓啮合的基本定律

　　一对齿轮在工作过程中，若主动轮等角速度回转，而从动轮却变角速度回转，就会产生惯性力，引起振动和冲击。这不仅降低了齿轮的寿命，也得不到稳定准确的传动比。

　　齿轮机构靠齿轮轮齿的齿廓相互啮合传动，在传递动力和运动时，如何保证瞬时传动比恒定以减小惯性力，得到平稳传动，其齿廓形状是关键因素。

　　为保证传动平稳，对齿轮传动的基本要求之一是其瞬时角速度保持不变。法国数学家卡缪斯（M. Camus）提出保证这一要求的几何条件为：齿廓接触点的公法线应与两齿轮回转中心线交于一定点。这个条件被称为齿廓啮合的基本定律。

　　图 5-2 表示任意曲线 E_1、E_2 作为齿廓曲线的轮齿在任意点 K 接触，两轮的角速度分别为 ω_1 和 ω_2。显然，O_1 是轮 1 与机架 3 的绝对速度瞬心，O_2 是轮 2 与机架 3 的绝对速度瞬心。由三心定理可知，连心线 $\overline{O_1O_2}$ 与高副接触点 K 的公法线 $\overline{nn'}$ 的交点 P 就是齿轮 1 与 2 的相对速度瞬心（同速点）。

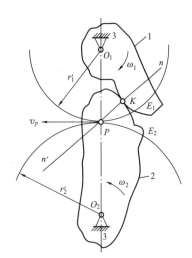

　　利用同速点的知识有

$$v_{P_1} = v_{P_2} = v_P \tag{5-1}$$

$$v_P = \omega_1 \cdot \overline{O_1P} = \omega_2 \overline{O_2P}$$

　　齿轮 1 和齿轮 2 的角速度之比也称为齿轮 1 到齿轮 2 的传动比。记作 i_{12}，显然

$$i_{12} = \frac{\omega_1}{\omega_2} = \frac{\overline{O_2P}}{\overline{O_1P}}$$

图 5-2　齿廓啮合的基本定律

　　要保证在传动过程中主动轮 1 与从动轮 2 的瞬时角速

度比稳定不变，则有 $\dfrac{\overline{O_2P}}{\overline{O_1P}}$ 应为一常数。因两轮的回转中心 O_1、O_2 为定点，故 $\overline{O_1O_2}$ 为定长，要满足 i_{12}＝常数，就必须使 P 点为连心线 $\overline{O_1O_2}$ 上一固定点。即在啮合传动过程中，无论齿廓在任何点接触，过接触点所做的齿廓公法线必与连心线交于一固定点。

若角速度比按某一规律变化，则 P 点在连心线 $\overline{O_1O_2}$ 上周期移动，移动的规律是由角速度比变化规律决定的，就某一瞬时，P 点的位置也是由角速度比的变化规律而确定的定点。

在齿轮传动中，P 点称为节点。当传动比 i_{12}＝常数时，节点 P 在每个齿轮上的轨迹是以 $\overline{O_1P}$、$\overline{O_2P}$ 为半径的圆，称为节圆，$\overline{O_1P}$、$\overline{O_2P}$ 称为节圆半径，记作 r_1'、r_2'。两齿轮回转中心之间的距离称为工作中心距，记作 a'。可见

$$a'=\overline{O_1O_2}=r_1'+r_2' \tag{5－2}$$

$$i_{12}=\frac{\omega_1}{\omega_2}=\frac{\overline{O_2P}}{\overline{O_1P}}=\frac{r_2'}{r_1'}$$

由式（5－1）可知：一对齿轮传动过程中，节点的圆周速度相等，相当于两节圆作纯滚动。

对于变传动比的齿轮，由于节点 P 在 $\overline{O_1O_2}$ 线上有规律地往复移动，留在两轮上的轨迹不是圆，而是其他封闭曲线，这类齿轮称为非圆齿轮，如图 5－3 所示。

由以上对齿廓啮合基本定律的讨论可知，一对齿轮的传动比与齿廓曲线有关，齿廓啮合基本定律就是当对传动比有一定要求时，齿廓曲线应满足的几何条件。也可以说，齿廓啮合的基本定律是保证一对齿廓按确定的传动比传动的必要条件之一。凡是满足齿廓啮合基本定律的齿廓称为共轭齿廓，这对齿廓曲线称为共轭曲线。

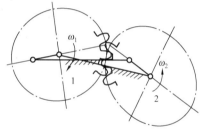

图 5－3　非圆齿轮

5.3　渐开线与渐开线齿廓

理论上凡是共轭曲线都可以作齿廓曲线，但评价齿廓曲线必须考虑其承载能力、加工制造的难易及对中心距偏差的敏感性等因素。渐开线由于其几何性质比其他共轭曲线具有更多的优越性，故用渐开线作为齿廓曲线的渐开线齿轮机构得到广泛应用。

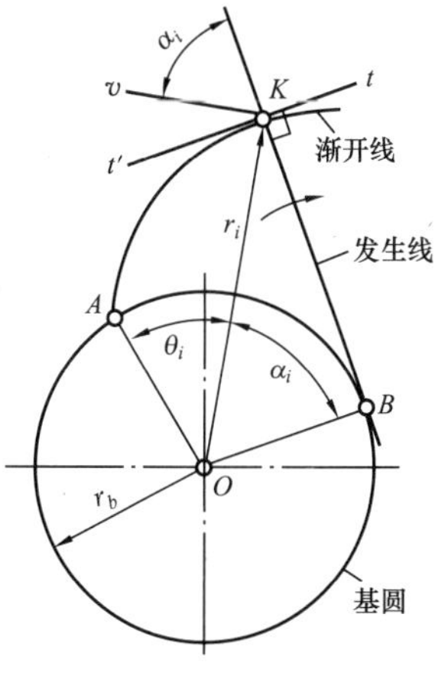

5.3.1　渐开线的极坐标参数方程

如图 5－4 所示，当直线 BK 沿半径为 r_b 的圆的外圆周作纯滚动时，该直线上任一点 K 的轨迹称为该圆的渐开线，半径为 r_b 的圆称为渐开线的基圆，r_b 称为基圆半径，直线 BK 称为渐开线的发生线。

若以 OA 为极坐标的轴，则渐开线上任一点 K 的位置可由向径 r_i 和极角（展角）θ_i 来确定。在 Rt$\triangle KBO$ 中，有

$$r_i=\frac{r_b}{\cos\alpha_i}$$

由于渐开线的形成是发生线在基圆外圆周作无滑动纯滚动。显

图 5－4　渐开线形成

然直线 $\overline{BK}$ 长等于圆弧长 $\overset{\frown}{AB}$。

即

$$\overline{KB} = r_b \cdot \tan\alpha_i = \overset{\frown}{AB} = r_b(\theta_i + \alpha_i)$$

所以

$$\theta_i = \tan\alpha_i - \alpha_i$$

展角 θ_i 称为 α_i 的渐开线函数，工程上以 involute（渐开线）的前三个字母表示。即渐开线的极坐标参数方程为

$$\left.\begin{array}{l} r_i = \dfrac{r_b}{\cos\alpha_i} \\ \mathrm{inv}\alpha_i = \theta_i = \tan\alpha_i - \alpha_i \end{array}\right\} \tag{5-3}$$

α_i 是渐开线齿廓上任意一点 K 所受力方向与该点绕 O 点回转的线速度方向之间所夹的锐角，称为渐开线在 K 点的压力角。显然，α_i 的大小随渐开线上点的位置不同而变化，r_i 越大，α_i 就越大；r_i 越小，α_i 就越小。

为了使用方便，工程上已经制作了渐开线函数表，可由 α_i 的角度值查出 $\mathrm{inv}\alpha_i$ 的值（θ_i 为弧度值）。具体数值可查相关手册。

5.3.2　渐开线的性质

由渐开线的形成过程可知，渐开线具有以下几个几何性质。

（1）发生线在基圆上滚过的线段长度等于基圆上被滚过的圆弧长。即

$$\overline{KB} = \overset{\frown}{AB}$$

（2）渐开线上任一点的法线必切于基圆。

当发生线 $\overline{KB}$ 沿基圆作纯滚动时，切点 B 的相对速度为零，是瞬时转动中心。发生线上 K 点的速度方向与渐开线在 K 点的切线 $\overline{tt'}$ 方向一致，且垂直于 $\overline{KB}$，可见发生线 $\overline{KB}$ 就是渐开线在 K 点的法线，而发生线在渐开线形成的过程中始终切于基圆，故渐开线上任意点的法线必与基圆相切。

（3）由式（5-3）得

$$r_i = r_b \sec\alpha_i$$
$$\theta_i = \tan\alpha_i - \alpha_i$$

求导数得

$$\frac{\mathrm{d}r_i}{\mathrm{d}\alpha_i} = r_b \sec\alpha_i \tan\alpha_i$$
$$\frac{\mathrm{d}\theta_i}{\mathrm{d}\alpha_i} = \tan^2\alpha - \tan^2 d_i$$

则

$$r' = \frac{\mathrm{d}r_i}{\mathrm{d}\theta_i} = \frac{\dfrac{\mathrm{d}r_i}{\mathrm{d}\alpha_i}}{\dfrac{\mathrm{d}\theta_i}{\mathrm{d}\alpha_i}} = r_b \csc\alpha_i$$

曲率半径公式 $\rho = \dfrac{[r_i^2 - (r_i')^2]^{\frac{3}{2}}}{r_i^2 + 2(r_i')^2 - r_i r_i'}$

将以上诸式代入化简，可得渐开线在 K 点的曲率半径 ρ 为

$$\rho = r_b \tan\alpha_i = \overline{KB} \qquad (5-4)$$

可见，发生线 $\overline{KB}$ 是渐开线在点 K 处的曲率半径，发生线与基圆的切点 B 是渐开线在点 K 的曲率中心。而一条渐开线上各点曲率不同，离基圆越近，其曲率半径越小；离基圆越远，其曲率半径越大，渐开线在基圆上的点其曲率半径为零。

（4）由式（5-3）可得

$$\cos\alpha_i = \frac{r_b}{r_i} \qquad (5-5)$$

可见，渐开线上不同点的压力角是不相等的，r_i 越大，离轮心越远，压力角就越大。基圆的压力角为零。

（5）不同半径的基圆上展成的渐开线弯曲程度不同，基圆越小，渐开线越弯曲，基圆越大，渐开线越平直。当基圆半径趋于无限大时，渐开线成为直线。如图 5-5 所示。

（6）同一基圆展成的任意两条反向渐开线间的公法线长度处处相等，如图 5-6（a）所示，展成的两条同侧渐开线是法向等距曲线，如图 5-6（b）所示。

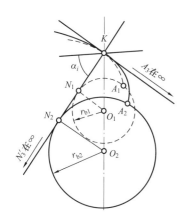

图 5-5　渐开线与基圆半径的关系

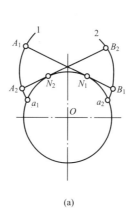

(a)　　　　　　(b)

图 5-6　公法线与基圆关系

5.3.3　渐开线齿廓传动的特点

渐开线的几何性质决定渐开线齿廓传动有以下几个特点。

1. 瞬时传动比恒定

由渐开线性质可知，一对互相啮合的渐开线齿廓无论在哪点接触，过接触点作齿廓曲线的公法线必切于基圆。一对传动齿轮的基圆的大小和位置是确定的，是两个相对位置和几何尺寸不变的定圆。显然，两基圆在一个方向的内公切线是唯一的。即一对互相啮合的渐开线齿廓的公法线是两基圆在一侧唯一的内公切线。

如图 5-7 所示，$\overline{N_1 N_2}$ 是渐开线齿廓 C_1、C_2 在任一点 K 接触时，齿廓曲线在接触点的公法线是两基圆在该侧的内公切线；在 K' 点接触时，过 K' 点作两齿廓的公法线，也是两基圆在该侧的内公切线，所以线段 $\overline{N_1 N_2}$ 在两基圆的相对

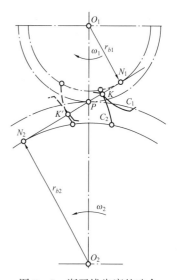

图 5-7　渐开线齿廓的啮合

位置和几何尺寸确定的状态下唯一存在，是一条确定的线段。连心线 $\overline{O_1O_2}$ 也是一条确定的线段，线段 $\overline{N_1N_2}$ 与 $\overline{O_1O_2}$ 交于 P 点，所以 P 点为两条确定的线段交出的一固定点。由齿廓啮合基本定律可知，节点 P 为连心线 $\overline{O_1O_2}$ 上一固定点，其传动比 $i_{12}=\dfrac{\overline{O_2P}}{\overline{O_1P}}$ 在任一瞬时均为常数。即渐开线的几何性质保证渐开线齿廓满足齿廓啮合基本定律。

2. 啮合线为一条直线

由于线段 $\overline{N_1N_2}$ 是一对齿廓在任一点接触时齿廓接触点的公法线，且又是唯一的，所以，一对齿廓在啮合过程所有的接触点都应在线段 $\overline{N_1N_2}$ 上，也可以说线段 $\overline{N_1N_2}$ 是啮合过程中啮合点应走过的轨迹，故 $\overline{N_1N_2}$ 又称为啮合线。啮合线为过节点的一条直线，这是渐开线齿廓传动的又一特点。

3. 四线合一

内公切线、力作用线、接触点公法线、啮合线四线为同一条线。

4. 中心距的可分性

如图 5-7 所示，$\triangle O_1N_1P \backsim \triangle O_2N_2P$，齿轮 1 到齿轮 2 的传动比可以写为

$$i_{12}=\frac{\omega_1}{\omega_2}=\frac{\overline{O_2P}}{\overline{O_1P}}=\frac{r_2'}{r_1'}=\frac{r_{b2}}{r_{b1}}$$

式中，r_{b1} 和 r_{b2} 分别为齿轮 1 和齿轮 2 的基圆半径。

由于一对齿轮加工完成以后，r_{b1} 和 r_{b2} 不会改变，因此，无论在安装时中心距是否因有误差而改变，传动比的值总等于两齿轮基圆半径的反比，而不因中心距的改变而变化。这一特点称为渐开线齿轮的可分性。根据这一特点，可以适当放宽渐开线的中心距公差和切深公差，以便于加工和装配。

5.4　渐开线标准直齿圆柱齿轮的基本参数与基本尺寸计算

5.4.1　齿廓的各部分名称与代表符号

图 5-8（a）所示为一标准直齿外齿轮的一部分，图 5-8（b）所示为一标准直齿圆柱内齿轮的一部分。

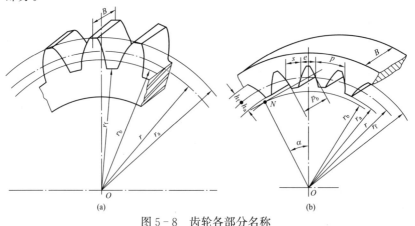

图 5-8　齿轮各部分名称

（a）直齿外齿轮的一部分；（b）直齿内齿轮的一部分

（1）齿数：齿轮的轮齿总数，记作 z。

（2）齿顶圆：过齿轮各轮齿顶端所做的圆。其直径记为 d_a，半径记为 r_a。

（3）齿槽宽：相邻两齿之间的空间称为齿槽（或齿间）。在任意圆周 K 上，齿槽两侧齿廓之间的弧线长称为该圆周上的齿槽宽，记作 e_k。

（4）齿厚：在任意圆周 K 上，一个轮齿两侧齿廓之间的弧线长称为该圆周上的齿厚用 s_k 表示。比较图 5-8（a）与图 5-8（b），可见内齿轮齿廓是内凹的，其齿厚相当于外齿轮的齿槽宽，而齿槽宽相当于外齿轮的齿厚。

（5）周节：在任意圆周 K 上，相邻两齿同侧齿廓之间的弧长称为该圆周上的周节（或齿距），用 p_k 表示。显然，任一圆周上的周节等于该圆周上的齿厚与齿槽宽之和，即

$$p_k = s_k + e_k \tag{5-6}$$

（6）齿根圆：与齿轮各轮齿的齿槽底部相切的圆，其直径记作 d_f，半径记作 r_f。

（7）分度圆：标准齿轮上齿厚与齿槽宽相等的圆，它是为设计和制造方便而规定的一个基准圆。其直径记作 d，半径记作 r。

分度圆上的周节用 p 表示；齿厚用 s 表示；齿槽宽用 e 表示，因此有

$$p = s + e \tag{5-7}$$

$$s = e = \frac{1}{2}p \tag{5-8}$$

内齿轮的齿顶圆在它的分度圆之内，齿根圆在它的分度圆之外。

（8）齿顶高：齿顶圆与分度圆之间的轮齿部分称为齿顶，其径向高度称为齿顶高，记作 h_a。

（9）齿根高：位于齿根圆与分度圆之间的轮齿部分称为齿根，其径向高度称为齿根高，记作 h_f。

（10）全齿高：齿顶圆与齿根圆之间的径向距离，记作 h。

显然，有

$$h = h_a + h_f \tag{5-9}$$

5.4.2　标准直齿圆柱齿轮的基本参数与几何尺寸计算

1. 模数

当齿数为 z，分度圆直径为 d，分度圆上的周节为 p 时，则其分度圆的周长应为

$$\pi d = zp$$

该齿轮的分度圆直径 d 应为

$$d = \frac{p}{\pi}z$$

在分度圆直径表达式中含有无理数 π，给设计和测量带来不便，为了设计和制造方便，人为地规定比值 $\dfrac{p}{\pi}$ 为一些简单的有理数，称为分度圆模数，简称为模数，记作 m。

$$m = \frac{p}{\pi} \tag{5-10}$$

定义了模数以后，分度圆可表达为便于设计、加工的有理数，即

$$d = mz \tag{5-11}$$

模数 m 是齿轮的基本参数，单位 mm。模数的数值已标准化。我国的标准模数系列

见表 5 - 1。

表 5 - 1   **圆柱齿轮标准模数系列表（GB/T 1357—1987）**   mm

第一系列	0.12 0.15 0.2 0.25 0.3 0.4 0.5 0.6 0.8 1 1.25 1.5 2 2.5 3 4 5 6 8 10 12 16 20 25 32 40 50
第二系列	0.35 0.7 0.9 1.75 2.25 2.75 (3.25) 3.5 (3.75) 4.5 5.5 (6.5) 7 9 (11) 14 18 22 28 (30) 36 45

注 选用模数时，应优先采用第一系列，其次是第二系列。括号内的模数尽可能不用。

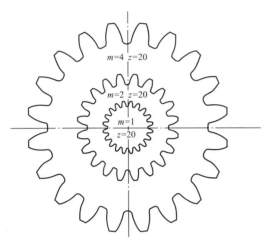

图 5 - 9 同齿数不同模数的齿轮尺寸比较

如图 5 - 9 所示，模数 m 越大，齿轮的周节及轮齿各部分尺寸也相应增大，齿轮的各部分几何尺寸与模数成正比。

2. 压力角

轮齿的各部分尺寸取决于模数 m，而渐开线齿形取决于基圆的大小。为了确定齿形，必须规定在确定的模数和齿数下其基圆的大小。若用 α 表示渐开线在分度圆上的压力角。由式（5 - 5）得

$$\cos\alpha = \frac{r_b}{r} = \frac{d_b}{d} = \frac{d_b}{mz}$$

$$d_b = mz\cos\alpha$$

因此，当齿轮的模数、齿数确定后，在规定分度圆上渐开线的压力角 α 值时，则基圆的大小就确定了，也就确定了标准齿轮的渐开线齿形。

在国际 GB 1356—87 中规定：分度圆压力角 $\alpha = 20°$。

规定了标准模数 m、标准分度圆压力角 α（简称压力角），齿轮分度圆应定义为：齿轮上具有标准模数和标准压力角的圆。分度圆是齿轮几何尺寸设计和加工的基准圆，它的大小不随啮合状态变化，是一个确定的圆。

3. 齿顶高系数 h_a^* 与径向间隙系数 c^*

当模数确定以后，有

齿顶高 $h_a = h_a^* m$

齿根高 $h_f = h_f^* m$

式中，比例系数 h_a^* 称为齿顶高系数，h_f^* 称为齿根高系数。

由于齿轮传动中为了储油润滑等原因，轮齿根部要留有一定的径向间隙，所以

$$h_f = h_f^* m = (h_a^* + c^*)m$$

即齿根高比齿顶高多一段 $c^* m$ 径向间隙，c^* 称为径向间隙系数（或顶隙系数）。这两个系数已标准化，见表 5 - 2。

表 5 - 2   **圆柱齿轮标准齿顶高系数及顶隙系数**

系 数	正 常 齿	短 齿	系 数	正 常 齿	短 齿
h_a^*	1	0.8	c^*	0.25	0.3

渐开线标准直齿圆柱的基本参数有：齿数 z、模数 m、压力角 α、齿顶高系数 h_a^* 和径向顶隙系数 c^*。这五个参数确定以后，标准齿轮各部分的几何尺寸也随之确定。其计算公式详见表 5-3。

表 5-3　　　　　　　　渐开线标准直齿圆柱齿轮传动几何尺寸的计算公式

名　称	代　号	计　算　公　式	
		小齿轮	大齿轮
模数	m	根据齿轮受力情况和结构需要确定，选取标准值	
压力角	α	选取标准值	
分度圆直径	d	$d_1=mz_1$	$d_2=mz_2$
齿顶高	h_a	$h_{a1}=h_{a2}=h_a^* m$①	
齿根高	h_f	$h_{f1}=h_{f2}=(h_a^*+c^*)m$①	
齿全高	h	$h_1=h_2=(2h_a^*+c^*)m$	
齿顶圆直径	d_a	$d_{a1}=(z_1+2h_a^*)m$	$d_{a2}=(z_2+2h_a^*)m$
齿根圆直径	d_f	$d_{f1}=(z_1-2h_a^*-2c^*)m$	$d_{f2}=(z_2-2h_a^*-2c^*)m$
基圆直径	d_b	$d_{b1}=d_1\cos\alpha$	$d_{b2}=d_2\cos\alpha$
齿距	p	$p=\pi m$	
基圆齿距（法向齿距）	p_b	$p_b=p\cos\alpha$	
齿厚	s	$s=\pi m/2$	
齿槽宽	e	$e=\pi m/2$	
任意圆（半径为 r_i）齿厚	s_i	$s_i=sr_i/r-2r_i(\mathrm{inv}\alpha_i-\mathrm{inv}\alpha)$	
顶隙	c	$c=c^* m$	
标准中心距	a	$a=m(z_1+z_2)/2$	
节圆直径	d'	当中心距为标准中心距 a 时，$d'=d$，否则 $d'=\dfrac{db}{\omega s\alpha}$	
传动比	i	$i_{12}=\omega_1/\omega_2=z_2/z_1=d_2'/d_1'=r_{b2}/r_{b1}$	

① h_a^* 为齿顶高系数；c^* 为顶隙系数。

5.5　渐开线直齿圆柱齿轮啮合传动的分析

5.5.1　齿轮的啮合过程

一对渐开线齿廓在任何位置啮合，其啮合点都应在啮合线 $\overline{N_1N_2}$ 上。如图 5-10 所示，当齿轮 1 为主动轮时，其齿根首先和从动轮 2 的齿顶在啮合线上啮合，可见，齿轮 2 的齿顶圆与啮合线的交点 B_2 应为一对轮齿啮合的起始点。随着啮合的继续，啮合点在啮合线上移动，当这对啮合轮齿转到主动轮 1 的齿顶与从动轮 2 的齿根在啮合线上的 B_1 点啮合时，该对轮齿即将脱离啮合。所以，主动轮 1 与啮合线 $\overline{N_1N_2}$ 的交点 B_1 是一对齿的啮合终止点。

综上可见，一对齿轮的轮齿实际上只在啮合线 $\overline{N_1N_2}$ 上的 $\overline{B_2B_1}$ 段进行啮合，线段 $\overline{B_2B_1}$ 称为实际啮合线。随齿数增加齿顶圆增大，B_1、B_2 点分别向 N_2、N_1 点延伸，但因基圆内没有渐开线，$\overline{N_1N_2}$ 将是 $\overline{B_2B_1}$ 随齿数增加而增长的极限。所以啮合线 $\overline{N_1N_2}$ 称为理论啮合线。N_1、N_2 点称为啮合极限点。

由一对轮齿的啮合过程可以看出，轮 1 与轮 2 的齿廓曲线互为包络线。即若使轮 1 的节圆沿轮 2 的节圆作纯滚动，由齿轮 1 的齿廓曲线 c_1 绘出其在相对运动中所占据的各个位置 $c_1'c_1''\cdots$，然后作 $c_1'c_1''\cdots$ 的包络线 c_2，就可得到齿轮 2 的齿廓曲线，如图 5 - 11 所示。

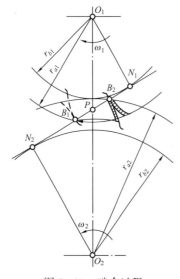

图 5 - 10   啮合过程

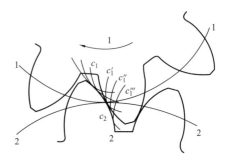

图 5 - 11   齿廓互为包络线

同理，也可以由齿廓曲线 c_2 以包络线得到齿廓曲线 c_1。一对齿廓曲线互为包络线是范成法加工齿轮的理论基础。

5.5.2   渐开线齿轮正确啮合的搭配条件

一对渐开线齿轮搭配起来能够等速比连续地啮合传动，可称为正确啮合。如图 5 - 12 所示，一对渐开线齿轮在传动时，齿廓啮合点都应在 $\overline{B_2B_1}$ 线上，由于 $\overline{B_2B_1}$ 也是各啮合点齿廓

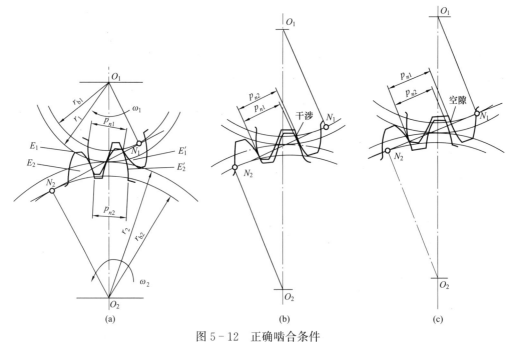

图 5 - 12   正确啮合条件

(a) $p_{n1}=p_{n2}$；(b) $p_{n1}<p_{n2}$；(c) $p_{n1}>p_{n2}$

的公法线，所以，要使各对轮齿都能依次连续地进入啮合，则要求两个齿轮相邻两齿同侧齿廓的法向距离相等。否则，将出现齿廓干涉卡死而不能连续传动，如图 5-12（b）所示，或出现短时间的间歇性传动，如图 5-12（c）所示。

一个齿轮相邻两齿同侧齿廓之间的法向距离称为法节，记作 p_n。由渐开线性质可知，法节 p_n 等于基圆周节（简称基节）p_b。显然，一对齿轮正确啮合的搭配条件为其法节或基节相等，即

$$p_{n1} = p_{n2} \tag{5-12}$$

而

$$p_{n1} = p_{b1}, \quad p_{n2} = p_{b2}$$

所以有

$$p_{b1} = p_{b2} \tag{5-13}$$

正确啮合的搭配条件是轮齿在基圆周上的共同分布规律提出的要求，任意一对基节相等的渐开线齿轮搭配起来都能正确啮合。由基圆周长

$$p_b z = \pi d_b = \pi m z \cos\alpha$$

得出基节

$$p_b = \pi m \cos\alpha = p \cos\alpha \tag{5-14}$$

法节为

$$p_n = p_b = p \cos\alpha \tag{5-15}$$

对齿轮 1，有

$$p_{b1} = \pi m_1 \cos\alpha_1$$

对齿轮 2，有

$$p_{b2} = \pi m_2 \cos\alpha_2$$

由此可得

$$m_1 \cos\alpha_1 = m_2 \cos\alpha_2 \tag{5-16}$$

式（5-16）为渐开线齿轮正确啮合搭配条件的表达式，满足上式各基本参数之间关系的一对齿轮就可以正确啮合。但模数 m 与压力角 α 均已标准化，不能任意选取，所以，若满足式（5-16），应取

$$\left. \begin{array}{l} m_1 = m_2 = m \\ \alpha_1 = \alpha_2 = \alpha \end{array} \right\} \tag{5-17}$$

即渐开线齿轮正确啮合的搭配条件反映在齿轮基本参数上是：两个齿轮的模数、压力角分别相等，且都为标准值。

5.5.3　中心距与啮合角

1. 外啮合传动

一对齿轮啮合过程中，为了保证其良好的润滑，除径向间隙外，在规定齿轮公差时还要考虑在齿侧留有一定的齿侧间隙。而在齿轮传动分析和设计时，是按没有齿侧间隙进行的，即认为一对齿轮无齿侧间隙啮合。

作无侧隙啮合的一对齿轮，一齿轮的节圆齿厚应等于另一齿轮的节圆齿槽宽。节圆齿厚记作 s'，节圆齿槽宽记作 e'，则有

$$s'_1 = e'_2 \quad s'_2 = e'_1$$

对于标准齿轮，当模数确定以后有

$$s_1 = \frac{1}{2}\pi m_1 = e_1$$

$$s_2 = \frac{1}{2}\pi m_2 = e_2$$

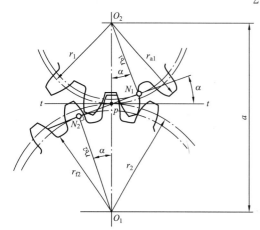

图 5-13　外啮合齿轮传动标准中心距

由正确啮合的搭配条件可知，当 $m_1 = m_2 = m$ 时，一对标准齿轮作无侧隙啮合，一齿轮的分度圆齿厚等于另一齿轮的齿槽宽，如图 5-13 所示，即

$$s_1 = e_2 = s_2 = e_1$$

所以，当一对标准齿轮装配成无侧隙啮合时，两轮的分度圆将与节圆重合。两轮的节圆半径 r_1'、r_2' 分别等于其分度圆半径 r_1、r_2。这时的两分度圆半径之和称为标准中心距（或分度中心距）记作 a，即

$$a = r_1 + r_2 = \frac{1}{2}m(z_1 + z_2) \qquad (5-18)$$

一对标准齿轮按标准中心距装配，称为标准齿轮的正确安装。显然，正确安装的标准齿轮其工作中心距 a' 等于标准中心距 a，即

$$a' = r_1' + r_2' = a = r_1 + r_2$$

综上所述，节圆的大小由一对齿轮啮合传动中的装配情况确定的，当 $a' \neq a$ 时 $r' \neq r$，节圆与分度圆就不重合，而分度圆是随 m、z 唯一确定的圆，没有装配的单个齿轮完全可以由 m、z 确定其分度圆的大小，而没有确定的节圆。

节圆圆周上的压力角又称为工作压力角或啮合角，记作 α'。它是轮齿在节点啮合时的速度矢量与不计摩擦时齿面作用力矢量（啮合线）所夹的锐角。对于正确安装的渐开线标准齿轮，节圆与分度圆重合，故啮合角等于分度圆压力角，即

$$\alpha' = \alpha$$

当由于制造及装配误差等原因使工作中心距 a' 大于标准中心距 a 时，节圆与分度圆不再重合，由式（5-3）有

节圆半径为

$$r' = \frac{r_b}{\cos\alpha'}$$

分度圆半径为

$$r = \frac{r_b}{\cos\alpha}$$

$$\frac{r'}{r} = \frac{\cos\alpha}{\cos\alpha'} \qquad (5-19)$$

可见，当节圆半径 r' 大于分度圆半径 r 时，啮合角 α' 大于分度圆压力角 α，如图 5-14 所示。

由式（5-19）得出节圆与分度圆半径的关系为

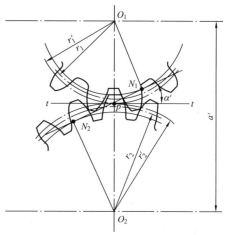

图 5-14　实际中心距与标准中心距的关系

$$r' = r \frac{\cos\alpha}{\cos\alpha'} \tag{5-20}$$

工作中心距为

$$a' = r_1' + r_2' = (r_1 + r_2)\frac{\cos\alpha}{\cos\alpha'} = a\frac{\cos\alpha}{\cos\alpha'} \tag{5-21}$$

所以，有

$$a'\cos\alpha' = a\cos\alpha = r_{b1} + r_{b2} \tag{5-22}$$

【例 5-1】 某齿轮传动的大齿轮已丢失，知道这对齿轮为外啮合标准直齿圆柱齿轮，小齿轮的齿数 $z_1 = 38$，齿顶圆直径 $d_{a1} = 100\text{mm}$，齿顶高系数 $h_a^* = 1$，标准中心距 $a = 112.5\text{mm}$，试确定丢失的大齿轮齿数、模数和主要尺寸。

解　先求模数 $m = \dfrac{d_{a1}}{z_1 + 2h_a^*} = \dfrac{100}{38 + 2} = 2.5$（mm）

由式（5-18）求得齿数 z_2 为

$$z_2 = \frac{2a}{m} - z_1 = \frac{2 \times 112.5}{2.5} - 38 = 52$$

大齿轮的主要尺寸如下

$$d_2 = mz_2 = 2.5 \times 52 = 130 \text{（mm）}$$
$$d_{a2} = (z_2 + 2h_a^*)m = (52 + 2) \times 2.5 = 135 \text{（mm）}$$
$$d_{f2} = (z_2 - 2h_a^* - 2c^*)m = (52 - 2 - 2 \times 0.25) \times 2.5 = 123.75 \text{（mm）}$$
$$d_{b2} = d_2\cos\alpha = 130 \times \cos 20° = 122.16 \text{（mm）}$$

2. 内啮合传动

与外啮合传动一样，一对标准中心距装配的内啮合标准齿轮节圆与分度圆重合，啮合角与分度圆压力角相等。

由图 5-15 可知，内啮合传动的标准中心距为

$$a = r_2 - r_1 = \frac{1}{2}m(z_2 - z_1)$$

工作中心距与标准中心距的关系仍为

$$a' = a\frac{\cos\alpha}{\cos\alpha'}$$

显然，当工作中心距不等于标准中心距时，分度圆与节圆不再重合。若 $a' < a$，则 $a' < \alpha$。

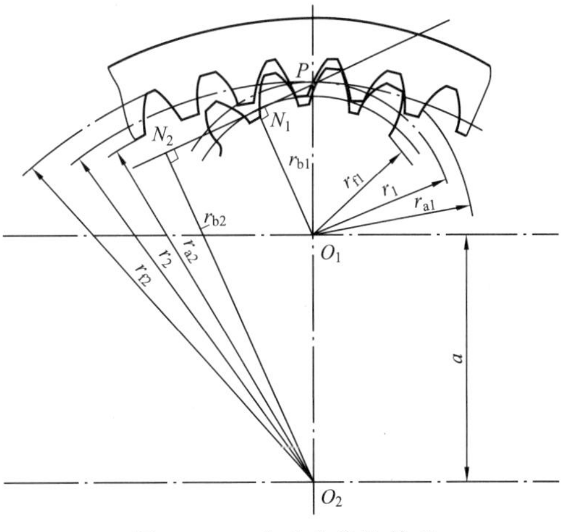

图 5-15　内啮合齿轮传动

5.5.4　渐开线齿轮的连续传动条件

由啮合过程的分析可知，一对齿轮在 B_2 点进入啮合，在 B_1 点脱离。若这对齿轮的法节 p_n 等于实际啮合线 $\overline{B_2B_1}$，则前一对轮齿在 B_1 点脱离啮合时，相邻的后一对轮齿刚好在 B_2 点进入啮合，传动比恰好是连续的，如图 5-16 所示。

若法节 p_n 小于实际啮合线 $\overline{B_2B_1}$，则前对齿廓在 B_1 点即将脱离啮合时，后对齿廓已经在啮合线上啮合了一对距离 KB_2，说明运动是连续的，如图 5-17 所示。

若法节 p_n 大于实际啮合线 $\overline{B_2B_1}$，就会出现一对轮齿已于 B_1 点脱离啮合，而后一对轮

齿由于 $p_{n1}=p_{n2}>\overline{B_2B_1}$ 尚未能在 B_2 点进入啮合，使传动比不连续，引起轮齿的冲击，如图 5-18 所示。

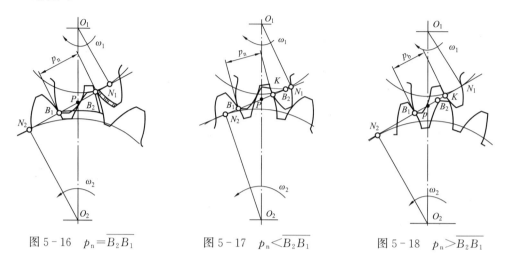

图 5-16 $p_n=\overline{B_2B_1}$ 图 5-17 $p_n<\overline{B_2B_1}$ 图 5-18 $p_n>\overline{B_2B_1}$

显然，要保证渐开线齿轮等角速比传动，不仅要法节相等，还应满足法节 p_n 小于或等于实际啮合线 $\overline{B_2B_1}$ 长，即

$$\frac{\overline{B_2B_1}}{p_n}\geqslant 1$$

实际啮合线与传动齿轮的法节之比称为渐开线齿轮的端面重叠系数（或称为重合度），记作 ε_a。一对渐开线直齿圆柱齿轮的连续传动条件为

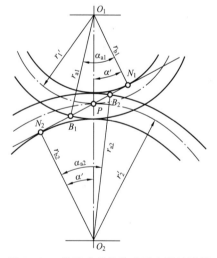

图 5-19 外啮合齿轮传动重合度的计算

$$\varepsilon_a=\frac{\overline{B_2B_1}}{p_n}\geqslant 1 \qquad (5-23)$$

式（5-23）不便于计算，而重叠系数 ε_a 又是一个需要精确计算的量。为此，需导出 ε_a 的计算公式。其几何关系如图 5-19 所示，即

$$\overline{B_2B_1}=\overline{B_1P}+\overline{B_2P}; \quad \overline{B_1P}=\overline{B_1N_1}-\overline{PN_1}$$

由 $\triangle B_1N_1O_1$ 得

$$\overline{B_1N_1}=r_{b1}\tan\alpha_{a1}=\frac{m}{2}z_1\cos\alpha \cdot \tan\alpha_{a1}$$

由 $\triangle PN_1O_1$ 得

$$\overline{PN_1}=r_{b1}\tan\alpha'=\frac{m}{2}z_1\cos\alpha \cdot \tan\alpha'$$

所以

$$\overline{B_1P}=\overline{B_1N_1}-\overline{PN_1}=\frac{m}{2}z_1\cos\alpha \cdot \tan\alpha_{a1}-\frac{m}{2}z_1\cos\alpha \cdot \tan\alpha'$$

$$=\frac{m}{2}z_1\cos\alpha(\tan\alpha_{a1}-\tan\alpha')$$

同理

$$\overline{B_2P} = \overline{B_2N_2} - \overline{PN_2} = \frac{m}{2}z_2\cos\alpha \cdot \tan\alpha_{a2} - \frac{m}{2}z_2\cos\alpha \cdot \tan\alpha'$$

$$= \frac{m}{2}z_2\cos\alpha(\tan\alpha_{a2} - \tan\alpha')$$

故

$$\overline{B_2B_1} = \overline{B_1P} + \overline{B_2P} = \frac{m\cos\alpha}{2}[z_1(\tan\alpha_{a1} - \tan\alpha') + z_2(\tan\alpha_{a2} - \tan\alpha')]$$

又因为

$$p_n = \pi m\cos\alpha$$

故将 $\overline{B_2B_1}$ 和 p_n 的关系代入式（5-23），可得

$$\varepsilon_a = \frac{1}{2\pi}[z_1(\tan\alpha_{a1} - \tan\alpha') + z_2(\tan\alpha_{a2} - \tan\alpha')] \tag{5-24}$$

由图 5-20 用类似的方法可以得出内啮合传动的重叠系数，即

$$\varepsilon_a = \frac{1}{2\pi}[z_1(\tan\alpha_{a1} - \tan\alpha') + z_2(\tan\alpha_{a2} - \tan\alpha')]$$

$$\tag{5-25}$$

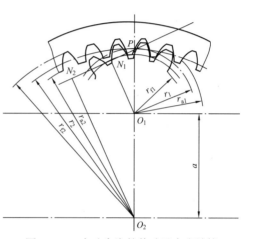

图 5-20　内啮合齿轮传动重合度计算

式中，齿顶圆压力角和啮合角为

$$\cos\alpha_{a1} = \frac{r_{b1}}{r_{a1}}; \quad \cos\alpha_{a2} = \frac{r_{b2}}{r_{a2}}; \quad \cos\alpha' = \frac{a}{a}\cos\alpha$$

综上所述，ε_a 的大小直接与齿数 z、齿顶圆压力角 α_a、啮合角 α' 有关，而与模数无关。

理论上重叠系数的值要大于或等于 1，在生产中考虑制造和安装误差，为确保齿轮传动的连续性，规定了重叠系数的许用值 $[\varepsilon]$，要求

$$\varepsilon_a \geqslant [\varepsilon]$$

$[\varepsilon]$ 的值是根据齿轮的使用场合和制造精度而定的，常用的推荐值见表 5-4。也可查阅相关的手册、标准等资料。

表 5-4　　　　　　　　　　　　　$[\varepsilon]$ 的推荐值

使用场合	一般机械制造业	汽车拖拉机	金属切削机床
ε_a	1.4	1.1～1.2	1.3

【例 5-2】　有一对外啮合渐开线标准直齿圆柱齿轮，已知：$z_1 = 19$，$z_2 = 52$，$\alpha = 20°$，$m = 5mm$，$h_a^* = 1$，并按标准中心距安装，试求这对齿轮传动的重叠系数 ε_a。

解　先计算齿轮的有关尺寸

$$r_1 = \frac{1}{2}mz_1 = \frac{1}{2} \times 5 \times 19 = 47.5 \text{（mm）}$$

$$r_{a1} = r_1 + h_{a1} = 47.5 + 1 \times 5 = 52.5 \text{（mm）}$$

$$r_2 = \frac{1}{2}mz_2 = \frac{1}{2} \times 5 \times 52 = 130 \text{（mm）}$$

$$r_{a2} = r_2 + h_{a2} = 130 + 1 \times 5 = 135 \text{（mm）}$$

两轮的齿顶圆压力角

$$\alpha_{a1} = \arccos \frac{r_{b1}}{r_{a1}} = \arccos \frac{r_1 \cos\alpha}{r_{a1}} = \arccos \frac{47.5 \times \cos 20°}{52.5} = 32°$$

$$\alpha_{a2} = \arccos \frac{r_{b2}}{r_{a2}} = \arccos \frac{r_2 \cos\alpha}{r_{a2}} = \arccos \frac{130 \times \cos 20°}{135} = 25°$$

由题意可知：$\alpha' = \alpha$，故这对齿轮传动的重叠系数为

$$\varepsilon_a = \frac{1}{2\pi}[z_1(\tan\alpha_{a1} - \tan\alpha) + z_2(\tan\alpha_{a2} - \tan\alpha)]$$

$$= \frac{1}{2\pi}[19 \times (\tan 32° - \tan 20°) + 52 \times (\tan 25° - \tan 20°)]$$

$$= 1.63$$

5.5.5　重叠系数与单、双齿啮合区

重叠系数的大小不仅体现出一对齿轮传动的连续程度，也体现了同时参加啮合齿数的多少。

如图 5-21 所示，若 $\varepsilon_a = 1$ 表明 $p_n = \overline{B_2 B_1}$，在实际啮合线上前一对轮齿在 B_1 点脱离啮合，后一对轮齿刚好在 B_2 点进入啮合。所以，始终只有一对轮齿啮合，全部实际啮合线 $\overline{B_2 B_1}$ 都为单齿啮合区。同理，$\varepsilon_a = 2$ 表明始终有两对齿啮合，$\overline{B_2 B_1}$ 全部是双齿啮合区。

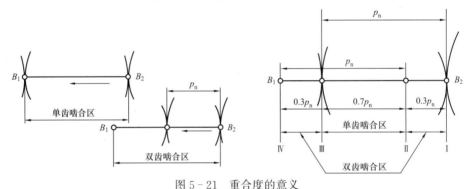

图 5-21　重合度的意义

若 $1 < \varepsilon_a < 2$，说明 $p_n < \overline{B_2 B_1} < 2p_n$，则在实际啮合线上既有单齿啮合区，又有双齿啮合区。以 $\varepsilon_a = 1.3$ 为例，在一个法节范围内单齿啮合长 $L_1 = 0.7p_n$，即 70% 为单齿啮合时间。双齿啮合区 $L_2 = 0.3p_n$，即 30% 为双齿啮合时间。ε_a 值越大，双齿啮合所占比例就越高，齿轮传动越平稳。

5.6　齿轮齿条啮合及渐开线齿廓的范成法加工

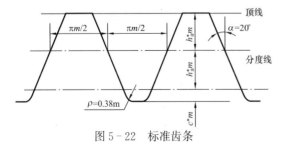

图 5-22　标准齿条

5.6.1　传动齿条及齿条插刀的几何特点

图 5-22 为一直齿条，它相当于基圆半径为无穷大的齿轮，齿廓曲线也由两条反向渐开线变成两条反向的斜直线。各个圆周，如齿顶圆、分度圆等也都成了平行的直线，称为齿顶线、分度线等。齿轮的转动也变成齿条的移动。

移动中应用的渐开线标准直齿齿条的主要尺寸计算公式见表 5-5。

表 5-5　　　　　　　　　　　渐开线标准直齿齿条主要尺寸计算公式

名　称	符号	公　式	名　称	符号	公　式
齿顶高	h_a	$h_{a1}=h_a^* m$	齿　厚	s	$s=\pi m/2$
齿根高	h_f	$h_f=(h_a^*+c^*)m$	齿　宽	e	$e=\pi m/2$
齿全高	h	$h=h_a+h_f$	顶　隙	c	$c=c^* m$
周　节	p	$p=\pi m$			

用范成法加工渐开线齿廓时，采用一种齿条型插刀，如图 5-23 所示。

其几何特点与齿条完全相同，只是从分度线到齿顶线的高取为 $(h_a^*+c^*)m$，这样，分度线恰好处于齿条型插刀的中心，所以对于齿条型插刀，分度线又称中线（也称模数线）。

齿顶增加的 $c^* m$ 部分，是为了保证被加工齿轮的径向间隙，所以这部分齿廓不是直线而是曲率半径 ρ 为 0.38m 的圆弧。在用范成法加工渐开线齿廓时，被加工的

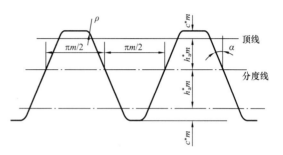

图 5-23　齿条刀具

渐开线齿廓是由齿条型插刀的直线部分包络形成的。这部分 ρ 为 0.38m 的圆弧包络出的齿廓曲线不是渐开线，而称为过渡曲线，不参与啮合传动。所以在以后讨论渐开线齿廓的范成法加工包络成形时，将不考虑齿条插刀齿顶增加的这部分，而认为齿条型插刀与齿条具有相同的几何尺寸，齿顶高仍是 h_a。

与齿轮相比，齿条和齿条型插刀具有以下几个特点。

（1）由于同侧齿廓是相互平行的直线，所以不论在分度线或齿顶线及其他任一条平行于分度线的直线 K 上，其周节都相等，即

$$p_k=p=\pi \cdot m$$

由模数定义可知：齿条和齿条型插刀在任一条平行于分度线的直线 K 上都具有标准模数，即

$$m_k=m$$

由于齿条和齿条插刀是直线齿廓，所以，任意平行分度线的直线 K 上的压力角都相等，都为标准压力角，即

$$\alpha_k=\alpha$$

（2）在齿条或齿条型插刀的分度线上齿厚等于齿间宽，即

$$s=e=\frac{1}{2}\pi m$$

其他任一平行于分度线的直线 k 上齿厚不等于齿槽宽，但周节不变。

齿条型插刀分度线上（中线上）的压力角又称为齿条型插刀的齿型角，除中线外，加工时与被加工齿轮分度圆作纯滚动的平行于中线的直线称为机床节线。显然，机床节线具有标准模数和标准压力角，但齿厚 s_k 不等于齿槽宽 e_k。

5.6.2 齿条与齿轮啮合的特点与重叠系数

图 5-24 为齿轮与齿条啮合传动的情况，由于啮合线又是齿宽接触点的公法线，而齿条的齿宽是斜直线。所以实际啮合线 $\overline{B_2B_1}$ 的斜率是不变的。无论是否正确安装，其啮合角 α' 恒等于分度圆压力角 α，且等于标准值。

正确安装条件下，齿轮与齿条无侧隙啮合传动，齿轮的分度圆与齿条的分度线相切，成为对滚的节圆和节线。

若非正确安装，如把齿条由无侧隙啮合传动的位置径向移出某一距离 H，然后使其与

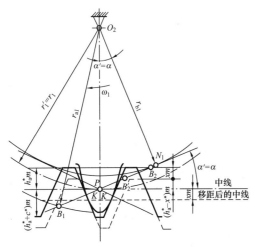

图 5-24 齿轮与齿条啮合传动

齿轮啮合（图 5-24 中虚线位置），由于 $\overline{B_2B_1}$ 位置线方向不变，节点 P 是齿轮与齿条的相对速度瞬心，故位置也不变，则齿轮的节圆仍与分度圆重合，不同的是与齿轮分度圆相切的不是齿条的分度线，而是以与其平行的某一直线作为节线。在这条节线上也具有标准模数和标准压力角，但齿厚与齿槽宽不等，因而产生一定的齿侧间隙。

综上所述，齿轮齿条传动，无论齿条相对于齿轮的径向移出距离 H 为零（正确安装），还是大于零（非正确安装），都有：

(1) 齿轮的分度圆恒与节圆重合。

(2) 啮合角 α' 恒等于分度圆的压力角 α。

由于一对齿轮传动啮合线的倾斜程度随安装情况变化，所以上述两个特点是齿轮传动所不具有的。

由重叠系数的定义，有

$$\varepsilon_a = \frac{\overline{B_2B_1}}{p_n} = \frac{\overline{B_1P} + \overline{B_2P}}{p_n}$$

且

$$\overline{B_1P} = \frac{m}{2}z_1\cos(\tan\alpha_{a1} - \tan\alpha')$$

式中，z_1 应为齿轮齿数，由齿轮齿条传动特点 $\alpha = \alpha'$，有

$$\overline{B_1P} = \frac{m}{2}z_1\cos\alpha(\tan\alpha_{a1} - \tan\alpha)$$

由图 5-24，可得

$$\overline{B_2P} = \frac{h_a^* m}{\sin\alpha}$$

所以

$$\begin{aligned}
\varepsilon_a &= \frac{\dfrac{m}{2}z_1\cos\alpha(\tan\alpha_{a1} - \tan\alpha) + \dfrac{h_a^* m}{\sin\alpha}}{\pi m\cos\alpha}\\
&= \frac{z_1}{2\pi}(\tan\alpha_1 - \tan\alpha) + \frac{2h_a^*}{\pi\sin2\alpha}
\end{aligned} \qquad (5-26)$$

若齿轮的齿数趋于无穷大，即也形成齿条时，则重叠系数达最大值 ε_{amax}，此时，有

$$\overline{B_1P}=\frac{h_a^*m}{\sin\alpha}=\overline{B_2P}$$

$$\varepsilon_{amax}=\frac{4h_a^*}{\pi\sin2\alpha}$$

从而可以看出，$\alpha=20°$，$h_a^*=1$ 的标准直齿圆柱齿轮传动重叠系数应小于 $\varepsilon_{amax}=\dfrac{4\times1}{\pi\times\sin40°}=1.981$。

5.6.3　用齿条型插刀以范成法加工渐开线齿廓

齿轮的加工方法较多，有铸造法、热轧法、冲压法、模锻法、粉末冶金法和切制法。

切制法按加工原理可以概括为仿形法和范成法。范成法生产效率高，加工精度高，适于大批量生产，是齿轮加工中常用的方法。

范成法又称包络法或展成法，是利用一对齿轮或齿轮与齿条啮合传动时，其共轭齿廓互为包络法的原理来切制齿廓的（参见 5.5 节渐开线直齿圆柱齿轮啮合传动的分析）。

若把齿条或一个齿轮做成刀具，当刀具的节线成节圆与被加工齿轮毛坯的节圆作纯滚动时，如同一对齿轮或齿轮与齿条啮合一样，刀具的齿廓即可包络出被加工齿轮的齿廓。插齿、滚齿等都属于用范成法加工的齿轮。

1. 插齿

如图 5-25 所示，齿条插刀的外形如同一个具有刀刃的齿条，它的几何尺寸及特点上一节已介绍。

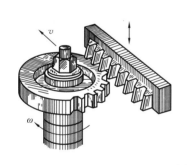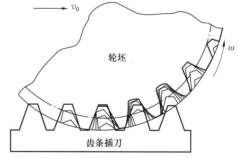

图 5-25　齿条插刀切齿

在加工模数、压力角与齿条插刀相同，而齿数为 z 的齿轮时，将插刀和轮坯装在专用插齿机床上，通过机床的传动系统，使齿条插刀移动速度 v_0 等于被加工齿轮分度圆的线速度 ωr，即

$$v_0=\omega r=\omega\frac{m}{2}z$$

被加工齿轮与齿条插刀之间如同与齿条无侧隙啮合一样。同时，使齿条插刀沿轮坯的齿宽方向作往复切削运动。这样，刀具的齿廓刀刃就在轮坯上包络出与其共轭的渐开线齿廓。从上式可见，改变 v_0 与 ω 即可获得被加工齿轮的齿数 z。

图 5-26 为用齿轮插刀加工齿轮的情形。齿轮插刀与轮坯的范成运动相当于一对齿轮作无侧隙啮合运动，其传动比 $i=\dfrac{\omega_0}{\omega}=\dfrac{z}{z_0}$，其中 ω_0、z_0 为刀具的角速度和齿数。切削原理与

齿条插刀加工齿轮相同。

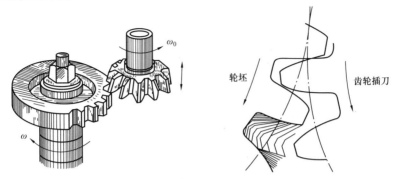

图 5-26 齿轮插刀切齿

2. 滚齿

齿条插刀加工齿轮是间断切削，为了提高生产效率，在生产实际中广泛采用齿轮滚刀，即采用滚切法加工齿轮。

图 5-27 是利用齿轮滚刀加工齿轮的情形，齿轮滚刀可以看成是一根轴向剖面具有齿条型插刀形状的螺旋。滚刀转动时相当于齿条型插刀的一个齿作连续的轴向移动，生产效率高。

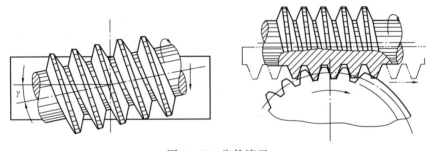

图 5-27 齿轮滚刀

由式 $v_0 = \omega \dfrac{m}{2} z$ 和式 $i = \dfrac{\omega_0}{\omega} = \dfrac{z}{z_0}$ 可以看出，以范成法加工齿轮时，只要调整刀具与轮坯之间的传动关系，就可以用同一把刀具加工与同模数同压力角的不同齿数的齿轮。

5.7 渐开线标准直齿圆柱齿轮的根切现象与最少齿数

5.7.1 渐开线齿廓的根切

在用齿条插刀以范成法切制渐开线齿廓时，若齿条插刀中线与轮坯的分度圆相切，切制过程的范成运动如齿轮同齿条无侧隙啮合，由正确啮合的搭配条件可知，被切制齿轮分度圆与齿条插刀中线具有相同的标准模数 m 和标准压力角 α。且分度圆上的齿厚 s 等于齿槽宽 e，如前所述，这样的齿轮称为标准齿轮。

由齿轮与齿条的啮合过程可知，刀具的直线刀刃从 B_1 点开始切削，当刀具的直线刀刃从 B_1 点移至 B_2 点时，被切齿轮的齿廓渐开线部分已全部切出，以轮坯的中心 O_1 为圆心过 B_2 点作一个圆，该圆称为渐开线齿廓的起始圆。在该圆以内的齿廓曲线是由刀具齿顶 $c^* m$

部分的圆弧刀刃切出的，故不是渐开线，而称为过渡曲线。

如图 5-28 所示，当刀具顶线超
过啮合极限点 N_1 时，实际啮合线的
B_2 点将在 N_1 点以外，此时 N_1 点不
是啮合的终止点。刀具由 B_1 点开始
切齿，当刀具移至 N_1 点时，基圆外
的渐开线齿廓已经完全切出，由于未
移至 B_2' 点，刀具的刀刃与已切出的齿
廓并未脱离，又向前移动一段距离 s，
被加工齿轮对应转过 φ 角，其分度圆
转过的弧长 $\varphi \cdot r = s$，其基圆转过的
弧长为

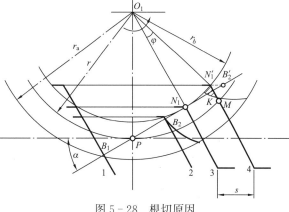

图 5-28　根切原因

$$\overset{\frown}{N_1 N_1'} = \varphi r_b = \varphi r \cos\alpha = s\cos\alpha$$

当刀具从 N_1 点又移动距离 s 后，刀具刀刃与啮合线的延长线 $\overline{B_1 N_1}$ 交于 K 点，显
然，有

$$\overline{N_1 K} = s\cos\alpha$$

所以

$$\overset{\frown}{N_1 N_1'} = \overline{N_1 K}$$

$\overline{N_1 K}$ 为刀具在位置 3 与位置 4 间的法向距离，$\overset{\frown}{N_1 N_1'}$ 为齿轮基圆随刀具移动转过的弧
长。如图 5-28 所示，N_1' 点将落在刀刃左侧而被切去。这种刀具的齿顶切去已切制完成的

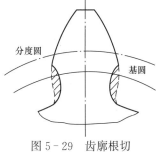

图 5-29　齿廓根切

渐开线齿廓根部的现象，称为轮齿的根切现象。

如图 5-29 所示，严重根切的轮齿，不仅削弱了轮齿的
弯曲程度，使重叠系数减小，而且有可能降低传动的平稳性。
应力求避免。

综上所述，用范成法加工渐开线齿廓时，当刀具的齿顶
线（不包括径向高度 $c^* m$，曲率半径 ρ 为 0.38m 的圆角部
分）超过被加工齿轮与刀具的啮合极限点 N_1，即 $\overline{PB_2} > \overline{PN_1}$
时，必将产生轮齿的根切。

5.7.2　标准齿轮不发生根切的最少齿数

加工标准齿轮时，刀具的中线应与轮坯的分度圆相切。当被加工齿轮的模数 m 和压力
角 α 已确定时，齿条型插刀的齿高和啮合线的位置亦为确定的。因此，刀具的齿顶线是否超
过啮合极限点 N_1，将取决于被加工齿轮的基圆大小。由 $r_b = r\cos\alpha = \dfrac{m}{2} z\cos\alpha$ 知，取决于被
加工齿轮齿数的多少。

由于产生齿轮根切的原因是 $\overline{PB_2} > \overline{PN_1}$，故避免发生根切的现象应保证

$$\overline{PB_2} \leqslant \overline{PN_1}$$

由图 5-30 中 $\triangle PN_1 O_1$ 知

$$\overline{PN_1} = r\sin\alpha = \frac{m}{2} z\sin\alpha$$

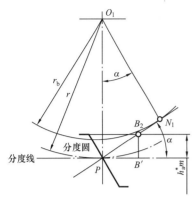

图 5-30　避免根切的条件

由 $\triangle PB_2B'$ 知

$$\overline{PB_2}=\frac{h_a^*m}{\sin\alpha}$$

故

$$\frac{m}{2}z\sin\alpha\geqslant\frac{h_a^*m}{\sin\alpha}$$

渐开线标准齿轮不发生根切的最少齿数，由于

$$z\geqslant\frac{2h_a^*}{\sin^2\alpha}$$

得

$$z_{\min}=\frac{2h_a^*}{\sin^2\alpha}\qquad(5-27)$$

采用不同的齿条型刀具，加工标准齿轮时，当 $\alpha=20°$，$h_a^*=1$ 时，$z_{\min}=17$；当 $\alpha=20°$，$h_a^*=0.8$ 时，$z_{\min}=14$。

5.8　渐开线直齿圆柱齿轮的变位修正与变位齿轮

5.8.1　标准齿轮传动的局限性

标准齿轮存在以下一些不足之处。

（1）用范成法加工标准齿轮，当 $z<z_{\min}$ 时，齿形发生根切，因此只能用于 $z\geqslant z_{\min}$ 的场合，使传动系统体积增加。

（2）当工作中心距 a' 大于标准中心距时，虽然可以保证定传动比传动，但齿侧间隙增大，使传动发生冲击。若 $a'<a$，则两轮无法安装。

（3）一对互相啮合的标准齿轮，小齿轮齿根齿厚比大齿轮齿根齿厚度小，若两轮材料相同，则小齿轮齿根的弯曲强度低，易先破坏。

（4）一对互相啮合的标准齿轮，小齿轮参加啮合次数多，若两轮的齿面硬度相同，则小齿轮齿面磨损较快。

在长期的生产实践中，为了解决上述问题，改善传动性能，提高承载能力，提出了变位齿轮传动，或称非标准齿轮传动。

5.8.2　径向变位法与变位齿轮

变位齿轮的加工原理与标准齿轮的加工原理相同，其区别在于：加工标准齿轮时，刀具的中线与被加工齿轮的分度圆相切；而加工变位齿轮时，是将刀具移远或移近被加工齿轮的中心。与被加工齿轮分度圆相切纯滚动的不是刀具的中线，而是与中线平行的某一条机床节线。如图 5-31 所示，刀具相对于切

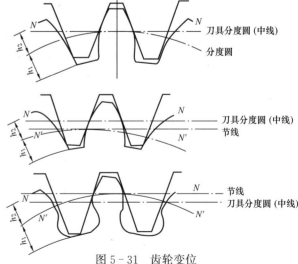

图 5-31　齿轮变位

制标准齿轮的位置，沿被加工齿轮的径向移动一段距离，称为径向变位，移动的距离称为径向变位量。

刀具的径向变位量也写成模数的函数。径向变位量记作 L，则有

$$L = \pm xm \tag{5-28}$$

比例系数 x 称为变位系数。

变位系数 x 取 "+"，表示刀具移离被加工齿轮中心，这样切制的齿轮称为正变位齿轮。若当被加工齿轮齿数 z 小于 $z_{\min}$ 时，采用正变位，可使刀具的顶线与啮合线的交点坐落在 N_1 点以内，这样可以避免根切现象。

若变位系数取 "−"，表示刀具接近被加工齿轮中心，这样切制出的齿轮称为负变位齿轮。

由齿条形刀具的几何特点可知，刀具分度线具有标准模数和压力角，但齿厚与齿槽宽不等。所以当进行正变位或负变位后，切制出的齿轮为正变位或负变位齿轮，由于其分度圆与机床节线作纯滚动，则其分度圆上具有与齿条型刀具相同的标准模数和标准压力角，但分度圆齿厚不等于齿槽宽。

用同一刀具加工出变位量相同的正、负变位齿轮，与同齿数的标准齿轮比较，其分度圆、基圆大小并未改变，它们的齿廓仍为同一基圆的渐开线。只是正、负变位齿轮的渐开线齿廓与同齿数标准齿轮的渐开线齿廓位于同一基圆形成的渐开线的不同部位。

正变位齿轮，为保持齿全高不变，齿顶圆与齿根圆都适当地增大，所以分度圆齿厚增加，齿顶厚度减小。

负变位齿轮，其齿顶圆有所减小，齿根圆亦有所减小，故分度圆上齿厚度减小，齿顶圆上齿厚度增加。

5.8.3 齿条型刀具加工齿轮的最小变位系数

用齿条型刀具加工齿轮时，若要不发生根切，应保证 $\overline{PB_2} \leqslant \overline{PN_1}$。当刀具的径向变位量为 xm 时，由图 5-32 可见，不发生根切时应有

$$\overline{N_1Q} \geqslant h_a^* m - xm$$

而

$$\overline{N_1Q} = \overline{PN_1}\sin\alpha$$

且

$$\overline{PN_1} = r\sin\alpha = \frac{m}{2}z\sin\alpha$$

所以

$$\overline{N_1Q} = \frac{m}{2}z\sin^2\alpha$$

由

$$\overline{N_1Q} \geqslant h_a^* m - xm$$

得到

$$\frac{m}{2}z\sin^2\alpha \geqslant h_a^* m - xm$$

由式（5-27）可知

$$\frac{\sin^2\alpha}{2} = \frac{h_a^*}{z_{\min}}$$

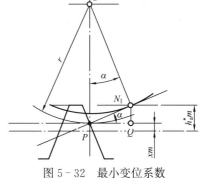

图 5-32 最小变位系数

将这一关系代入上式得

$$x \geqslant \frac{h_a^*}{z_{min}}(z_{min} - z)$$

所以，不发生根切的最小变位系数应为

$$x_{min} = \frac{h_a^*(z_{min} - z)}{z_{min}} \tag{5-29}$$

当 $\alpha = 20°$，$h_a^* = 1$ 时

$$x_{min} = 1 - \frac{z}{17}$$

当 $\alpha = 20°$，$h_a^* = 0.8$ 时

$$x_{min} = 1 - \frac{z}{14}$$

由式（5-29）可见，当被加工齿轮的齿数小于 z_{min} 时，$x_{min} > 0$ 时，说明为避免发生根切，应采用变位系数为"$+x_{min}$"的径向变位，刀具向远离被加工齿轮中心的径向正变位，刀具向远离被加工齿轮中心的径向变位量为"$+x_{min}m$"。当 z 大于 z_{min} 时，$x_{min} < 0$，表示即使刀具向靠近被加工齿轮中心作径向变位量为"$-x_{min}m$"的负变位，刀具齿顶线也不会超过 N_1 点，所以不会发生根切。

5.9　变位齿轮的几何尺寸计算

5.9.1　齿顶圆和齿根圆

由于变位齿轮的齿根圆是由刀具切深决定的，所以变位齿轮的齿根圆直径为

$$d_f = d - 2h_f + 2xm = m(z - 2h_a^* - 2c^* + 2x) \tag{5-30}$$

上式中，当正变位齿轮变位量 xm 大于零时，齿根圆直径 d_f 较同齿数的标准齿轮增加了 $2xm$，由于分度圆不变，也就相当于齿根高减小了 xm。负变位齿轮变位量 xm 小于零，同理，齿顶圆直径 d_f 减小了 $2xm$，而齿根高增大了 xm。

变位齿轮的齿顶圆是由轮坯的外径决定的，与刀具切深无关。为了保证齿全高不变，齿顶圆直径应为

$$d_a = d + 2h_a + 2xm = m(z + 2h_a^* + 2x) \tag{5-31}$$

显然正变位齿轮的齿顶圆增大，齿顶高增大；而负变位齿轮齿顶圆减小，齿顶高减小，如图 5-33 所示。

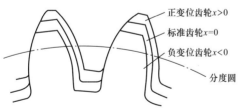
正变位齿轮 $x>0$
标准齿轮 $x=0$
负变位齿轮 $x<0$
分度圆

图 5-33　标准齿轮与变位齿轮对比

后面将讨论，按保持齿全高不变设计一对变位齿轮传动，其径向间隙将小于标准齿轮传动的间隙，影响贮油润滑，故将变位齿轮齿顶圆缩小，即将两轮齿顶高减小 σm，σ 称为齿顶高变动系数。于是，变位齿轮的齿顶高、齿根高和齿全高分别为

$$h_a = (h_a^* + x - \sigma)m \tag{5-32}$$

$$h_f = (h_a^* - x + c^*)m \tag{5-33}$$

$$h = h_a + h_f = (2h_a^* + c^* - \sigma)m \tag{5-34}$$

5.9.2 分度圆上的齿厚

如图 5-34 所示，当加工正变位齿轮时，刀具在机床节线上的齿槽宽较分度线（中线）上的齿槽宽增加了 $2\overline{KJ}$，所以与机床节线作纯滚动的被切齿轮分度圆上的齿厚也增加了 $2\overline{KJ}$，由 $\triangle IJK$ 可知，$\overline{KJ} = xm\tan\alpha$，因此正变位齿轮分度圆上的齿厚为

$$s = \frac{\pi}{2}m + 2\overline{KJ} = \frac{\pi}{2}m + 2xm\tan\alpha$$

$$= m\left(\frac{\pi}{2} + 2x\tan\alpha\right) \qquad (5-35)$$

齿槽宽为

$$e = p - s = \pi m - \left(\frac{\pi m}{2} + 2xm\tan\alpha\right)$$

$$= m\left(\frac{\pi}{2} - 2x\tan\alpha\right) \qquad (5-36)$$

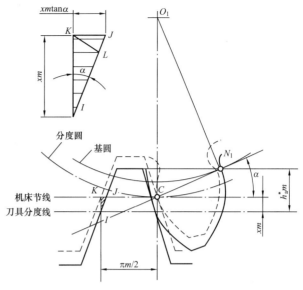

图 5-34　变位齿轮分度圆齿厚

负变位齿轮的径向变位方向与正变位齿轮相反，将以上两式中的变位系数 x 前的符号改写成相反符号，即可计算负变位齿轮的分度圆齿厚与齿槽宽。

应说明的是，刀具在机床节线上的齿槽宽增加的 $2\overline{KJ}$ 是直线长，而被切齿轮分度圆齿厚及齿槽宽变化的是圆弧长，由于被切齿轮的分度圆与机床节线作纯滚动，变化圆弧的弧长等于 $2\overline{KJ}$，即等于 $2xm\tan\alpha$。

【例 5-3】　用齿条刀具加工一直齿圆柱齿轮。设已知被加工齿轮轮坯的角速度 $\omega_1 = 5\text{rad/s}$，刀具移动速度为 0.375m/s，刀具的模数 $m = 10\text{mm}$，压力角 $\alpha = 20°$。求：

（1）被加工齿轮的齿数 z_1；

（2）若齿条分度线与被加工齿轮中心的距离为 77mm，求被加工齿轮的齿厚；

（3）若已知该齿轮与大齿轮相啮合时的传动比 $i_{12} = 4$，当无齿侧间隙的标准安装时，中心距 $a = 377\text{mm}$，求这两个齿轮的节圆半径 r_1'、r_2' 及其啮合角 α'。

解　（1）用齿条刀具加工齿轮时，被加工齿轮的节圆与分度圆重合，且与刀具的节线做展成运动，则有

$$r_1\omega_1 = v_{刀}$$

而

$$r_1 = mz_1/2$$

故

$$z_1 = 2v_{刀}/(m\omega_1) = 2 \times 375/(10 \times 5) = 15$$

（2）因刀具安装距离为 $L = 77\text{mm}$，大于被加工齿轮的分度圆半径 $r_1 = 10 \times 15/2 = 75$（mm），则被加工齿轮为正变位，其变位量为

$$xm = L - r_1 = 77 - 75 = 2（\text{mm}）$$

则

$$x = xm/m = 2/10 = 0.2$$

故被加工齿轮的分度圆齿厚为

$$s = (\pi/2 + 2x\tan\alpha)m = (\pi/2 + 2 \times 0.2 \times \tan20°) \times 10 = 17.164（\text{mm}）$$

（3）两轮的节圆半径 r_1'、r_2' 及其啮合角 α'。

$$z_2 = i_{12}z_1 = 4 \times 15 = 60$$

$$r'_2 = i_{12}r'_1 = 4r'_1 \tag{1}$$

$$r'_2 + r'_1 = a = 377\text{mm} \tag{2}$$

联立式（1）、式（2），可得

$$r'_1 = 75.4\text{mm}, \quad r'_2 = 301.6\text{mm}$$

$$\alpha' = \arccos\frac{a\cos\alpha}{a'} = \arccos\frac{375\cos20°}{377} = 20.819°$$

5.10　变位齿轮传动的啮合特点

一对变位齿轮传动，根据无侧隙啮合条件，一个齿轮的节圆齿厚应等于另一齿轮的节圆齿槽宽，即

$$s'_1 = e'_2; \quad s'_2 = e'_1$$

节圆周节为

$$p'_1 = p'_2 = p' = e'_1 + s'_1 = e'_2 + s'_2$$

可见

$$p' = s'_1 + s'_2$$

$$s'_1 = s_1\frac{r'_1}{r_1} - 2r'_1(\text{inv}\alpha' - \text{inv}\alpha)$$

$$s'_2 = s_2\frac{r'_2}{r_2} - 2r'_2(\text{inv}\alpha' - \text{inv}\alpha)$$

由式（5-19）得

$$r'_1 = r_1\frac{\cos\alpha}{\cos\alpha'}, \quad r'_2 = r_2\frac{\cos\alpha}{\cos\alpha'}$$

因为变位齿轮的基圆没有因径向变位而改变，故变位齿轮的基节仍为 $p_b = p\cos\alpha$。而节圆周节为

$$p' = \frac{2\pi r'}{z} = \frac{2\pi}{z} \cdot \frac{mz}{2} \cdot \frac{\cos\alpha}{\cos\alpha'} = \pi \cdot m\frac{\cos\alpha}{\cos\alpha'} \tag{5-37}$$

由

$$p' = s'_1 + s'_2$$

得

$$\pi m = \frac{\pi m}{2} + 2x_1 m\tan\alpha + \frac{\pi m}{2}2x_2 m\tan\alpha - mz_1(\text{inv}\alpha' - \text{inv}\alpha)$$

$$- mz_2(\text{inv}\alpha' - \text{inv}\alpha)(z_1 + z_2)(\text{inv}\alpha' - \text{inv}\alpha) = 2(x_1 + x_2)\tan\alpha$$

所以

$$\text{inv}\alpha' = \text{inv}\alpha + \frac{2(x_1 + x_2)}{z_1 + z_2}\tan\alpha$$

将两齿轮变位系数之和记作 x_Σ，称为总变位系数，即

$$x_\Sigma = x_1 + x_2$$

则

$$\mathrm{inv}\alpha' = \mathrm{inv}\alpha + \frac{2x_{\Sigma}}{z_1 + z_2}\tan\alpha \tag{5-38}$$

上式称为无侧隙啮合方程，它清楚地反映了啮合角与两轮变位系数的关系。在 5.5 节关于渐开线直齿圆柱齿轮啮合传动的分析中，讨论过中心距与啮合角的关系，当工作中心距不等于标准中心距时，虽然渐开线标准齿轮传动具有可分性，并能保证传动比不变，但却产生一定的齿侧间隙。由式（5-38）可见，若采用总变位系数 x_{Σ} 的变位齿轮传动，则可以在满足中心距要求的条件下，进行无侧隙啮合。所以，变位齿轮传动可以通过调整变位系数 x_1、x_2 来达到改变啮合角 α'，满足无侧隙啮合条件下工作的中心距之目的，即

$$a' = a\frac{\cos\alpha}{\cos\alpha'}$$

【例 5-4】　一个直齿圆柱齿轮和直齿条相啮合，其情形如图 5-35 所示，已知条件：齿轮齿数 $z=10$，模数 $m=4\mathrm{mm}$，压力角 $\alpha=20°$，齿顶高系数 $h_a^*=1$，中心 O 与基准面 A 的距离 $a=42\mathrm{mm}$，齿条中线与基准面 A 的距离 $b=20\mathrm{mm}$。

（1）已知齿轮是个标准齿轮，根据上面要求安装时该传动的啮合角 $\alpha'=?$ 啮合时，节圆上（或节线上）的齿侧间隙 $2\Delta=?$

（2）若齿轮与齿条的已知条件均不改变，仅将齿轮改为变位齿轮，以达到无齿侧隙啮合的目的，求该齿轮的变位系数 $x=?$ 分度圆齿厚 $s=?$ 周节 $p=?$ 基圆半径 $r_b=?$

解　（1）如图 5-36 所示，$\alpha'=20°$

齿侧间隙

$$a-b=42-20=22\mathrm{mm}; \quad r=\frac{d}{2}=\frac{mz}{2}=\frac{4\times10}{2}=20\mathrm{mm}; \quad 2\Delta=2\times2\times\tan20°=1.456\mathrm{mm}$$

（2）周节 $p=\pi\cdot m=4\times\pi=12.566\mathrm{mm}$

基圆半径 $r_b=r\cos\alpha=20\times\cos20°=18.794\mathrm{mm}$

变位系数 $xm=2\mathrm{mm}$

$x=2/4=0.5$

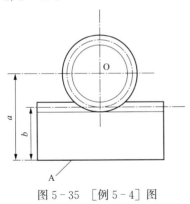

图 5-35　[例 5-4] 图

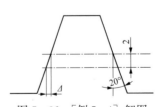

图 5-36　[例 5-4] 解图

分度圆齿厚 $s=\dfrac{p}{2}+2\Delta=1.456+6.283=7.739\mathrm{mm}$

*【例 5-5】　设一外啮合直齿圆柱齿轮传动，$z_1=z_2=12$，$m=10\mathrm{mm}$，$\alpha=20°$，$h_a^*=1$，$a'=130\mathrm{mm}$，试设计这对齿轮。

解 标准中心距为

$$a = \frac{m}{2}(z_1 + z_2) = \frac{10}{2} \times (12 + 12) = 120 < a'$$

故应为一对正变位齿轮传动，即

$$a' = \arccos\left(\frac{a}{a'}\cos\alpha\right) = \arccos\left(\frac{120}{130}\cos 20°\right) = 29°50'$$

$$x_1 + x_2 = \frac{z_1 + z_2}{2} \times \frac{\text{inv}\alpha' - \text{inv}\alpha}{\tan\alpha} = \frac{12 + 12}{2} \times \frac{\text{inv}29°50' - \text{inv}20°}{\tan 20°} = 1.249$$

取 $x_1 = x_2 = 0.6245$，则有

$$x_1 = x_2 > \frac{h_a^*(z_{\min} - z)}{z_{\min}} = \frac{1 \times (17 - 12)}{17} = 0.294$$

故齿轮不会发生根切现象。

$$y = (a' - a)/m = \frac{130 - 120}{10} = 1.0$$

$$\sigma = x_1 + x_2 - y = 1.249 - 1 = 0.249$$

$$h_{a1} = h_{a2} = m(h_a^* + x - \sigma) = 10 \times (1 + 0.6245 - 0.249) = 13.755 \text{ (mm)}$$

$$h_{f1} = h_{f2} = m(h_a^* + c^* - x) = 10 \times (1 + 0.25 - 0.6245) = 6.255 \text{ (mm)}$$

$$h = h_a + h_f = 13.755 + 6.255 = 20.01 \text{ (mm)}$$

$$d_1 = d_2 = mz_1 = 10 \times 12 = 120 \text{ (mm)}$$

$$d_{a1} = d_{a2} = d_1 + 2h_a = 120 + 2 \times 13.755 = 147.51 \text{ (mm)}$$

$$d_{b1} = d_{b2} = d_1\cos\alpha = 120\cos 20° = 112.76 \text{ (mm)}$$

$$d_{f1} = d_{f2} = d_1 - 2h_f = 120 - 2 \times 6.255 = 107.49 \text{ (mm)}$$

$$s_1 = s_2 = m\left(\frac{\pi}{2} + 2x\tan\alpha\right) = 10 \times \left(\frac{\pi}{2} + 0.6245\tan 20°\right) = 20.25 \text{ (mm)}$$

$$\alpha_{a1} = \alpha_{a2} = \arccos\frac{d_b}{d_a} = \arccos\frac{112.76}{147.51} = 40°8'$$

$$s_{a1} = s_{a2} = s\frac{r_a}{r} - 2r_a(\text{inv}\alpha_a - \text{inv}\alpha) = 20.25 \times \frac{147.51}{120} - 147.51(\text{inv}40°8' - \text{inv}20°)$$

$$= 6.08 \text{ (mm)} > 0.4m = 4\text{mm}$$

$$\varepsilon_a = \frac{1}{2\pi}\left[z_1(\tan\alpha_{a1} - \tan\alpha') + z_2(\tan\alpha_{a2} - \tan\alpha')\right]$$

$$= \frac{1}{2\pi} \times 2 \times 12(\tan 40°8' - \tan 29°50') = 1.03$$

*5.11 圆柱直齿轮的传动类型

根据变位系数之和 x_Σ 的数值，可把渐开线圆柱直齿传动类型分成以下三种类型：

5.11.1 标准齿轮传动

标准齿轮传动可以看作是变位齿轮传动的一种特殊情况，即 $x_1 = x_2 = 0$，为避免加工中发生根切，采用标准齿轮传动必须满足两轮的齿数都大于不产生根切的最少齿数。

5.11.2 高度变位齿轮传动

高度变位齿轮传动又称为等移距变位齿轮传动，其特点是 $x_1 = -x_2$，且 $x_1 \neq 0$，$x_2 \neq 0$，而 $x_\Sigma = 0$。

由无侧隙啮合方程可知，当 $x_\Sigma = 0$ 时，$a' = a$，所以工作中心距等于标准中心距，节圆

与分度圆重合。显然，齿顶高和齿根高由于径向变位而发生了变化。

选用高度变位齿轮传动，为保证齿轮不根切，其变位系数应为

$$x_1 \geqslant h_a^* \frac{z_{\min} - z_1}{z_{\min}}, \quad x_2 \geqslant h_a^* \frac{z_{\min} - z_2}{z_{\min}}$$

$$0 = x_\Sigma = x_1 + x_2 \geqslant h_a^* \frac{z_{\min} - z_1}{z_{\min}} + h_a^* \frac{z_{\min} - z_2}{z_{\min}}$$

所以

$$z_1 + z_2 \geqslant 2z_{\min}$$

上式为采用高度变位齿轮传动时两轮齿齿数和的限制条件。

选用高度变位齿轮传动，从保证一对等强度传动的角度出发，希望小齿轮采用正变位，大齿轮采用负变位。这样，小齿轮齿根厚增大，使两轮齿根抗弯强度趋于一致。另外，可以选择小齿轮齿数小于 $z_{\min}$，利用正变位使之不根切，在满足传动比的条件下，使大齿轮齿数也相应减小，从而缩小传动结构。

高度变位齿轮传动由于两轮的齿顶圆有变化，重叠系数略有减小。

5.11.3　角度变位齿轮传动

角度变位齿轮传动又称不等移距齿轮传动。它分两种情况：一种是 $x_\Sigma > 0$，称为正传动；另一种是 $x_\Sigma < 0$，称为负传动。

1. 正传动

由于 $x_1 + x_2 > 0$，则 $a' > a$，$\alpha' > \alpha$，$y > 0$，$\sigma > 0$，允许 $z_1 + z_2 < 2z_{\min}$。

正传动与标准传动相比，除重叠系数因 a' 增大而有减小外，可以提高齿轮强度，便于凑中心距，可获得较紧凑的机构尺寸。

2. 负传动

由于 $x_1 + x_2 < 0$，则 $a' < a$，$\alpha' < \alpha$，$y < 0$，$\sigma > 0$。两齿轮齿数和限制条件为 $z_1 + z_2 > 2z_{\min}$。

采用负传动，除重叠系数较标准齿轮传动略有增加外，齿轮强度有所降低，如不是为了满足中心距，一般不采用负传动。

为了便于比较，将各类传动特点列于表 5-6 中，外啮合变位直齿机构几何尺寸计算公式参见表 5-7。

表 5-6　　　　　　　　　　　　　　　　**各类传动特点比较**

传动类型 比较项目	标准齿轮传动 $x_\Sigma = x_1 + x_2 = 0$	高度变位齿轮传动 $x_\Sigma = x_1 + x_2 = 0$	角度变位齿轮传动	
			正角度变位	负角度变位
变位系数	$x_1 = 0$，$x_2 = 0$	$x_1 = -x_2$	$x_\Sigma = x_1 + x_2 > 0$	$x_\Sigma = x_1 + x_2 < 0$
中心距离	a	a	$> a$	$< a$
中心距离变动系数	$y = 0$	$y = 0$	$y > 0$	$y < 0$
啮合角	α	α	$> \alpha$	$< \alpha$
齿顶高变动系数	$\sigma = 0$	$\sigma = 0$	$\sigma > 0$	$\sigma < 0$
齿全高	$h = (2h_a^* + c^*)m$	$h = (2h_a^* + c^*)m$	$h = (2h_a^* + c^* - \sigma)m$	$h = (2h_a^* + c^* - \sigma)m$
齿数限制条件	$z_1 \geqslant z_{\min}$ $z_2 \geqslant z_{\min}$	$z_1 + z_2 \geqslant 2z_{\min}$	无限制	$z_1 + z_2 \geqslant 2z_{\min}$
主要应用	无特殊要求，互换性好	避免根切，提高齿轮强度，修复齿轮，缩小结构	凑配中心距离，避免根切，提高齿轮强度	凑配中心距离，当 $x_1 > 0$，$x_2 < 0$，但 $x_\Sigma < 0$ 时，也可以避免根切

表 5 - 7　　　　　　　　　　　　外啮合变位直齿轮几何尺寸计算公式比较

名　称	符号	标准齿轮传动	等变位齿轮传动	不变位齿轮传动
变位系数	x	$x_1 = x_2 = 0$	$x_1 = -x_2$ $x_1 + x_2 = 0$	$x_1 + x_2 \neq 0$
节圆直径	d'	$d'_i = d_i = z_i m (i=1,2)$		$d'_i = d_i \cos\alpha / \cos\alpha'$
啮合角	α'	$\alpha' = \alpha$		$\cos\alpha' = (a\cos\alpha) / a'$
齿顶高	h_a	$h_a = h_a^* m$	$h_{ai} = (h_a^* + x_i) m$	$h_{ai} = (h_a^* + x_i - \Delta y) m$
齿根高	h_f	$h_f = (h_a^* + c^*) m$	$h_{fi} = (h_a^* + c^* - x_i) m$	
齿顶圆直径	d_a	$d_{ai} = d_i + 2h_{ai}$		
齿根圆直径	d_f	$d_{fi} = d_i - 2h_{fi}$		
中心距	a	$a = (d_1 + d_2)/2$		$a' = (d'_1 + d'_2)/2$
中心距变动系数	y	$y = 0$		$y = (a' - a)/m$
齿顶高降低系数	Δy	$\Delta y = 0$		$\Delta y = x_1 + x_2 - y$

*5.12　变位系数的选择与分配原则

选择变位系数时应满足以下限制条件，否则，齿轮传动将难以正常工作。

（1）无侧隙啮合；

（2）齿轮在加工时不发生根切；

（3）适当的重叠系数，一般 $\varepsilon_a \geq 1.2$；

（4）有必要的齿顶厚，一般要求 $s_a \geq (0.25 \sim 0.4)m$；

（5）齿轮啮合时不发生过渡曲线干涉。

在一对渐开线齿轮转动中，当一个齿轮的齿轮渐开线部分与另一个啮合齿轮的过渡曲线接触时，由于两者不是共轭齿廓，所以不满足啮合基本定律，这样不但影响传动比的恒定，也往往发生楔死，这种现象称为过渡曲线干涉。

在满足以上条件下，应尽量选取较大的总变位系数 x_Σ，以获得尽量大的啮合角 α'，提高承载能力。

变位系数的选择分配方法有封闭图法、图表法和线图法，具体选用时可参考有关资料。

*5.13　渐开线圆柱直齿轮的检验

5.13.1　公法线长度

用测量公法线长度的方法来检验齿轮的精度，既简便又准确。

公法线长度指用齿轮卡尺跨过 K 个齿所量得的齿廓间法线的距离。

由图 5 - 37 所示，卡尺的卡脚与齿相切于 A、B 点，由渐开线的几何性质可知：同一基圆上生成的任意两条反向渐开线间的公法线长度处处相等。因此，只要卡尺与齿廓相切，切点的位置是不影响对公法线长度的测量的。

设跨齿数为 K（图中卡脚跨三个齿），公法线长度为 W，由图 5 - 37 可知

$$W = \overline{AB} = (K-1)p_b + s_b \tag{5-39}$$

由式（5-14）得

$$p_b = p\cos\alpha = \pi m\cos\alpha$$

对于标准齿轮，可求得

$$s_b = s\cos\alpha + 2r\cos\alpha \operatorname{inv}\alpha = m\cos\alpha\left(\frac{\pi}{2} + z\operatorname{inv}\alpha\right)$$

代入式（5-39）得

$$W = (K-1)\pi m\cos\alpha + m\cos\alpha\left(\frac{\pi}{2} + z\operatorname{inv}\alpha\right)$$

$$= m\cos\alpha\left[\left(K-\frac{1}{2}\right)\pi + z\operatorname{inv}\alpha\right] \tag{5-40}$$

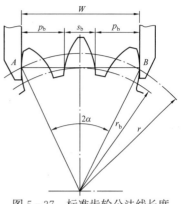

图 5-37　标准齿轮公法线长度

5.13.2　变位齿轮公法线长度测量

对于变位齿轮其公法线长度记作 W_k，如图 5-38 所示，W_k 与标准齿轮公法线长度 W 的关系为

$$W_k = W + 2\overline{ab}$$

而

$$\overline{ab} = xm\sin\alpha$$

因此，变位齿轮的公法线长度为

$$W_k = W + 2xm\sin\alpha = m\cos\alpha\left[\left(K-\frac{1}{2}\right)\pi + z\operatorname{inv}\alpha\right] + 2xm\sin\alpha \tag{5-41}$$

在测量公法线长度时，应尽量使卡尺的卡脚与齿廓在分变圆附近相切，如图 5-38 所示，设卡脚与齿廓的切点 A、B 恰好在分度圆上，则公法线对应的圆心角 $\angle BOA = 2\alpha$，而 $\overline{AB} = 2r\alpha = \left(K-\frac{1}{2}\right)p = \left(K-\frac{1}{2}\right)\pi m$。式中，压力角 α 的单位为弧度，将其换算成度，用 $r = \dfrac{mz}{2}$ 代入上式，整理得出标准齿轮的跨齿数计算公式为

$$K = \frac{\alpha}{180°}z + 0.5 \tag{5-42}$$

当 $\alpha = 20°$ 时

$$K = 0.111z + 0.5$$

当 $\alpha = 15°$ 时

$$K = 0.083z + 0.5$$

对于变位齿轮，如图 5-39 所示，设公法线长度 W_k 与 $\overline{AB}$ 相对应的中心角为 $2\alpha_x$，则变位齿轮跨齿数计算公式为

$$K = \frac{\alpha_x}{180°} + 0.5 \tag{5-43}$$

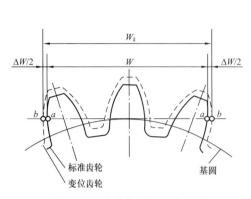

图 5 - 38　变位齿轮公法线长度

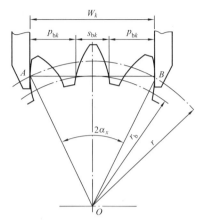

图 5 - 39　变位齿轮跨齿数计算公式

若卡脚与齿廓的切点 A、B 恰好在半径为 $r_x = r + xm$ 的圆周上时，则有

$$\alpha_x = \arccos \frac{r_b}{r_x} = \arccos \frac{z \cos \alpha}{z + 2x}$$

应用式（5‑42）和式（5‑43）计算出的跨齿数，应圆整为整数。

5.14　斜齿圆柱齿轮传动机构

5.14.1　斜齿圆柱齿轮齿廓的形成

斜齿轮齿廓曲面的形成与直齿轮齿廓曲面的形成原理基本相同，如图 5 - 40 所示。发生面与基圆柱相切，且有一条与基圆轴线夹 β_b 角的直线 $\overline{KK}$，当发生面在基圆柱上作纯滚动时，$\overline{KK}$ 线上任一点的轨迹都是渐开线，这些渐开线合并起来形成斜齿轮的齿廓曲面。该曲面不仅与基圆柱的交线 AA 是螺旋线，而且与任一个轴线和基圆柱轴线重合的圆柱面的交线都是螺旋线，所以斜齿轮的齿廓曲面是螺旋渐开面。β_b 称为基圆柱面上的螺旋角。

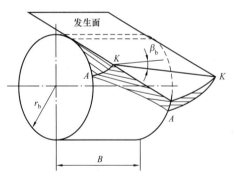

图 5 - 40　斜齿轮渐开面形成

一对互相啮合的斜齿圆柱齿轮，在啮合过程中，从动轮的齿廓顶部开始接触，然后由点接触变成线接触，其接触线由短逐渐变长，再由长变短，最后在从动轮齿廓根部某一点脱离。因此轮齿的载荷也是逐渐由小到大，再由大到小，不像直齿圆柱齿轮，沿整个齿宽突然同时进入啮合和退出啮合，载荷突然加上或卸除。所以斜齿圆柱齿轮传动较圆柱直齿轮传动冲击小、噪声小、平稳性好。

斜齿圆柱齿轮啮合时，齿廓曲面的接触线的斜直线如图 5 - 41（b）所示。而直齿圆柱齿轮啮合时，齿廓曲面的接触线是与轴线平行的，如图 5 - 41（a）所示。

5.14.2　斜齿圆柱齿轮端面、法面参数

在用齿条型刀具加工斜齿轮时，其范成运动如同斜齿轮与直齿条的啮合，加工时刀具沿

着与轴线夹角为 β 的方向进刀，所以，在某个齿的法向上与刀具有相同的模数、压力角等标准参数。

从端面上看，斜齿轮的几何形状与直齿轮一致，故斜齿轮的几何尺寸计算公式按端面进行，也就是斜齿轮按端面参数计算尺寸，由于端面参数不是标准值，标准参数在法面上。为介绍端面上各参数的关系，首先介绍斜齿轮分度圆柱面上的螺旋角（简称螺旋角）β。

如图 5 - 42 所示，将斜齿轮分度圆柱面展成一矩形，矩形宽等于斜齿宽 B，长等于斜齿轮分度圆柱周长 πd，分度圆柱面上的螺旋线展成为一斜直线，该直线与分度圆柱母线的夹角就是分度圆柱上的螺旋角 β。由图 5 - 42（b）可见

$$\tan\beta = \frac{\pi d}{s}$$

式中，s 为螺旋线导程，即沿螺旋线绕分度圆柱一整周时，起始点至终止点间的轴向距离。

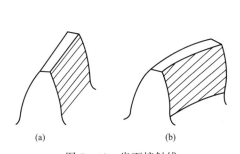

图 5 - 41　齿面接触线

（a）直齿齿面接触线；（b）斜齿齿面接触线

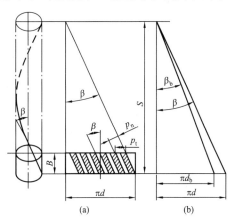

图 5 - 42　斜齿轮的基本参数

显然，基圆柱面上的螺旋角为

$$\tan\beta_b = \frac{\pi d_b}{s}$$

不难看出

$$\frac{\tan\beta}{\tan\beta_b} = \frac{d}{d_b}$$

由式（5 - 5）可得

$$\frac{d}{d_b} = \frac{1}{\cos\alpha_t}$$

α_t 为斜齿轮端面压力角。

故

$$\tan\beta_b = \tan\beta \cdot \cos\alpha_t \qquad (5 - 44)$$

设 α_n、α_t 分别为斜齿轮法面和端面压力角，p_n、p_t 分别为法面和端面的周节，m_n、m_t 为法面和端面模数，h_{an}^*、h_{at}^* 和 c_n^*、c_t^* 分别表示法面和端面的齿顶高系数和径向间隙系数。以下讨论这些参数之间的关系。

1. 模数间的关系

如图 5-42（a）所示，有

$$p_n = p_t \cos\beta$$

将上式两边除以 π，可得

$$m_n = m_t \cos\beta \tag{5-45}$$

2. 压力角间的关系

为了便于分析，现以斜齿条为例加以说明。考虑到斜齿条是斜齿轮的一个特例（当齿数为无穷多），故斜齿条两个压力角的关系必与斜齿轮两个压力角之间的关系一致。

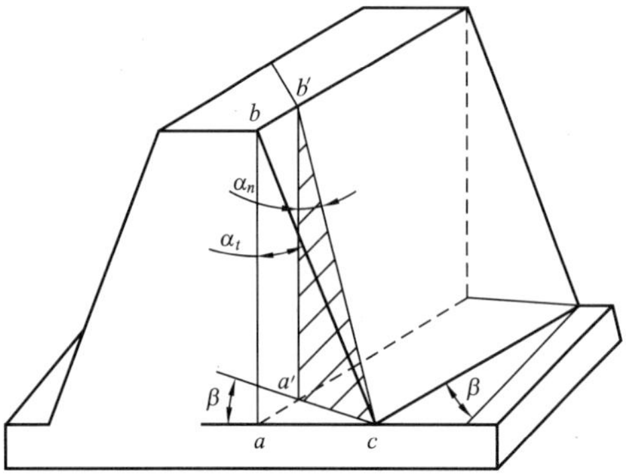

图 5-43 所示为一斜齿条，abc 为端面，$a'b'c$ 为法面。$\angle abc$ 为端面压力角 α_t，$\angle a'b'c$ 为法面压力角 α_n。由于 $\triangle abc$ 与 $\triangle a'b'c$ 的高相等，即为 $ab = a'b'$，于是由几何关系可得

$$\frac{\overline{ac}}{\tan\alpha_t} = \frac{\overline{a'c}}{\tan\alpha_n}$$

在 $\triangle aa'c$ 中，$\overline{a'c} = \overline{ac}\cos\beta$，故有

$$\tan\alpha_n = \tan\alpha_t \cos\beta \tag{5-46}$$

图 5-43　斜齿条压力角

3. 齿顶高系数间的关系

由于斜齿轮轮齿在不同的剖面上齿高不变，所以有

$$h_a = h_{an}^* m_n = h_{at}^* m_t$$

则

$$h_{an}^* = \frac{h_{at}^*}{\cos\beta} \tag{5-47}$$

4. 径向间隙系数之间的关系

与齿顶高系数类似，有

$$c = c_n^* m_n = c_t^* m_t$$

则

$$c_n^* = \frac{c_t^*}{\cos\beta} \tag{5-48}$$

5. 变位系数间的关系

同理，有

$$x = x_n m_n = x_t m_t$$

则

$$x_n = \frac{x_t}{\cos\beta} \tag{5-49}$$

5.14.3　斜齿圆柱齿轮的几何尺寸计算

斜齿圆柱齿轮的参数及几何尺寸计算公式见表 5-8，表中的重叠系数等将在以后各节中讨论。

表 5 - 8　　　　　　　　　　斜齿圆柱齿轮的参数及几何尺寸的计算公式

名　称	符号	计算公式	名　称	符号	计算公式
螺旋角	β	（一般取 8°～20°）	法面基圆齿距	p_{bn}	$p_{bn}=p_n\cos\alpha_n$
基圆柱螺旋角	β_b	$\tan\beta_b=\tan\beta\cos\alpha_t$	法面齿顶高系数	h_{an}^*	$h_{an}^*=1$
法面模数	m_n	（按表 5 - 1 取标准值）	法面顶隙系数	c_n^*	$c_n^*=0.25$
端面模数	m_t	$m_t=m_n/\cos\beta$	分度圆直径	d	$d=zm_t=zm_n/\cos\beta$
法向压力角	α_n	$\alpha_n=20°$	基圆直径	d_b	$d_b=d\cos\alpha_t$
端面压力角	α_t	$\tan\alpha_t=\tan\alpha_n/\cos\beta$	最少齿数	z_{min}	$z_{min}=z_{vmin}\cos^3\beta$
法面齿距	p_n	$p_n=\pi m_n$	端面变位系数	x_t	$x_t=x_n\cos\beta$
端面齿距	p_t	$p_t=\pi m_t=p_n/\cos\beta$	齿顶高	h_a	$h_a=m_n(h_{an}^*+x_n)$
齿根高	h_f	$h_f=m_n(h_{an}^*+c_n^*-x_n)$	法面齿厚	s_n	$s_n=(\pi/2+2x_n\tan\alpha_n)m_n$
齿顶圆直径	d_a	$d_a=d+2h_a$	端面齿厚	s_t	$s_t=(\pi/2+2x_t\tan\alpha_t)m_t$
齿根圆直径	d_f	$d_f=d-2h_f$	当量齿数	z_v	$z_v=z/\cos^3\beta$

注　1. m_t 应计算到小数后第四位，其余长度尺寸应计算到小数后三位。

　　2. 螺旋角 β 的计算应精确到 ××°××′××″。

5.14.4　斜齿圆柱齿轮传动正确啮合的搭配条件

一对斜齿圆柱齿轮传动正确啮合的搭配条件是，除两轮的模数与压力角应分别相等外，它们的螺旋角还必须相匹配。故一对斜齿轮正确啮合的搭配条件如下所述：

（1）为了使两斜齿轮传动时，其相互啮合的两齿廓曲面相切，则两轮螺旋角应满足以下条件：

外啮合，分度圆柱上螺旋角大小相等、方向相反，一个是右旋，另一个是左旋。即

$$\beta_1=-\beta_2 \tag{5-50}$$

内啮合，分度圆柱上螺旋角大小相等、方向相同，同为右旋或左旋。即

$$\beta_1=\beta_2 \tag{5-51}$$

（2）一对斜齿轮传动，其啮合面是斜齿轮的法面，故两轮法面上基节应相等，反映在基本参数上，也就是说斜齿轮传动的法面模数和法面压力角应相等。即

$$\left.\begin{array}{r}m_{n1}=m_{n2}=m\\ \alpha_{n1}=\alpha_{n2}=\alpha\end{array}\right\} \tag{5-52}$$

由端面与法面参数的关系，可以推得

$$\left.\begin{array}{r}m_{t1}=m_{t2}\\ \alpha_{t1}=\alpha_{t2}\end{array}\right\}$$

5.14.5　斜齿圆柱齿轮传动的重叠系数

图 5 - 44 所示为两个端面参数完全相同的直齿和斜齿圆柱齿轮分度圆柱展开图。直线 B_2B_2、B_1B_1 分别表示在啮合面内一对齿轮进入啮合和脱离啮合的位置。

当斜齿轮的前端面齿廓进入和脱离啮合时，与一对直齿轮啮合过程完全相同，但由于斜齿轮的轮齿与基圆轴线不平行，所以整个齿宽不是同时进入啮合，而是先由一个端面的一端进入啮合。随着齿轮的传动，沿齿宽方向逐渐进入啮合，直到全部齿宽进入啮合。脱离啮合时情况也是同样。当齿轮前端面齿廓达到 B_1 点，开始脱离啮合，沿齿廓的其他部分仍在啮

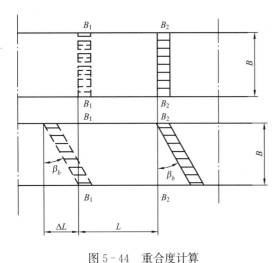

图 5-44　重合度计算

合中，直到后端面齿廓到达 B_1 点，啮合轮齿才全部脱离。可见，斜齿轮的实际啮合区比直齿轮增大了 $\Delta L = B \cdot \tan\beta_b$，故斜齿轮的重叠系数应为

$$\varepsilon = \frac{\overline{B_2 B_1}}{p_{bt}} + \frac{\Delta L}{p_{bt}} = \varepsilon_a + \varepsilon_\beta \qquad (5-53)$$

式中，ε_a 是根据端面参数如同直齿轮传动那样求得的重叠系数，称为端面重叠系数。

$$\varepsilon_a = \frac{1}{2\pi}\Big[z_1(\tan\alpha_{at1} - \tan\alpha_t') + z_2(\tan\alpha_{at2} - \tan\alpha_t')\Big]$$

式中，α_{at1}、α_{at2}——两轮齿顶圆压力角；

α_t'——端面啮合角。

ε_β 是由于轮齿的倾斜和轮齿的轴向宽度而使斜齿轮传动增加了的一部分，称为轴面重叠系数，即

$$\varepsilon_\beta = \frac{B\tan\beta\cos\alpha_t}{p_t\cos\alpha_t} = \frac{B\tan\beta}{\dfrac{p_n}{\cos\beta}} = \frac{B\sin\beta}{\pi m_n} \qquad (5-54)$$

可见，斜齿轮传动重叠系数随齿宽 B 和螺旋角 β 的增加而增大，但随着螺旋角的增大，传动中引起的轴向力也相应增大。通常斜齿轮分度圆螺旋角取 $\beta = 8° \sim 15°$，齿宽取 $B \geqslant 0.9\dfrac{\pi m_n}{\sin\beta}$。

5.14.6　斜齿圆柱齿轮的法面齿形与当量齿数

由于加工斜齿圆柱齿轮时，刀具是沿齿向方向进刀的，故齿轮的法面齿形与刀具的齿形相当，所以需要对法面齿形加以研究。

如图 5-45 所示，过斜齿轮分度圆螺旋线上的一点 C 沿轮齿法线方向将齿轮切开，得一椭圆形剖面。在此剖面上，点 C 附近的齿形可以认为是斜齿轮的法面齿形。在椭圆其他地方，由于截面不垂直于螺旋线，故切出的齿形不是法面齿形。若椭圆在点 C 处的曲率半径为 ρ，设以此法面齿形为齿形的齿轮分度圆半径为 r_v，故 $r_v = \rho$，以法面模数为 m_n、法面压力角 α_n 作为齿形参数，便构成了一个直齿圆柱齿轮，齿数为 z_v。这个直齿圆柱齿轮称为该斜齿轮的当量齿轮，其齿数称为斜齿轮齿数的当量齿数。由椭圆的曲率半径计算公式可得

$$\rho = r_v = \frac{a^2}{b}$$

式中，b 为椭圆短轴，即 $b = r = \dfrac{m_t z}{2} = \dfrac{m_n z}{2\cos\beta}$；$a$ 为椭圆长轴，即 $a = \dfrac{r}{\cos\beta}$，而当两齿轮的分度圆半径 $r_v = \dfrac{m_n z_v}{2}$ 时，将以上各部分代入上式可得

$$\frac{m_n z_v}{2} = \frac{m_n z}{2\cos\beta}/\cos^2\beta$$

所以，当量齿数为

$$z_v = \frac{z}{\cos^3 \beta} \qquad (5-55)$$

当量齿数不仅可以在计算斜齿轮齿根弯曲强度和选择变位系数时应用，而且在加工斜齿轮时铣刀刀号也应按式（5-55）算出的当量齿数来选取。

5.14.7 斜齿圆柱齿轮传动的特点与人字齿轮

（1）一对标准斜齿圆柱齿轮传动的中心距为

$$a = \frac{d_{t1} + d_{t2}}{2} = \frac{m_n}{2\cos\beta}(z_1 + z_2)$$

显然，可以通过调整分度圆上的螺旋角 β 来凑中心距，以满足实际装配要求。

（2）用齿条型刀具加工斜齿轮时，斜齿圆柱齿轮的最少齿数为

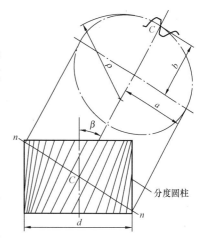

·图 5-45 当量齿轮

$$z_{\min} = \frac{2h_{at}^*}{\sin^2 \alpha_t}$$

当 $\alpha_n = \alpha = 20°$，$h_{an}^* = h_a^* = 1$ 时，标准斜齿轮不发生根切的最少齿数近似等于 $12(z_{\min} = 11.538)$，比直齿轮少，因此，传动结构更加紧凑。

（3）斜齿与直齿圆柱齿轮比较，冲击小、噪声小，重叠系数较大，承载能力有所提高。

（4）由于斜齿轮传动中，位于同一圆柱面上齿廓各点不同时参加啮合，故可以减轻制造误差对传动的影响。

（5）一对斜齿轮在传动中，将产生轴向力，如图 5-46 所示。轴向力随螺旋角的增加而增大，过大的轴向力对轴承装置的结构提出了较高的要求，因此，一般取 $\beta = 8°\sim 15°$。

在大功率传动中，为克服轴向力，可采用人字齿圆柱齿轮传动。

人字齿圆柱齿轮实际上相当于两个装配成一体的螺旋角大小相等、旋向相反的同参数斜齿圆柱齿轮。使轴向力互相抵消，这样，人字齿圆柱齿轮的螺旋角 β 就可以极大增加。一般取 $\beta = 25°\sim 40°$，而常取 $\beta = 30°$ 左右，如图 5-47 所示。

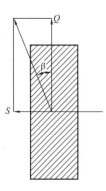

图 5-46 轴向力

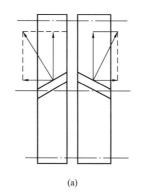

(a)

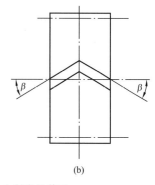

(b)

图 5-47 人字齿轮传动

(a) 带退刀槽；(b) 不带退刀槽

【例 5-6】 已知有一对齿轮齿数 $z_1 = 15$，$z_2 = 30$，模数 $m = 4mm$，压力角 $\alpha = 20°$，正

常齿制，中心距 $a=100\text{mm}$，试问：

（1）能否设计一对外啮合标准斜齿圆柱齿轮来满足中心距要求？如可以则确定其分度圆上螺旋角 β 的值。

（2）其节圆半径 r_1'、r_2' 为多大？

（3）范成法切制小齿轮时会不会发生根切现象？并述理由。

解　（1）直齿标准圆柱齿轮中心距

$$a_{直}=m(z_1+z_2)/2=4\times(15+30)/2=90\text{mm}<a=100\text{mm}$$

所以可以用一对标准斜齿圆柱齿轮来凑中心距。即

$$a=\frac{m_n(z_1+z_2)}{2\cos\beta}$$

$$\cos\beta=\frac{m_n(z_1+z_2)}{2a}=\frac{4\times(15+30)}{2\times100}=0.9$$

$$\beta=25.841933=25°50'30.96''$$

（2）$r_1'=\dfrac{a}{1+i_{12}}=\dfrac{100}{1+2}=33.33\text{mm}$；$r_2'=a-r_1'=66.67\text{mm}$

（或 $r_1'=r_1=\dfrac{m_n z_1}{2\cos\beta}=\dfrac{4\times15}{2\times0.9}=33.33\text{mm}$）

（3）由当量齿数 $z_v=z_1/\cos^3\beta=15/(0.9)^3=20.6>17=z_{\min}$

所以不会根切。

或 $Z_{\min}=\dfrac{2h_{at}^*}{\sin^2\alpha_t}=\dfrac{2h_{an}^*\cos\beta}{\sin^2\left(\text{arctg}\dfrac{\tan\alpha_n}{\cos\beta}\right)}=12.83$

$z_1=15>z_{\min}$

所以不会根切。

【例 5-7】　设有一对外啮合斜齿圆柱齿轮，已知 $i_{12}=2$，$m_n=2\text{mm}$，$\alpha_n=20°$，$h_{an}^*=1$，$\beta=20°$。求：

（1）两轮均不发生根切现象时的最小齿数 z_1、z_2；

（2）这时的中心距 a；

（3）如中心距 $a=50\text{mm}$，拟用改变螺旋角 β 来凑中心距，这时 $\beta=$？

解　（1）$z_{1\min}=\dfrac{2h_{an}^*\cos\beta}{\sin^2\left(\text{arctg}\dfrac{\tan\alpha_n}{\cos\beta}\right)}=\dfrac{2\times1\times\cos20°}{\sin^2\left(\text{arctg}\dfrac{\tan20°}{\cos20°}\right)}=14.40$

取 $z_1=15$；则 $z_2=i_{12}z_1=2\times15=30$

（2）$a=\dfrac{m_n(z_1+z_2)}{2\cos\beta}=\dfrac{2\times(15+30)}{2\times\cos20°}=47.888\text{mm}$

（3）$\cos\beta=\dfrac{m_n(z_1+z_2)}{2a}=\dfrac{2\times(15+30)}{2\times50}=0.9$

$\beta=25.841933°$

*【例 5-8】　设计一对斜齿轮，设齿宽 $B=20\text{mm}$，螺旋角 $\beta_1=-\beta_2=30°$，$z_1=8$，$z_2=50$，$m_n=2\text{mm}$，$\alpha_n=20°$，$h_{an}^*=1$，$c_n^*=0.25$。

解 首先求端面参数：

端面模数为

$$m_t = \frac{m_n}{\cos\beta} = \frac{2}{\cos 30°} = 2.309\ 40\ (\text{mm})$$

端面压力角为

$$\alpha_t = \arctan\left(\frac{\tan\alpha_n}{\cos\beta}\right) = \arctan\left(\frac{\tan 20°}{\cos 30°}\right) = 22.795\ 88°$$

端面齿顶高系数和径向间隙系数为

$$h_{at}^* = h_{an}^* \cos\beta = 1 \times \cos 30° = 0.866\ 025\ 4$$

$$c_t^* = c_n^* \cos\beta = 0.25 \times \cos 30° = 0.216\ 506\ 4$$

标准斜齿轮的最小齿数为

$$z_{\min} = \frac{2h_{at}^*}{\sin^2\alpha_t} = \frac{2 \times 0.866\ 025\ 4}{\sin^2 22.795\ 88°} = 11.538$$

齿轮 1 的端面最小变位系数为

$$x_{\min t1} = h_{at}^* \frac{z_{\min} - z_1}{z_{\min}} = 0.866\ 025\ 4 \times \frac{11.538 - 8}{11.538} = 0.306\ 64$$

取 $x_{t1} = 0.31$，$x_{t2} = 0$，则端面啮合角 α_t' 为

$$\begin{aligned}
\text{inv}\alpha_t' &= \frac{2(x_{t1} + x_{t2})\tan\alpha_t}{z_1 + z_2} + \text{inv}\alpha_t \\
&= \frac{2 \times 0.31 \times \tan 22.795\ 88°}{8 + 50} + \text{inv}22.795\ 88° \\
&= 0.026\ 906\ 13
\end{aligned}$$

查表得 $\alpha_t' = 24.159\ 63°$。

中心距 a 为

$$a = \frac{m_t(z_1 + z_2)}{2} \frac{\cos\alpha_t}{\cos\alpha_t'} = \frac{2.309\ 40 \times (8 + 50)}{2} \times \frac{\cos 22.795\ 88°}{\cos 24.159\ 63°} = 67.669\ (\text{mm})$$

端面中心距变动系数 y_t 为

$$\begin{aligned}
y_t &- \frac{z_1 + z_2}{2}\left(\frac{\cos\alpha_t}{\cos\alpha_t'} - 1\right) \\
&= \frac{8 + 50}{2} \times \left(\frac{\cos 22.795\ 88°}{\cos 24.159\ 63°} - 1\right) = 0.301\ 39
\end{aligned}$$

齿顶高变动系数 σ_t 为

$$\sigma_t = x_{t1} + x_{t2} - y_t = 0.31 - 0.301\ 39 = 0.008\ 61$$

两轮分度圆直径为

$$d_1 = m_t z_1 = 2.3094 \times 8 = 18.475\ (\text{mm})$$

$$d_2 = m_t z_2 = 2.3094 \times 50 = 115.47\ (\text{mm})$$

齿顶圆直径为

$$d_{a1} = m_t(z_1 + 2h_{at}^* + 2x_{t1} - 2\sigma_t)$$

$$= 2.309\,4(8 + 2 \times 0.866\,025\,4 + 2 \times 0.31 - 2 \times 0.008\,61)$$

$$= 23.867\,26 \ (\text{mm})$$

$$d_{a2} = m_t(z_2 + 2h_{at}^* + 2x_{t2} - 2\sigma_t)$$

$$= 2.309\,4(50 + 2 \times 0.866\,025\,4 + 0 - 2 \times 0.008\,61) = 119.43 \ (\text{mm})$$

两齿轮的基圆直径为

$$d_{b1} = d_1 \cos\alpha_t = 18.745 \times \cos 22.795\,88° = 17.032 \ (\text{mm})$$

$$d_{b2} = d_2 \cos\alpha_t = 115.47 \times \cos 22.795\,88° = 106.450 \ (\text{mm})$$

校核小齿轮的齿顶厚：

齿轮 1 的齿顶圆压力角为

$$\alpha_{at1} = \arccos\frac{d_{b1}}{d_{a1}} = \arccos\frac{17.032}{23.867} = 44.4697°$$

$$s_{t1} = m_t\left(\frac{\pi}{2} + 2x_{t1}\tan\alpha_t\right)$$

$$= 2.309\,4\left(\frac{\pi}{2} + 2 \times 0.31 \times \tan 22.795\,88°\right) = 4.23 \ (\text{mm})$$

$$s_{at1} = \frac{d_{a1}}{d_1}s_{t1} - d_{b1}(\text{inv}\alpha_{at1} - \text{inv}\alpha_t)$$

$$= \frac{23.867}{18.475} \times 4.23 - 23.867(\text{inv}44.47° - \text{inv}22.795\,88°) = 1.09 \ (\text{mm})$$

齿顶厚大于 $0.4m_t$，故可用。

校验重叠系数：

齿轮 2 的齿顶压力角为

$$\alpha_{at2} = \arccos\frac{d_{b2}}{d_{a2}} = \arccos\frac{106.450}{119.43} = 26.9608°$$

端面重叠系数为

$$\varepsilon_a = \frac{1}{2\pi}\big[z_1(\tan\alpha_{at1} - \tan\alpha_t') + z_2(\tan\alpha_{at2} - \tan\alpha_t')\big]$$

$$= \frac{1}{2\pi}\big[8(\tan 44.4697° - \tan 24.159\,63°) + 50(\tan 26.9608° - \tan 24.159\,63°)\big]$$

$$= 1.149$$

轴面重叠系数为

$$\varepsilon_\beta = \frac{B\sin\beta}{\pi m_n} = \frac{20 \times \sin 30°}{\pi \times 2} = 1.592$$

总重叠系数为

$$\varepsilon = \varepsilon_a + \varepsilon_\beta = 1.149 + 1.592 = 2.741$$

*5.15 螺旋圆柱齿轮传动机构

螺旋齿轮传动用于传递空间交错轴之间的运动［见图 5 - 1（g）］。由于它是点接触啮合，通常用于仪表或载荷不大的辅助传动中。

螺旋圆柱齿轮机构由两个具有不同螺旋角的斜齿圆柱齿轮组成，就单个齿轮而言，其参数和几何尺寸计算与斜齿圆柱齿轮相同，如图 5-48 所示。

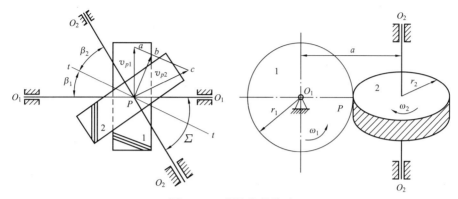

图 5-48　螺旋齿轮传动

5.15.1　几何参数

图 5-48 所示的螺旋齿轮传动中，两轮分度圆柱面相切于 P 点，P 点位于两交错轴的公垂线上，该公垂线的长度就是螺旋圆柱齿轮机构的中心距 a。设两轮分度圆直径分别为 d_1 和 d_2，则有

$$a = \frac{1}{2}(d_1 + d_2) = \frac{1}{2}(m_{t1}z_1 + m_{t2}z_2) = \frac{m_n}{2}\left(\frac{z_1}{\cos\beta_1} + \frac{z_2}{\cos\beta_2}\right) \tag{5-56}$$

过两分度圆柱的切点 P 作两分度圆柱的公切面，则两轮轴线在该平面上投影的夹角称为轴角，记作 Σ。在螺旋齿轮传动中，当两轮的轮齿啮合时两啮合轮齿的齿向必须一致，所以，当两个齿轮的螺旋角方向相同时（图 5-48 中 β_1 和 β_2 均为右旋），得

$$|\Sigma| = |\beta_1| + |\beta_2| \tag{5-57}$$

当两轮螺旋角方向相反时，如图 5-49 所示，有

$$|\Sigma| = |\beta_1| - |\beta_2| \tag{5-58}$$

显然，螺旋齿轮传动两齿轮的螺旋角方向可以相同，也可以相反。其大小可以相等，也可以不等。若两轮的螺旋角大小相等，方向相反，则轴角 $\Sigma = 0$，即为两轴平行，属斜齿轮传动。若 β_2 或 β_1 等于零，则 Σ 等于 β_1 或等于 β_2，可见一个螺旋齿轮可以与一直齿轮相啮合。当 $\beta_1 = \beta_2 = 0$，则 $\Sigma = 0$ 又为一对圆柱直齿轮传动。可见，圆柱直齿轮、斜齿轮均为螺旋齿轮传动的特例。

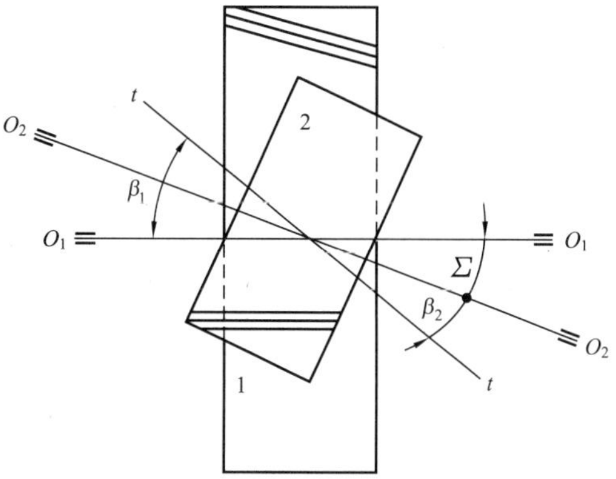

5.15.2　正确啮合的条件

一对螺旋齿轮传动与斜齿轮传动类似，

图 5-49　螺旋角方向相反的螺旋齿轮传动

齿轮在法面啮合，所以两轮的法面模数 m_n 和法面压力角 α_n 应分别相等且为标准值，即

$$m_{n1} = m_{n2} = m$$

$$\alpha_{n1} = \alpha_{n2} = \alpha$$

而

$$m_{n1} = m_{t1}\cos\beta_1$$

$$m_{n2} = m_{t2}\cos\beta_2$$

故

$$\frac{m_{t1}}{m_{t2}} = \frac{\cos\beta_2}{\cos\beta_1} \tag{5-59}$$

同理

$$\frac{\tan\alpha_{t1}}{\tan\alpha_{t2}} = \frac{\cos\beta_2}{\cos\beta_1} \tag{5-60}$$

由于一对螺旋齿轮传动，两轮的螺旋角大小不一定相等，故两轮的端面模数 m_{t1} 与 m_{t2}、端面压力角 α_{t1} 与 α_{t2} 也不一定相等。可以推出其他端面参数（除径向间隙外）也不一定相同。这是螺旋齿轮传动与斜齿轮传动的不同之处。

5.15.3　螺旋齿轮传动的传动比

设两轮齿数分别为 z_1 和 z_2，因为 $z_1 = \dfrac{d_1}{m_{t1}}$，$z_2 = \dfrac{d_2}{m_{t2}}$，

则传动比为

$$i_{12} = \frac{\omega_1}{\omega_2} = \frac{z_2}{z_1} = \frac{d_2\cos\beta_2}{d_1\cos\beta_1}$$

若轴角 $|\Sigma| = |\beta_1| + |\beta_2| = 90°$，上式可写为

$$i_{12} = \frac{d_2}{d_1}\tan\beta_1 = \frac{d_2}{d_1}c\tan\beta_2 \tag{5-61}$$

螺旋齿轮传动的传动比由分度圆直径与螺旋角确定，这是与斜齿轮传动的又一区别。

结合式（5-56）可见，螺旋齿轮传动，可以在传动比不变的条件下通过改变螺旋角的大小来改变两轮分度圆直径的大小，从而满足中心距要求。也可以在中心距不变的条件下，改变两轮的螺旋角大小来得到不同的传动比。

5.16　蜗轮蜗杆传动机构

5.16.1　蜗轮蜗杆的形成

蜗轮蜗杆机构也是一种用于传递交错轴间回转运动的齿轮机构，通常轴交角 Σ 等于 $90°$，且蜗杆为主动件。

在 $\Sigma = 90°$ 的螺旋齿轮机构中，要使传动比 $i_{12} = \dfrac{\omega_1}{\omega_2} = \dfrac{z_2}{z_1} = \dfrac{d_2\cos\beta_2}{d_1\cos\beta_1}$ 很大，则必将轮 1 的螺旋角 β_1 设计得远比轮 2 的螺旋角 β_2 大，轮 1 的分度圆直径 d_1 远比轮 2 的分度圆直径 d_2 小，轮 1 的齿数远少于轮 2 的齿数，这样，轮 1 的轮齿将在其分度圆柱上绕一周以上，形成完整的螺旋齿面，如图 5-50 所示，齿轮 1 形似螺杆，所以称为蜗杆。齿轮 2 的螺旋角 β_2 较小，分度圆半径 r_2 较大，形如一个斜齿轮，称为蜗轮。

这样形成的蜗轮蜗杆传动仍和螺旋齿轮传动一样，相啮合的轮齿仍为点接触，只能传递较小的动力。为了改善接触情况，提高承载能力，采用参数和尺寸与蜗杆相类似的蜗杆滚

刀，按范成原理来切制蜗轮。在切制蜗轮时，刀具与轮坯的相对运动与蜗杆蜗轮啮合时的相对运动完全相同，而且中心距也一样。这样切制出来的蜗轮与蜗杆啮合时，蜗轮沿齿宽方面包在蜗杆的圆柱面上，如图 5-51 所示，蜗轮的顶圆柱面的直母线也加工成弧形。在蜗轮齿宽的范围内，所有垂直于蜗轮轴线的截面内都有一个啮合点，将所有截面内同一齿廓的啮合点连接起来就是蜗轮蜗杆齿轮的接触线。可见，由蜗杆滚刀切制出来的蜗轮与蜗杆啮合时也是线接触。

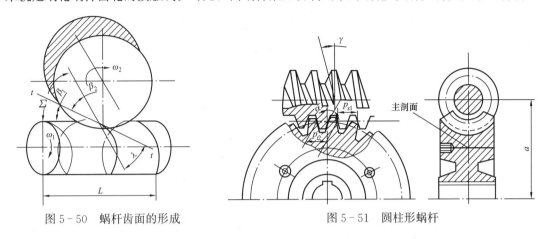

图 5-50　蜗杆齿面的形成　　　　　　图 5-51　圆柱形蜗杆

蜗杆与螺旋相似，有左、右旋之分，在蜗杆上只有一条螺旋线（即蜗杆端面上只有一个齿）称为单头蜗杆，有两条螺旋线的称为双头蜗杆，蜗杆的头数也就是蜗杆的齿数 z_1，一般来说 z_1 的范围为 1～4。

5.16.2　蜗杆的类型

根据蜗杆的形状，蜗杆传动可分为圆柱蜗杆传动，如图 5-52（a）所示；环面蜗杆传动如图 5-52（b）所示；锥面蜗杆传动，如图 5-52（c）所示。圆柱形蜗杆的节圆是圆柱面，圆弧面蜗杆的节圆是以蜗杆的轴线为轴线，以蜗轮分度圆弧为母线得到的回转面。在传动时，圆弧面蜗杆沿其轴向包在蜗轮上。

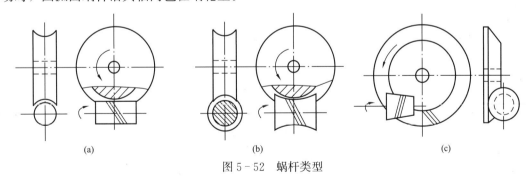

(a)　　　　　　　　　　(b)　　　　　　　　　　(c)

图 5-52　蜗杆类型

（a）圆柱蜗杆传动；（b）环面蜗杆传动；（c）锥面蜗杆传动

圆柱形蜗杆按中心截面的齿廓形状不同又分普通圆柱形蜗杆和圆弧齿蜗杆。普通圆齿形蜗杆可以在车床上加工，由于车刀安装位置不同，通常有三种形状的蜗杆齿螺旋面，即阿基米德蜗杆（见图 5-53）、渐开线蜗杆（见图 5-54）和延伸渐开线蜗杆（见图 5-55）。

阿基米德蜗杆的齿廓曲线是阿基米德螺旋面，这种螺旋面在轴向截面上具有直线齿形，在法向截面上为曲线齿形，在横截面上齿形为阿基米德螺旋线（见图 5-53）。

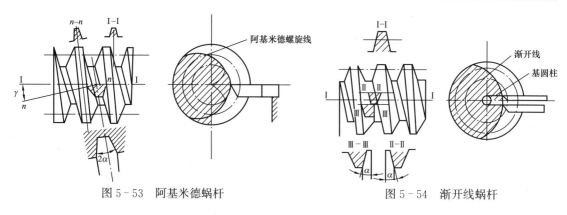

图 5-53 阿基米德蜗杆

图 5-54 渐开线蜗杆

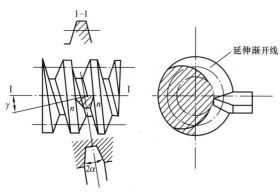

图 5-55 延伸渐开线蜗杆

阿基米德蜗杆制造简便，故应用比较广泛。

5.16.3 蜗杆传动正确啮合的搭配条件

图 5-56 所示为阿基米德蜗杆与蜗轮啮合的情况。若作一垂直于蜗轮曲线并包含蜗杆轴线的剖面，即为中心截面（或称主剖面），在中心截面内蜗杆的轴剖面相当于一齿条，而蜗轮的端面相当于一齿轮。因此蜗轮与蜗杆正确啮合的搭配条件为：在中心截面内两者的模数、压力角应分别相等，即蜗杆轴面模数 m_{a1} 和轴面压力角 α_{a1} 应分别等于蜗轮端面模数 m_{t2} 和端面压力角 α_{t2}，且两者均为标准值。即

$$m_{t2} = m_{a1} = m$$

$$\alpha_{t2} = \alpha_{a1} = \alpha$$

同时还须保证 $\beta_1 + \beta_2 = 90°$。

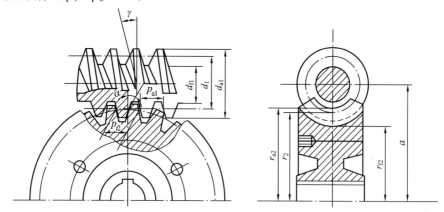

图 5-56 正确啮合条件

5.16.4 蜗杆传动机构的主要参数和几何尺寸的计算

1. 蜗轮分度圆直径、蜗杆特性系数及螺旋升角

蜗轮分度圆直径为

$$d_2 = mz_2$$

如图 5 - 57 所示,将蜗杆分度圆柱展开,螺旋线将展成斜直线,它与蜗杆端面的夹角 λ 称为螺旋升角,由于蜗杆的螺旋角 β_1 是螺旋线展成的斜直线与轴线的夹角,所以螺旋升角 $\lambda = 90° - \beta_1$,而在蜗轮蜗杆传动中 $\beta_1 + \beta_2 = 90°$,故 $\lambda = \beta_2$。由图 5 - 57 可知

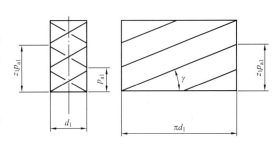

图 5 - 57　蜗杆分度圆柱展开图

$$\tan\lambda = \frac{z_1 p_{a1}}{\pi d_1} = \frac{z_1 m}{d_1} \qquad (5-62)$$

所以得到蜗杆分度圆直径为

$$d_1 = \frac{z_1 m}{\tan\lambda} \qquad (5-63)$$

由于切制蜗轮的蜗杆滚刀要与蜗杆直径相适应,所以滚刀的分度圆直径不仅与模数有关,而且与 z_1 和 λ 有关。这样,对于同一模数和压力角的蜗轮,就要有许多把蜗杆滚刀,以适应不同的 λ 和 z_1 值。为了减少滚刀数量,便于刀具标准化,对于蜗杆分度圆直径 d_1 与模数 m 的比值做了规定。

设

$$q = \frac{z_1}{\tan\lambda} = \frac{d_1}{m}$$

则有

$$d_1 = mq \qquad (5-64)$$

式中, q 为蜗杆特性系数,它是蜗轮蜗杆传动的主要参数之一,其中模数 m 的取值见表 5 - 9,模数 m 和蜗杆直径 d 的匹配国家已有标准,其取值见表 5 - 10,表中摘录的是一部分,设计时可参见机械设计手册。

表 5 - 9　　　　　　　　　　　　　蜗杆模数 m 值　　　　　　　　　　　　　mm

第一系列	1, 1.25, 1.6, 2, 2.5, 3.15, 4, 5, 6.3, 8, 10, 12.5, 16, 20, 25, 31.5, 40
第二系列	1.5, 3, 3.5, 4.5, 5.5, 6, 7, 12, 14

注　摘自 GB/T 10088—1988,优先采用第一系列。

表 5 - 10　　　　　　　　　蜗杆分度圆直径与其模数的匹配标准系列　　　　　　　　　mm

m	d_1	m	d_1	m	d_1	m	d_1
1	18		(18)		28	3.15	(45)
1.25	20	2	22.4	2.5	(35.5)		56
	22.4		(28)		45		(31.5)
1.6	20		35.5		(28)	4	40
	28	2.5	(22.4)	3.15	35.5		(50)

m	d_1	m	d_1	m	d_1	m	d_1
4	71	5	90	6.3	112	8	140
	(40)		(50)		(63)		(71)
5	50	6.3	63	8	80	10	90
	(63)		(80)		(100)		...

注　摘自 GB/T 10088—1988，括号中的数字尽可能不采用。

由式（5-64）可知，当 m 值一定时，q 值与 d_1 成正比；当 q 值增大时，d_1 相应增大，使蜗杆刚度增大，但螺旋升角 λ 却随之减小，使其效率降低，故在设计中应根据需要进行综合考虑。

2. 阿基米德蜗轮蜗杆机构的几何尺寸

标准中心距为

$$a = \frac{1}{2}m(q + z_2) \qquad (5-65)$$

其他尺寸计算公式见表 5-11。

表 5-11　　　　　　　　　　　阿基米德蜗轮蜗杆机构的几何尺寸计算公式

序号	名　称	符号	公　式	
			蜗　杆	蜗　轮
1	齿顶高	h_a	$h_{a1} = h_a^* m$	$h_{a2} = (h_a^* + x)m$
2	齿根高	h_f	$h_{f1} = (h_a^* + c^*)m$	$h_{f2} = (h_a^* + c^* - x)m$
3	全齿高	h	$h_1 = h_2 = (2h_a^* + c^*)m$	
4	分度圆直径	d	$d_1 = mq$	$d_2 = mz_2$
5	齿顶圆直径	d_a	$d_{a1} = d_1 + 2h_{a1}$	$d_{a2} = d_2 + 2h_{a2}$
6	齿根圆直径	d_f	$d_{f1} = d_1 - 2h_{f1}$	$d_{f2} = d_2 - 2h_{f2}$
7	蜗杆升角	λ	$\lambda = \tan^{-1}(z_1/q)$	
8	蜗轮螺旋角	β_2		$\beta_2 = \lambda$
9	节圆直径	d'	$d_1' = (q + 2x)m$	$d_2' = d_2$
10	中心距	a'	$a' = \dfrac{m}{2}(q + z_2 + 2x)$	

5.16.5　蜗杆传动机构的特点

(1) 传动比大，一般来说 i_{12} 的范围是 7～80，且结构紧凑。

(2) 因啮合时是线接触，且具有螺旋机构特点，故传动平稳、噪声小。

(3) 有自锁性，若取 λ 小于轮齿间的当量摩擦角 ϕ_v，则当蜗轮为主动件时，机构将自锁。自锁蜗轮蜗杆机构常用于起重装置中。

(4) 效率低，一般为 $\eta = 0.7～0.8$，自锁蜗杆 $\eta < 0.5$，且磨损大。

(5) 蜗轮造价较高。为了减摩和耐磨，蜗轮常用青铜制造，材料成本较高。

由上述特点可知：蜗杆传动适用于传动比大，传递功率不大，两轴空间交错的场合。

【例 5-9】　一标准阿基米德蜗轮蜗杆机构，已知传动比 $i_{12} = 18$，蜗杆头数 $z_1 = 2$，模数 $m = 10\text{mm}$，蜗杆特性系数 $q = 8$，试确定该机构的主要尺寸。

解　蜗轮齿数为

$$z_2 = i_{12}z_1 = 18 \times 2 = 36$$

蜗杆螺旋升角为

$$\lambda = \arctan \frac{z_1}{q} = \arctan \frac{2}{8}$$
$$= 14°02'10''$$

其他尺寸：
中心距为

$$a = \frac{1}{2}(q + z_2)m = \frac{1}{2}(8 + 36) \times 10 = 220 \ (\text{mm})$$

分度圆直径为

$$d_1 = mq = 10 \times 8 = 80 \ (\text{mm})$$
$$d_2 = mz_2 = 10 \times 36 = 360 \ (\text{mm})$$

顶圆直径为

$$d_{a1} = d_1 + 2m = 80 + 2 \times 10 = 100 \ (\text{mm})$$
$$d_{a2} = d_2 + 2m = 360 + 2 \times 10 = 380 \ (\text{mm})$$

根圆直径为

$$d_{f1} = d_1 - 2(h_a^* + c^*)m = d_1 - 2.4m$$
$$= 80 - 2.4 \times 10 = 56 \ (\text{mm})$$
$$d_{f2} = d_2 - 2(h_a^* + c^*)m = d_2 - 2.4m$$
$$= 360 - 2.4 \times 10 = 336 \ (\text{mm})$$

【例 5－10】　已知一阿基米德单头蜗杆与蜗轮啮合传动，其参数为：$z_2 = 40$，$d_2 = 280\text{mm}$，$q = 9$，$a_{t2} = 20°$，$h_a^* = 1$。试求：（1）蜗杆的轴面模数 m_{x1} 和蜗轮的端面模数 m_{t2}；（2）蜗杆的齿距 p_{x1} 和导程 L；（3）蜗杆的分度圆直径 d_1；（4）两轮的中心距 a 及传动比 i_{12}。

解　（1）$m_{t2} = m_{x1} = d_2/z_2 = 280/40 = 7\text{mm}$

（2）$L = p_{x1} = \pi \cdot m_{x1} = \pi \times 7 = 21.99\text{mm}$

（3）$d_1 = qm_{x1} = 9 \times 7 = 63\text{mm}$

（4）$a = 0.5m(q + z_2) = 0.5 \times 7 \times (9 + 40) = 171.5\text{mm}$

$i_{12} = z_2/z_1 = 40/1 = 40$

5.17　圆锥齿轮传动机构

5.17.1　圆锥齿轮的特点、分类和应用

圆锥齿轮机构用于传递相交轴间的回转运动。一对相互啮合的圆锥齿轮传动，如同一对顶点重合且作纯滚动的圆锥摩擦轮传动，圆锥形摩擦轮相当于圆锥齿轮的节圆锥。与圆柱齿轮相似，圆锥齿轮有分度圆锥、顶圆锥和根圆锥。一对标准直齿圆锥齿轮传动，两轮的节圆锥与其分度圆锥重合。

圆锥齿轮的轮齿有直齿、斜齿和曲齿三种，其中直齿圆锥齿轮应用较广泛，由于其轮齿分布在一个截圆锥体上，所以齿厚从圆锥齿轮的大端到小端逐渐变薄。为了计算和测量方便，通常取大端的参数为标准值。

　　按两轮啮合方式不同，圆锥齿轮传动又分为外啮合、内啮合和平面啮合三种，如图 5-58 所示。

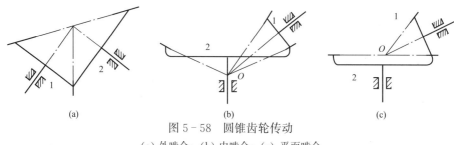

图 5-58　圆锥齿轮传动

(a) 外啮合；(b) 内啮合；(c) 平面啮合

　　一对圆锥齿轮轴线间的轴角 Σ 可以由传动比的要求来确定。在一般机械中，多采用 $\Sigma=90°$ 的传动。

5.17.2　直齿圆锥齿轮的理论齿廓

　　一对圆锥齿轮传动时，其锥顶相交于一点 O，显然在两轮的齿廓上，只有到锥顶 O 为等距离的对应点才能相互啮合，故其共轭齿廓应该为球面曲线。

　　如图 5-59 所示，当发生面在基圆锥上纯滚动时，发生面 S 上过 O 点的直线 OB 在空间形成的轨迹，它是由无数半径不等的球面渐开线组成的球面渐开线曲面，此曲面向圆锥顶点收敛，如图 5-60 所示。

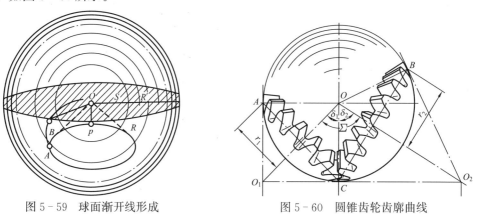

图 5-59　球面渐开线形成　　　　　图 5-60　圆锥齿轮齿廓曲线

5.17.3　实际齿廓与当量齿轮

　　由于球面渐开线无法展成平面，给设计计算带来困难，因此采用背锥齿形代替球面渐开线齿形。

　　图 5-61 表示直齿圆锥齿轮的轴向剖面，$\triangle AOC$、$\triangle aOa$ 和 $\triangle bOb$ 分别为分度圆锥、顶圆锥和根圆锥，圆弧 $\overset{\frown}{ab}$ 为齿轮大端的端面。过分度圆锥上的 C 点作大端球面渐开线的切线 $O'C$，以 $O'C$ 为母线，$O'O$ 为轴线作圆锥，则得到一个母线与分度圆锥母线垂直的圆锥，这个圆锥称为背锥或辅助圆锥。$\triangle AO'C$ 为背锥在锥面上的投影。

　　将球面渐开线齿廓向背锥投影，在轴剖面上得 a' 和 b' 点，可见 $\overline{a'b'}$ 与 $\overset{\frown}{ab}$ 相差很小，特别是齿的高度比球面半径小得多时，大端齿形与投影到背锥上的齿形相差就更小。故可把球面渐开线齿廓在背锥上的投影，近似地作为圆锥齿轮的齿廓。

如图 5‑62 所示，将两啮合圆锥齿轮的背锥展成两个半径等于背锥母线长的扇形，若以两扇形的半径为分度圆半径，以圆锥齿轮的大端模数和压力角为标准模数和压力角，按绘制圆柱齿轮齿形的方法绘出扇形齿轮的齿形，则此齿形可近似地视为圆锥齿轮大端的齿形。如将扇形齿轮贴在背锥上，并将齿廓上各点向锥顶 O 点连直线，由这些直线组成的曲面就是圆锥齿轮的实际齿面。而贴在背锥上的扇形齿轮的齿廓，就是圆锥齿轮大端的实际齿廓。

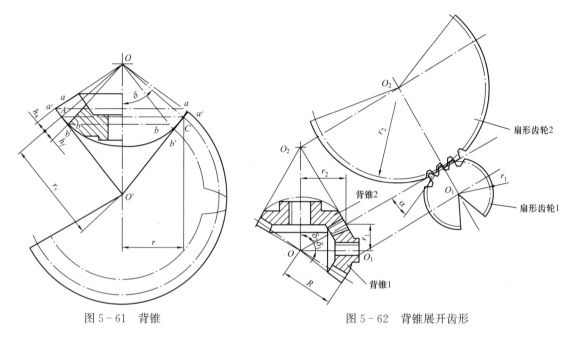

图 5‑61　背锥　　　　　　　　　　　图 5‑62　背锥展开齿形

将扇形齿轮补足为完整的圆柱齿轮，称为圆锥齿轮的当量齿轮。设当量齿轮齿数为 z_v，分度圆半径为 r_v，两圆锥齿轮齿数分别为 z_1 和 z_2，由图 5‑61 可知

$$r_v = \overline{O'C} = \frac{r}{\cos\delta} = \frac{mz}{2\cos\delta}$$

因对当量齿轮而言

$$r_v = \frac{mz_v}{2}$$

所以

$$\left. \begin{array}{l} z_{v1} = \dfrac{z_1}{\cos\delta_1} \\[2mm] z_{v2} = \dfrac{z_2}{\cos\delta_2} \end{array} \right\} \tag{5-66}$$

式中，δ_1、δ_2 分别代表两轮的分度圆锥角。

因 $\cos\delta_1$ 和 $\cos\delta_2$ 恒小于 1，所以，$z_{v1} > z_1$，$z_{v2} > z_2$，且 z_{v1} 和 z_{v2} 不一定是整数。

5.17.4　正确啮合的搭配条件

一对圆锥齿轮的啮合就相当于一对当量齿轮的啮合，故圆锥齿轮正确啮合的搭配条件就是两当量齿轮的模数和压力角分别相等，也就是两圆锥齿轮大端的模数和压力角分别相等，且为标准值。即

$$m_1 = m_2 = m$$
$$\alpha_1 = \alpha_2 = \alpha$$

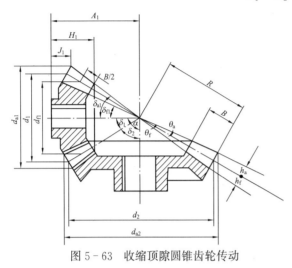

图 5-63 收缩顶隙圆锥齿轮传动

圆锥齿轮的啮合传动，可以通过对其当量齿轮的啮合传动来研究。因此，圆锥齿轮传动研究的一些结论，可以用于直齿圆锥传动。例如，直齿圆锥齿轮传动的重叠系数，可按当量齿轮计算，此处不再赘述。

5.17.5 直齿圆锥齿轮传动的几何参数与尺寸计算

图 5-63 所示为收缩顶隙圆锥齿轮传动，其分度圆锥、顶圆锥和根圆锥交于一点，径向间隙沿齿宽方向不等。其齿顶角和齿根角可按下式计算。

齿顶角为

$$\tan\theta_a = \frac{h_a}{R} \tag{5-67}$$

齿根角为

$$\tan\theta_f = \frac{h_f}{R} \tag{5-68}$$

式中，R 为分度圆锥母线的长度。

在这种传动中，顶锥角为

$$\delta_a = \delta + \theta_a \tag{5-69}$$

根锥角为

$$\delta_f = \delta - \theta_f \tag{5-70}$$

图 5-64 所示为等顶隙圆锥齿轮传动，其分度圆锥与根圆锥相交，顶圆锥母线平行于相配齿轮的齿根圆母线，故其径向间隙沿齿宽方向相等。这种圆锥齿轮的顶锥角 δ_a 为

$$\delta_{a1} = \delta_1 + \theta_{f2}$$
$$\delta_{a2} = \delta_2 + \theta_{f1}$$

其根锥角 δ_f 仍按式（5-70）计算。圆锥齿轮的分度圆直径为

$$\left.\begin{array}{l} d_1 = 2R\sin\delta_1 \\ d_2 = 2R\sin\delta_2 \end{array}\right\}$$

两轮的传动比为

$$i_{12} = \frac{\omega_1}{\omega_2} = \frac{z_2}{z_1} = \frac{d_2}{d_1} = \frac{\sin\delta_2}{\sin\delta_1}$$

当两轮轴间夹角 $\Sigma = 90°$ 时，由于 $\delta_1 + \delta_2 = \Sigma = 90°$，故有

$$i_{12} = c\tan\delta_1 = \tan\delta_2 = \frac{z_2}{z_1}$$

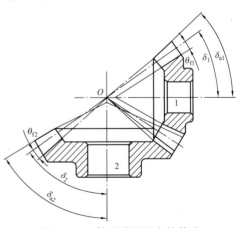

图 5-64 等顶隙圆锥齿轮传动

其他尺寸的计算公式见表 5 - 12。

表 5 - 12　　　　　　　　　标准直齿锥齿轮传动的几何参数及尺寸 ($\Sigma=90°$)

名　称	代　号	计　算　公　式	
		小齿轮	大齿轮
分锥角	δ	$\delta_1=\arctan(z_1/z_2)$	$\delta_2=90°-\delta_1$
齿顶高	h_a	$h_a=h_a^* m=m$	
齿根高	h_f	$h_f=(h_a^*+c^*)m=1.2m$	
分度圆直径	d	$d_1=mz_1$	$d_2=mz_2$
齿顶圆直径	d_a	$d_{a1}=d_1+2h_a\cos\delta_1$	$d_{a2}=d_2+2h_a\cos\delta_2$
齿根圆直径	d_f	$d_{f1}=d_1-2h_f\cos\delta_1$	$d_{f2}=d_2-2h_f\cos\delta_2$
锥距	R	$R=m\sqrt{z_1^2+z_2^2}/2$	
齿顶角	θ_a	$\tan\theta_a=h_a/R$	
齿根角	θ_f	$\tan\theta_f=h_f/R$	
顶锥角	δ_a	$\delta_{a1}=\delta_1+\theta_a$	$\delta_{a2}=\delta_2+\theta_a$
根锥角	δ_f	$\delta_{f1}=\delta_1-\theta_f$	$\delta_{f2}=\delta_2-\theta_f$
顶隙	c	$c=c^* m$（一般取 $c^*=0.2$）	
分度圆齿厚	s	$s=\pi m/2$	
当量齿数	z_v	$z_{v1}=z_1/\cos\delta_1$	$z_{v2}=z_2/\cos\delta_2$
齿宽	B	$B\leqslant R/3$（取整）	

注　1. 当 $m\leqslant 1mm$ 时，$c^*=0.25$，$h_f=1.25m$。

　　2. 各角度计算应精确到 $\times\times°\times\times'$。

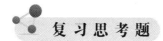

复习思考题

1. 欲使一对齿廓在其啮合过程中保持传动比不变，该对齿廓应符合什么条件？

2. 当一对互相啮合的渐开线齿廓绕各自的基圆圆心转动时，其传动比不变。为什么？

3. 什么是齿轮传动的啮合线？为什么渐开线齿轮的啮合线为直线？

4. 什么叫渐开线齿轮传动的可分性？

5. 什么叫渐开线标准直齿圆柱齿轮？

6. 标准直齿条的特点是什么？

7. 齿轮齿条啮合传动有何特点？

8. 什么叫渐开线齿轮传动的实际啮合线？渐开线直齿轮传动的实际啮合线 $\overline{B_1B_2}$ 是如何确定的？

9. 一对渐开线标准直齿轮的正确啮合条件是什么？若放弃模数和压力角必须取标准值的限制，一对渐开线直齿轮的正确啮合条件是什么？

10. 一对渐开线直齿轮无侧隙啮合的条件是什么？

11. 一对渐开线标准外啮合直齿轮非标准安装时，安装中心距 a' 与标准中心距 a 中哪个大？啮合角 a' 与压力角 a 中哪个大？为什么？

12. 用齿条型刀具展成加工齿轮时，如何加工出渐开线标准直齿轮？

13. 若用齿条形刀具加工的渐开线直齿外齿轮不发生根切，当改用齿轮形刀具加工时会不会发生根切？为什么？

14. 渐开线变位直齿轮与渐开线标准直齿轮相比，哪些参数不变？哪些参数发生变化？

15. 渐开线变位直齿轮传动有哪三种传动类型？区别传动类型的依据是什么？

16. 与直齿圆柱齿轮传动相比较，平行轴斜齿轮的主要优缺点是什么？

17. 平行轴斜齿圆柱齿轮传动的正确啮合条件是什么？

18. 为什么一对平行轴斜齿轮传动的重合度往往比一对直齿轮传动的重合度来得大？

19. 是否可以认为，凡是变位系数 $x=0$ 的齿轮就是标准齿轮？

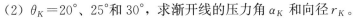

习　题

5-1 在图 5-65 所示的渐开线齿廓中，基圆半径 $r_b=100$mm，试求出：（1）当 $r_K=135$mm 时，渐开线的展角为 θ_K，渐开线压力角 α_K 和渐开线在 K 点的曲率半径为 ρ_K；（2）$\theta_K=20°$、$25°$ 和 $30°$，求渐开线的压力角 α_K 和向径 r_K。

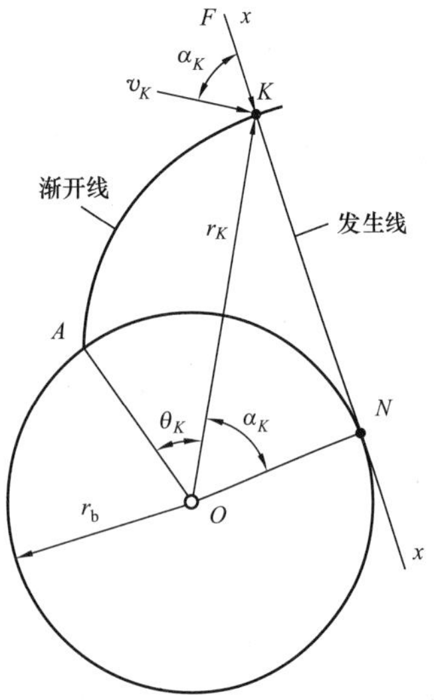

5-2 今测得一渐开线直齿标准齿轮齿顶圆直径 $d_a=110$mm，齿根圆直径 $d_f=87.5$mm，齿数 $z=20$，试确定该齿轮的模数 m，齿顶高系数 h_a^* 和顶隙系数 c^*。

5-3 一压力角 $\alpha=20°$、齿顶高系数 $h_a^*=1$ 的标准直齿圆柱齿轮，当齿根圆与基圆重合时，齿数为多少？当齿数大于所求齿数时，其齿根圆与基圆哪个大？

5-4 有一对渐开线直齿圆柱标准齿轮传动，设计计算得出的标准中心距 $a=100$mm，而实际加工出的齿轮轴孔中心距为 $a'=102$mm，试阐述这对齿轮安装以后其传动比、齿侧间隙、顶隙、啮合角、重合度的变化情况（不必计算）。

5-5 已知一对外啮合标准直齿圆柱齿轮的机构的传动比 $i_{12}=2.5$，$z_1=40$，$h_a^*=1$，$m=10$mm，$\alpha=20°$，试求这对齿轮的主要尺寸。

图 5-65　题 5-1 图

5-6 已知一对外啮合标准安装的标准直齿圆柱齿轮的参数：$z_1=19$，$z_2=42$，$\alpha=20°$，$m=5$mm，$h_a^*=1$，试求实际啮合线长度、基圆周节和重叠系数。

5-7 若将上题的中心距加大，直至刚好连续传动，试求：

(1) 啮合角；

(2) 两轮节圆直径；

(3) 两分度圆之间的距离；

(4) 顶隙和侧隙。

5-8 已知一对外啮合渐开线标准直齿圆柱齿轮，其传动比 $i_{12}=2.4$，模数 $m=5$mm，压力角 $\alpha=20°$，$h_a^*=1$，$c^*=0.25$，中心距 $a=170$mm，试求该对齿轮的齿数 z_1、z_2，分度圆直径 d_1、d_2，齿顶圆直径 d_{a1}、d_{a2}，基圆直径 d_{b1}、d_{b2}。

5-9 图 5-66 所示为用范成法加工齿轮时，被加工齿轮的分度圆与齿条型刀具的相对位置，刀具模数 $m=8$mm，压力角 $\alpha=20°$，图的比例为 $u_L=2\left(\dfrac{\text{mm}}{\text{mm}}\right)$，求：

（1）被加工齿轮的变位系数（有关尺寸可从图中量取）；

（2）判断是否会发生根切。

5 - 10　设有一对外啮合直齿圆柱齿轮，$z_1 = 20$，$z_2 = 31$，模数 $m = 5\text{mm}$，压力角 $\alpha = 20°$ 齿顶高系数 $h_a^* = 1$，试求出其标准中心距 a，当实际中心距 $a' = 130\text{mm}$ 时，其啮合角 α' 为多少？当取啮合角 $\alpha' = 25°$ 时，试计算出该对齿轮的实际中心距 a'。

5 - 11　在图 5 - 67 所示的回归轮系中，已知：$z_1 = 17$，$z_2 = 51$，$m_{12} = 2\text{mm}$；$z_3 = 20$，$z_4 = 34$，$m_{34} = 2.5\text{mm}$；压力角 $\alpha = 20°$。试问有几种传动方案可供选择？哪一种比较合理？

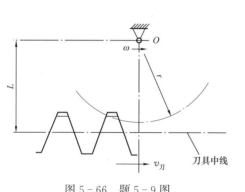

图 5 - 66　题 5 - 9 图

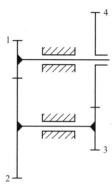

图 5 - 67　题 5 - 11 图

5 - 12　已知一对外啮合变位齿轮传动，$z_1 = z_2 = 12$，$m = 14\text{mm}$，$\alpha = 20°$，试求不产生根切的最小变位系数。

5 - 13　如图 5 - 68 所示，直齿圆柱齿轮传动。已知 $z_1 = 15$，$z_2 = 60$，$z_3 = 62$，$m = 4\text{mm}$，$\alpha = 20°$，$h_a^* = 1$。利用滑移齿轮 1 分别与齿轮 2、3 啮合可实现不同的传动比。

（1）求轮 1 和轮 2 的标准中心距 a_{12} 及轮 1 和轮 3 的标准中心距 a_{13}。

（2）当两轴的实际中心距 $a' = a_{13}$ 时，定性说明设计方案？若齿轮 2 采用标准齿轮，则齿轮 1 和 3 应采用何种变位齿轮，为什么？

5 - 14　有两个 $m = 3\text{mm}$、$\alpha = 20°$、$h_a^* = 1$，$c^* = 0.25$ 的标准齿条，其中线间的距离为 52mm，现欲设计一个齿轮同时带动两齿条，但需作无侧隙传动，而齿轮的轴心 O_1 在两齿条中线间距的中点上（见图 5 - 69）。试问：

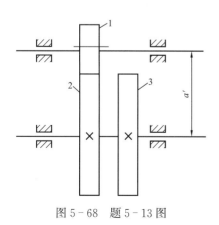

图 5 - 68　题 5 - 13 图

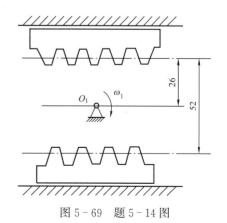

图 5 - 69　题 5 - 14 图

(1) 齿轮是否为标准齿轮？试确定其齿数 z_1、分度圆直径 d_1、齿顶圆直径 d_{a1}、齿根圆直径 d_{f1} 及齿厚 s_1；

(2) 齿条移动的速度 v_2 是否为 $(52/2) \times \omega_1$？为什么？

5-15　已知一对标准斜齿轮圆柱齿轮的参数 $\alpha_n = 20°$，$\beta = 30°$，$B = 30\text{mm}$，$z_1 = 20$，$z_2 = 40$，$m_n = 8\text{mm}$，试求在标准安装下：

(1) p_n 及 p_t；

(2) d_1，d_2，d_{a1}，d_{a2}，d_{f1}，d_{f2}，a；

(3) z_{v1} 及 z_{v2}；

(4) 重叠系数 ε。

5-16　求用一 $\alpha_n = 20°$，$h_{an}^* = 1$ 的滚刀切削 $z = 15$ 的斜齿轮，螺旋角至少要多少才能避免根切。

5-17　已知与一单头蜗杆啮合的蜗轮参数为 $z_2 = 40$，$d_2 = 280\text{mm}$，$q = 9$，$h_a^* = 1$，$\alpha_{t2} = 20°$，求：

(1) 蜗轮的端面模数 m_{t2} 及蜗杆的轴面模数 m_{a1}；

(2) 蜗杆的分度圆直径 d_1；

(3) 中心距 a 及传动比 i_{12}。

5-18　已知一对直齿圆锥齿轮的基本为：$z_1 = 15$，$z_2 = 30$，$m = 10\text{mm}$，$h_a^* = 1$，$c^* = 0.2$，$\Sigma = 90°$，试计算该对圆锥齿轮的基本尺寸，并判断小齿轮 z_1 是否会产生根切。

本章知识点

1. 齿轮机构有哪些类型？

2. 齿轮传动的基本要求是什么？渐开线具有哪些特性？

3. 渐开线齿轮为何能满足齿廓啮合基本定律？

4. 渐开线圆柱齿轮各部分的名称。

5. 渐开线圆柱齿轮的基本参数、渐开线齿轮的基本齿廓。

6. 渐开线标准直齿圆柱齿轮几何尺寸的计算。

7. 渐开线齿轮根切现象产生的原因、渐开线齿轮的变位原理。

8. 具有标准中心距的标准齿轮传动具有哪些特点？

9. 渐开线齿轮的正确啮合和连续传动的条件是什么？

10. 节圆与分度圆，啮合角与压力角有什么区别？

11. 齿轮传动的无侧隙啮合方程。

12. 重合度及重合度的计算、重合度的物理意义及影响因素。

13. 何谓根切？它有何危害？如何避免？

14. 齿轮为什么要变位？何谓最小变位系数？变位系数的最大值也要受到限制吗？

15. 了解渐开线齿轮传动有几种类型？变位齿轮传动有哪些应用？

16. 为什么斜齿轮的标准参数要规定在法面上，而其几何尺寸却要按端面来计算？

17. 什么是斜齿轮的当量齿轮？为什么要提出当量齿轮的概念？

18. 斜齿轮传动具有哪些优缺点？

19. 若齿轮传动的设计中心距不等于标准中心距，可以用哪些方法来满足中心距的要求？

20. 斜齿轮的基本参数有哪些？斜齿轮传动的几何尺寸计算。

21. 斜齿轮传动的正确啮合条件和重合度计算。

22. 了解蜗杆、蜗轮的齿形形成原理与方法。

23. 何谓蜗杆传动的中间平面？

24. 蜗杆传动的正确啮合条件是什么，蜗杆传动可用作增速传动吗？

25. 了解蜗杆传动的优缺点。

26. 什么是直齿圆锥齿轮的背锥和当量齿轮？

27. 了解直齿圆锥齿轮的基本参数和啮合特点。

28. 直齿圆锥齿轮的正确啮合条件是什么？

29. 了解直齿圆锥齿轮的几何尺寸计算。

扫一扫

第5章　知识点
视频资源

第6章 轮系及其设计

本章将在一对齿轮传动的基础上，讨论由各种齿轮机构组合而成的齿轮传动系统。重点讨论定轴轮系、周转轮系、复合轮系的传动比计算，介绍轮系的功用、轮系的效率以及有关行星轮系的设计问题，最后简单介绍一下其他类型的行星轮系。

6.1 概　　述

上一章仅介绍了一对齿轮的啮合传动和几何设计问题。但在实际机械中，一对齿轮组成的齿轮机构往往满足不了不同的工作需求。例如，在机床上需要将电动机的一种转速变为主轴的多种转速；在飞机、船舶上需要把发动机的高速变为螺旋桨的低速；在制氧机上需要将电动机的转速增至空压机的转速；在汽车后轮的传动中，为了根据汽车转弯时道路弯曲的不同程度，将发动机的一种转速分解为后两个轮子的不同转速；在钟表上保持时针、分针和秒针的一定运动关系等。因此，常常需要采用一系列彼此啮合的齿轮所构成的传动系统。这种由一系列齿轮组成的齿轮传动系统称为轮系。一对齿轮传动是最简单的轮系。

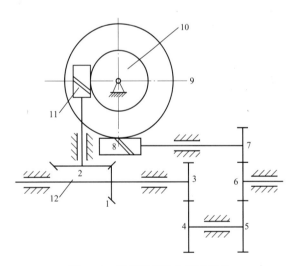

图 6-1　滚齿机工作台传动机构

轮系可以由各种不同类型的齿轮组成，如圆柱齿轮、圆锥齿轮、蜗杆蜗轮等。但根据运动时各齿轮的轴线在空间相对于机架的位置是否固定，可把轮系分为定轴轮系、周转轮系和混合轮系三种类型。

1. 定轴轮系

当轮系运动时，如果各个齿轮的轴线相对于机架的位置都是固定的，则称这种轮系为定轴轮系或普通轮系。图 6-1 所示为一滚齿机工作台传动机构，工作台与蜗轮 9 固联。其所有齿轮的轴线相对于机架位置都是固定的，图中 8 为右旋单头蜗杆，9 为蜗轮，10 为轮坯，11 为单头滚刀，轴 12 直接与电动机相连。

2. 周转轮系

当轮系运转时，如果其中至少有一个齿轮的轴线位置不固定，而是绕另一个齿轮的轴线回转，则称这种轮系为周转轮系，如图 6-2 所示。在此轮系中，外齿轮 1、内齿轮 3 都是绕着固定轴线 O_1O_1 回转的，这样的齿轮称为太阳轮。齿轮 2 一方面绕着自己的轴线 O_2O_2 自转，另一方面又随着构件 H 一起绕固定轴线 O_1O_1 作公转，如同行星运动一样，故齿轮 2 称为行星轮，支持行星轮的构件 H 称为行星架（系杆或转臂）。太阳轮和行星架

均绕固定轴线旋转, 在周转轮
系中, 一般都以太阳轮和行星
架作为系统的输入和输出构
件, 故常称它们为周转轮系的
基本构件。

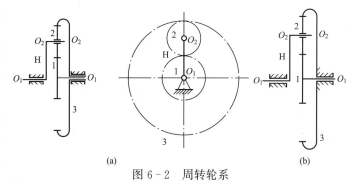

图 6-2 周转轮系

由上述可知, 每个周转轮
系必定具有一个行星架, 具有
一个或几个行星轮以及与行星
轮相啮合的太阳轮。

周转轮系的结构形式很多, 按其组成的基本构件的不同, 可分为两种基本形式。设轮系
中的太阳轮以 K 表示, 行星架用 H 表示。图 6-2 所示的周转轮系是由两个太阳轮和一个行
星架作为基本构件而组成的, 可称为 2K-H 型周转轮系。图 6-3 所示的周转轮系的基本构
件是三个太阳轮 1、3 及 4, 而行星架 H 不承受外力矩, 仅起到支撑行星轮的作用, 可称为
3K 型周转轮系。在实际机械中, 主要采用 2K-H 型周转轮系。此外, 周转轮系按其所具有
的自由度数目的不同, 还可分为两种基本类型: 自由度为 2 的差动轮系和自由度为 1 的行星
轮系。如 6-2 (a) 所示的周转轮系, 其自由度为

$$F = 3n - 2P_{\text{L}} - P_{\text{H}} = 3 \times 4 - 2 \times 4 - 2 = 2$$

上式表明, 若要确定该轮系各构件的运动, 需给定两个原动件, 这种轮系称为差动轮
系。若将图 6-2 (a) 所示周转轮系中的太阳轮 3 加以固定, 如图 6-2 (b) 所示, 那么其
自由度为

$$F = 3n - 2P_{\text{L}} - P_{\text{H}} = 3 \times 3 - 2 \times 3 - 2 = 1$$

上式表明, 若要确定该轮系各构件的运动只需给定一个原动件, 这种轮系称为行星
轮系。

3. 混合轮系

如果在轮系中既含有周转轮系, 又含有定轴轮系, 或含有两个以上的基本周转轮系时,
称这种轮系为混合轮系 (或复合轮系)。如图 6-4 所示的轮系, 是由一定轴轮系和一个行星
轮系构成的混合轮系。

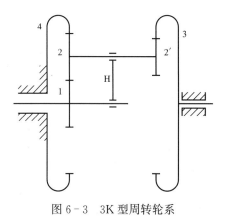

图 6-3 3K 型周转轮系

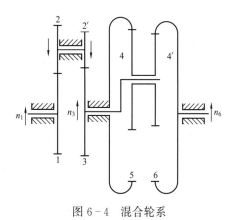

图 6-4 混合轮系

6.2　定轴轮系的传动比

轮系运动分析的主要内容是确定其传动比。所谓轮系传动比，是指轮系中输入轴与输出轴的角速度或转速之比。它包括计算传动比的大小和确定输入轴与输出轴两者转向关系两方面的内容。

如上一章所述，一对齿轮的传动比是指两齿轮的角速度（或转速）之比，等于两齿轮齿数的反比。而由一系列齿轮组成的轮系的传动比，则是指轮系的主动轮和从动轮的角速度或转速之比。确定一个轮系的传动比，包括两项内容：一是计算传动比的大小，二是确定主动轮与从动轮之间的转向关系。传动比用 i 来表示，并在其右下角附注两个角标来表明对应的两轮，例如 i_{12} $=\dfrac{\omega_1}{\omega_2}=\dfrac{n_1}{n_2}$，表示齿轮 1 与齿轮 2 之间的传动比。下面介绍定轴轮系传动比 i 的计算方法。

1. 传动比大小的计算

由前面齿轮机构的知识可知，一对齿轮的传动比大小为

$$i_{12}=\frac{\omega_1}{\omega_2}=\frac{n_1}{n_2}=\frac{z_2}{z_1}$$

单对齿轮的转速方向很容易判别。

对于齿轮传动系统，设输入轴的角速度为 ω_{m}，输出轴的角速度为 ω_{n}，按定义有

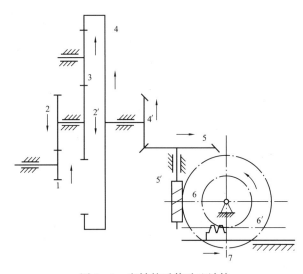

图 6-5　定轴轮系传动比计算

$$i_{\mathrm{mn}}=\frac{\omega_{\mathrm{m}}}{\omega_{\mathrm{n}}}$$

当 $i_{\mathrm{mn}}>1$ 时为减速，$i_{\mathrm{mn}}<1$ 时为增速。下面举一个例子来说明 i_{mn} 的计算方法。

以图 6-5 所示定轴轮系为例。在此轮系中，齿轮 1 和 2、2′ 和 3 均为外啮合圆柱齿轮，齿轮 3 和 4 为内啮合圆柱齿轮，齿轮 4′ 和 5 为圆锥齿轮，5′ 和 6 为蜗轮蜗杆，6′ 和 7 为齿轮齿条。现设齿轮 1 为主动轮，已知各个齿轮的齿数，求传动比 i_{16}。

因为该轮系是由五对齿轮相互啮合组成的，为此，应先求出此轮系中各对啮合齿轮传动比的大小

$$i_{12}=\frac{\omega_1}{\omega_2}=\frac{z_2}{z_1};\quad i_{2'3}=\frac{\omega_{2'}}{\omega_3}=\frac{z_3}{z_{2'}};\quad i_{34}=\frac{\omega_3}{\omega_4}=\frac{z_4}{z_3};\quad i_{4'5}=\frac{\omega_{4'}}{\omega_5}=\frac{z_5}{z_{4'}};\quad i_{5'6}=\frac{\omega_{5'}}{\omega_6}=\frac{z_6}{z_{5'}}$$

由图可见，齿轮 2 和 2′、4 和 4′、5 和 5′ 各为同一构件，所以 $\omega_{2'}=\omega_2$，$\omega_{4'}=\omega_4$，$\omega_{5'}=\omega_5$。主动轮 1 到从动轮 6 之间的传动，是通过上述各对齿轮的依次传动来实现的，那么轮系的传动比一定与组成轮系的各对齿轮的传动比有关。因此，将以上各式两边相乘，得

$$i_{12}i_{2'3}i_{34}i_{4'5}i_{5'6}=\frac{\omega_1}{\omega_2}\frac{\omega_{2'}}{\omega_3}\frac{\omega_3}{\omega_4}\frac{\omega_{4'}}{\omega_5}\frac{\omega_{5'}}{\omega_6}=\frac{\omega_1}{\omega_6}$$

即

$$i_{16} = \frac{\omega_1}{\omega_6} = i_{12} i_{2'3} i_{34} i_{4'5} i_{5'6} = \frac{z_2 z_3 z_4 z_5 z_6}{z_1 z_{2'} z_3 z_{4'} z_{5'}} \qquad (6-1)$$

式（6-1）说明，定轴轮系的传动比为组成轮系的各对齿轮的传动比的连乘积，其大小等于各对啮合齿轮中所有从动轮齿数的连乘积与所有的主动轮齿数的连乘积之比。设定轴轮系中轮 m 为主动轮，n 为从动轮，则可得该两轮传动比大小的一般公式为

$$i_{mn} = \frac{\omega_m}{\omega_n} = \frac{n_m}{n_n} = \frac{\text{所有从动轮齿数的连乘积}}{\text{所有主动轮齿数的连乘积}} \qquad (6-2)$$

2. 首、末轮转向关系的确定

因为角速度是矢量，故传动比计算还包括首末两轮的转向问题。对定轴轮系，其表示方法有以下三种。

（1）完全由平行轴的齿轮组成，用"＋""－"表示。适用于平面定轴轮系，由于所有齿轮轴线平行，故首末两轮转向不是相同就是相反，相同用"＋"表示，相反用"－"表示，如图 6-4 中左边的定轴轮系部分，一对齿轮外啮合时两轮转向相反，用"－"表示；一对齿轮内啮合时两轮转向相同，用"＋"表示。可用此法逐一对各对啮合齿轮进行分析，直至确定首末两轮的转向关系。设轮系中有 k 对外啮合齿轮，则末轮转向为 $(-1)^k$，此时有

$$i_{mn} = (-1)^k \frac{\text{所有从动轮齿数的连乘积}}{\text{所有主动轮齿数的连乘积}}$$

（2）首末两轮轴线平行，中间含有空间齿轮。对此类型轮系，当传动比大小确定后，由于首末两轮轴线平行，它们之间的角速度转向不是相同就是相反，因此，在传动比的计算公式中，仍需要用"＋""－"表示。不过，由于含有空间齿轮，不能用 $(-1)^k$ 来决定方向，只能用画箭头（箭头方向表示齿轮可见侧的圆周速度的方向）的方法在图中示出，任意假设主动轮的转向，根据一对齿轮转向关系箭头的法则，从主动轮开始，按传动的路线逐对判断其转向关系，并用箭头在图上标出，当首末两轮转向一致时，取"＋"；相反时取"－"。

（3）首末两轮轴线不平行。当轮系中首末两轮的轴线不平行时，由于两轴线不在一个平面内运动，它们之间的转向关系不能用"＋、－"号来表示，此时只能用标注箭头的方法在图中示出。

在图 6-5 所示的轮系中，齿轮 3 同时与齿轮 2′和 4 啮合。齿轮 3 对于齿轮 2′是从动轮，而对于齿轮 4 是主动轮。其齿数同时出现在式（6-1）的分子和分母中，所以齿轮 3 的齿数并不影响传动比的大小，而仅仅起到中间过渡改变从动轮转向的作用。轮系中这种只改变输出轴转向、不改变传动比大小的齿轮称为过桥轮或惰轮。

6.3 周转轮系的传动比

由轮系的分类方法可知，周转轮系与定轴轮系的根本区别在于：周转轮系中有行星轮，它装在行星架上，既作自转又作公转。正是由于这个差别，所以周转轮系各构件的传动比就不能直接用求定轴轮系传动比的方法来求得。为了解决周转轮系各构件间传动比的问题，应当设法将其转化为定轴轮系，换句话说，应当设法使行星架不动。根据相对运动原理，假如

给整个周转轮系加一个与系杆 H 的角速度大小相等、方向相反的公共角速度"$-\omega_H$",这个周转轮系中各构件间的相对运动并不改变,但这时行星架的角速度却变为 $\omega_H-\omega_H=0$,行星架"静止不动",这样,原来的周转轮系就变成了定轴轮系。这种转化而来的假想的定轴轮系,叫原来周转轮系的转化轮系或转化机构。

下面以图 6-6 所示的轮系为例,具体说明周转轮系传动比的计算方法。设齿轮 1、2、3 及行星架 H 的角速度分别为 ω_1、ω_2、ω_3 和 ω_H。现在给整个周转轮系加上一个公共角速度"$-\omega_H$",如图 6-7 所示,则各个构件的角速度变化见表 6-1。

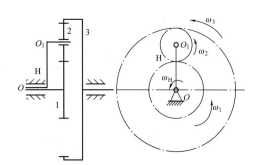

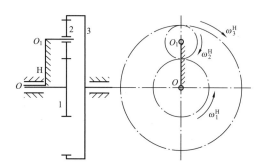

图 6-6   周转轮系中各轮的绝对角速度   图 6-7   转化机构的角速度

表 6-1   各构件的相对角速度

构　件	原来的角速度	转化后轮系的角速度
1	ω_1	$\omega_1^H=\omega_1-\omega_H$
2	ω_2	$\omega_2^H=\omega_2-\omega_H$
3	ω_3	$\omega_3^H=\omega_3-\omega_H$
H	ω_H	$\omega_H^H=\omega_H-\omega_H=0$

既然周转轮系的转化轮系是定轴轮系(见图 6-7),就可以用定轴轮系传动比的计算方法来计算周转轮系中各构件的角速度。因此,该转化轮系的传动比 i_{13}^H 可按求定轴轮系传动比的方法求得,即

$$i_{13}^H=\frac{\omega_1^H}{\omega_3^H}=\frac{\omega_1-\omega_H}{\omega_3-\omega_H}=-\frac{z_2 z_3}{z_1 z_2}=-\frac{z_3}{z_1}$$

式中,齿数比前的"$-$"号表示在转化轮系中齿轮 1 与齿轮 3 转向相反(即 ω_1^H 和 ω_3^H 转向相反)。这个符号在计算时一定不能忘记,因为它直接影响到周转轮系传动比计算结果的正误。

由上式可知,它包含周转轮系中各构件的角速度和各轮齿数之间的关系。由于各轮的齿数在计算轮系的传动比时应是已知的,故在 ω_1、ω_3 及 ω_H 三个参数中,若已知任意两个,就可确定第三个,从而可求出周转轮系中任意两齿轮之间的传动比。传动比的值是正或负,由计算结果确定,不能用画箭头的方法确定。这是周转轮系与定轴轮系的不同点,需要注意。

根据上述原理,不难写出周转轮系传动比计算的一般公式。设周转轮系中的太阳轮分别为 m 和 n,行星架为 H,则两齿轮在转化轮系中的传动比 i_{mn}^H 为

$$i_{mn}^H=\frac{\omega_m^H}{\omega_n^H}=\frac{\omega_m-\omega_H}{\omega_n-\omega_H}=\pm\frac{\text{转化轮系中由 m 至 n 各从动轮齿数的连乘积}}{\text{转化轮系中由 m 至 n 各主动轮齿数的连乘积}} \qquad (6-3)$$

式中有三个参数 ω_m、ω_n 及 ω_H。对于差动轮系,知道其中任意两个即可确定第三个。对于行星

轮系，由于有一个太阳轮是固定的（例如太阳轮 n 固定，则 $\omega_n = 0$），因此剩下的两个参数中仅需知道一个（ω_m 或 ω_H），就可确定另一个。对于行星轮系，式（6-3）可改写成如下形式

$$i_{mn}^{H} = \frac{\omega_m - \omega_H}{\omega_n - \omega_H} = \frac{\omega_m - \omega_H}{-\omega_H} = 1 - \frac{\omega_m}{\omega_H} = 1 - i_{mH}$$

所以

$$i_{mH} = 1 - i_{mn}^{H} \qquad (6-4)$$

应用式（6-4）可以十分方便地求得行星轮系的传动比。此式中的 n 代表固定太阳轮。但应用式（6-3）时必须注意以下四点。

（1）式（6-3）仅适用于转化轮系中齿轮 m、n 和行星架 H 三个构件的轴线平行或重合的情况。

（2）计算时，将 ω_m、ω_n、ω_H 的已知值连同正、负号一并代入公式。当规定某种转向的角速度为"＋"时，则与之相反的就为"－"。

（3）等号右侧"±"号的判断按定轴轮系的计算方法确定。

（4）$i_{mn}^{H} \neq i_{mn}$，因 i_{mn}^{H} 为转化轮系中的齿轮 m、n 的角速度之比（即 ω_m^H / ω_n^H），其大小及正、负应按定轴轮系传动比的方法确定；而 i_{mn} 是周转轮系中齿轮 m、n 的绝对角速度之比（即 ω_m / ω_n），其大小及正、负必须由计算结果确定。

下面举例说明周转轮系传动比的计算方法。

【例 6-1】 图 6-8 所示为一行星减速器，已知各轮齿数为 $z_1 = 99$，$z_2 = 100$，$z_{2'} = 99$，$z_3 = 98$。试求传动比 i_{H1}。

解 该轮系为一行星轮系，其中 $\omega_3 = 0$，根据式（6-3）和式（6-4）可知

$$i_{13}^{H} = \frac{\omega_1^H}{\omega_3^H} = \frac{\omega_1 - \omega_H}{\omega_3 - \omega_H} = (-1)^2 \frac{z_2 z_3}{z_{2'} z_1}$$

$$i_{1H} = \frac{\omega_1}{\omega_H} = 1 - i_{13}^{H} = 1 - \frac{z_2 z_3}{z_{2'} z_1} = 1 - \frac{100 \times 98}{99 \times 99} = \frac{1}{9801}$$

所以

$$i_{H1} = \frac{1}{i_{1H}} = 9801$$

也就是说，当系杆转 9801 转时，轮 1 才转 1 转，且两构件的转向相同。由此可以说明，行星轮系可以用少数几个齿轮获得很大的传动比，这是定轴轮系无法可比的。

【例 6-2】 图 6-9 所示为一个圆锥齿轮组成的差速器，已知各轮齿数为 $z_1 = 96$，$z_2 = 84$，$z_{2'} = 36$，$z_3 = 42$，$n_1 = 100 \text{r/min}$，$n_3 = -80 \text{r/min}$。试求 n_H。

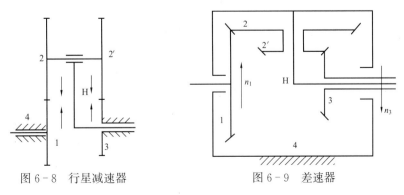

图 6-8 行星减速器　　　　　图 6-9 差速器

解　该轮系为差动轮系，根据式（6-3）有

$$i_{13}^{H}=\frac{n_1-n_H}{n_3-n_H}=\frac{100-n_H}{-80-n_H}=-\frac{z_2 z_3}{z_1 z_{2'}}=-\frac{84 \times 42}{96 \times 36}=-\frac{49}{48}$$

$$n_H=\frac{880}{97}\text{r/min}=9.1\text{r/min}$$

n_H 为正值，表明该周转轮系中，系杆与轮1的转向相同。

对于由圆锥齿轮组成的周转轮系，在计算传动比时应注意下面两点。

（1）转化机构的传动比，大小按定轴轮系传动比公式计算，其正负号则根据在转化机构中用箭头表示的结果来确定。

（2）由于行星轮和基本构件的回转轴线不平行，它们的角速度不能按代数量加减。

6.4　复合轮系的传动比

以上两节，仅研究了单一的定轴轮系和单一的周转轮系。但是在实际机械中，应用更多的是由这两种基本轮系或几个单一的周转轮系适当组合而成的复合轮系（或称混合轮系）。对于这类较复杂的轮系，既不能运用式（6-2）将其视为定轴轮系来计算其传动比，也不能应用式（6-3）将其视为单一的周转轮系来计算其传动比。复合轮系传动比的计算方法是首先分清轮系，分析它由几个基本轮系组成，再用有关公式分别列出传动比计算公式，然后联立求解得出所求的传动比。

关于两个基本轮系传动比的计算方法，前两节已经详细介绍，故复合轮系的传动比计算，关键在于分清轮系，即正确地划分轮系中的定轴轮系部分和周转轮系部分。为了正确进行这种划分，就必须先把其中的周转轮系部分划出。

复合轮系分解的关键是将周转轮系分离出来。因为所有周转轮系分离完成后，复合轮系要么分离完，要么只剩下定轴轮系。找周转轮系的办法是：先找行星轮系，即找出几何轴线不固定的行星轮。当行星轮系找到后，支持行星轮系的支架就是行星架（不一定是简单的杆状），然后顺着行星轮与其他齿轮的啮合关系找到太阳轮。那么每一个行星架，连同行星架上的行星轮和与行星轮相啮合的太阳轮就组成了一个周转轮系。而一个基本周转轮系中至多只有三个中心轮，将这些周转轮系找出后，剩下的就是定轴轮系。

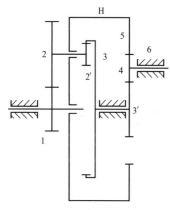

图 6-10　电动卷扬机传动图

计算复合轮系传动比的方法是：

（1）首先将其中基本周转轮系与定轴轮系正确区分开；

（2）分别列出各定轴轮系与各基本周转轮系传动比的方程；

（3）找出各种轮系之间的联系；

（4）联立求解这些方程，即可求得复合轮系的传动比。

下面通过例子来具体说明复合轮系传动比的计算方法和步骤。

【例 6-3】　图 6-10 所示的电动卷扬机的减速器中，已知各轮齿数为 $z_1=12$，$z_2=24$，$z_{2'}=15$，$z_3=45$，$z_{3'}=10$，$z_4=15$，$z_5=40$。试求其传动比 i_{1H}。

解 该混合轮系由齿轮1、2、2′、3、系杆 H 组成的差动轮系和齿轮3′、4、5组成的定轴轮系组成。其中 $\omega_H=\omega_5$，$\omega_3=\omega_{3'}$。

对于定轴轮系

$$i_{3'5}=\frac{\omega_{3'}}{\omega_5}=-\frac{z_5}{z_{3'}}=-\frac{40}{10}=-4$$

对于差动轮系

$$i_{13}^H=\frac{\omega_1-\omega_H}{\omega_3-\omega_H}=-\frac{z_2z_3}{z_1z_{2'}}=-\frac{24\times45}{12\times15}=-6$$

联立解得

$$i_{1H}=\frac{\omega_1}{\omega_H}=31$$

构件 H 的转向和构件 1 的转向相同。

【例6-4】 图6-11所示为龙门刨床工作台的变速机构，J、K 为电磁制动器，已知各轮的齿数，求 J、K 分别刹车时的传动比 i_{1B}。

解 (1)刹住 J 时：

1-2-3 为定轴轮系，5-4-3′-B 为周转轮系，3-3′将两者连接。

定轴部分 $\quad i_{13}=\dfrac{\omega_1}{\omega_3}=-\dfrac{z_3}{z_1}$

周转部分 $\quad i_{3'5}^B=\dfrac{\omega_{3'}-\omega_B}{0-\omega_B}=-\dfrac{z_5}{z_{3'}}$

连接条件 $\quad \omega_3=\omega_{3'}$

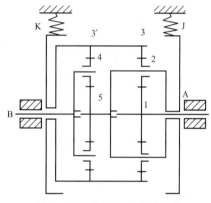

图6-11 龙门刨床变速机构

联立解得 $\quad i_{1B}=\dfrac{\omega_1}{\omega_B}=-\dfrac{z_3}{z_1}\left(1+\dfrac{z_5}{z_{3'}}\right)$

(2)刹住 K 时：

1-2-3-A 为周转轮系，5-4-3′-B 为周转轮系，5-A 将两者连接。

周转轮系1 $\quad i_{13}^A=\dfrac{\omega_1-\omega_A}{0-\omega_A}=-\dfrac{z_3}{z_1}$

周转轮系2 $\quad i_{3'5}^B=\dfrac{\omega_{3'}-\omega_B}{\omega_5-\omega_B}=-\dfrac{z_5}{z_{3'}}$

连接条件 $\quad \omega_5=\omega_A$

联立解得 $\quad i_{1B}=\dfrac{\omega_1}{\omega_B}=\left(1+\dfrac{z_3}{z_1}\right)\left(1+\dfrac{z_{3'}}{z_5}\right)=\dfrac{\omega_1}{\omega_A}\dfrac{\omega_5}{\omega_B}=i_{1A}i_{5B}$

总传动比为两个串联周转轮系的传动比的乘积。

【例6-5】 在如图6-12所示的钟表机构中，S、M 及 H 分别为秒针、分针及时针。已知 $z_1=8$，$z_2=60$，$z_3=8$，$z_5=15$，$z_7=12$，齿轮6与齿轮7的模数相同，试求齿轮4、齿轮6、齿轮8的齿数。

解 此轮系为一定轴轮系。秒针 S 转一圈分针 M 走1min，即1/60圈，所以有

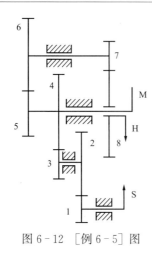

图 6-12　[例 6-5] 图

$$i_{14} = \frac{n_1}{n_4} = \frac{z_2 z_4}{z_1 z_3} = \frac{60 \times z_4}{8 \times 8} = 60$$

解得　　　　　$z_4 = 64$

分针 M 转一圈时针 H 转 1/12 圈，有

$$i_{58} = \frac{n_5}{n_8} = \frac{z_6 z_8}{z_5 z_7} = 12 \qquad (1)$$

啮合齿轮 5、6 的中心距等于啮合齿轮 7、8 的中心距，且齿轮 6 与齿轮 7 模数相同，所以有

$$z_5 + z_6 = z_7 + z_8 \qquad (2)$$

联立式（1）和式（2），得

$$z_6 = 45, \quad z_8 = 48$$

6.5　轮　系　的　功　用

轮系在现代各种机械和仪表中的应用非常广泛，其主要功能可大致分为以下几个方面：

1. 实现两轴间距离较大的传动

当两轴间的距离 L 较大时，如果仅有一对齿轮传动，必定造成齿轮尺寸增大的结果，如图 6-13 中粗点画线所示。这样既占空间，又费材料，而且制造和安装都不方便。若改用轮系传动（图中细点画线所示），则可避免上述缺点。

2. 实现分路传动

当主动轮转速一定时，利用轮系可将主动轮的一种转速传到几根传动轴上，获得所需的各种转速。如图 6-14 所示为某航空发动机附件传动系统的运动简图，它通过定轴轮系将主动轮的运动分成六路传出，带动各附件同时工作。

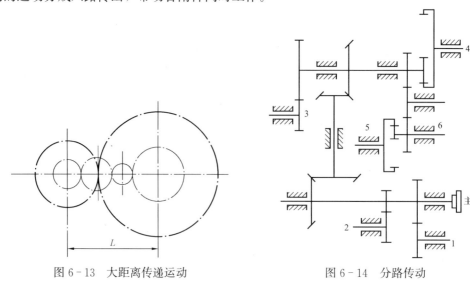

图 6-13　大距离传递运动　　　　　图 6-14　分路传动

3. 获得大传动比和大功率传动

当两轴间需要较大的传动比时，若仅用一对齿轮来实现，两轮的尺寸必然颇为悬殊，势

必增大外廓尺寸，致使结构不太合理，而且小
齿轮也容易损坏。因此，一对齿轮的传动比一
般不大于 8。要获得较大的传动比，可选用定
轴轮系或周转轮系来传动。若采用定轴轮系传
动，只要增加啮合齿轮的对数，它们的传动比
总能达到很大的数值，但是齿轮数量过多地增
加会使机构趋于复杂，所以传动比不应过大。
若采用周转轮系，特别是行星轮系传动，则可
用很少的几个齿轮获得很大的传动比，而且结

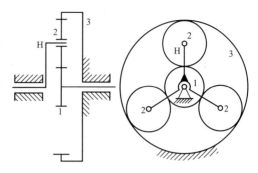

图 6 - 15　多个均布的行星轮

构非常紧凑，如图 6 - 8 所示仅用四个齿轮就获得了 9801 的大传动比。

　　用于动力传动的周转轮系中，采用多个均布的行星轮来同时传动（见图 6 - 15），由多
个行星轮共同承受载荷，既可减小齿轮尺寸，又可使各啮合点处的径向分力和行星轮公转所
产生的离心惯性力得以平衡，减少了主轴承内的作用力，因此传递功率大，同时效率也
较高。

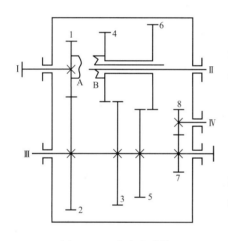

图 6 - 16　汽车变速箱

4. 实现变速、换向传动

　　当主动轴转速和转向不变时，利用轮系可使从动
轴获得不同的转速和转向。汽车、机床、起重设备等
都需要这种变速传动。例如，汽车变速箱可以使行驶
的汽车方便地实现变速和换向倒车。图 6 - 16 所示汽
车变速箱中，牙嵌离合器分为 A、B 两半，其中 A
和齿轮 1 固联在输入轴 I 上，B 和滑移双联齿轮 4、
6 用花键与输出轴 II 相连。齿轮 2、3、5、7 固联在
轴 III 上。齿轮 8 固联在轴 IV 上。按照不同的传动路
线，该变速器可使输出轴得到四挡转速。

　　低速挡（一挡）：离合器 A、B 分离，齿轮 5、6
相啮合，3、4 脱开；

　　中速挡（二挡）：离合器 A、B 分离，齿轮 3、4

相啮合，5、6 脱开；

　　高速挡（三挡）：离合器 A、B 相嵌合，齿轮 3、4 和 5、6 均脱开；

　　倒车挡：离合器 A、B 分离，齿轮 6、8 相啮合，3、4 和 5、6 脱开。

　　此时，由于惰轮 8 的作用，输出轴 II 反转。

　　差动轮系和复合轮系也可以实现变速、换向传动。龙门刨床工作台就是由两个差动轮系
串联构成的换向机构。

5. 实现运动的合成与分解

　　因为差动轮系有两个自由度，所以需要给定三个基本构件中任意两个运动后，第三个构
件的运动才能确定。这就意味着第三个构件的运动为另两个基本构件的运动合成。图 6 - 17
所示的差动轮系就常用于运动的合成，其中 $z_1 = z_3$，则有

$$i_{13}^{H} = \frac{n_1^{H}}{n_3^{H}} = \frac{n_1 - n_H}{n_3 - n_H} = -\frac{z_3}{z_1}$$

所以

$$2n_H = n_1 + n_3$$

当由齿轮 1 及齿轮 3 两轴分别输入被加数和加数的相应转角时，系杆 H 的转角的二倍就是它们的和。这种运动合成被广泛用于机床、计算机和补偿调整等装置中。

同样，利用周转轮系也可以实现运动的分解，即将差动轮系中已知的一个独立运动分解为两个独立的运动。图 6‑18 所示为装在汽车后桥上的差动轮系（称为差速器）。发动机通过传动轴驱动齿轮 5，齿轮 4 上固连着系杆（行星架）H，其上装有行星轮 2。齿轮 1、2、3及系杆 H 组成一差动轮系。在该轮系中，$z_1 = z_3$，$n_H = n_4$，根据式（6‑3）得

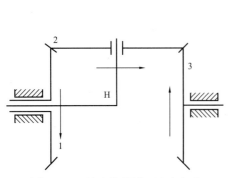

图 6‑17　差动轮系用于运动合成

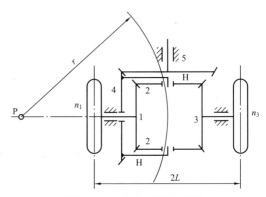

图 6‑18　汽车后桥差速器

$$i_{13}^H = \frac{n_1 - n_4}{n_3 - n_4} = -\frac{z_3}{z_1} = -1$$

$$2n_4 = n_1 + n_3 \qquad\qquad (6\text{-}5)$$

由于差动轮系具有两个自由度，因此，只有圆锥齿轮 5 为主动时，圆锥齿轮 1 和 3 的转速是不能确定的，但 $n_1 + n_3$ 却总为常数。当汽车直线行驶时，由于两个后轮所滚过的距离是相等的，其转速也相等，所以有 $n_1 = n_3$，即 $n_1 = n_3 = n_H = n_4$，行星轮 2 没有自转运动。

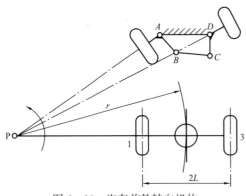

图 6‑19　汽车前轮转向机构

此时，整个轮系形成一个同速转动的整体，一起随轮 4 转动。当汽车转弯时，由于两后轮的转弯半径不相等，则两后轮的转速应不相等（$n_1 \neq n_3$）。在汽车后桥上采用差动轮系，就是为了当汽车沿不同弯道行驶时，在车轮与地面不打滑的条件下，自动改变两后轮的转速。

当汽车左转弯时，汽车的两前轮在转向机构（如图 6‑19 中所示的梯形机构 $ABCD$）的作用下，其轴线与汽车两后轮的轴线汇交于一点 P，这时整个汽车可以看成是绕着 P 点回转。在两后轮与地面不打滑的条件下，其转速应与弯道半径成正比，由图可得

$$\frac{n_1}{n_3} = \frac{r - L}{r + L} \qquad\qquad (6\text{-}6)$$

式中，r 为弯道平均半径；L 为后轮距的一半。

这是一个附加的约束方程。联立式（6-5）和式（6-6），就可求得两后轮的转速分别为

$$n_1 = \frac{r-L}{r}n_4$$

$$n_3 = \frac{r+L}{r}n_4$$

可见，此时行星轮除与系杆 H 一起公转外，还绕系杆 H 作自转，轮 4 的转速 n_4 通过差动轮系分解为 n_1 和 n_3 两个转速，这两个转速随弯道半径的不同而不同。

6.6 行星轮系各轮齿数的确定

为了传递较大的功率以及改善机构的受力情况，行星轮系中一般采用均布的多个行星轮来传动。因此，为了实现这种多行星轮的机构，设计行星轮系时，各轮齿数的选择和行星轮个数的确定必须满足下述四个条件。

（1）保证实现给定的传动比；
（2）保证两个太阳轮和行星架的轴线重合，即满足同心条件；
（3）保证所有的行星轮都能够严格均布地装入两个太阳轮之间，即满足安装条件；
（4）保证各行星轮之间，齿顶不互相干涉，即满足邻接条件。

现以图 6-2（b）所示行星轮为例，进行介绍。

1. 传动比条件
因为

$$i_{1H} = 1 + \frac{z_3}{z_1}$$

所以

$$\frac{z_3}{z_1} = i_{1H} - 1$$

2. 同心条件
根据太阳轮 1、3 及行星架 H 三轴线重合条件，对标准齿轮或变位齿轮传动，可得

$$r_3 = r_1 + 2r_2$$

3. 安装条件
在图 6-20 中，设需在太阳轮 1 和 3 之间均匀装入 k 个行星轮，即相邻两行星轮之间相隔 $\varphi = 2\pi/k$。当第一个行星轮于 O_2 装入后，太阳轮 1 和 3 的相对位置就受到了限制，而不能任意调整。为了在相隔角度 φ 处装入第二个行星轮，假设将太阳轮 3 固定不动，转动太阳轮 1，使第一个行星轮的位置由 O_2 转到 O_2'，且使 $\angle O_2O_1O_2' = \varphi$。此时，太阳轮 1 上的 A 点转到 A' 位置，转过的角度为 θ。由转动关系可知

$$\frac{\theta}{\varphi} = \frac{\omega_1}{\omega_H} = i_{1H} = 1 + \frac{z_3}{z_1}$$

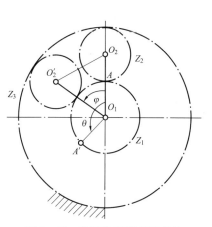

图 6-20 装配条件和邻接条件

即

$$\theta = \left(1 + \frac{z_3}{z_1}\right)\varphi = \left(1 + \frac{z_3}{z_1}\right)\frac{2\pi}{k} \tag{6-7}$$

如果这时太阳轮 1 转过的角度恰好是其齿距角（$2\pi/z_1$）的正整数 N 倍，则有

$$\theta = N\frac{2\pi}{z_1} \tag{6-8}$$

联立式（6-7）和式（6-8）得

$$\frac{z_1 + z_3}{k} = N$$

所以这种行星轮系的安装条件是：两个太阳轮齿数之和能被行星轮数 k 整除。

4. 邻接条件

在图 6-20 中，O_2、O_2' 是相邻两行星轮的位置，为使两行星轮间的齿顶圆不相交，防止其互相干涉和碰撞，要求中心距 O_2O_2' 大于两行星轮顶圆半径之和，即 $O_2O_2' > d_a$（行星齿顶圆直径）。

对于标准齿轮传动，其邻接条件为

$$2(r_1 + r_2)\sin(\pi/k) > 2(r_2 + h_a^* m)$$

或

$$(z_1 + z_2)\sin(\pi/k) > z_2 + 2h_a^*$$

*6.7 行星轮系的效率

在各种机械中由于广泛地采用各种轮系，所以其效率对于这些机械的总效率就具有决定意义。在各种轮系中，定轴轮系效率的计算比较简单，下面只讨论行星轮系效率的计算问题，所使用的方法为转化轮系法。

根据机械效率的定义，对于任何机械来说，如果其输入功率、输出功率和摩擦损失功率分别用 P_d、P_r 和 P_f 表示，则其效率为

$$\eta = P_r/(P_r + P_f) = 1/(1 + P_f/P_r) \tag{6-9}$$

或 $\qquad\qquad \eta = (P_d - P_f)/P_d = 1 - P_f/P_d \tag{6-10}$

对于一个需要计算其效率的机械来说，P_d 和 P_r 中总有一个是已知的，所以只要能求出 P_f 的值，就可以计算出机械的效率 η。

机械中的摩擦损失功率主要取决于各运动副中的作用力、运动副元素间的摩擦系数和相对运动速度的大小。而行星轮系的转化轮系和原行星轮系的上述三个参量除因构件回转的离心惯性力有所不同外，其余均不会改变。因而，行星轮系与其转化轮系中的摩擦损失功率 P_f^H（主要指轮齿啮合损失功率）应相等（即 $P_f = P_f^H$）。下面以图 6-21 所示的 2K-H 型行星轮系为例来加以说明。

在图 6-21 所示的轮系中，设齿轮 1 为主动，作用于其上的转矩为 M_1，齿轮 1 所传递的功率为

$$P_1 = M_1\omega_1 \tag{6-11}$$

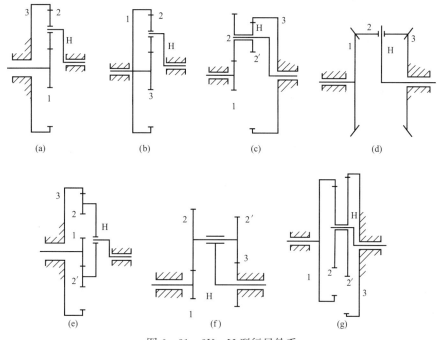

图 6-21　2K-H 型行星轮系

而在转化轮系中轮 1 所传递的功率为

$$P_1^H = M_1(\omega_1 - \omega_H) = P_1(1 - i_{H1}) \tag{6-12}$$

因齿轮 1 在转化轮系中可能为主动或从动，故 P_1^H 可能为正或为负，由于按这两种情况计算所得的转化轮系的损失功率 P_f^H 的值相差不大，为简化计算，取 P_1^H 为绝对值，即

$$P_f^H = |P_1^H|(1 - \eta_{1n}^H) = |P_1(1 - i_{H1})|(1 - \eta_{1n}^H) \tag{6-13}$$

式中，η_{1n}^H 为转化轮系的效率，即把行星轮系视作定轴轮系时由轮 1 到轮 n 的传动总效率。它等于由轮 1 到轮 n 之间各对啮合齿轮传动效率的连乘积。而各对齿轮的传动效率可相应查出。

若在原行星轮系中，轮 1 为主动（或从动），则 P_1 为输入（或输出）功率，由式（6-10）或式（6-9）可得行星轮系的效率分别为

$$\eta_{1H} = (P_1 - P_f)/P_1 = 1 - |1 - 1/i_{1H}|(1 - \eta_{1n}^H) \tag{6-14}$$

$$\eta_{H1} = |P_1|/(|P_1| + P_f) = 1/[1 + |1 - i_{H1}|(1 - \eta_{1n}^H)] \tag{6-15}$$

由式（6-14）和式（6-15）可知，行星轮系的效率是其传动比的函数，其变化曲线如图 6-22 所示，设 $\eta_{1n}^H = 0.95$，实线为 $\eta_{1H}-i_{1H}$ 线图，这时轮 1 为主动。可以看出，当 $i_{1H} \to 0$ 时（即增速比 $|1/i_{1H}|$ 足够大时），效率 $\eta_{1H} \leqslant 0$，轮系将发生自锁。虚线为 $\eta_{H1}-i_{H1}$ 线图，这时行星架 H 为主动。

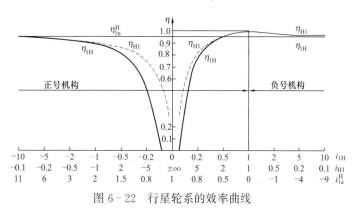

图 6-22　行星轮系的效率曲线

　　图中所注的正号机构和负号机构分别指其转化轮系的传动比 i_{1n}^H 为正号或负号的周转轮系。由图中可以看出，2K-H 型行星轮系负号机构的啮合效率总是比较高的，且高于其转化轮系的效率 η_{1n}^H，故在动力传动中多采用负号机构。图 6-21（a）、（b）、（c）所示的轮系中，η 的范围是 0.97～0.99，而图 6-20（d）所示的轮系中 η 的范围是 0.95～0.96。

*6.8　其他新型行星齿轮传动简介

1. 渐开线少齿差行星齿轮传动

　　图 6-23 所示的行星轮系，当行星轮 1 与内齿轮 2 的齿数差 $\Delta z = z_2 - z_1$ 的范围是 1～4 时，就称为少齿差行星齿轮传动。这种轮系用于减速时，行星架 H 为主动，行星轮 1 为从动。但要输出行星轮的转动，因行星轮有公转，需采用特殊输出装置。目前用得最广泛的是孔销式输出机构。如图 6-24 所示，在行星轮的辐板上沿圆周均布有若干个销孔（图中为六个），而在输出轴圆盘与之半径相同的圆周上则均布有同样数量的圆柱销，这些圆柱销对应地插入行星轮的上述销孔中。设齿轮 1、2 的中心距（即行星架的偏心距）为 a，行星轮上销孔的直径为 d_h，输出轴上销套的外径为 d_s，当这三个尺寸满足关系时见式（6-16），就可以保证销轴和销孔在轮系运转过程中始终保持接触。这时内齿轮的中心 O_2、行星轮的中心 O_1、销孔中心 O_h 和销轴中心 O_s 刚好构成一个平行四边形，因此输出轴将随着行星轮而同步同向转动。

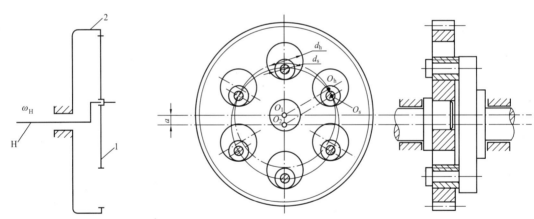

图 6-23　少齿差行星轮系　　　　　图 6-24　K-H-V 型行星轮系

$$d_h = d_s + 2a \tag{6-16}$$

　　在这种少齿差行星齿轮传动中，只有一个太阳轮（用 K 表示），一个行星架（用 H 表示）和一根带输出机构的输出轴（用 V 表示），故称这种轮系为 K-H-V 型行星轮系。其传动比可按式（6-4）计算，即

$$i_{1H} = 1 - i_{12}^H = 1 - \frac{z_2}{z_1}$$

或

$$i_{H1} = -\frac{z_1}{z_2 - z_1} \tag{6-17}$$

　　由式（6-17）可见，如齿数差（$z_2 - z_1$）很少，就可以获得较大的单级减速比，当

$z_2 - z_1 = 1$（即一齿差）时，则 $i_{H1} = -z_1$。

渐开线少齿差行星传动适用于中小型的动力传动（一般≤45kW），其传动效率为0.8～0.94。

2. 摆线针轮传动

如图 6 - 25 所示的摆线针轮传动也为一齿差行星齿轮传动，它和渐开线一齿差行星齿轮传动的主要区别在于其轮齿的齿廓不是渐开线而是摆线。摆线针轮传动由于同时工作的齿数多，传动平稳，承载能力大，传动效率一般在 0.9 以上，传递的功率已达 100kW。摆线针轮传动已有系列商品生产规格，是目前世界各国产量最大的一种减速器，其应用十分广泛。

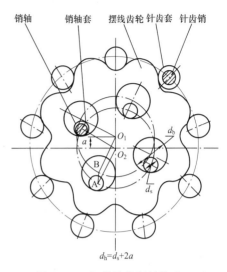

图 6 - 25　摆线针轮行星轮系

3. 谐波齿轮传动

谐波齿轮传动也是利用行星传动原理发展起来的一种新型传动。其主要组成部分如图 6 - 26 所示，H 为波发生器，它相当于行星轮系中的系杆；齿轮 1 为刚轮，其齿数为 z_1，它相当于中心轮；齿轮 2 为柔轮，其齿数为 z_2，可产生较大的弹性变形，它相当于行星轮。系杆 H 的外缘尺寸大于柔轮内孔直径，所以将它装入柔轮内孔后，柔轮即变成椭圆形，椭圆长轴处的轮齿与刚轮相啮合而短轴处的轮齿脱开，其他各点则处于啮合和脱离的过渡状态。由于在传动过程中，柔轮的弹性变形波近似于谐波，故称之为谐波齿轮传动。一般刚轮固定不动，当主动件波发生器 H 回转时，柔轮与刚轮的啮合区也就跟着发生转动。由于柔轮齿数比刚轮少（$z_1 - z_2$）个，所以当波发生器转过一周时，柔轮相对刚轮少啮合（$z_1 - z_2$）个齿，亦即柔轮与原位比较相差（$z_1 - z_2$）个齿距角，从而反转 $\dfrac{z_1 - z_2}{z_2}$ 周，因此得传动比 i_{H2} 为

$$i_{H2} = \frac{n_H}{n_2} = -\frac{1}{(z_1 - z_2)/z_2} = -\frac{z_2}{z_1 - z_2} \tag{6-18}$$

按照波发生器上装的滚轮数不同，可有单波传动、双波传动和三波传动等，图 6 - 26 所示为双波传动示意图，图 6 - 27 为三波传动示意图，而最常用的则是双波传动。

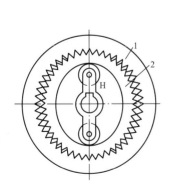
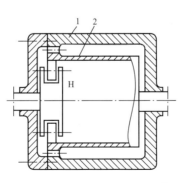
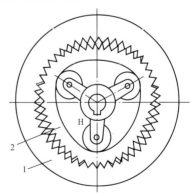

图 6 - 26　谐波齿轮传动　　　　　　　　图 6 - 27　三波谐齿传动

谐波传动的齿数差应等于波数或波数的整数倍。

为了实际加工的方便，谐波齿轮的齿形多采用渐开线。

谐波齿轮传动的优点是：单级传动比大且范围宽；同时啮合的齿数多，承载能力高；传动平稳，传动精度高，磨损小；在大的传动比下，仍有较高的传动效率；零件数少，重量轻，结构紧凑；具有通过密封壁传递运动的能力等。其缺点是：起动力矩较大，且速比越小越严重；柔轮易发生疲劳破坏；啮合刚度较差；装置发热较大等。

谐波齿轮传动发展迅速，应用广泛，其传递功率可达数十千瓦，负载转矩可达到数万牛·米，传动精度已达几秒量级。

复习思考题

1. 何谓定轴轮系？何谓周转轮系？它们的本质区别何在？

2. 定轴轮系传动比如何计算？传动比的符号表示什么意义？如何确定轮系的转向关系？

3. 何谓惰轮？它在轮系中有何作用？

4. 行星轮系和差动轮系有何区别？

5. 何谓转化轮系？为什么要引入转化轮系？

6. 在给定轴轮系主动轮的转向后，可用什么方法来确定定轴轮系从动件的转向？周转轮系中主、从动件的转向关系又用什么方法来确定？

7. 如何划分一个复合轮系的定轴轮系部分和各基本周转轮系部分？

8. 简述计算组合轮系传动比的方法。

习　题

6-1　图 6-28 所示为一手摇提升装置，其中各轮齿数均为已知，试求传动比 i_{15}，并指出当提升重物时手柄的转向。

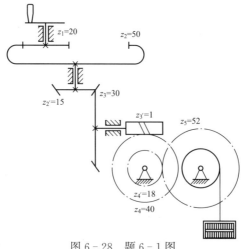

图 6-28　题 6-1 图

6-2　图 6-29 所示轮系中，已知各轮齿数为：$z_1=60$，$z_2=z_{2'}=20$，$z_3=z_4=20$，

$z_5 = 100$，试求传动比 i_{41}。

6-3 在图 6-30 所示的电动三爪卡盘传动轮系中，设已知各轮齿数为：$z_1 = 6$，$z_2 = z_{2'} = 25$，$z_3 = 57$，$z_4 = 56$，试求传动比 i_{14}。

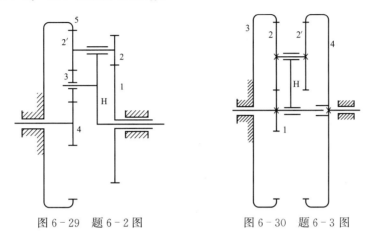

图 6-29 题 6-2 图　　　　　　图 6-30 题 6-3 图

6-4 图 6-31 所示为一种大速比减速器的示意图。动力由齿轮 1 输入，H 输出。已知各轮齿数为：$z_1 = 12$，$z_2 = 51$，$z_3 = 76$，$z_4 = 12$，$z_{2'} = 49$，$z_{3'} = 73$。

(1) 试求传动比 i_{1H}。

(2) 若将齿轮 2 的齿数改为 52（即增加一个齿）则传动比 i_{1H} 又为多少？

6-5 汽车自动变速器中的预选式行星变速器如图 6-32 所示。Ⅰ 轴为主动轴，Ⅱ 轴为从动轴，S 和 P 为制动带。其传动有两种情况：(1) S 压紧齿轮 3，P 处于松开状态；(2) P 压紧齿轮 6，S 处于松开状态。已知各轮齿数为 $z_1 = z_2 = 30$，$z_3 = z_6 = 90$，$z_4 = 40$，$z_5 = 25$。试求两种情况下的传动比 $i_{ⅠⅡ}$。

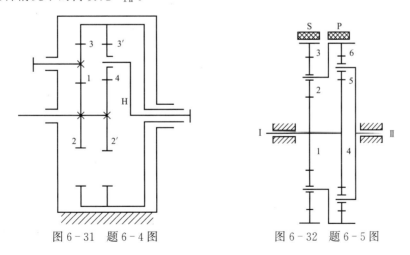

图 6-31 题 6-4 图　　　　　　图 6-32 题 6-5 图

6-6 如图 6-33 所示，一装配用的电动螺丝刀的传动简图。已知齿数：$z_1 = z_4 = 7$，$z_3 = z_6 = 39$。若 $n_1 = 3000 \text{r/min}$，试求螺丝刀的转速。

6-7 如图 6-34 所示一轮系，已知 $z_1 = z_3 = 20$，$z_2 = 80$，$z_4 = 60$，$z_5 = z_6$，$z_7 = 80$，$z_8 = 40$，$n_1 = 100 \text{r/min}$，$n_3 = 99 \text{r/min}$，转向如图 6-34 所示。试求齿轮 8 的转速 n_8 的大小和方向。

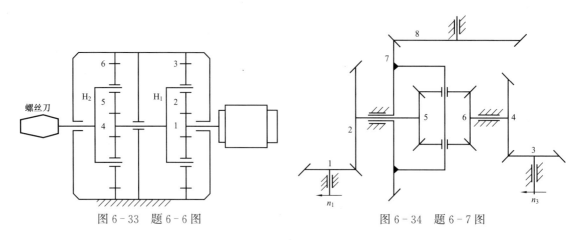

图 6-33　题 6-6 图　　　　　　　图 6-34　题 6-7 图

6-8　在如图 6-35 所示轮系中，已知各齿轮的齿数分别为 $z_1 = 28$，$z_3 = 78$，$z_4 = 24$，$z_6 = 80$，若已知 $n_1 = 2000 \text{r/min}$。当分别将轮 3 或轮 6 刹住时，试求行星架的转速 n_H。

6-9　求如图 6-36 所示轮系的传动比 i_{14}，已知 $z_1 = z_{2'} = 25$，$z_2 = z_3 = 20$，$z_H = 100$，$z_4 = 20$。

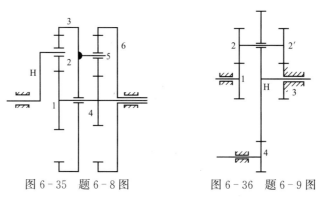

图 6-35　题 6-8 图　　　　　图 6-36　题 6-9 图

6-10　如图 6-37 所示轮系中，已知 $z_1 = 22$，$z_3 = 88$，$z_4 = z_6$，试求传动比 i_{16}。

6-11　在如图 6-38 所示的轮系中，已知各齿轮齿数为 $z_1 = 1$，$z_2 = 40$，$z_{2'} = 24$，$z_3 = 72$，$z_{3'} = 18$，$z_4 = 144$，蜗杆左旋，转向如图示，试求轮系的传动比 i_{1H} 并确定输出杆 H 的转向。

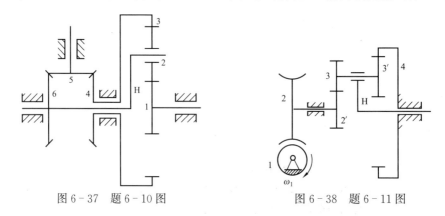

图 6-37　题 6-10 图　　　　　图 6-38　题 6-11 图

6-12　在图 6-39 所示输送带的减速器中，已知 $z_1 = 10$，$z_2 = 32$，$z_3 = 74$，$z_4 = 72$，

$z_{2'} = 30$ 及电动机的转速为 1450r/min，求输出轴的转速 n_4。

6-13　在图 6-40 所示自行车里程表的机构中，C 为车轮轴。已知各轮的齿数为 $z_1 = 17$，$z_3 = 23$，$z_4 = 19$，$z_{4'} = 20$ 及 $z_5 = 24$。设轮胎受压变形后使 28in（1in = 0.0254m）车轮的有效直径约为 0.7m。当车行 1000m 时，表上的指针刚好回转一周，求齿轮 2 的齿数。

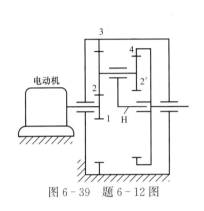

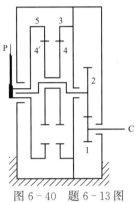

图 6-39　题 6-12 图　　　　　图 6-40　题 6-13 图

6-14　在图 6-41 所示的轮系中，轮 1 与电动机轴相连，$n^{(3)} = 1440$r/min，$z_1 = z_2 = 20$，$z_3 = 60$，$z_4 = 90$，$z_5 = 210$，求 n_3。

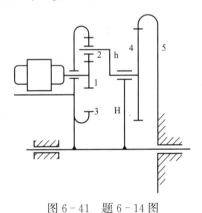

图 6-41　题 6-14 图

本章知识点

1. 轮系的类型和轮系的功用。
2. 定轴轮系传动比的计算。
3. 周转轮系传动比的计算。
4. 混合轮系传动比的计算。
5. 了解行星轮系传动效率的特点。
6. 设计行星轮系时，各轮齿数和行星轮数目必须满足的四个条件是什么？
7. 了解渐开线少齿差行星传动、谐波齿轮传动、摆线针轮行星传动。

*第7章 其他高副机构

为了满足工业生产的不同需求，机器中除广泛采用前面介绍的各种常用机构外，有时还需要用到其他形式和用途的机构。本章主要介绍了几种常用间歇运动机构的工作原理、运动特性及其应用。

7.1 概　　述

在各种机械中，除了广泛用到前面几章所介绍的平面连杆机构、凸轮机构和齿轮机构外，还经常用到其他类型的一些高副机构，如自动机、半自动机工作时具有分度、夹持、进给、装配、包装、输送等功能，往往就要用到间歇机构。这种间歇机构分为两类：一类是执行件往复运动过程中有间歇的停顿；另一类是执行件单向运转时具有时停时续性的运动，这种运动又称为步进运动。

本章将对间歇类高副机构，如棘轮机构、槽轮机构、不完全齿轮机构、凸轮间歇运动机构的组成、工作原理、运动特点及应用分别作一简要介绍。

7.2 棘 轮 机 构

棘轮机构是一种间歇运动机构，它的形式较多。图7-1所示为一种常见的棘轮机构，它由摇杆1、棘爪2、棘轮3、止动爪4及机架组成。弹簧5用来使止动爪4和棘轮3保持接触。主动摇杆1空套在与棘轮3固联的从动件上。当主动摇杆1逆时针方向转动时，驱动棘爪2便插入棘轮3的齿槽，使棘轮3跟着转过某一角度。这时止动爪4在棘轮的背面滑过。当主动摇杆1顺时针方向转动时，止动爪4阻止棘轮3在齿背上滑过，故此时棘轮3静止不动。这样，当主动轮摇杆连续往复摆动时，棘轮3便作单向间歇运动。在这种棘轮机构中，主动摇杆的摆动可由凸轮机构、连杆机构或电磁装置等得到。此外，棘轮每次的转角取决于摆杆的摆角。

按照结构的特点，常用的棘轮机构可分为以下几种：

（1）单动式棘轮机构。如图7-1所示，这种机构的运动特点是当摇杆向一个方向摆动时，棘轮沿同方向转过某一角度，而当摇杆反向摆动时，棘轮则静止不动。

（2）双动式棘轮机构。如图7-2所示，这种机构的特点是摇杆来回摆动时都能使棘轮朝一个方向转动。

以上两种机构中的棘轮均采用锯齿形齿。

（3）可变向棘轮机构。这种机构中棘轮采用矩形齿。要改变棘轮转向，可将棘爪制成图7-3所示的可翻转对称形式。其运动特点是：当棘爪处在图示实线位置时，棘轮可获得逆时针方向的单向间歇运动；而当棘爪绕其销轴A翻转到双点画线位置时，棘爪可获得顺时针方向的单向间歇运动。又如图 7 - 4 所示是另一种可变向棘轮机构，其棘爪在图示位置时，棘轮可获得逆时针单向间歇运动；若将棘爪提起并绕其轴线旋转180°后放下，则可使棘轮获得顺时针单向间歇运动。

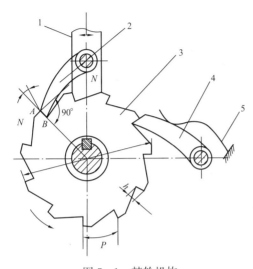

图 7 - 1　棘轮机构

1—摇杆；2—棘爪；3—棘轮；4—止动爪；5—弹簧

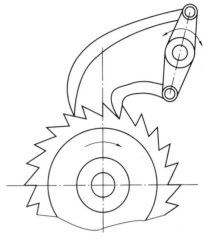

图 7 - 2　双动式棘轮机构

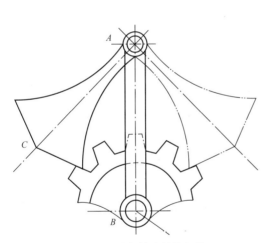

图 7 - 3　可翻转式棘轮机构

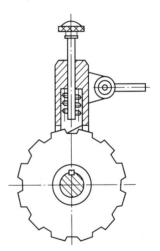

图 7 - 4　可变向式棘轮机构

　　由上述可知，棘轮机构的结构简单、制造方便、运动可靠，棘轮每次转过的角度不仅容易实现有级的调节且可在较大范围内调节；但当棘爪啮入和啮出棘轮时，不可避免地会产生较大的冲击和噪声，而且运动精度差。因此，棘轮机构通常适用于低速、轻载的场合。一般来说，棘轮机构常用于各种机床和自动机床进给机构以及某些千斤顶上，还可以用于制动器、超级离合器和自动转位或分度机构中。

　　图 7 - 5 所示为牛头刨床工作台的横向进给运动，就是利用棘轮机构的一个应用实例。由图可见，当齿轮 1 带动齿轮 2 回转时，通过连杆 3 使摇杆 4 做往复摆动，从而使装在摇杆上的棘爪 7 推动棘轮 5 作单向间歇转动。又因棘轮 5 固装在进给丝杠 6（螺杆）的一端，故

棘轮 5 和丝杠 6 一起转动，从而使与螺母固装的工作台作横向进给运动。调节曲柄的长度，即可达到改变工作台横向进给量（即改变棘轮每次转过的角度）的目的。

图 7-6 所示为棘轮机构用作冲床工作台的转位机构的例子。在该机构中，转盘式工作台与棘轮固联，ABCD 为一空间四杆机构，冲头（滑块 D）上下运动时，通过连杆 BC 带动摇杆 AB 来回摆动。冲头上升时摇杆顺时针摆动，可通过棘爪推动棘轮和工作台送料到冲压位置；当冲头下降进行冲压时，摇杆逆时针摆动，则棘爪在棘轮上滑行，工作台静止不动。

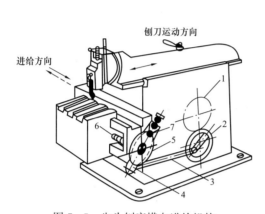

图 7-5　牛头刨床横向进给机构

1、2—齿轮；3—连杆；4—摇杆；5—棘轮；6—丝杠；7—棘爪

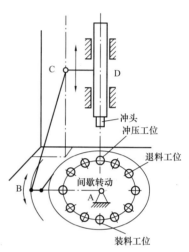

图 7-6　冲床工作台转位机构

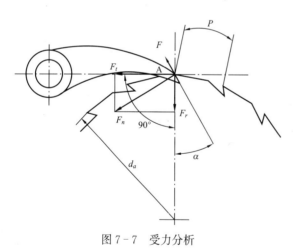

图 7-7　受力分析

为了保证棘轮机构工作的可靠性，在工作行程中，棘爪应能顺利滑入棘轮齿槽并自动压紧齿根不滑脱。下面分析为达到目的必须满足的条件。

图 7-7 所示为驱动棘爪与棘轮齿的顶端 A 啮合时的受力情况。设此时棘轮齿作用于棘轮爪的法向反力为 F_n，此力可分解为切向分力 F_t 和径向分力 F_r，径向分力可把棘爪推向棘轮齿根压紧。当棘爪沿齿面下滑时，棘轮齿对棘爪将产生一向上的摩擦阻力 $F = fF_n$，该力阻止棘爪滑入棘轮齿槽。如果要使棘爪克服阻力 F 而顺利滑入棘轮齿槽，则应使棘爪所受的径向力 F_r 大于该摩擦阻力的径向分力，即

$$F_r > F\cos\alpha$$
$$F_r > fF_n\cos\alpha$$

而

$$F_r = F_n\sin\alpha$$

代入上式整理得

$$\tan\alpha > f$$

或

$$\tan\alpha > \tan\varphi$$

所以

$$\alpha > \varphi$$

其中，α 为棘轮齿与棘爪接触表面和棘轮径向线的倾斜角。

φ 为棘爪与棘轮齿间的摩擦角，$\varphi=\arctan f$，f 为动摩擦系数。

由此可见，棘爪能顺利滑入棘轮齿槽并自动压紧齿根不滑脱的条件是：倾斜角 α 必须大于摩擦角 φ。

关于棘轮机构的几何尺寸可参阅有关资料。

7.3　槽　轮　机　构

槽轮机构又称为马耳他机构，它也是一种间歇运动机构。图 7-8 所示为常用的槽轮机构，它由具有圆销的主动拨盘 1 和具有径向槽的槽轮 2 以及机架组成。其工作原理为：当拨盘 1 上的圆销 A 未进入槽轮 2 上的径向槽时，由于槽轮 2 的内凹锁止弧 nn 被拨盘 1 的外凸锁止弧 mm 卡住，故槽轮 2 静止不动。图 7-8 所示为圆销 A 开始进入槽轮 2 径向槽的位置，此时锁止弧 nn 刚被松开，因而圆销 A 就驱使槽轮沿相反方向转动。当圆销 A 在另一边开始脱出槽轮的径向槽时，槽轮的另一内凹锁止弧又被拨盘的外凸锁止弧卡住，故槽轮又静止不动，直至圆销 A 再次进入槽轮的另一个径向槽，又重复上述的运动。这样就将主动拨盘的连续运动变成了从动槽轮的时而转动、时而静止的间歇运动。

槽轮机构用于平行轴之间的间歇运动。根据结构特点，槽轮机构分为两种形式：一种是外啮合槽轮机构，如图 7-8 所示，其拨盘和槽轮转向相反；另一种是内啮合槽轮机构，如图 7-9 所示，拨盘与槽轮转向相同。一般常用外啮合槽轮机构。

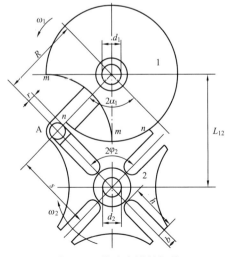

图 7-8　外啮合槽轮机构

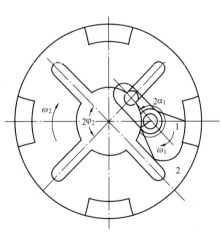

图 7-9　内啮合槽轮机构

　　槽轮机构的特点是结构简单、工作性能可靠、外形尺寸小、机械效率高，在进入啮合和退出啮合时槽轮的运动较平稳。但槽轮转角大小不能调节，且运动过程中存在柔性冲击，故常用于转速不高，不需要经常调整运动角度的分度装置中。

　　图 7-10 所示为槽轮机构在单轴转塔车床转塔刀架的转位机构中的应用情况。与槽轮固联的转塔刀架上可装六种刀具，所以槽轮 2 上开有六个径向槽，拨盘 1 每转动一周，槽轮便转动 $60°$，从而将下一工序所需要的刀具转到工作位置上。图 7-11 所示为槽轮机构在电影放映机中应用的情况。为了适应人眼视觉的暂留现象，要求影片作间歇运动。为了使槽轮在开始转动瞬间和终止转动瞬间的角速度为零以避免刚性冲击，圆销开始进入径向槽或刚好脱出径向槽时，径向槽的中心线应切于圆销中心运动的圆周。因此，设 z 为均匀分布在槽轮上的径向槽数，则由图 7-8 所示的槽轮 2 转动 $2\varphi_2 = 2\pi/z$ 弧度时，拨盘 1 的转角 $2\varphi_1$ 为

$$2\varphi_1 = \pi - 2\varphi_2 = \pi - \frac{2\pi}{z}$$

图 7-10　转位机构　　　　　　　　　　　图 7-11　电影放映机
1—拨盘；2—槽轮

　　当主动拨盘回转一周时，槽轮 2 的运动时间 t_d 与主动拨盘转一周的总时间 t 之比，称为该槽轮机构的运动系数，并以 k 表示。当拨盘 1 等速转动时，这个时间比可用拨盘转角比来表示。对于拨盘上只有一个圆销的槽轮机构，t_d 和 t 分别对应于拨盘转角 $2\varphi_1$ 和 2π，因此这种槽轮机构的运动系数 k 为

$$k = \frac{t_d}{t} = \frac{2\varphi_1}{2\pi} = \frac{\pi - \dfrac{2\pi}{z}}{2\pi} = \frac{z-2}{2z} \qquad (7-1)$$

　　因为运动系数 k 应大于零（$k=0$ 表示槽轮始终不动），故由式（7-1）可知径向槽轮的数目 z 应大于或等于 3。又由式（7-1）可知，这种槽轮机构的运动系数总小于 0.5，也就是说，槽轮运动的时间总小于静止的时间。如果在拨盘 1 上装数个圆销，则可以得到 $k >$ 0.5 的槽轮机构。设在拨盘 1 上均匀分布装有 n 个圆销，则当拨盘转动一周，槽轮被拨动 n 次，故槽轮的运动时间比只有一个圆销时增加 n 倍，因此运动系数 k 为

$$k=\frac{nt_d}{t}=\frac{n(z-2)}{2z} \qquad (7-2)$$

因为运动系数 k 应小于 1（当 $k=1$ 时表示槽轮与拨盘一样做连续运动，不能实现间歇运动），所以由式（7-2）得

$$n<\frac{2z}{z-2} \qquad (7-3)$$

由式（7-3）可知，当 $z=3$ 时，圆销数目 $n=1\sim5$；当 $z=4$ 或 5 时，圆销数目 $n=1\sim3$；当 $z\geqslant6$ 时，圆销数目 $n=1\sim2$。

槽轮机构的几何尺寸可参阅有关资料。

7.4 不完全齿轮机构

不完全齿轮机构是由普通渐开线齿轮机构演化而来的一种间歇运动机构。它与普通渐开线齿轮机构相比，不同之处在于主动轮上的轮齿没有布满圆周，并根据运动时间与停歇时间要求，在从动轮上做出能与主动轮齿相啮合的轮齿和锁止弧，从动轮上的锁止弧与主动轮上的锁止弧密合，保证从动轮停歇在确定的位置上，而不发生游动现象。图 7-12 所示的不完全齿轮机构中，主动轮 1 上有三个齿，从动轮 2 上有六个运动段和六个停歇段，每段上有 3 个齿槽与主动轮轮齿啮合，且主动轮每转一周，从动轮转 1/6 周，从动轮每转停歇六次。

不完全齿轮机构根据结构特点可分为两种形式：一种为外啮合不完全齿轮机构，如图 7-12 所示，其主从动轮均为不完全外齿轮；另一种为内啮合不完全齿轮机构，如图 7-13 所示，其主动轮为不完全外齿轮，从动轮为不完全内齿轮。

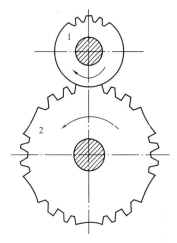

图 7-12 不完全齿轮机构

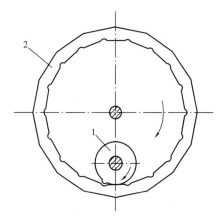

图 7-13 内啮合不完全齿轮机构

不完全齿轮机构与其他间歇机构相比，其结构简单，制造方便，工作可靠，从动轮的运动时间和静止时间的比例可在较大范围内变化。但从动轮在开始啮合及终止啮合时，速度有突变，冲击较大。因此，一般也只用在低速、轻载场合。为了改善不完全齿轮机构的受力状

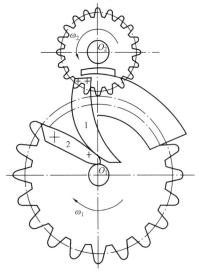

图 7-14　不完全齿轮机构应用

况，可以在两轮上加装两对瞬心线附加杆，就是在附加杆上拟定瞬心线的形状，来保证从动轮在开始运行阶段，可由静止状态按某种预定的运动规律逐渐加速到正常运动的角速度 $\omega_1 z_1 / z_2$；而在终止运动阶段，借助于另一瞬心线附加杆，使从动轮由正常运动的角速度按预定的运动规律逐渐减速到停止。由于从动轮开始啮合时的冲击比终止时的严重，所以根据情况，有时只在开始啮合处加装一对瞬心线附加杆 1 和 2，图 7-14 所示的不完全齿轮机构即是如此。

此外，在不完全齿轮机构中，需要主动轮的首齿齿高作适当削减，以保证它能顺利进入啮合状态而不与从动轮的齿顶相碰。与此同时，为了保证从动轮停歇在预定位置，主动轮的末齿齿顶高也需作适当修正。

7.5　凸轮式间歇运动机构

7.5.1　凸轮式间歇运动机构的工作原理和类型

图 7-15 和图 7-16 所示为凸轮式间歇运动机构，工程上又称凸轮分度机构，由主动凸轮 1 和从动盘 2 组成，转盘 2 端面（或径向）上有周向均布的若干滚子 3。主动凸轮 1 作等速回转运动时，从动盘 2（转盘）作单向间歇回转，这样实现交错间的分度运动。

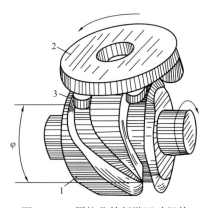

图 7-15　圆柱凸轮间歇运动机构
1—主动凸轮；2—从动盘；3—滚子

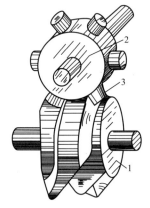

图 7-16　蜗杆凸轮间歇运动机构
1—主动凸轮；2—动盘；3—滚子

凸轮式间歇运动机构常见的有两种形式：一种是图 7-15 所示的圆柱凸轮间歇运动机构，凸轮呈圆柱形状，滚子均匀分布在转盘的端面上；另一种是图 7-16 所示的蜗杆凸轮间歇运动机构，凸轮上有一条突脊犹如蜗杆，滚子则均匀分布在转盘的圆柱面上，犹如蜗轮的齿。这种凸轮机构可以通过调整凸轮与转盘的中心距来消除滚子与凸轮突脊接触的间隙或补偿磨损。

7.5.2　凸轮式间歇运动机构的运动特点

凸轮间歇运动机构实际上是摆动从动件圆柱凸轮机构，其转盘相当于许多的摆动从动件，摆杆长度为滚子中心所在圆周的半径，最大摆角为 $\frac{2\pi}{z}$，z 为滚子数。圆柱凸轮间歇机构中的圆柱凸轮与普通圆柱凸轮一样，只不过普通圆柱凸轮为使摆动从动件摆回原处，曲线槽必须是封闭的，而凸轮式间歇机构中的凸轮为使转盘向一个方向间歇地运动，曲线槽必须是开口的。

设凸轮转 1 周所需的时间为 t，凸轮转过的曲线槽所对应的角度为 β，凸轮曲线突脊推动滚子，使从动转盘转过相邻两滚子所夹的中心角为 $\frac{2\pi}{z}$，那么转盘的转动时间为

$$t_d = \frac{\beta}{2\pi} t \qquad (7-4)$$

静止时间为

$$t_j = t - t_d = \left(1 - \frac{\beta}{2\pi}\right) t \qquad (7-5)$$

由式（7-5）可以看出，在凸轮转速一定情况下，从动盘的运动完全取决于主动凸轮的轮廓曲线形状，故只要适当设计出凸轮的轮廓，就可以使从动盘获得所预期的运动规律，其动载荷小、无刚性冲击和柔性冲击，以适应高速运转的要求。同时它无须采用其他定位装置，就可以获得高的定位精度，机构结构紧凑，是当前被公认的一种较理想的高速、高精度的分度机构。其缺点是加工成本较高，对装配、调整要求严格。

7.5.3 凸轮式间歇运动机构的应用

棘轮机构、槽轮机构和不完全齿轮机构是常用的间歇运动机构，由于它们的结构、运动和动力条件的限制，一般只能用于低速场合。而凸轮式间歇运动机构则可以合理地选择转盘的运动规律，使得机构传动平稳，动力特性较好，冲击振动较小，而且转盘转位精确，不需要专门的定位装置，因而主要用于高速转位（分度）机构中。但凸轮加工较复杂，精度要求较高，装配调整也比较困难。在电机矽钢片的冲槽机、拉链嵌齿机、火柴包装机等机械装置中，都用了凸轮间歇运动机构来实现高速的分度运动。

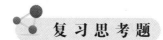

复习思考题

1. 棘轮机构有几种类型，它们分别有什么特点，适用于什么场合？
2. 内槽轮机构与外槽轮机构相比有何优点？各有哪些应用？
3. 平面槽轮机构中主动销轮上的圆柱销进入或退出槽轮上的滑槽时，它们的相对位置关系如何？
4. 槽轮机构的运动系数 $k=0.4$ 表示什么意义？为什么运动系数必须大于零而小于 1？五个槽的单销槽轮机构其运动系数 k 等于多少？
5. 止回棘爪的作用是什么？
6. 不完全齿轮机构的工作原理是什么？

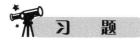

习 题

7-1 某牛头刨床工作台的横向进给丝杆，其导程为 $l=5\text{mm}$，与丝杆轴联动的棘轮齿数 $z=40$，棘爪与棘轮之间的摩擦系数 $f=0.15$。试求：

（1）棘轮的最小转动角度；

（2）该刨床的最小横向进给量；

（3）棘轮齿面倾斜角。

7-2 某装配工作台有六个工位，每个工位在工作静止时间 $t_j = 10$ s 内完成装配工序。转位机构采用单销外槽轮机构。试求：

（1）该槽轮机构的运动系数 k；

（2）主动件拨盘的转速 ω_1；

（3）槽轮的转位时间 t_d。

7-3 某自动机的工作台要求有六个工位，转台停歇时进行工艺动作，其中最长的一个工序为30s。现拟采用一槽轮机构来完成间歇转位工作，试确定槽轮机构主动轮的转速。

7-4 在一台 n 工位的自动机中，用不完全齿轮机构来实现工作台的间歇转位运动，若主、从动齿轮上补全的齿数（即假想齿数）相等，试证明从动轮的运动时间 t_d 与停止时间 t_j 之比等于 $\dfrac{1}{n-1}$。

本章知识点

1. 什么是间歇运动？有哪些机构能实现间歇运动？

2. 棘轮机构与槽轮机构都是间歇运动机构，它们各有什么特点？

3. 棘轮机构的基本结构和工作原理。

4. 棘轮机构有哪几种类型？

5. 单向运动棘轮机构和双向式棘轮机构，有什么不同之处？

6. 槽轮机构的组成及其工作原理是什么？

7. 槽轮机构有哪几种类型？

8. 什么是槽轮机构的运动系数？槽轮机构的运动特性是什么？

9. 了解不完全齿轮机构的啮合过程。

10. 如何计算不完全齿轮机构从动轮的运动时间和停歇时间？

11. 如何减小不完全齿轮机构传动中的冲击？

扫一扫

第7章 知识点
视频资源

第三篇 机 构 动 力 学 基 础

第8章 平面机构的运动分析

本章基于理论力学中的速度合成定理与加速度合成定理，介绍速度瞬心法、相对运动图解法和解析法的基本原理；详细介绍利用这些方法对机构进行运动分析的步骤；以及解析法建立数学模型的过程，并应用软件对运动参数进行精确分析，通过实际例子说明这些方法各自的特点。

8.1 概　　述

机构运动分析是研究、设计和使用机器的先决条件，其目的是分析机构在运动过程中构件上各点的轨迹、速度、加速度，以及构件的角速度和角加速度。

机构的运动分析只从几何的观点研究机构的运动参数随时间的变化，而不涉及作用在构件上的力。机构运动分析不仅能确定机构上点的轨迹，判断其合理性，而且还可以通过确定构件速度大小以及变化规律来判断机械的工艺性能。例如：机器的外壳不能与运动构件互相碰撞；牛头刨床刨头的工作行程速度变化规律直接影响工件的加工质量和刀具寿命；对高速或重型机械的动力学计算，需要确定惯性力，这必须先进行加速度分析。此外，研究机构的运动分析还有助于进行机构的综合。

本章在进行机构运动分析时，不考虑运动副间隙和构件变形对机构运动的影响，把构件视为刚体。

机构运动分析是基于理论力学中点的复合运动的速度合成定理和加速度合成定理，其方法主要有速度瞬心法、相对运动图解法、解析法等。对于常用机构，其机构位置可通过几何作图确定，这可参看前面的连杆机构的图解设计，所以本章不再介绍点的轨迹或构件位置分析。

8.2 用速度瞬心法进行机构的速度分析

8.2.1 速度瞬心

速度瞬心就是两个做相对运动的构件，每一瞬时在构件平面上速度相同的瞬时重合点。显然，速度瞬心是随时间变化的。若瞬心的速度不为零，即两构件都在运动，此时的瞬心称为相对速度瞬心；若瞬心速度为零，即两构件中任一构件固定，此时的瞬心称为运动构件的绝对速度瞬心，相当于运动构件在此瞬时的绝对速度为绕该瞬心的定轴转动。

对于两个做相对运动的构件 AB、CD，如图 8-1 所示，其构件平面分别为 1、2。假设 k 点为速度相同的重合点，即 $v_k = v_{k_1} = v_{k_2}$，则构件 AB、CD 上任意一点（分别为 s_1、s_2 点）速度分别为

$$v_{s_1} = v_{k_1} + v_{s_1 k_1} = v_k + v_{s_1 k}，其中 \quad v_{s_1 k} = \omega_1 \overline{s_1 k}$$

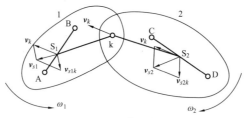

图 8-1 速度合成定理应用

$$\boldsymbol{v}_{s_2} = \boldsymbol{v}_{k_2} + \boldsymbol{v}_{s_2 k_2} = \boldsymbol{v}_k + \boldsymbol{v}_{s_2 k}, \quad \text{其中} \quad v_{s_2 k} = \omega_2 \overline{s_2 k}$$

由于速度瞬心点（k）的相对速度（$\boldsymbol{v}_{k_1 k_2}$）为零，因此两构件在每一瞬时可看作是绕相对速度瞬心的转动。

8.2.2 三心一线定理

由于机构中任意两个做相对运动的构件之间必有一瞬心，因此由 n 个构件（包括了机架）组成的机构，由排列组合知瞬心总数目为 $C_n^2 = \dfrac{1}{2} n (n-1)$ 个。平面上任意三个做相对运动的构件，必存在三个瞬心，且这三个瞬心一定在一条直线上，这就是瞬心定理，即三心一线定理，简称三心定理。

如图 8-2 所示，设构件 3 固定，构件 1、2 分别绕固定点 A、B 作定轴转动，1、2 组成高副。构件 1 与 3 间的瞬心 P_{13}、构件 2 与 3 间的瞬心 P_{23} 为绝对速度瞬心。运动构件 1 与 2 间

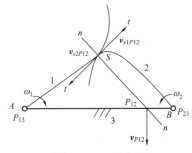

图 8-2 三心定理

的瞬心为相对速度瞬心 P_{12}。一方面 P_{12} 必须在构件 1、2 的公法线 $n-n$ 上，这是因为组成高副的 1、2 构件间的相对速度只能沿接触点 s 的公切线 $t-t$ 方向，另一方面由于相对瞬心点的相对速度为零，故两构件 1、2 的相对速度瞬心点必落在 A、B 两点的连线上，因为活动构件 1、2 只有在这条连线上的速度方向才可能相同，因此构件 1、2 的相对瞬心点必在其接触点 s 的公法线 $n-n$ 与连心线 AB 的交点上。由瞬心定义有

$$v_{P_{12}} = \omega_1 \overline{AP_{12}} = \omega_2 \overline{BP_{12}}$$

在接触点 s 处构件 1、2 的相对速度分别为

$$v_{s_1 P_{12}} = \omega_1 \overline{s_1 P_{12}} = \omega_1 \overline{s P_{12}}$$

$$v_{s_2 P_{12}} = \omega_2 \overline{s_2 P_{12}} = \omega_2 \overline{s P_{12}}$$

所以构件 2 在接触点 s 处相对构件 1 的相对速度为

$$\boldsymbol{v}_{s_2 s_1} = \boldsymbol{v}_{s_2 P_{12}} - \boldsymbol{v}_{s_1 P_{12}}$$

$$v_{s_2 s_1} = \omega_2 \overline{s P_{12}} - (-\omega_1 \overline{s P_{12}}) = (\omega_2 + \omega_1) \overline{s P_{12}}$$

由于 P_{13} 是构件 1 与 3 间的绝对速度瞬心，所以构件 1 上任一点（s_1）的绝对速度为

$$v_{s_1} = \omega_1 \overline{s P_{13}}, \qquad \overline{s P_{13}} = \frac{v_{s_1}}{\omega_1}$$

当 $\omega_1 = 0$，$v_{s_1} \neq 0$，即构件 1 作平动时，则 $\overline{s P_{13}} \to \infty$，即作相对平动的构件 1、3 之间的瞬心在无穷远处。

8.2.3　速度瞬心的求法与应用

利用速度瞬心法可以方便地求出构件上一点的速度和构件的角速度。此法的关键点是利用三心定理确定瞬心。若瞬心是绝对速度瞬心，运动构件上任一点 S 的速度就是绕绝对速度瞬心 P 的定轴转动，其绝对速度大小为 $v_s=\omega s\overline{P}$，方向顺着 ω 方向；若 P 是相对速度瞬心，则任一运动构件上任意点的相对速度大小为 $v_{sP}=\omega s\overline{P}$，方向顺着 ω 方向，s 点的绝对速度为 $v_s=v_P+v_{sP}$。

所以，寻找速度瞬心是关键。在机构中，两构件直接通过运动副相连接时，其速度瞬心如图 8-3 所示。其中图 8-3（a）为两构件以铰链相连，瞬心在铰链处；图 8-3（b）为两构件以移动副连接，瞬心在垂直于导路的无穷远处；图 8-3（c）为两构件以高副相连且接触处为纯滚动，所以瞬心在接触点处；图 8-3（d）为两构件以高副相连且既有滚动又有滑动，则瞬心在法线上，具体位置还要根据该点的切向速度大小才能确定。

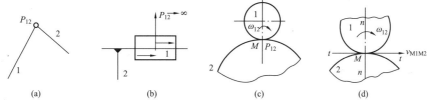

图 8-3　以运动副连接的构件的瞬心位置

在机构中，若两构件不是通过运动副直接相连，而是间接相连的，则可利用三心定理求出。

如图 8-4 为铰链四杆机构，构件尺寸、位置已知，构件 1 的角速度为 ω_1（顺时针转动），求出全部瞬心以及构件 2、3 的角速度为分别为 ω_2、ω_3。

因为构件总数 $n=4$，所以瞬心总数 $K=\frac{1}{2}n$（$n-1$）$=\frac{1}{2}\times 4\times$（$4-1$）$=6$。又因为构件 1、4，1、2，2、3，3、4 分别通过铰链 A、B、C、D 相连，所以瞬心在各自铰链处，分别为 P_{14}、P_{12}、P_{23}、P_{34}。

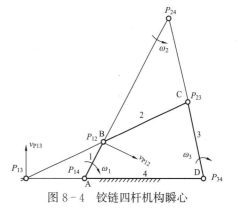

图 8-4　铰链四杆机构瞬心

构件 2 与 4，构件 1 与 3 间接相连，由三心定理可求出 P_{24}、P_{13}。其中，P_{14}、P_{24}、P_{34} 是绝对速度瞬心，其余瞬心都是相对速度瞬心。

机构在此瞬时，构件 1、2、3 分别绕 P_{14}、P_{24}、P_{34} 作定轴转动，所以

$$v_{P13}=\omega_1\overline{P_{13}P_{14}}=\omega_3\overline{P_{13}P_{34}}$$

从而

$$\omega_3=\frac{\overline{P_{13}P_{14}}}{P_{13}P_{34}}\omega_1 \qquad（方向为顺时针）$$

$$v_{P_{12}}=\omega_1\cdot\overline{P_{12}P_{14}}=\omega_2\overline{P_{12}P_{24}}$$

故

$$\omega_2=\frac{\overline{P_{12}P_{14}}}{P_{12}P_{24}}\omega_1 \qquad（方向为逆时针）$$

又如图 8-5 所示为曲柄滑块机构的尺寸、位置，曲柄角速度为 ω_1（逆时针转动），求

出其全部瞬心和构件 2 的角速度 ω_2，滑块 3 的速度 v_3。

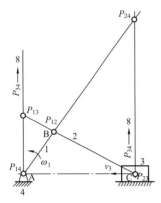

图 8-5 曲柄滑块机构瞬心

因为机构构件总数 $n=4$，所以速度瞬心总数 $K=\dfrac{1}{2}n(n-1)=\dfrac{1}{2}\times4\times(4-1)=6$。

又因为构件 1、4，1、2，2、3 分别通过铰链 A，B，C 相连，所以瞬心在各自铰链处，分别为 P_{14}、P_{12}、P_{23}。构件 3 与 4 通过移动副相连，所以瞬心 P_{34} 应垂直于导路方向且在无穷远处。构件 1 与 3、2 与 4 的瞬心 P_{13}、P_{24} 可由三心定理求出。

由于 P_{14}、P_{24} 是绝对速度瞬心，所以在此瞬时，构件 1、2 分别绕点 P_{14}、P_{24} 作瞬时定轴转动。P_{12} 是相对速度瞬心，所以有

$$v_{P_{12}}=\omega_1\overline{P_{12}P_{14}}=\omega_2\overline{P_{12}P_{24}}$$

从而

$$\omega_2=\frac{\overline{P_{12}P_{14}}}{\overline{P_{12}P_{24}}}\omega_1\qquad（方向为顺时针）$$

$$v_{P_{23}}=\omega_2\overline{P_{23}P_{24}}=v_3$$

所以

$$v_3=\frac{\overline{P_{12}P_{14}}\cdot\overline{P_{23}P_{24}}}{\overline{P_{12}P_{24}}}\cdot\omega_1\qquad（方向沿导路向左）$$

【例 8-1】 如图 8-6（a）所示为一直动从动件盘形凸轮机构。已知凸轮轮廓的圆半径为 R，其他尺寸见图，凸轮以匀角速度 ω_1 逆时针转动，试用瞬心法求从动件的速度和接触点 B 处构件 2 相对构件 1 的速度。

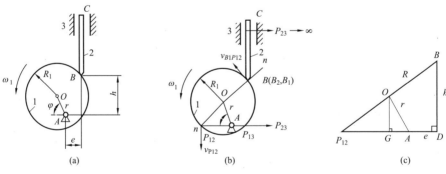

图 8-6 凸轮机构速度分析

解 如图 8-6（b）所示，构件 2、3 组成滑动副，故绝对速度瞬心 P_{23} 在无穷远处；构件 1、3 组成转动副，其绝对速度瞬心 P_{13} 在铰点 A 处；运动构件 1、2 在 B 处组成高副，由三心定理得相对速度瞬心 P_{12}。因构件 2 作平移运动，构件 1 作定轴转动，故有

$$v_{P_{12}}=\omega_1\overline{AP_{12}}=v_2,\qquad\omega_2=0$$

而

$$\frac{\overline{AP_{12}}-r\cos\varphi}{\overline{AP_{12}}+e}=\frac{r\sin\varphi}{h}$$

故 $$v_2 = \frac{h\cos\varphi + e\sin\varphi}{h - r\sin\varphi}\omega_1 r \quad (\text{方向为垂直向下})$$

又因为 $$v_{B_1 P_{12}} = \omega_1 \overline{BP_{12}}, \quad v_{B_2 P_{12}} = \omega_2 \overline{BP_{12}} = 0$$

所以 $$\boldsymbol{v}_{B_2 B_1} = \boldsymbol{v}_{B_2 P_{12}} - \boldsymbol{v}_{B_1 P_{12}}$$

故接触点 B 处构件 2 相对构件 1 的速度为

$$\boldsymbol{v}_{B_2 B_1} = - \boldsymbol{v}_{B_1 P_{12}}$$

而 $$\frac{\overline{OP_{12}}}{\overline{OP_{12}} + R} = \frac{r\sin\varphi}{h}, \quad \overline{BP_{12}} = \overline{OP_{12}} + R$$

因此 $$v_{B_2 B_1} = -\frac{hR}{h - r\sin\varphi}\omega_1 \quad (\text{方向与 } \boldsymbol{v}_{B_1 P_{12}} \text{ 相反})$$

【例 8-2】 如图 8-7 所示的导杆机构。已知曲柄 AB 的长度 l_{AB}，图示位置的 l_{BC}，l_{AC}，曲柄以匀角速度 ω_1 顺时针转动。证明构件 2、3 的角速度相同并求其值，构件 2、3 在接触点 B 处的相对速度，构件 2 上一点 D（l_{BD}，BD 与导杆夹角 β 已知）的速度。

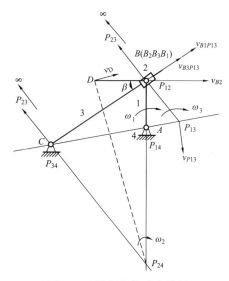

图 8-7 导杆机构速度分析

解 首先利用瞬心定义和三心定理，绘图找到瞬心点。构件 2、3 的相对速度瞬心 P_{23} 在无穷远处，P_{14}、P_{24}、P_{34} 为绝对速度瞬心点，P_{12}、P_{13} 为相对速度瞬心点。

因为 $$v_{P_{13}} = \omega_1 \overline{AP_{13}} = \omega_3 \overline{CP_{13}}$$

所以 $$\omega_3 = \frac{\overline{AP_{13}}}{\overline{CP_{13}}}\omega_1 \quad (\text{方向为顺时针转动})$$

又 $$v_{B_2} = \omega_2 \overline{B_2 P_{24}} = \omega_2 \overline{P_{12} P_{24}}$$

由瞬心定义 $$\boldsymbol{v}_{P_{12}} = \boldsymbol{v}_{B_1} = \boldsymbol{v}_{B_2}$$

而 $$v_{P_{12}} = \omega_1 \overline{AP_{12}} = \omega_2 \overline{P_{24} P_{12}}$$

所以 $$\omega_2 = \frac{\overline{AP_{12}}}{\overline{P_{24} P_{12}}}\omega_1 \quad (\text{方向为顺时针转动})$$

因为 $$\triangle P_{12}AP_{13} \sim \triangle P_{24}AC$$

所以有 $$\frac{\overline{AP_{13}}}{\overline{CP_{13}}} = \frac{\overline{AP_{12}}}{\overline{P_{24}P_{12}}}$$

故 $$\omega_2 = \omega_3$$

所以 $$v_D = \omega_2 \overline{DP_{24}}$$

又 $$v_{B_1P_{13}} = \omega_1 \overline{B_1P_{13}} = \omega_1 \overline{BP_{13}}$$
$$v_{B_3P_{13}} = \omega_3 \overline{B_3P_{13}} = \omega_3 \overline{BP_{13}}$$

所以 $$\boldsymbol{v}_{B_1B_3} = \boldsymbol{v}_{B_1P_{13}} - \boldsymbol{v}_{B_3P_{13}}$$

故 $$v_{B_1B_3} = (\omega_1 - \omega_3)\overline{BP_{13}}$$

因为 $$\boldsymbol{v}_{P_{12}} = \boldsymbol{v}_{B_1} = \boldsymbol{v}_{B_2}$$

所以 $$\boldsymbol{v}_{B_2B_3} = \boldsymbol{v}_{B_1B_3}$$

故构件 2 相对构件 3 的速度为 $(\omega_1 - \omega_3)\overline{BP_{13}}$。

*【例 8－3】 图 8-8 为齿轮-连杆的组合机构，机构的位置和构件尺寸已知，齿轮 1 的角速度为 ω_1，利用瞬心图解法求齿轮 1 与齿轮 6 之间的传动比，并求齿轮 6 的转动角速度 ω_6。

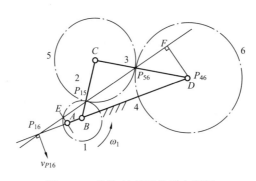

图 8-8 齿轮-连杆机构瞬心图解

解 取长度比例尺 μ_l，绘出机构在该位置时的机构运动简图，然后利用瞬心定义和三心定理找出构 1、6 间的相对速度瞬心。定出 P_{15}、P_{56}，P_{14}、P_{46}，则 P_{16} 必在 $\overline{P_{15}P_{56}}$ 连线与 $\overline{P_{14}P_{46}}$ 连线的交点上，如图 8-8 所示。

因为 $$v_{P_{16}} = \omega_1 \overline{AP_{16}} = \omega_6 \overline{DP_{16}}$$

所以 $$\frac{\omega_1}{\omega_6} = \frac{\overline{DP_{16}}}{\overline{AP_{16}}}$$

分别过 A、D 两点作直线 $\overline{P_{15}P_{56}}$ 的垂线并分别交于直线 $\overline{P_{15}P_{56}}$ 于 E、F 两点。

因为 $$\text{Rt}\triangle AEP_{16} \sim \text{Rt}\triangle DFP_{16}$$

所以 $$\frac{\overline{DP_{16}}}{\overline{AP_{16}}} = \frac{\overline{DF}}{\overline{AE}}$$

故 $$\frac{\omega_1}{\omega_6} = \frac{\overline{DF}}{\overline{AE}}$$

因此本题画出机构运动简图后,找出 1、5,5、6 的瞬心点 P_{15}、P_{56},并过此两点作直线,再过 A、D 两点分别作直线 $\overline{P_{15}P_{56}}$ 的垂线段,量出垂线段 $\overline{AE}$、$\overline{DF}$ 长度,即可求出传动比,为

$$i_{16} = \frac{\omega_1}{\omega_6} = \frac{\overline{DF}}{\overline{AE}}$$

$$\omega_6 = \frac{\overline{AE}}{\overline{DF}}\omega_1 \quad (\text{方向与 } \omega_1 \text{ 同向})$$

8.3　用相对运动图解法进行机构的运动分析

由于构件的平面运动可视为绕其绝对速度瞬心的定轴转动,构件的相对运动可视为绕相对运动瞬心的定轴转动,因此,用速度瞬心法求机构构件上点的速度和构件的角速度极为方便。需要注意的是速度瞬心一般不与加速度瞬心重合,也就是说速度为零的点并不意味着加速度也为零。本节介绍的相对运动图解法也是基于点的复合运动的速度合成定理和加速度合成定理,通过速度、加速度矢量方程绘制速度、加速度矢量多边形来求解点的速度、加速度,构件的角速度和角加速度。

8.3.1　构件上点的速度合成定理

任意两个运动构件,在确定的时刻,在构件平面上只有一个速度相同的重合点(相对速度瞬心)。在瞬心处,两构件间无相对速度;而在其他重合点,构件间存在相对速度,因而其他重合点上两构件的速度不相同,如图 8-9 所示。

运动构件 AB、CD 的相对运动速度瞬心是 P_{12},则构件 1 上的 P_{12} 点速度 $\boldsymbol{v}_{P_{12},1}$ 与构件 2 上的 P_{12} 点速度 $\boldsymbol{v}_{P_{12},2}$ 关系为 $\boldsymbol{v}_{P_{12},1} = \boldsymbol{v}_{P_{12},2}$,而在运动构件平面上其他重合点,如 k 点,则有 $\boldsymbol{v}_{k_1} \neq \boldsymbol{v}_{k_2}$。其中

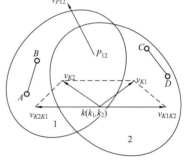

图 8-9　点的速度合成

$$\boldsymbol{v}_{k_1} = \boldsymbol{v}_{k_2} + \boldsymbol{v}_{k_1k_2}, \quad \boldsymbol{v}_{k_2} = \boldsymbol{v}_{k_1} + \boldsymbol{v}_{k_2k_1}$$

8.3.2　构件上点的加速度合成定理

如图 8-10 所示,构件 AB 的角速度、角加速度分别为 ω、ε,方向如图 8-10 所示。构件平面上的基点 o 的加速度为 $\boldsymbol{a}_o$,由理论力学知识得构件平面上任一点 s 的加速度为

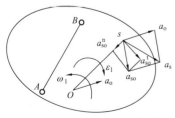

图 8-10　点的加速度合成

$$\boldsymbol{a}_s = \boldsymbol{a}_o + \boldsymbol{a}_{so}, \quad \boldsymbol{a}_{so} = \boldsymbol{a}_{so}^n + \boldsymbol{a}_{so}^t$$

式中,$\boldsymbol{a}_{so}^n$ 为待求点 s 相对基点的法向加速度,$\boldsymbol{a}_{so}^t$ 为待求点相对基点的切向加速度,其大小、方向分别为

$$a_{so}^n = \omega^2 \overline{so} = \frac{(v_{so})^2}{\overline{so}} \quad (\text{方向由 } s \text{ 点指向基点 } O)$$

$$a_{so}^t = \varepsilon \overline{so} \quad (\text{方向为垂直于 } \overline{so} \text{ 并顺着 } \varepsilon \text{ 方向})$$

以上公式中动系是平动坐标系,牵连运动是随基点一起的平动。因此不存在哥氏加速度,当牵连运动是定轴转

动时，必存在哥氏加速度，这一点请参看理论力学相关知识。

8.3.3　用相对运动图解法求机构的速度、加速度

1. 同一构件上点的速度、加速度图解

（1）速度图解。如图 8-11（a）为铰链四杆机构，构件 1 为主动件（原动件），构 2 为连杆，构件 3 为从动件（摇杆）。已知机构的位置和各杆件尺寸，构件 1 以匀角速度 ω_1 顺时针转动，试分析机构各构件的角速度和连杆 2 上任一点 E 点的速度。

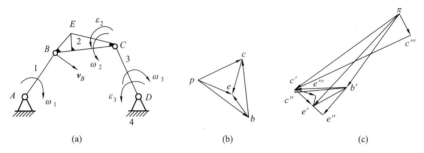

图 8-11　四杆机构的图解运动分析

具体步骤如下：

1）取定一长度比例尺 $\mu_l \left[\dfrac{\text{实际尺寸（m）}}{\text{图上尺寸（mm）}}\right]$ 绘出指定位置的机构运动简图如图 8-11（a）所示。

2）列出速度矢量方程，并分析速度的大小、方向。铰点 B 的速度可求，铰点 C 速度方向已知。对构件 2，由基点法列出矢量方程，$\boldsymbol{v}_{CB}$ 是 C 点相对 B 点的相对速度。

$$\boldsymbol{v}_C \ = \ \boldsymbol{v}_B \ + \ \boldsymbol{v}_{CB}$$

大小：　　　?　　　　　$\omega_1 l_{AB}$　　　　?

方向：　　$\perp \overline{CD}$　　$\perp \overline{AB}$　　$\perp \overline{CB}$

矢量方程有两个未知量，因此可以作矢量多边形求解。

3）画矢量多边形。任取一点 p（作为机构速度为零的点的投影），取适当长度的矢量 $\overrightarrow{pb} /\!/ v_B$ 并代表 $\boldsymbol{v}_B$，从而确定出速度比例尺 $\mu_v = \dfrac{v_B}{\overline{pb}}\left(\dfrac{\text{m/s}}{\text{mm}}\right)$，通过 b 点作直线 $\overline{bc} \perp \overline{BC}$ 代表 $\boldsymbol{v}_{CB}$ 的方向线，再通过 p 点作 $\overrightarrow{pc} \perp \overline{CD}$ 代表 $\boldsymbol{v}_C$ 的方向线，则 $\overline{pc}$ 与 $\overline{bc}$ 的交点为 c，矢量 $\overrightarrow{pc}$ 代表 $\boldsymbol{v}_C$，矢量 $\overrightarrow{bc}$ 代表 $\boldsymbol{v}_{CB}$，如图 8-11（b）所示。

所以
$$v_C = \mu_v \overrightarrow{pc}$$
$$v_{CB} = \mu_v \overrightarrow{bc}$$

将矢量 $\overrightarrow{pc}$ 和 $\overrightarrow{bc}$ 平移到 c 点即得 $\boldsymbol{v}_C$ 和 $\boldsymbol{v}_{CB}$ 的方向。

构件 2、3 的角速度 ω_2、ω_3 分别为

$$\omega_2 = \frac{v_{CB}}{l_{BC}} = \frac{\mu_v \overline{bc}}{\mu_l \overline{BC}}$$

$$\omega_3 = \frac{v_C}{l_{CD}} = \frac{\mu_v \overline{pc}}{\mu_l \overline{CD}}$$

ω_2、ω_3 的方向由图看出分别为逆时针和顺时针方向，并示于相应构件上。

4) 求构件 2 上任一点 E 的速度。由于 B、C、E 是同一构件上的点，由相对运动原理，可同时选 B、C 两点为基点，求 E 点速度矢量方程。

$$\boldsymbol{v}_E = \boldsymbol{v}_B + \boldsymbol{v}_{EB} = \boldsymbol{v}_C + \boldsymbol{v}_{EC}$$

大小：　　?　　　$\omega_1 l_{AB}$　　?　　$\mu_v\overline{pc}$　　?

方向：　　?　　　$\perp\overline{AB}$　　$\perp\overline{BE}$　　$\perp\overline{CD}$　　$\perp\overline{CE}$

式中，$\boldsymbol{v}_{EB}$ 是 E 点相对 B 点的相对速度，$\boldsymbol{v}_{EC}$ 是 E 点相对 C 点的相对速度，后一个等式矢量方程有两个未知数，可作矢量多边形求出，之后，再取任一个矢量方程即可求出 $\boldsymbol{v}_E$ 的大小和方向。在图 8-11（b）中，过点 b 作 $\boldsymbol{v}_{EB}$ 的方向线 $\overline{be}\perp\overline{BE}$，过 c 点作 $\boldsymbol{v}_{EC}$ 的方向线 $\overline{ce}\perp\overline{CE}$，$\overline{be}$ 与 $\overline{ce}$ 相交于 e 点，则矢量 $\overrightarrow{pe}$ 代表 E 点的速度 $\boldsymbol{v}_E$，矢量 $\overrightarrow{be}$、$\overrightarrow{ce}$ 分别代表 $\boldsymbol{v}_{EB}$、$\boldsymbol{v}_{EC}$。从而

$$\boldsymbol{v}_E = \mu_v\overline{pe}$$

由于 $\overline{bc}\perp\overline{BC}$，　$\overline{be}\perp\overline{BE}$，　$\overline{ce}\perp\overline{CE}$，$B$、$C$、$E$ 是同一构件上三点，所以有 $\triangle bce\sim$ $\triangle BCE$，由图看出 $\triangle bce$ 相对 $\triangle BCE$ 按 ω_2 方向转了 $90°$，且字母顺序不变，称图形 bce 为图形 BCE 的速度影像。所以，已知构件上两点速度，同一构件上任一点速度按图形相似原理即可求出，而不必再列矢量方程。需要注意的是速度影像原理仅适用于同一构件上。

（2）加速度图解。如图 8-11（a）所示，因构件 1 以等 ω_1 作定轴转动，故 B 点只有法向加速度（向心加速度），其大小 $a_B=\omega_1^2 l_{AB}$，方向由 B 指向 A。B 点是构件 1、2 的相对速度瞬心，因此构件 1、2 在 B 点加速度均为 $\boldsymbol{a}_B$，构件 3 绕 D 点作定轴转动，所以有

$$\boldsymbol{a}_C = \boldsymbol{a}_C^n + \boldsymbol{a}_C^t$$

式中，$\boldsymbol{a}_C^n$ 为 C 点的法向加速度；$\boldsymbol{a}_C^t$ 为 C 点的切向加速度。构件 2 做平面运动，因此有

$$\boldsymbol{a}_C = \boldsymbol{a}_B + \boldsymbol{a}_{CB} = \boldsymbol{a}_B + \boldsymbol{a}_{CB}^n + \boldsymbol{a}_{CB}^t$$

式中，$\boldsymbol{a}_{CB}$ 为构件 2 上 C 点相对 B 点的相对转动加速度，$\boldsymbol{a}_{CB}^n$ 为法向加速度，$\boldsymbol{a}_{CB}^t$ 为切向加速度。综合得矢量方程为

$$\boldsymbol{a}_C^n + \boldsymbol{a}_C^t = \boldsymbol{a}_B + \boldsymbol{a}_{CB}^n + \boldsymbol{a}_{CB}^t$$

大小：　$\omega_3^2 l_{CD}$　　?　　　$\omega_1^2 l_{AB}$　　$\omega_2^2 l_{CB}$　　?

方向：　$C\rightarrow D$　$\perp\overline{CD}$　$B\rightarrow A$　$C\rightarrow B$　$\perp\overline{CB}$

任取一极点 π（作为整个机构加速度为零的点的投影），取适当长度的矢量 $\overrightarrow{\pi b'}//\overline{AB}$ 并代表 $\boldsymbol{a}_B$，从而确定出加速度比例尺 $\mu_a=\dfrac{a_B}{\overline{\pi b'}}\left(\dfrac{\text{m/s}^2}{\text{mm}}\right)$，过 b' 作矢量 $\overrightarrow{b'c''}//\overline{BC}$，$\overrightarrow{b'c''}$ 代表 $\boldsymbol{a}_{CB}^n$，过 c'' 作 $\overrightarrow{c''c'}\perp\overline{b'c''}$，$\overrightarrow{c''c'}$ 代表 $\boldsymbol{a}_{CB}^t$ 的方向线，过 π 作矢量 $\overrightarrow{\pi c'''}//\overline{CD}$ 并代表 $\boldsymbol{a}_C^n$，再过 c''' 作 $\overrightarrow{c'''c'}$ $\perp\overline{CD}$，$\overrightarrow{c'''c'}$ 代表 $\boldsymbol{a}_C^t$ 的方向线，则得 $\overline{c'''c'}$ 与 $\overline{c''c'}$ 两线的交点 c'，矢量 $\overrightarrow{c''c'}$ 代表 $\boldsymbol{a}_{CB}^t$，$\overrightarrow{c'''c'}$ 代表 $\boldsymbol{a}_C^t$，$\overrightarrow{\pi c'}$ 代表 $\boldsymbol{a}_C$，如图 8-11（c）所示，故得

$$a_C = \mu_a\overline{\pi c'}$$
$$a_{CB} = \mu_a\overline{b'c'}$$

构件 2、3 的角加速度分别为

$$\varepsilon_2 = \frac{a_{CB}^t}{l_{CB}} = \frac{\mu_a\overline{c''c'}}{\mu_l\overline{BC}}$$

$$\varepsilon_3 = \frac{a_C^t}{l_{CD}} = \frac{\mu_a \overline{c'''c'}}{\mu_l \overline{CD}}$$

ε_2、ε_3 的方向通过平移矢量 $\overline{c''c'}$、$\overline{c'''c'}$ 到机构图 8-11（a）的 c 点上，即可得 ε_2、ε_3 均为逆时针方向，并示于相应构件上。

求构件 2 上任一点 E 的加速度。由于 B、C、E 点同在构件 2 上，由相对运动原理知，求 E 点的加速度时，基点既可选在 B 点，又可选在 C 点。列加速度矢量方程，并分析大小和方向。

$$\boldsymbol{a}_E \quad = \quad \boldsymbol{a}_B \quad + \quad \boldsymbol{a}_{EB}^n \quad + \quad \boldsymbol{a}_{EB}^t \quad = \quad \boldsymbol{a}_C \quad + \quad \boldsymbol{a}_{EC}^n \quad + \quad \boldsymbol{a}_{EC}^t$$

大小：　?　　　$\omega_1^2 l_{AB}$　　$\omega_2^2 l_{EB}$　　?　　$\mu_a \overline{\pi c'}$　　$\omega_2^2 l_{CE}$　　?

方向：　?　　　$B \rightarrow A$　　$E \rightarrow B$　　$\perp \overline{EB}$　　$\pi \rightarrow c'$　　$E \rightarrow C$　　$\perp \overline{EC}$

式中，$\boldsymbol{a}_{EB}^n$、$\boldsymbol{a}_{EB}^t$ 分别为 E 点对 B 点的相对转动的法向、切向加速度，$\boldsymbol{a}_{EC}^n$、$\boldsymbol{a}_{EC}^t$ 分别为 E 点对 C 点的相对转动的法向、切向加速度。后一个矢量方程有两个未知量，可图解出，之后，用任一不同矢量方程即可图解出 $\boldsymbol{a}_E$ 的大小和方向。

在图 8-11（c）中，从 b' 点开始，做矢量 $\overrightarrow{b'e''}//\overline{EB}$ 并代表 $\boldsymbol{a}_{EB}^n$，再过 e'' 作 $\overrightarrow{e''e'}\perp\overrightarrow{b'e''}$，直线 $\overline{e''e'}$ 代表 $\boldsymbol{a}_{EB}^t$ 方向线，从 c' 点开始，作矢量 $\overrightarrow{c'e'''}//\overline{EC}$ 并代表 $\boldsymbol{a}_{EC}^n$，再过 e''' 作 $\overrightarrow{e'''e'}\perp\overrightarrow{c'e'''}$，直线 $\overline{e'''e'}$ 代表 $\boldsymbol{a}_{EC}^t$ 的方向线，则 $\overline{e''e'}$ 与 $\overline{e'''e'}$ 相交于 e' 点，得矢量 $\overrightarrow{\pi e'}$，即代表 $\boldsymbol{a}_E$，矢量 $\overline{e''e'}$、$\overline{e'''e'}$ 分别代表 $\boldsymbol{a}_{EB}^t$、$\boldsymbol{a}_{EC}^t$。故有

$$a_E = \mu_a \overline{\pi e'}$$

矢量 $\overrightarrow{b'e'}$、$\overrightarrow{c'e'}$ 分别代表 $\boldsymbol{a}_{EB}$、$\boldsymbol{a}_{EC}$。

由于
$$\angle c'b'c'' = \arctan \frac{a_{CB}^t}{a_{CB}^n} = \arctan \frac{\varepsilon_2}{\omega_2^2}$$

$$\angle e'b'e'' = \arctan \frac{a_{EB}^t}{a_{EB}^n} = \arctan \frac{\varepsilon_2}{\omega_2^2}$$

$$\angle e'c'e''' = \arctan \frac{a_{EC}^t}{a_{EC}^n} = \arctan \frac{\varepsilon_2}{\omega_2^2}$$

并且 $\overline{b'c''}//\overline{CB}$，$\overline{b'e''}//\overline{EB}$，$\overline{c'e'''}//\overline{EC}$，所以矢量 $\overrightarrow{c'b'}$，$\overrightarrow{b'e'}$，$\overrightarrow{e'c'}$ 分别相对构件 2 的 $\overline{CB}$，$\overline{EB}$，$\overline{EC}$ 边沿 ε_2 方向转动的角度均为 $180° - \tan^{-1} \dfrac{\varepsilon_2}{\omega_2^2}$，所以 $\triangle b'c'e' \sim \triangle BCE$，且字母顺序方向一致，称图形 $b'c'e'$ 为图形 BCE 的加速度影像。因此，当已知同一构件上两点的加速度，则可利用加速度影像与构件图形相似原理，求出构件上任意点的加速度。与速度影像一样，加速度影像也仅适用于同一构件上的点。

2. 不同构件上重合点的速度、加速度图解

当动系为定轴转动坐标系时，即动系上与动点相重合点的构件为定轴转动（牵连运动），由理论力学知，动系的加速度合成定理为

$$\boldsymbol{a}_{s_1}^a = \boldsymbol{a}_{s_2}^e + \boldsymbol{a}_{s_1 s_2}^r + \boldsymbol{a}_{s_1 s_2}^k$$

式中，$\boldsymbol{a}_{s_1}^a$ 为构件 1 上在动点 s 的绝对运动加速度；$\boldsymbol{a}_{s_2}^e$ 为构件 2（作定轴转动）上与构件 1 上的 s 点相重合点的牵连加速度；$\boldsymbol{a}_{s_1 s_2}^r$ 为动点相对牵连动系的相对运动加速度；$\boldsymbol{a}_{s_1 s_2}^k$ 为哥

氏加速度。现举例说明相对运动图解法的运用。

【例 8 - 4】　如图 8 - 12（a）所示摆动导杆机构，若机构位置、尺寸已知，构件 1 以等角速度 ω_1 顺时针转动，试用相对运动图解法对该机构进行运动分析。

解　（1）选定长度比例尺 μ_l $\left[\dfrac{\text{实际尺寸（m）}}{\text{图上尺寸（mm）}} \right]$，作机构运动简图，如图 8 - 12（a）所示。

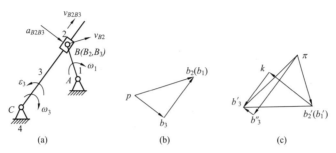

图 8 - 12　导杆机构的图解运动分析

（2）速度分析。

1）先对机构进行杆组分析：2、3 组成 Ⅱ 级杆组，剩主动件 1 与机架。

2）对 2、3 杆组的运动进行分析，因 $v_B = \omega_1 l_{AB}$，故取速度比例尺 $\mu_v = \dfrac{v_B}{pb_1}$ $\left(\dfrac{\text{m/s}}{\text{mm}} \right)$，任取一点 p，$\overrightarrow{pb_1} \perp \overline{AB}$ 且代表 $\boldsymbol{v}_B$，如图 8 - 12（b）所示。

3）写出 2、3 的运动副 B 的速度矢量方程。

因为 　　　　　　　　　　　　　　$\boldsymbol{v}_B = \boldsymbol{v}_{B_1} = \boldsymbol{v}_{B_2}$

而

$$\boldsymbol{v}_{B_2} = \boldsymbol{v}_{B_3} + \boldsymbol{v}_{B_2 B_3}$$

大小：　$\omega_1 l_{AB}$　　　 ?　　　　 ?

方向：　$\perp \overline{AB}$　　 $\perp \overline{CB}$　　 $/\!/ \overline{CB}$

过 p 作 $\overline{pb_3} \perp \overline{CB}$，过 b_2 作 $\overline{b_2 b_3} /\!/ \overline{CB}$，$\overrightarrow{pb_3}$ 与 $\overrightarrow{b_2 b_3}$ 相交于 b_3 点，则矢量 $\overrightarrow{pb_3}$、$\overrightarrow{b_3 b_2}$ 分别代表 $\boldsymbol{v}_{B_3}$、$\boldsymbol{v}_{B_2 B_3}$。故有

$$v_{B_3} = \mu_v \overline{pb_3}$$

$$v_{B_2 B_3} = \mu_v \overline{b_3 b_2}$$

构件 2、3 的角速度为

$$\omega_2 = \omega_3 = \frac{v_{B_3}}{l_{CB}} = \frac{\mu_v \overline{pb_3}}{\mu_l \overline{CB}} \quad \text{（方向为顺时针转动）}$$

（3）加速度分析。

1）因构件 1 做匀速转动，所以 $a_B = \omega_1^2 l_{AB}$，任取一极点 π，适当长度的矢量 $\overrightarrow{\pi b'_1}$，取加速度比例尺 $\mu_a = \dfrac{a_B}{pb'_1} \left(\dfrac{\text{m/s}^2}{\text{mm}} \right)$，$\overrightarrow{\pi b'_1} /\!/ \overline{AB}$ 且代表 $\boldsymbol{a}_B$，如图 8 - 12（c）所示。

2）列出构件 2、3 组成的运动副 B 的加速度矢量方程。

因为

$$\boldsymbol{a}_B = \boldsymbol{a}_{B_1} = \boldsymbol{a}_{B_2}$$

而

$$\boldsymbol{a}_{B_3} = \boldsymbol{a}_{B_3}^n + \boldsymbol{a}_{B_3}^t = \boldsymbol{a}_{B_3 B_2}^r + \boldsymbol{a}_{B_3 B_2}^k + \boldsymbol{a}_{B_2}$$

大小：　　?　　　$\omega_3^2 l_{CB}$　　?　　　?　　$2\omega_3 v_{B_3 B_2}$　　$\omega_1^2 l_{AB}$

方向：　　?　　　$B \to C$　　$\perp \overline{CB}$　　$//\overline{CB}$　　$\perp \overline{CB}$　　$B \to A$

过 b_2' 作矢量 $\overrightarrow{b_2'k} \perp \overline{CD}$，且 $\overrightarrow{b_2'k}$ 代表 $\boldsymbol{a}_{B_3 B_2}^k$（$= -\boldsymbol{a}_{B_2 B_3}^k$），再过 k 作 $\overrightarrow{kb_3'}//\overline{CB}$，$\overline{kb_3'}$ 直线代表的 $\boldsymbol{a}_{B_3 B_2}^r$ 方向线，从 π 点起作矢量 $\overrightarrow{\pi b_3''}//\overline{CB}$ 且 $\overrightarrow{\pi b_3''}$ 代表 $\boldsymbol{a}_{B_3}^n$，过 b_3'' 作 $\overrightarrow{b_3''b_3'} \perp \overline{CB}$，则 $\overrightarrow{kb_3'}$ 与 $\overrightarrow{b_3''b_3'}$ 交于 b_3' 点，$\overrightarrow{kb_3'}$ 代表 $\boldsymbol{a}_{B_3 B_2}^r$，$\overrightarrow{b_3''b_3'}$ 代表 $\boldsymbol{a}_{B_3}^t$，$\overrightarrow{\pi b_3'}$ 代表 $\boldsymbol{a}_{B_3}$。故有

$$a_{B_3} = \mu_a \overline{\pi b_3'}$$

$$a_{B_3 B_2}^r = \mu_a \overline{kb_3'}$$

构件 3 的角加速度为

$$\varepsilon_3 = \frac{a_{B_3}^t}{l_{CB}} = \frac{\mu_a \overline{b_3''b_3'}}{\mu_l \overline{CB}} \qquad （方向为逆时针转动）$$

*【例 8 - 5】　如图 8 - 13 所示的六杆机构，各构件长度分别为 $l_{AB} = 0.06$m，$l_{BC} = 0.18$m，$l_{DE} = 0.2$m，$l_{CD} = 0.12$m，$l_{EF} = 0.3$m，$h = 0.08$m，$h_1 = 0.085$m，$h_2 = 0.225$m，$\varphi_1 = 120°$。曲柄 AB 以 $\omega_1 = 100$rad/s 作等速转动。求 F 点的速度 $\boldsymbol{v}_F$、加速度 $\boldsymbol{a}_F$，构件 4 的角速度 ω_4、角加速度 ε_4。

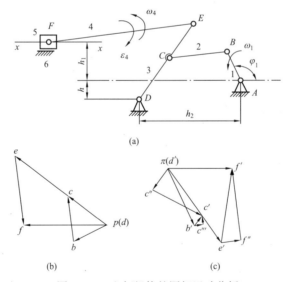

图 8 - 13　六杆机构的图解运动分析

解　（1）选定长度比例尺 $\mu_l = 0.01 \dfrac{\text{m}}{\text{mm}}$，作机构运动简图如图 8 - 13（a）所示。

（2）对六杆机构进行杆组分析。构件 4、5，构件 2、3 各组成一个Ⅱ级组，剩曲柄 1 和机架 6。

（3）求 $\boldsymbol{v}_F$ 和 $\boldsymbol{\omega}_4$。

1）先从原动件开始，接着从最接近的Ⅱ级组 2、3 分析，直到最后的基本组 4、5。

2）选定速度比例尺。因为 $v_B = \omega_1 l_{AB} = 100 \times 0.06 = 6\text{m/s}$，取长度 30mm，任意选一点 p，作长度为 30mm 的矢量 $\overrightarrow{pb} = \boldsymbol{v}_B$，则速度比例尺为

$$\mu_v = \frac{v_B}{\overline{pb}} = \frac{6}{30} = 0.2\left(\frac{\text{m/s}}{\text{mm}}\right)$$

3）写出 2、3 中构件 2 上 C 点的速度矢量方程

$$\boldsymbol{v}_C = \boldsymbol{v}_B + \boldsymbol{v}_{CB}$$

大小：　　　? 　　　$\mu_v \overline{pb}$ 　　　?

方向：　$\perp \overline{CD}$ 　　$\perp \overline{AB}$ 　　$\perp \overline{BC}$

如图 8-13（b）所示，做出速度矢量多边形 pbc，从而得

$$v_C = \mu_v \overline{pc} = 0.2 \times 27 = 5.4(\text{m/s})$$

$$v_{CB} = \mu_v \overline{bc} = 0.2 \times 18 = 3.6(\text{m/s})$$

4）由速度影像原理求 E 点的速度 $\boldsymbol{v}_E$。对构件 3，D 点的速度 $\boldsymbol{v}_D = 0$（在极点），构件 3 与构件 2 在 C 点速度相同，而

$$\frac{\overline{pc}}{\overline{pe}} = \frac{\overline{CD}}{\overline{ED}} = \frac{0.12}{0.2}$$

所以　　　　　　　　　　　　$\overline{pe} = 27 \times \frac{0.2}{0.12} = 45(\text{mm})$

矢量 $\overrightarrow{pe}$ 与 $\overrightarrow{pc}$ 共线且指向一致，从而得 e 点。所以

$$v_E = \mu_v \overline{pe} = 0.2 \times 45 = 9(\text{m/s})$$

5）列出杆组 4、5 的构件 4 上 F 点的速度矢量方程为

$$\boldsymbol{v}_F = \boldsymbol{v}_E + \boldsymbol{v}_{EF}$$

大小：　　　? 　　　$\mu_v \overline{pe}$ 　　　?

方向：$//\text{xx}$ 　　$//\overline{pe}$ 　　$\perp \overline{EF}$

在图 8-13（b）中做出速度多边形 pef，从而有

$$v_F = \mu_v \overline{pf} = 0.2 \times 44 = 8.8(\text{m/s})$$

$$v_{FE} = \mu_v \overline{ef} = 0.2 \times 6 = 1.2(\text{m/s})$$

所以构件 4 的角速度为

$$\omega_4 = \frac{v_{FE}}{l_{EF}} = \frac{1.2}{0.3} = 4(\text{rad/s}) \qquad （方向为逆时针转动）$$

（4）求 $\boldsymbol{a}_F$ 和 ε_4。

1）选定加速度比例尺。因为 $a_B = \omega_1^2 l_{AB} = 100^2 \times 0.06 = 600$（$\text{m/s}^2$），任选一基点 π，作长度为 30mm 的矢量 $\overrightarrow{\pi b'} // \overline{AB}$ 并代表 $\boldsymbol{a}_B$，如图 8-13（c）所示。

则　　　　　　　　　　　　$\mu_a = \frac{a_B}{\overline{\pi b'}} = \frac{600}{30} = 20\left(\frac{\text{m/s}^2}{\text{mm}}\right)$

2）列出 2、3 杆组中构件 2 上 C 点的加速度矢量方程为

$$\boldsymbol{a}_C^n + \boldsymbol{a}_C^t = \boldsymbol{a}_B + \boldsymbol{a}_{CB}^n + \boldsymbol{a}_{CB}^t$$

大小：v_C^2/l_{CD} 　　? 　　$\mu_a \overline{\pi b'}$ 　　v_{CB}^2/l_{BC} 　　?

方向：$C \rightarrow D$ 　$\perp \overline{CD}$ 　$B \rightarrow A$ 　$C \rightarrow B$ 　$\perp \overline{BC}$

在图 8-13 (c) 中，做出加速度矢量多边形，以矢量 $\overrightarrow{\pi c''}$ 代表 $\boldsymbol{a}_C^n$，以矢量 $\overrightarrow{b'c''}$ 代表 $\boldsymbol{a}_{CB}^n$，而

$$\overline{\pi c''}=\frac{a_C^n}{\mu_a}=\frac{(\mu_v \overline{pc})^2}{\mu_a l_{CD}}=\frac{(0.2\times 27)^2}{20\times 0.12}=12.15(\text{mm})$$

$$\overline{b'c'''}=\frac{a_{CB}^n}{\mu_a}=\frac{(\mu_v \overline{b'c})^2}{\mu_a l_{BC}}=\frac{(0.2\times 18)^2}{20\times 0.18}=3.6(\text{mm})$$

故有

$$a_C=\mu_a \overline{\pi c'}=20\times 24=480(\text{m/s}^2)$$

3）根据加速度影像原理，求 E 点加速度。

因为

$$\frac{\overline{\pi c'}}{\overline{\pi e'}}=\frac{\overline{CD}}{\overline{DE}}=\frac{0.12}{0.2}$$

所以

$$\overline{\pi e'}=24\times \frac{0.2}{0.12}=40(\text{mm})$$

矢量 $\overrightarrow{\pi e'}$ 与适量 $\overrightarrow{\pi c'}$ 共线且方向一致，从而得点 e'，故有

$$a_E=\mu_a \overline{\pi e'}=20\times 40=800(\text{m/s})^2$$

4）列出杆组 4、5 的构件 4 上 F 点加速度矢量方程为

$$\boldsymbol{a}_F \quad = \quad \boldsymbol{a}_E \quad + \quad \boldsymbol{a}_{FE}^n \quad + \quad \boldsymbol{a}_{FE}^t$$

大小：　　? 　　　$\mu_a \overline{\pi e'}$ 　　v_{FE}^2/l_{EF} 　　　?

方向：　$//xx$ 　　　$//\overline{\pi e'}$ 　　$F\rightarrow E$ 　　$\perp \overline{EF}$

在图 8-13 (c) 中，做出加速度矢量多边形，以矢量 $\overrightarrow{e'f''}$ 代表 $\boldsymbol{a}_{FE}^n$，而

$$\overline{e'f''}=\frac{a_{FE}^n}{\mu_a}=\frac{(\mu_v \overline{ef})^2}{\mu_a l_{EF}}=\frac{(0.2\times 6)^2}{20\times 0.3}=0.24(\text{mm})$$

由此得

$$a_F=\mu_a \overline{\pi f'}=20\times 28=560(\text{m/s}^2)$$

$$a_{FE}^t=\mu_a \overline{f''f'}=20\times 25.2=504(\text{m/s}^2)$$

从而得构件 4 的角加速度

$$\varepsilon_4=\frac{a_{FE}^t}{l_{EF}}=\frac{504}{0.3}=1680(\text{rad/s}^2) \quad （方向为顺时针转动）$$

【例 8-6】 如图 8-14 所示的机构中，已知各杆尺寸，其中 $l_{CD}=L_{CB}$，$\omega_1=$ 常数，试用矢量方程图解法求构件 5 的速度 v_{D5} 和加速度 a_{D5}，以及杆 2 的角速度 ω_2 及其方向。（要求列出矢量方程式及必要的算式，画出速度和加速度多边形）

解　（1）求 v_{D5}。

$$v_B=\omega_1 l_{AB}, \quad \boldsymbol{v}_{C2}=\boldsymbol{v}_B+\boldsymbol{v}_{C2B}$$

影像法求得 v_{D2}，有

$$\boldsymbol{v}_{D4}=\boldsymbol{v}_{D2}+\boldsymbol{v}_{D4D2}$$

选 μ_v 作速度多边形，如图 8-15 所示。

$$v_{D5}=v_{D4}=\overline{pd_4}\mu_v$$

$$\omega_2=v_{C2B}/l_{C2B}=(\overline{bc_2}\mu_v)/(\overline{C_2B}\mu_l)，逆时针方向$$

（2）求 a_{D5}。

$$a_B=\omega_1^2 l_{AB}, \quad \boldsymbol{a}_{C2}=\boldsymbol{a}_B+\boldsymbol{a}_{C_2B}^n+\boldsymbol{a}_{C_2B}^t$$

选 μ_a 作加速度多边形如图 8-15 所示，$a_{C_2} = \overline{\pi c_2'} \mu_a$，利用影像法求得 a_{D2}，则

$$\boldsymbol{a}_{D4} = \boldsymbol{a}_{D2} + \boldsymbol{a}_{D4D2}^{\mathrm{k}} + \boldsymbol{a}_{D4D2}^{\mathrm{r}}$$

$$a_{D5} = a_{D4} = \overline{\pi d_4'} \mu_a$$

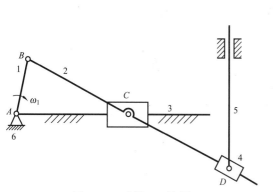

图 8-14　［例 8-6］图

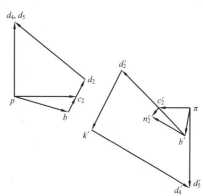

图 8-15　［例 8-6］图

【例 8-7】　如图 8-16 所示的风扇摇头机构，电动机 M 固装在构件 1 上，其运动是通过电动机轴上的蜗杆 $1'$ 带动固装在构件 2 上的蜗轮 $2'$，故构件 2 为四杆机构 ABCD 的原动件，但不与机架相连。设已知各构件的尺寸及原动件 2 相对于构件 1 的相对角速度为 ω_{21}，试求机构在图示位置时的 ω_1 与 ω_3。

解　由题意知，在矢量方程 $\boldsymbol{v}_C = \boldsymbol{v}_B + \boldsymbol{v}_{CB}$ 中，$\boldsymbol{v}_C$、$\boldsymbol{v}_B$ 及 $\boldsymbol{v}_{CB}$ 大小均未知，所以不能解。但若选取 C 点为构件 1、2 的重合点，因 B 点为构件 1、2 的相对瞬心，故利用运动合成原理及瞬心的性质，有

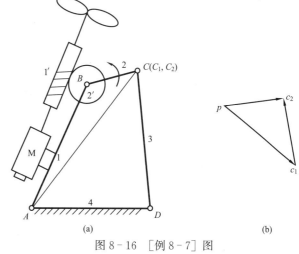

图 8-16　［例 8-7］图

$$\begin{array}{cccc} \boldsymbol{v}_{C2} & = & \boldsymbol{v}_{C1} & + & \boldsymbol{v}_{C2B1} \end{array}$$

方向　　　 $\perp CD$ 　　　 $\perp AC$ 　　　 $\perp BC$

大小　　　 ?　　　　　 ?　　　　 $\omega_{21} l_{BC}$

上式可用图解法求解，如图 8-16（b）所示，选定比例尺 μ_v 后，先作出 $\overline{c_1 c_2}$，再分别过 c_1、c_2 作 v_{C1}、v_{C2} 的方向线 $c_1 p$ 及 $c_2 p$，两方向线的交点 p 就是速度多边形的极点，故

$$\omega_1 = v_{C1} / l_{AC} = \mu_v \overline{pc_1} / l_{AC} \text{（顺时针）}$$

$$\omega_2 = v_{C2} / l_{CD} = \mu_v \overline{pc_2} / l_{CD} \text{（顺时针）}$$

【例 8-8】　在如图 8-17 所示的机构中，已知 $l_{AB} = 60\text{mm}$，$l_{BC} = 120\text{mm}$，$x_D = 65\text{mm}$，$\varphi_1 = 60°$，原动件 1 以等角速度 $\omega_1 = 10\text{rad/s}$ 顺时针转动，试求构件 5 的速度和加速度。

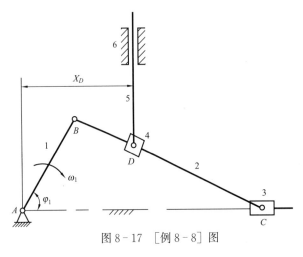

图 8-17　［例 8-8］图

解　首先分析机构，要想求得构件 5 的速度和加速度，应先求出杆 2 端点 C 的速度和加速度，然后根据杆 2 上 D 点（即 D_2）在杆 2 上的几何位置求出 D_2 的速度和加速度，再根据 D_2 和 D_4（滑块 4 上 D 点）的速度与加速度关系得到 D_4 点的速度与加速度，即为构件 5 的速度和加速度，因此采用图解法求解。

$$\boldsymbol{v}_C \quad = \quad \boldsymbol{v}_B \quad + \quad \boldsymbol{v}_{CB}$$

方向　　　水平　　　$\perp AB$　　　$\perp BC$

大小　　　？　　　$l_{AB}\omega_1$　　　？

取速度比例尺 $\mu_v = 0.1\ \dfrac{\text{mm/s}}{\text{mm}}$，任找 p 点画速度图。依所画速度图可得到构件 2 的速度，再根据 D_2 点在构件 2 中的几何位置确定速度图中 d_2 在 bc 上的位置，如图 8-18（a）所示。

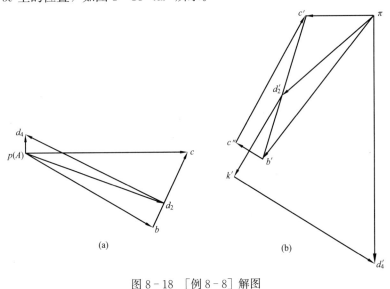

(a)　　　　　　　　　　　　(b)

图 8-18　［例 8-8］解图

（a）速度图；（b）加速度图

构件 2 的转速为

$$\omega_2 = \frac{v_{CB}}{l_{CB}} = \frac{\overline{bc}\mu_v}{l_{CB}} = 3.476\text{rad/s}$$

构件 2 上 D 点与滑块 2 上 D 点的速度关系为

$$\boldsymbol{v}_{D4} = \boldsymbol{v}_{D2} + \boldsymbol{v}_{D4D2}$$

方向　　　铅垂　　　$\checkmark$　　　$//BC$

大小　　　？　　　$\checkmark$　　　$\checkmark$

由速度图可得构件 5 的速度为

$$v_4 = v_5 = v_{D4} = \overline{pd_4}\mu_v \approx 0.075 \mathrm{m/s}\ (\uparrow)$$

构件 2 的速度为　　　　　　$v_{CB} \approx 0.33 \mathrm{m/s}$

$$v_{D4D2} = \overline{d_4 d_2}\mu_v \approx 0.632 \mathrm{m/s}$$

构件 2 上 C 点的加速度为

$$\boldsymbol{a}_C = \boldsymbol{a}_B + \boldsymbol{a}_{CB}^{\mathrm{n}} + \boldsymbol{a}_{CB}^{\mathrm{t}}$$

方向　　　水平　　　$B \rightarrow A$　　　$C \rightarrow B$　　　$\perp CB$

大小　　　?　　　$l_{AB}\omega_1^2$　　　$l_{BC}\omega_2^2$　　　?

取加速度比例尺 $\mu_a = 1\,\dfrac{\mathrm{m/s^2}}{\mathrm{mm}}$，任找 π 点画加速度图。依所画加速度图可得到构件 2 的加速度，再根据 D_2 点在构件 2 中的几何位置确定加速度图中 d_2' 在 bc 上的位置，如图 8-18（b）所示。

构件 2 上 D 点与滑块 2 上 D 点的加速度关系为

$$\boldsymbol{a}_{D4} = \boldsymbol{a}_{D2} + \boldsymbol{a}_{D4D2}^{\mathrm{r}} + \boldsymbol{a}_{D4D2}^{\mathrm{k}}$$

方向　　　铅垂　　　$\surd$　　　$/\!/BC$　　　$\perp BC$

大小　　　?　　　$\surd$　　　?　　　$2\omega_2 v_{D4D2}$

$$a_4 = a_5 = a_{D4} = \overline{\pi d_4'}\mu_a = 8.77 \mathrm{m/s^2}$$

8.4　机构运动分析的解析法

虽然用图解法对机构进行运动分析不仅概念简单、明确，而且对一般工程实际问题能保证一定的精度和准确度，但是由于现代生产技术的不断发展，图解法有时不能适应实际生产的要求，特别是计算机技术的发展和应用，必须采用解析法，尤其是在进行机构的综合确定最优方案时，解析法是不可或缺的。

解析法的基本思想就是利用数学工具，建立起机构运动的约束方程，并利用理论力学知识，确定出机构的运动速度和加速度方程，再利用非线性方程理论进行求解。根据所采用的数学工具不同，解析法主要有直角坐标法和矢量代数法，现在主要借助设计软件介绍直角坐标解析法的具体技术以及 MATLAB 软件求解过程。

8.4.1　机构运动分析的数学模型建立

在用矢量法建立机构的位置方程时，需将构件用矢量来表示，并做出机构的封闭矢量多边形。如图 8-19 所示，先建立一直角坐标系。设各构件的长度分别为 L_1、L_2、L_3、L_4，其方位角为 θ_1、θ_2、θ_3、θ_4。以各杆矢量组成一个封闭矢量多边形，即 $ABCDA$。各个矢量之和必等于零。即

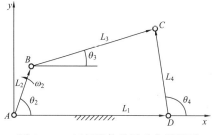

图 8-19　四杆机构的运动分析简图

$$\overrightarrow{L_2} + \overrightarrow{L_3} = \overrightarrow{L_1} + \overrightarrow{L_4} \tag{8-1}$$

式（8-1）为图 8-19 所示四杆机构的封闭矢量位置方程式。对于一个特定的四杆机构，其各构件的长度和原动件 2 的运动规律，即 θ_2 为已知，而 $\theta_1 = 0$，故由此矢量方程可求得未知方位角 θ_3、θ_4。

角位移方程的分量形式为

$$L_2\cos\theta_2 + L_3\cos\theta_3 = L_1\cos\theta_1 + L_4\cos\theta_4 \left.\right\}$$
$$L_2\sin\theta_2 + L_3\sin\theta_3 = L_1\sin\theta_1 + L_4\sin\theta_4 \tag{8-2}$$

可以借助牛顿-辛普森数值解法或 MATLAB 自带的 fsolve 函数求出非线性方程组中连杆 3 的角位移 θ_3 和摇杆 4 的角位移 θ_4。

闭环矢量方程分量形式对时间求一阶导数（角速度方程）为

$$-L_3\omega_3\sin\theta_3 + L_4\omega_4\sin\theta_4 = L_2\omega_2\sin\theta_2 \left.\right\}$$
$$L_3\omega_3\cos\theta_3 - L_4\omega_4\cos\theta_4 = -L_2\omega_2\cos\theta_2 \tag{8-3}$$

其矩阵形式为

$$\begin{pmatrix} -L_3\sin\theta_3 & L_4\sin\theta_4 \\ L_3\cos\theta_3 & -L_4\cos\theta_4 \end{pmatrix} \begin{pmatrix} \omega_3 \\ \omega_4 \end{pmatrix} = \begin{pmatrix} \omega_2 L_2\sin\theta_2 \\ -\omega_2 L_2\cos\theta_2 \end{pmatrix} \tag{8-4}$$

联立以上两公式可求得

$$\omega_3 = -\omega_2 L_2 \sin(\theta_2 - \theta_4) / [L_3 \sin(\theta_3 - \theta_4)] \tag{8-5}$$

$$\omega_4 = \omega_2 L_2 \sin(\theta_2 - \theta_3) / [L_4 \sin(\theta_4 - \theta_3)] \tag{8-6}$$

闭环矢量方程分量形式对时间求二阶导数（角加速度方程）矩阵形式为

$$\begin{pmatrix} -L_3\sin\theta_3 & L_4\sin\theta_4 \\ L_3\cos\theta_3 & -L_4\cos\theta_4 \end{pmatrix} \begin{pmatrix} \varepsilon_3 \\ \varepsilon_4 \end{pmatrix}$$

$$= \begin{pmatrix} \varepsilon_2 L_2\sin\theta_2 + \omega_2^2 L_2\cos\theta_2 + \omega_3^2 L_3\cos\theta_3 - \omega_4^2 L_4\cos\theta_4 \\ -\varepsilon_2 L_2\sin\theta_2 + \omega_2^2 L_2\sin\theta_2 + \omega_3^2 L_3\sin\theta_3 - \omega_4^2 L_4\sin\theta_4 \end{pmatrix} \tag{8-7}$$

由上式可求得角加速度为

$$\varepsilon_3 = \frac{-\omega_2^2 L_2\cos(\theta_2 - \theta_4) - \omega_3^2 L_3\cos(\theta_3 - \theta_4) + \omega_4^2 L_4}{L_4\sin(\theta_3 - \theta_4)} \tag{8-8}$$

$$\varepsilon_4 = \frac{\omega_2^2 L_2\cos(\theta_2 - \theta_3) - \omega_4^2 L_4\cos(\theta_4 - \theta_3) + \omega_3^2 L_3}{L_4\sin(\theta_4 - \theta_3)} \tag{8-9}$$

注：式（8-1）～式（8-9）中，L_i（$i=1,2,3,4$）分别表示机架 1、曲柄 2、连杆 3、摇杆 4 的长度；θ_i（$i=1,2,3,4$）是各杆与 x 轴的正向夹角，逆时针为正，顺时针为负，单位为 rad；ω_i 是各杆的角速度，$\omega_i = \dfrac{\mathrm{d}\theta_i}{\mathrm{d}t}$，单位为 rad/s；$\varepsilon_i$ 为各杆的角加速度，$\varepsilon_i = \dfrac{d\omega_i}{dt} = \dfrac{d^2\theta_i}{dt}$，单位为 rad/s²。

机构运动分析 M 文件和结果见附录 B-4。

8.4.2　曲柄滑块机构运动分析的数学模型建立

建立坐标系如图 8-20 所示，求得在该坐标系下的矢量方程分解后可得 φ，即

$$l_1\cos(\varphi_1) + l_2\cos(\varphi_2) = x_c$$

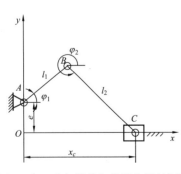

图 8-20　曲柄滑块机构的矢量封闭图

$$e + l_1 \sin(\varphi_1) + l_2 \sin(\varphi_2) = 0 \tag{8-10}$$

将上式进行分解，整理，并分别取一阶和二阶导数，即可得到连杆的角位移、角速度、角加速度和滑块 3 的位移、速度和加速度。

连杆 2 的角位移

$$\varphi_2 = -\arcsin\left[\frac{e + l_1 \sin(\omega_1 t)}{l_2}\right] \tag{8-11}$$

连杆 2 的角速度

$$\omega_2 = -\frac{l_1 \omega_1 \cos(\varphi_1)}{l_2 \cos(\varphi_2)} \tag{8-12}$$

连杆 2 的角加速度

$$\varepsilon_2 = \frac{l_1}{l_2}\omega_2^2\left(\frac{\sin\varphi_1}{\cos\varphi_2} + \frac{l_1}{l_2}\frac{\cos^2\varphi_1 \sin\varphi_2}{\cos^3\varphi_2}\right) \tag{8-13}$$

滑块 3 的位移

$$x_c = l_1 \cos(\varphi_1) + l_2 \cos(\varphi_2) \tag{8-14}$$

滑块 3 的速度为

$$v_c = \frac{l_1 \omega_1 \sin(\varphi_2 - \varphi_1)}{\cos(\varphi_2)} \tag{8-15}$$

滑块 3 的加速度为

$$a_c = -l_1 \omega_2^2\left[\frac{\cos(\varphi_2 - \varphi_1)}{\cos\varphi_2} + \frac{l_1}{l_2}\frac{\cos^2\varphi_1}{\cos^3\varphi_2}\right] \tag{8-16}$$

机构运动分析 M 文件和结果见附录 B-5。

8.5　SimMechanics 在机构运动学仿真中的应用

Simulink 是 Mathworks 公司开发的另一个著名的动态仿真系统，它是 MATLAB 软件的一个附加组件，为用户提供了一个建模与仿真的工作平台。Simulink 是实现动态系统建模、仿真和分析的一个集成环境，使得 MATLAB 软件的功能得到进一步扩展，它可以非常容易的实现可视化建模，把理论研究和工程实践有机地结合在一起，且可以根据设计及使用的要求，对系统进行修改与优化，以提高系统工作的性能，实现高效开发系统的目的。Simulink 提供了一个图形化的建模环境，通过鼠标单击和拖拉操作 Simulink 模块，用户只需要知道这些模块的输入输出及模块的功能，就可以在图形化的可视环境中进行框图式建模。Simulink 中包括了许多实现不同功能的模块库，这些模块库把各种功能不同的模块分类存放，如 Sources（输入源模块库）、Sinks（输出模块库）、Math Operations（数学模块库）以及线性模块和非线性模块等各种组件模块库。用户也可以自定义和创建自己的模块。

8.5.1　Simulink 仿真的运行

创建了系统模型后，用户可以利用 Simulink 菜单或在 MATLAB 命令窗口中键入命令的方式选择不同的积分方法来仿真系统模型。对于交互式的仿真过程，使用菜单是非常方便的。运行一个仿真的完整过程分成三个步骤：设置仿真参数，启动仿真和仿真结果分析。

一、设置仿真参数和选择解法器

Simulink 中模型的仿真参数通常在仿真参数对话框内设置。这个对话框包含了仿真运行过程中的所有设置参数，在这个对话框内，用户可以设置仿真算法、仿真的起止时间和误差容限等，还可以定义仿真结果数据的输出和存储方式，并可以设定对仿真过程中错误的处理方式。

设置仿真参数和选择解法器，选择 Simulation 菜单下的 Parameters 命令，就会弹出一个仿真参数对话框，它主要用来管理仿真的参数：Solver 页，Data Import/Export 页，Diagnostics 页。

1. Solver 页

当选择模型仿真参数选择面板中的 Solver 选项时，模型的仿真参数设置面板如图 8 - 21 所示，用户可以在这个面板中设置模型仿真时的缺省参数。在具体仿真某个模型时，用户也可以选择模型窗口中 Simulation 菜单下的 Configuration Parameters 命令，在打开的 Configuration Parameters 对话框内设置当前模型的仿真参数。此页可以进行的设置有：选择仿真开始和结束的时间；选择解法器，并设定它的参数；选择输出项。

仿真时间：需要注意的是，仿真时间和实际的执行时间并不相同，计算机运行仿真程序所需要的时间取决于很多因素，通常包括模型的复杂度、仿真算法的步长以及计算机的速度等。

仿真步长模式：Simulink 算法分为定步长算法和变步长算法两类。用户在 Type 后面的第一个下拉选项框中指定仿真的步长选取方式，可供选择的有 Variable - step（变步长）和 Fixed - step（固定步长）方式。

Simulink 提供了连续算法和离散算法，利用数值积分来计算当前时间步上模型的连续状态，当前时刻的状态是由在此时刻之前的所有状态和这些状态的微分来决定的。用户可以在 Solver 选项页内选择最适合自己模型的仿真算法，可以选择的算法有：

ode45，ode23，ode113，ode15s，ode23s，ode23t，ode23tb 和 discrete。

步长参数：对于变步长算法，用户可以根据模型的需要设置最大步长和建议的初始步长，缺省时，这些参数都是由 auto 值自动确定的；对于定步长算法，用户可以设置固定大小的步长，缺省值也是 auto。

2. Data I/O 页

选择 Configuration Parameters 对话框中 Select 选项区中的 Data Import/Export 选项，将显示数据输入/输出面板。这个选项面板是 MATLAB 工作区的输入/输出设置面板，用户可以在这个选项页内将仿真结果输出到工作区变量中，也可以从工作区中获得输入和变量的初始状态。此页主要用来设置 Simulink 与 MATLAB 工作空间交换数值的有关选项。

3. Diagnostics 页

此页分成两个部分：仿真选项和配置选项。1）配置选项下的列表框主要列举了一些常见的事件类型，以及当 Simulink 检查到这些事件时给予的处理。2）仿真选项 options 主要包括是否进行一致性检验、是否禁用过零检测、是否禁止复用缓存、是否进行不同版本的 Simulink 的检验等几项。

二、启动仿真

若要模型执行仿真，可在模型编辑器的 Simulation 菜单上选择 Start 命令，或单击模型工具条上的"启动仿真"按钮。Simulink 会从 Configuration Parameters 对话框内指定的起始时间开始执行仿真，仿真过程会一直持续到所定义的仿真终止时间。在仿真运行过程中，模型窗口底部的状态条会显示仿真的进度情况，如果模型中包括了要把输出数据写入到文件或工作区中的模块，或者用户在 Simulation Parameters 对话框内选择了输出选项，那么，当仿真结束或悬挂起来时，Simulink 会把数据写入到指定的文件或工作区变量中。

Simulink 还提供了很多演示程序，用以说明 Simulink 中的各种建模和仿真概念，用户可以从 MATLAB 的命令窗口中打开这些演示程序。

首先在 MATLAB 命令窗口输入 Demos 命令，MATLAB 的帮助浏览器会显示 Simulink 的 Demos 选项面板，单击 Simulink 显示演示程序的目录，双击这些条目就可以启动相应的演示程序，如图 8-21 所示。

图 8-21　Simulink 演示程序

8.5.2　SimMechanics 简介

The Math Works 公司于 2001 年 10 月推出了机构系统模块集（SimMechanics Blockset），借助于 MATLAB/Simulink 及其虚拟现实工具箱，允许用户对机构系统进行仿真，标志着 MATLAB 系列产品在物理建模（或概念性建模）领域前进了一大步。它可以对各种运动副连接的刚体进行建模与仿真，实现对机构系统进行分析与设计的目的。它提供了一个可以在 Simulink 环境下直接使用的模块集，可以将表示各种机构的模块在普通 Simulink 窗口中绘制出来，并通过它自己提供的检测与驱动模块和普通 Simulink 模块连接起来，获得整个系统的仿真结果。

SimMechanics 机构仿真工具箱是一组可以在 Simulink 环境下使用的特殊模块库。可以通过特殊的 Sensor 模块和 Actuator 模块与一般的 Simulink 模块相连接，利用牛顿动力学中力和转矩等基本概念，对各种运动副连接的刚体进行建模与仿真，实现对机构系统进行分析设计的目的。使用这些模块组中的元件可以方便地建立复杂的机械系统模型，既设定相关构件的运动、运动约束、坐标系统，又可以初始化和测量机构系统的运动特性。该仿真工具既可以对机械系统进行单独的仿真分析，又可以提供与任何 Simulink 设计的控制器及其他动态系统相连的接口，从而进行综合仿真分析。同时利用 MATLAB 图形系统，SimMechanics 可视化工具能够以简化的机械结构形式提供直观的仿真显示。

SimMechanics 可以仿真三维系统的平移和转动运动，提供了一系列工具求解带有静力学约束、坐标系变换等在内的机构系统的运动问题，并利用虚拟现实工具箱提供的功能显示机构系统运动的动画示意图。

8.5.3 SimMechanics 模块

SimMechanics 模块组提供了建模的必要模块，可以直接在 Simulink 中使用。SimMechanics 支持用户自定义的构件模块，可以设定质量和转动惯量。通过节点连接各个构件来表示可能的相对运动，还可以在适当的地方添加运动约束、驱动力。

此模块组包含刚体子模块组（Bodies）、约束与驱动模块组（Constraints&Drivers）、力单元模块组（Force Elements）、接口单元模块组（Interface Elements）、运动铰模块组（Joints）及传感器和激励器模块组（Sensors&Actuators）和辅助工具模块组（Utilities），如图 8 - 22 所示。

1. 刚体和坐标系模块组（Bodies）

此模块组包括四个模块：刚体（Body），机架（Ground），机械环境（Machine Enviroment）和共享机械环境（Shared Enviroment），如图 8 - 23 所示。在使用刚体模块时，刚体有两个连接端，其中一个为主动端，另一端为从动端。用户还应该根据实际情况设置包括刚体质量、位置、方向和坐标系在内的一系列参数。机械环境是为仿真定义环境变量；包含有重力、维数、分析模式、约束求解器、误差、线性化和可视化，如图 8 - 24 所示。

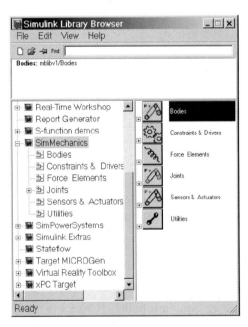

图 8 - 22 SimMechanics 模块组

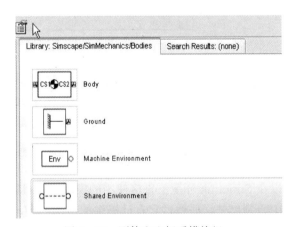

图 8 - 23 刚体和坐标系模块组

2. 约束与驱动模块组（Constraints&Drivers）

有静力学约束的模块，如齿轮约束等，还包含各种传动模块。双击该模块组，弹出如图 8 - 25 所示。

3. 力单元模块组（Force Elements）

Body Spring & Damper：在两个刚体之间施加线性阻尼振子。

Joint Spring & Damper：在两个刚体间的单自由度铰或单自由度转动铰建立一个线性阻尼振荡力或力矩，如图 8-26 所示。

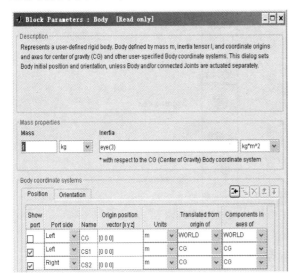

图 8-24　仿真定义环境变量

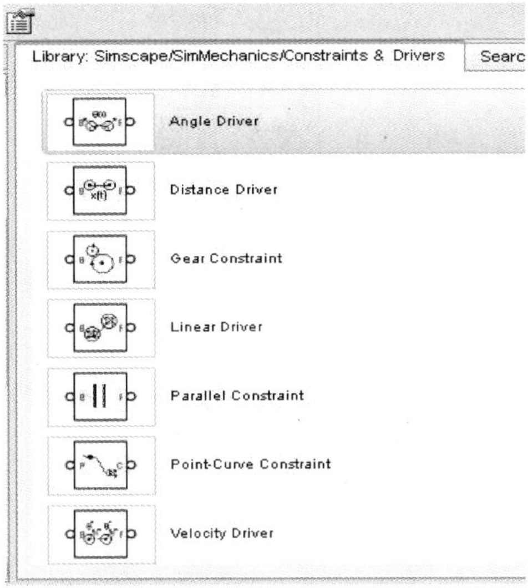

图 8-25　约束与驱动模块组

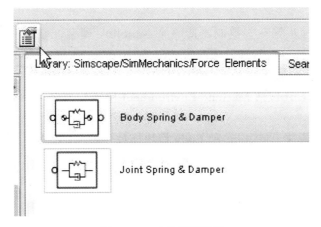

图 8-26　力单元模块组

4. 运动副模块组（Joints）

提供了各种运动副的图标，如图 8-27 所示，回转副、平面副等，可以用这些运动副来连接刚体，构造所需的机构。

5. 传感器、驱动器模块组（Sensors&Actuators）

传感器和驱动器是非仿真机构和仿真机构之间的接口，检测模块用来检测刚体或者关节的运动和普通的 Simulink 模块交换信息。驱动模块用来给机构添加 Simulink 输入量，确定了关节和刚体的运动。例如，用户可以用普通的 Simulink 模块搭建一个力信号，然后通过刚体动模块将该力信号施加到相应的刚体上。要想使得 SimMechanics 模块和普通 Simulink 模块进行数据交换，就必须用这样的中间环节。

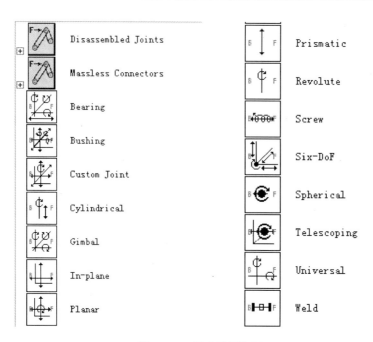

图 8-27　运动副模块组

8.5.4　SimMechnics 建模

1. 建模基本步骤

SimMechnics 建模步骤有些类似建造一个 Simulink 模型，参照 Simulink 仿真的运行过程。

（1）选择 Groud、Body 和 Joint 模块：从 Bodies 和 Joints 模块组中拖放建立模型所必需的 Body 和 Joint 模块，还包括 Machine Environment 模块和至少一个 Ground 模块到 Simulink 窗口中。

（2）定位于连接模块：将 Joint 和 Body 模块拖放到适当的位置，然后按正确的顺序将它们依次连接起来，可参考如下形式：

Machine Environment—Groud—Joint—Body—Joint—Body——……——Body

整个系统可以是一个开环的或者是闭环的拓扑结构，但至少有一个构件是 Ground 模块，而且有一个环境设置模块直接与其相连。

（3）配置 Body 模块，Joint 模块，选择、连接和配置 Constraint 模块和 Driver 模块，选择、连接和配置 Actuator 和 Sensor 模块，从对应的模块库中添加所需模块至模型窗口，并依次连接。通过 Actuator 模块确定控制信号，通过 Sensor 模块测量运动。Actuator、Sensor 模块实现 SimMechanics 模块与 Simulink 模块的连接。利用这两个模块就能够达到与 Simulink 环境实现信号传递。

2. 配置、运行模型基本步骤

将模块都连接好后，此时的模型还需要确定如何运行，确定各项设置及装载可视化。

SimMechanics 为运行机器模型提供了四种分析方式，最常用的是 Forward Dynamics 方式。使用 SimMechanics 强大的可视化和动画显示效果，来调试机器的几何形状。还可以在 Simulink Configuration Parameters 中设置可视化和调整仿真设置。

8.5.5　机构动态仿真实例分析

1. 平面四连杆机构模型仿真

平面四杆机构的运动分析是根据给定的原动件运动规律，求出机构中其他构件的运动规律。通过分析可以确定某些构件运动所需的空间，校验它们运动是否干涉，运动轨迹仿真动画则更为形象直观；速度分析可以确定机构从动件的速度是否合乎要求；加速度分析为惯性力计算提供加速度数据。大多数《机械原理》教材通常使用传统的图解法和解析法来进行平面四杆机构的运动分析，图解法因其作图、计算工作量大、精度差的缺点，在实际工程设计应用中有很大的局限性。虽然本教材第二版介绍了解析法对机构的运动分析的 MATLAB 软件编程实例，但是解析法编程计算工作量很大，程序结构复杂。所以本教材第三版利用

Matlab 软件的 SimMechanics 模块框图对机构运动进行建模和动态仿真。通过一系列关联模块来表示机构系统，在仿真时通过 SimMechanics 可视化工具将机构系统简化为机构结构的直观显示。

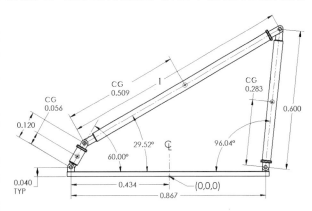

平面四连杆机构的运动简图实物模型如图 8-28 所示，Bar3 为原动件曲柄，各构件为直径 20mm 的圆杆，材料为 45钢，构件长度和质心位置如图 8-28 所示。下面以此为例，介绍 SimMechanics 在机构建模与仿真中的应用。

图 8-28　四杆机构尺寸图

由机构运动模型建立 SimMechanics 仿真模型如图 8-29 所示。

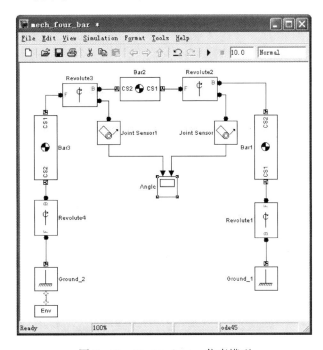

图 8-29　SimMechanics 仿真模型

2. 仿真模块参数设置

各模块的参数设置方法同上例，参数设置如下：

Ground 模块（见图 8 - 30）：

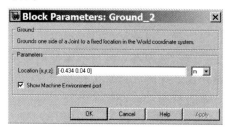

图 8 - 30 Ground 模块

Revolute 模块（见图 8 - 31）：

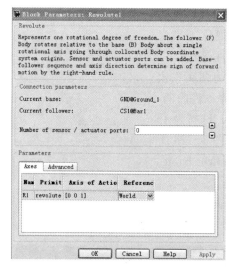

图 8 - 31 Revolute 模块

Env 模块（见图 8 - 32）：

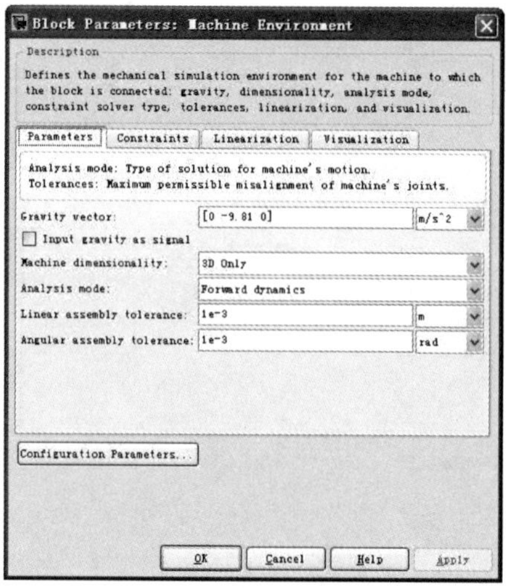

图 8 - 32 Env 模块

Bar 模块：双击 BC 杆模块可以得出如图 8-33 所示的对话框，从该对话框可以看出，需要输入的刚体参数有：杆的质量、惯量矩阵、刚体坐标和质心位置。

图 8-33　BC 杆模块

Joint sensor 模块：如图 8-34 所示。

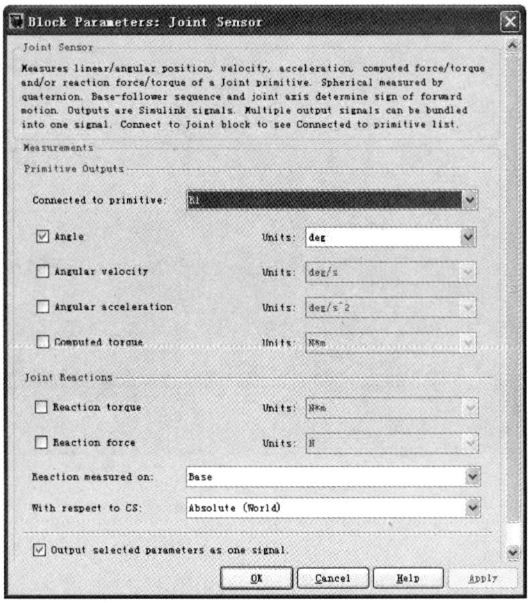

图 8-34

Scope 模块：

双击打开模块，弹出设置框，在 General 区内 Numble of axes 设置框内输入 2，如图 8-35

所示，单击 OK 后示波器模块将变成如图 8 - 36 所示的双波形图。

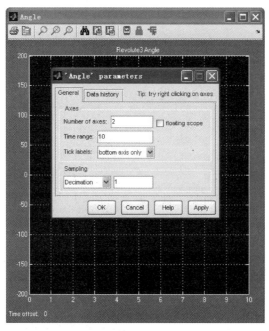

图 8 - 35

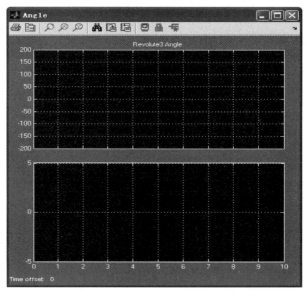

图 8 - 36

3. 运行仿真模型

用户既可以使用 MATLAB 自身的图形和 Simulink 的示波器显示仿真结果，还可以依赖虚拟现实工具箱，对仿真的机构进行动画显示。单击 Simulation /environment…，选择 Visuali zation 标签，可以进行输出显示的设置。参数设置完成后，启动仿真过程，仿真步骤同 Simulink 模型，即可得出仿真结果。图 8 - 37 为仿真结束后示波器模块显示的铰 2 和铰 3 的角位移图像。

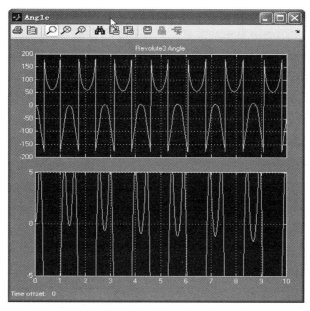

图 8 - 37

4. 仿真结果的运动可视化

SimMechanics 支持自定义的 MATLAB 图像处理窗口进行可视化，这个工具以透视图的方式显示机器的运动。刚体可以通过两个方式显示，分别为等价的椭圆体或为刚体坐标中的封闭曲面。利用两种显示方式其中的一种来可视化机构仿真模型。

配置 Configuration 参数：在模型窗口中选择 Simulation/Configuration，Parameters 菜单命令，打开 Configuration 参数对话框，选择其中的 SimMechanics 选项，如图 8 - 38所示。

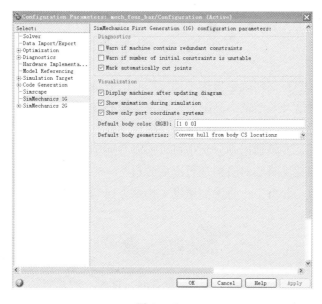

图 8 - 38

　　为了能够观察机构初始静止状态，复选上图中的 Display machine after updating diagram。为了能够在机构运动仿真中动画显示，复选上图中的 Show animation during simulation。单击 OK，然后在模型窗口中单击 Edit/Update，Diagram 菜单命令打开可视化窗口。基于 MATLAB 图形可视化工具已经嵌入到 SimMechanics，可以很方便地调用。在模型窗口单击 run 按钮，则可视化窗口显示的动画在仿真过程中与 Simulink 仿真保持同步。机构运动仿真结果如图 8－39 所示。

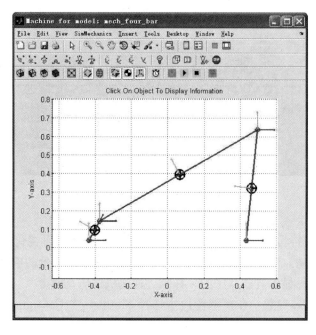

图 8－39

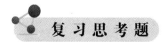

复习思考题

1. 什么是速度瞬心？如何确定机构中速度瞬心的数目？
2. 当两构件组成滑动兼滚动的高副时，其速度瞬心在何处？
3. 如何考虑机构中不组成运动副的两构件的速度瞬心？
4. 利用速度瞬心，在机构运动分析中可以求哪些运动参数？
5. 如何利用机构速度瞬心对机构进行速度分析？
6. 在平面机构运动分析中，哥氏加速度大小及方向如何确定？

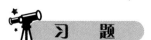

习　　题

　　8－1　试求图 8－40 所示各机构在图示位置时全部瞬心的位置。
　　8－2　在图 8－41 所示的齿轮-连杆组合机构中，试用瞬心法求齿轮 1 与齿轮 3 的传动比 ω_1/ω_3。

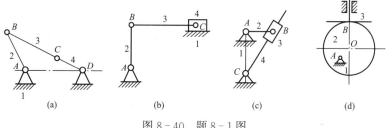

图 8-40　题 8-1 图

8-3　在图 8-42 所示凸轮机构中，已知 $r=50$mm，$l_{OA}=22$mm，$l_{AC}=80$mm，$\varphi_1=90°$，凸轮 1 以角速度 $\omega_1=10$rad/s 逆时针方向转动。试用瞬心法求从动件 2 的角速度 ω_2。

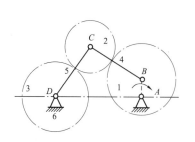

图 8-41　题 8-2 图

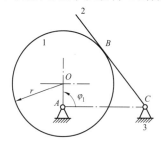

图 8-42　题 8-3 图

8-4　在图 8-43 所示四杆机构中，$l_{AB}=60$mm，$l_{CD}=90$mm，$l_{AD}=l_{BC}=120$mm，$\omega_1=10$rad/s，试用瞬心法求：

（1）当 $\varphi=45°$时，点 C 的速度 v_C；

（2）当 $\varphi=165°$时，构件 2 的 BC 线上（或其延长线上）速度最小的一点 E 的位置及其速度大小；

（3）当 $v_C=0$ 时，φ 角之值（有两个解）。

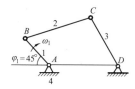

图 8-43　题 8-4 图

8-5　图 8-44 所示的曲柄摇块机构，$l_{AB}=30$mm，$l_{AC}=100$mm，$l_{BD}=50$mm，$l_{DE}=40$mm，$\varphi=45°$，等角速度 $\omega_1=10$rad/s，求点 E、D 的速度和加速度，构件 3 的角速度和角加速度。

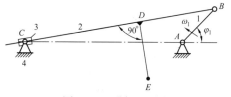

图 8-44　题 8-5 图

8-6　图 8-45 所示铰链四杆机构，已知各杆尺寸及原动件角速度 ω_1。试求：

（1）写出点 C 的速度 v_C 及加速度 a_C 的矢量方程式；

（2）画出速度和加速度矢量多边形（其大小示意，但方向必须正确）。

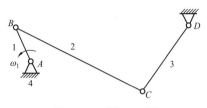

图 8-45　题 8-6 图

8-7　图 8-46 所示正弦机构，曲柄 1 长度 $l_1＝0.05\text{m}$，角速度 $\omega_1＝20\text{rad/s}$（常数），试分别用图解法和解析法确定该机构在 $\varphi＝45°$ 时导杆 3 的速度 v_3 与加速度 a_3。

8-8　在图 8-47 所示机构中，已知 $l_{AE}＝70\text{mm}$，$l_{AB}＝40\text{mm}$，$l_{EF}＝70\text{mm}$，$l_{DE}＝35\text{mm}$，$l_{CD}＝75\text{mm}$，$l_{BC}＝50\text{mm}$，$\varphi_1＝60°$，构件 1 以等角速度 $\omega_1＝10\text{rad/s}$ 逆时针方向转动，试求点 C 的速度和加速度。

8-9　在图 8-48 所示的机构中，已知各构件的尺寸及原动件 1 的角速度 ω_1（为常数），试以图解法求在 $\varphi_1＝90°$ 时构件 3 的角速度 ω_3 及角加速度 ε_3（比例尺任选）。

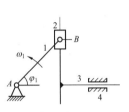

图 8-46　题 8-7 图

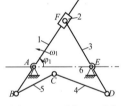

图 8-47　题 8-8 图

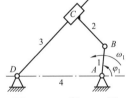

图 8-48　题 8-9 图

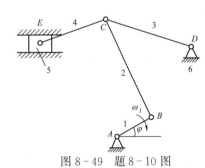

图 8-49　题 8-10 图

8-10　图 8-49 所示干草压缩机的机构运动简图（比例尺为 u_l）。原动件曲柄 1 以等角速度 ω_1 转动，试用矢量方程图解法求该位置活塞 5 的速度与加速度。要求：

（1）写出 C、E 点速度与加速度的矢量方程式；

（2）画出速度与加速度矢量多边形（大小可不按比例尺，但其方向与图对应）；

（3）据矢量多边形写出计算 E 点的速度 v_E 与加速度 a_E 的表达式。

8-11　在图 8-50 所示机构中，$l_{AB}＝150\text{mm}$，$l_{DE}＝150\text{mm}$，$l_{BC}＝300\text{mm}$，$l_{CD}＝400\text{mm}$，$l_{AE}＝280\text{mm}$，$AB\perp DE$，$\omega_1＝2\text{rad/s}$，顺时针方向，$\omega_4＝1\text{rad/s}$，逆时针方向，取比例尺 $u_l＝0.01\text{m/mm}$。试求 v_{C2} 及 ω_3 的大小和方向。

8-12　已知导杆机构尺寸位置如图 8-51 所示。构件 1 以等角速度 ω_1 顺时针方向转动。试用相对运动图解法求构件 3 的角速度 ω_3 和角加速度 ε_3，并求构件 3 上 E 点的速度及加速度。（比例尺任选）

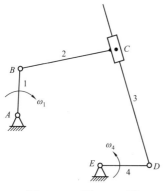

图 8-50 题 8-11 图

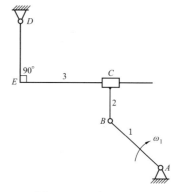

图 8-51 题 8-12 图

本章知识点

1. 速度瞬心的定义？相对速度瞬心和绝对速度瞬心的区别。
2. 理解"三心定理"的三心共线，确定机构中速度瞬心位置的方法。
3. 利用机构速度瞬心对机构进行速度分析。
4. 在进行机构运动分析时，掌握速度瞬心法的优点及局限性。
5. 掌握用图解法进行机构运动分析的方法。
6. 了解用解析法进行机构运动分析的方法。

*第 9 章　运动副中的摩擦和机械效率

本章主要介绍各种运动副中的摩擦、计算摩擦时机构的受力分析以及机械效率的计算方法，从机械效率的角度出发，判定机构自锁的条件。

9.1　概　　述

摩擦存在于一切做相对运动或者具有相对运动趋势的两个直接接触的物体表面之间。机构中的运动副是构件之间的活动连接，同时又是机构传递动力的媒介。因此，各运动副中将产生阻止其相对运动的摩擦力。

摩擦具有两重性，对机械有其有害的一面，也有其有利的一面。有害的一面表现为，摩擦力消耗输入功，使机械效率降低。同时，摩擦造成零件磨损，削弱零件的强度，影响机械工作的精度和可靠性。另外，它还会引起机械的温度升高，破坏机械的正常润滑条件，甚至导致运动副咬紧和卡死，使机械毁坏。有利的一面表现为，利用摩擦传递机械的运动和能量，例如摩擦轮传动、带传动、摩擦离合器等；利用摩擦进行机械的制动，例如制动装置、刹车装置。由此可见，摩擦对机械的工作具有较大的影响，因此有必要研究机械中的摩擦，以便设法减少其有害方面而发挥其有利作用。

摩擦、效率以及自锁是一个问题的几个方面，矛盾的主要方面是摩擦。摩擦大，效率就低；效率低到一定程度，机械就会出现自锁。本章主要研究常见运动副中摩擦力的分析，以及与摩擦有关的机械效率和自锁问题。

9.2　移动副中的摩擦

9.2.1　水平面平滑块的摩擦

如图 9-1（a）所示，滑块 A 在驱动力 F 的作用下，沿水平面 B 向左做匀速运动。设力 F 与接触面法线成 α 角，则 F 可分解为切向分力 F_x 和法向分力 F_y，它们的大小分别为

$$F_x = F\sin\alpha \quad F_y = F\cos\alpha$$

$$(9-1)$$

由此式可得

$$\frac{F_x}{F_y} = \tan\alpha \qquad (9-2)$$

平面 B 对滑块 A 产生反力有法向反力 R_n 和摩擦力 F_f，它们的合力以 R 表示，称为总反力。由理论力学知，$F_f = fR_n$，式中 f 为摩擦系数。由图 9-1（a）得

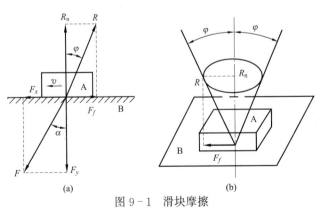

(a)　　　　　　　　　(b)

图 9-1　滑块摩擦

$$\tan\varphi = \frac{F_f}{R_n} = f \tag{9-3}$$

式中，φ 为 $\boldsymbol{R}$ 与 $\boldsymbol{R}_n$ 间的夹角，称为摩擦角。

由以上分析可知：

(1) 摩擦角 φ 的大小由 f 决定，与驱动力 $\boldsymbol{F}$ 的大小及方向无关。

(2) 总反力 $\boldsymbol{R}$ 与滑块运动方向总是成 $90°+\varphi$ 角。因为 $\boldsymbol{R}_n = \boldsymbol{F}_y = F\cos\alpha$，引用上式，可得 $\boldsymbol{F}$ 的水平分力为

$$F_x = F\sin\alpha = R_n\sin\alpha/\cos\alpha = R_n\tan\alpha = F_f\tan\alpha/\tan\varphi \tag{9-4}$$

由上式知：①当 $\alpha>\varphi$ 时，$F_x>F_f$，滑块作加速运动；②当 $\alpha=\varphi$ 时，$F_x=F_f$，若滑块原来运动，则作等速运动；若滑块原来静止，则不管外力 $\boldsymbol{F}$ 的大小如何，滑块都不会运动；③当 $\alpha\leqslant\varphi$ 时，$F_x\leqslant F_f$，若滑块原来就在运动，则作减速运动直到静止；若滑块原来静止不动，则不论 $\boldsymbol{F}$ 力多大，都不能使滑块运动。这种不管驱动力多大，由于摩擦力的作用而使机构不能运动的现象称为自锁。

$\boldsymbol{R}$ 为矢量的作用线绕接触面法线回转而形成的一个以 2φ 为锥顶角的圆锥称为摩擦锥，如图 9-1 (b) 所示。若滑块原来静止不动，则当力 $\boldsymbol{F}$ 在空间不同方向作用时，只要它的作用线在摩擦锥以内或正在摩擦锥上时，不论力 $\boldsymbol{F}$ 多大，都不能使滑块产生运动，即发生自锁。

9.2.2　斜面平滑块的摩擦

如图 9-2 (a) 所示，平滑块置于倾斜角为 θ 的斜面上，Q 为作用在滑块上的铅垂载荷（包括滑块自重），φ 为接触面间的摩擦角。现设滑块在水平驱动力 $\boldsymbol{F}$ 作用下沿斜面等速上升，斜面对滑块的总反力为 $\boldsymbol{R}$，它与滑块运动方向成 $90°+\varphi$ 角，根据平衡条件 $\boldsymbol{Q}+\boldsymbol{F}+\boldsymbol{R}=0$，作力三角形如图 9-2 (b) 所示，从图可得

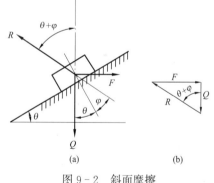

图 9-2　斜面摩擦

$$F = Q\tan(\theta+\varphi) \tag{9-5}$$

由上式知：当 θ 在 0 到 $\frac{\pi}{2}-\varphi$ 范围变化时，$\boldsymbol{F}$ 力随 θ 的增大而增大；当 $\theta=\frac{\pi}{2}-\varphi$ 时，$F=\infty$，这时不论力 $\boldsymbol{F}$ 多大都不能使滑块等速上升，即机构发生自锁。当 $\theta>\frac{\pi}{2}-\varphi$ 时，力 $\boldsymbol{F}$ 为负值，但这是不符合给定条件的，因此滑块不可能等速上升，即机构发生自锁，故等速上升时的自锁条件为 $\theta\geqslant\frac{\pi}{2}-\varphi$。

图 9-3 (a) 所示为水平力 $\boldsymbol{F}'$ 维持滑块沿斜面等速下降的情况，这时 Q 为驱动力，而 $\boldsymbol{F}'$ 为生产阻力，总反作用力 $\boldsymbol{R}'$ 与滑块运动方向成为 $90°+\varphi$ 角，根据平衡条件 $\boldsymbol{Q}+\boldsymbol{F}'+\boldsymbol{R}'=0$，作力三角形如图 9-3 (b) 所示，得

$$F' = Q\tan(\theta-\varphi) \tag{9-6}$$

由上式知：当 $\theta<\varphi$ 时，$\boldsymbol{F}'$ 为负值，表示只有把力 $\boldsymbol{F}'$ 变为驱动力才能使滑块等速下降，如果不是，则滑块不能运动，即机构发生自锁；当 $\theta=\varphi$ 时，$\boldsymbol{F}'=0$，这是自锁的极限情况，故等速下降的自锁条件为 $\theta\leqslant\varphi$。

【例 9 - 1】 图 9 - 4（a）所示为一压榨机的斜面机构，F 为作用于楔块 1 的水平驱动力，Q 为被压榨物体对滑块 2 的反力，即生产阻力，θ 为楔块的倾斜角。设各接触面间的摩擦系数均为 f，求 F 和 Q 两力间的关系式，并讨论机构的自锁问题。

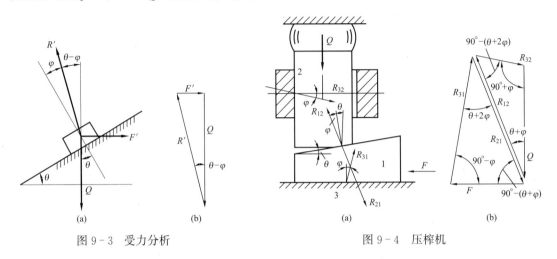

图 9 - 3 受力分析   图 9 - 4 压榨机

解   当力 F 推动楔块 1 向左移动时，滑块 2 将向上移动压榨被压物体，这个行程称为工作行程或正行程，而与此相反的行程称为反行程。正行程时，楔块 1 和滑块 2 的示力如图 9 - 4（a）所示，其中 $\varphi=\arctan f$。根据平衡条件，有 $\boldsymbol{F}+\boldsymbol{R}_{31}+\boldsymbol{R}_{21}=0$ 和 $\boldsymbol{Q}+\boldsymbol{R}_{32}+\boldsymbol{R}_{12}=0$，作力三角形如图 9 - 4（b）所示，由图得

$$\frac{Q}{\sin[90°-(\theta+2\varphi)]}=\frac{R_{12}}{\sin(90°+\varphi)};\quad \frac{F}{\sin(\theta+2\varphi)}=\frac{R_{21}}{\sin(90°-\varphi)}$$

因 $|R_{12}|=|R_{21}|$，从上面两式中把它们消去，即得 F 和 Q 两力间的关系式为

$$F=Q\tan(\theta+2\varphi)$$

由上式和斜面自锁条件的讨论可知，当 $\theta\geqslant 90°-2\varphi$ 时，机构将发生自锁。但压榨机在正行程中不应自锁，故设计时应使 $\theta<90°-2\varphi$。

在反行程中，Q 为驱动力，而 F 已减少成为生产阻力 F'。用与上述同样的分析方法可得

$$F'=Q\tan(\theta-2\varphi)$$

由上式和斜面自锁条件的讨论可知，反行程的自锁条件为 $\theta\leqslant 2\varphi$。

9.2.3 楔形滑块的摩擦

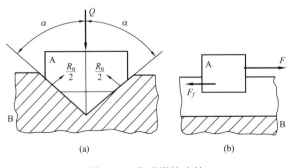

图 9 - 5 楔形滑块摩擦

如图 9 - 5 所示，楔形滑块 A 置于夹角为 2α 的槽面 B 上，Q 为作用于滑块上的铅垂载荷（包括滑块自重），接触面间的摩擦系数为 f。现设滑块受水平驱动力 F 的作用沿槽面作等速滑动，这时滑块的两个接触面上各有一个法向反力，其大小各为 $R_n/2$，并各有一个摩擦力 $F_f/2$ 作用。根据平衡条件得

$$R_n\sin\alpha-Q=0$$

又有

$$F_f = fR_n$$

从两式中消去 R_n，得

$$F_f = \frac{f}{\sin\alpha}Q = f_v Q$$

式中

$$f_v = \frac{f}{\sin\alpha} \tag{9-7}$$

称为当量摩擦系数，它相当于把楔形滑块视为平滑块时的摩擦系数。与 f_v 相对应的摩擦角 $\varphi_v = \arctan f_v$，称为当量摩擦角。

由于 f_v 大于 f，故楔形滑块摩擦较平滑块摩擦为大，因此常利用楔形来增大所需的摩擦力。V 带传动、三角螺纹连接等即为其应用的实例。

9.3　螺旋副中的摩擦

在研究螺旋副的摩擦时，可假定：①螺母与螺钉间的压力是作用在螺旋平均半径 r_0 的螺旋线上，如图 9-6（a）所示；②螺旋副中力的作用与滑块和斜面间力的作用相同，这样就可以把平均半径处的螺旋线展开在平面上，将空间问题转化为平面问题。

9.3.1　矩形螺纹

如图 9-6（a）所示，设 A 代表螺母，Q 为作用其上的轴向载荷，M 为驱使螺母 A 沿螺旋 B 作等速运动的力矩，它可以用假想作用在螺旋平均半径 r_0 处的水平力 F 对 z 轴的力矩来表示，即 $M = Fr_0$。

当螺母 A 克服载荷 Q 沿螺旋面等速上升时，亦即拧紧螺母时，根据上述假定，其力的作用可用图 9-6（b）所示的滑块与斜面间的力的作用来代替，图中斜面的倾角 θ 等于螺旋平均半径 r_0 处螺旋线的升角。由式（9-5），$F = Q\tan(\theta+\varphi)$，可得

$$M = Fr_0 = Qr_0\tan(\theta+\varphi) \tag{9-8}$$

当螺母 A 顺载荷 Q 沿螺旋面等速下降，亦即松开螺母时，同理，可以引用式（9-6），即 $F' = Q\tan(\theta-\varphi)$，可得

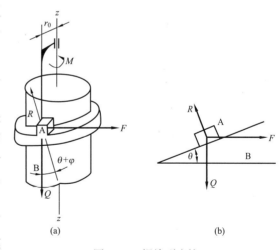

图 9-6　螺旋副摩擦

$$M' = F'r_0 = Qr_0\tan(\theta-\varphi) \tag{9-9}$$

式中，M' 与 F' 维持螺母 A 在载荷 Q 作用下作等速下降的支持力矩与支持力，它们的方向仍各与 M 和 F 相同。由上式知，当 $\theta \leqslant \varphi$ 时，M' 与 F' 将为负值，说明单凭载荷 Q 螺母不能自动松开，即发生自锁。

9.3.2　非矩形螺纹

研究非矩形螺纹如图 9-7 所示时，可把螺母在螺钉上的运动近似地认为是楔形滑块沿

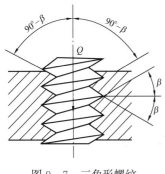

图 9-7　三角形螺纹

斜槽面的运动，而斜槽面的夹角可认为等于 $2(90°-\beta)$，β 为非矩形螺纹的半顶角。应用式（9-7），可得

$$f_v=\frac{f}{\sin(90°-\beta)}=\frac{f}{\cos\beta}$$

而 $\varphi_v=\arctan f_v=\arctan\left(\dfrac{f}{\cos\beta}\right)$。于是可利用矩形螺纹中的式（9-8）和式（9-9），只需将其中的 φ 用 φ_v 代替，即可得拧紧和松开螺母时的力矩各为

$$M=Fr_0=Qr_0\tan(\theta+\varphi_v) \tag{9-10}$$

$$M'=F'r_0=Qr_0\tan(\theta-\varphi_v) \tag{9-11}$$

由式（9-11）可知，当 $\theta\leqslant\varphi_v$ 时，螺旋将发生自锁。

由于 $\varphi_v>\varphi$，故非矩形螺纹的摩擦较矩形螺纹的大，自锁性好，宜于连接紧固之用；而矩形螺纹摩擦较小，效率较高，宜用于传递动力的场合。

9.4　转动副中的摩擦

转动副可按载荷作用情况的不同分为两种。当载荷垂直于轴的几何轴线时称为径向轴颈与轴承（见图 9-8）；当载荷平行于轴的几何轴线时称为止推轴颈与轴承（如图 9-11所示）。

9.4.1　径向轴颈与轴承

图 9-8 所示为轴颈 A 置于轴承 B 中，Q 为作用在轴心 o 的铅垂载荷（包括自重在内）。现设轴颈 A 受驱动力矩 M 的作用作等速回转，根据平衡条件知，轴承 B 对 A 的所有法向反力和摩擦力合成后的总反力 $\pmb{R}_{BA}$ 必与 $\pmb{Q}$ 等值反向，而 $\pmb{R}_{BA}$ 与 $\pmb{Q}$ 必组成一对力偶，力偶矩 $\pmb{M}_f$ 与 $\pmb{M}$ 等值反向，力偶臂为

$$\rho=\frac{M_f}{R_{BA}} \tag{9-12}$$

力偶矩 M_f 称为摩擦力矩。

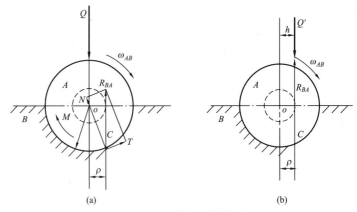

图 9-8　转动副摩擦

将 $\pmb{R}_{BA}$ 在其作用线与轴颈的交点 C 处分解为通过轴心 o 和相切于轴颈的两个分力 $\pmb{N}$ 和 $\pmb{T}$，T 和 N 的比值用 f_1 表示，则有

$$Q=R_{BA}=\sqrt{N^2+T^2}=N\sqrt{1+f_1^2}$$

因分力 N 对轴心 o 的力矩为零，故有

$$M_f=Tr=f_1Nr=\frac{f_1}{\sqrt{1+f_1^2}}Qr=f_vQr \tag{9-13}$$

式中，r 为轴颈的半径，$f_v = \dfrac{f_1}{\sqrt{1+f_1^2}}$ 称为当量摩擦系数，其值通常由实验来确定，随摩擦表面的材料和状态以及工作条件等在较大范围内变动。在干摩擦的情况下，借助关于转动副接触面上压力强度分布规律的某些假定，可以求得：对于轴颈轴承接触后磨损极少的所谓非跑合轴颈为 $f_v = \dfrac{\pi}{2}f$；对于跑合后接触面接触良好的所谓跑合轴颈为 $f_v = \dfrac{4}{\pi}f$，f 为轴颈与轴承间的滑动摩擦系数。

在轴颈与轴承之间有少许间隙且为在干摩擦的情况下，轴颈表面与轴承表面间为线接触，此时 T 即为摩擦力，由于 f 值一般均不大，故 f^2 与 1 相比可忽略不计，因而

$$f_v = f_1 / \sqrt{1+f_1^2} = f / \sqrt{1+f^2} \approx f$$

在这种情况下有：$M_f = f_v Qr \approx fQr$。

9.4.2　摩擦圆

从式（9-12）和式（9-13）可得力偶臂 ρ 的值为

$$\rho = \frac{M_f}{R_{BA}} = \frac{f_v Qr}{Q} = f_v r \tag{9-14}$$

若以轴心 o 为圆心，ρ 为半径作圆，如图 9-8（a）中虚线所示，则总反力 R_{BA} 将与此圆相切。与摩擦角和摩擦锥相似，这个以 ρ 为半径的圆称为摩擦圆。由于摩擦力矩阻止相对运动，故 R_{BA} 对轴心的力矩方向必与 ω_{AB} 相反。这样，在一般机构设计及摩擦力分析中，利用摩擦圆、构件间相对运动的方向和构件的力平衡条件，便可以确定各转动副中总反力的作用线的位置。并进一步求出其大小和方向。

根据力偶等效律，可将驱动力偶矩 M 与载荷 Q 合并成一合力 Q'，该合力的大小仍为 Q，其作用线偏移距离为 $h = \dfrac{M}{Q}$，如图 9-8（b）所示。当 $h = \rho$ 时，Q' 与摩擦圆相切（即图中所示的位置），$M = M_f$，因此轴颈作等速转动（若原来就在转动）或静止不动（若原来就不动）。当 $h > \rho$ 时，Q' 在摩擦圆外，$M > M_f$，因此轴颈以加速度运动。当 $h < \rho$ 时，Q' 与摩擦圆相割，$M < M_f$，此时若轴颈原来就在运动则将作减速运动直至静止不动；如轴颈原来就不动，则不论 Q' 大小如何，轴颈 A 都不能转动，这就是在转动副中发生的自锁现象。这种自锁原理常应用于某些夹具和箱柜的锁闩机构上。

【例 9-2】　在图 9-9（a）所示的曲柄滑块机构中，已知各构件的尺寸，各转动副的半径及其当量摩擦系数，以及滑块与导路间的摩擦系数。机构在已知驱动力 F 作用下运动，设不计各构件的自重和惯性力，求在图示位置时作用在曲

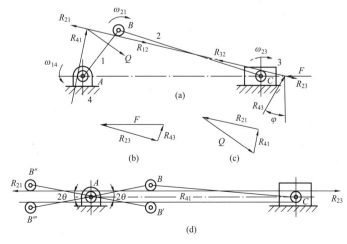

图 9-9　考虑摩擦时的受力分析

柄上沿已知作用线的生产阻力 Q，并讨论机构的自锁问题。

解 （1）根据式（9-14）算出各转动副的摩擦圆半径，并在机构图上绘出这些摩擦圆。

（2）分析连杆 2 受力情况。因为不计构件的自重和惯性力，故连杆 2 为受压二力构件。在 C 端因力 F 驱使滑块向左运动，故 $\angle ACB$ 在增大，因此 ω_{23} 为顺时针转向。现连杆受压，滑块 3 对连杆 2 的总反力 R_{32} 应从 C 端指向 B 端，总反力对 C 点的力矩方向应与 ω_{23} 相反，其作用线必切于 C 处摩擦圆的上方。在 B 端由于 $\angle ABC$ 在减小，故 ω_{21} 必为顺时针转向，同时曲柄 1 对连杆 2 的总反力 R_{12} 应从 B 端指向 C 端，R_{12} 对 B 点力矩方向应与 ω_{21} 相反，故 R_{12} 的作用线必切于 B 处摩擦圆的下方。由于连杆 2 在 R_{32} 和 R_{12} 作用下受压成平衡状态，此两力必共线，而该线必同时切于 C 处摩擦圆的上方和 B 处摩擦圆下方，如图 9-9（a）所示。

（3）分析滑块 3 的受力情况。滑块 3 在驱动力 F、连杆 2 对滑块 3 的总反力 R_{23}，以及导路 4 对滑块 3 的总反力 R_{43} 的作用下平衡。其中 F 为已知，$R_{23}=-R_{32}$ 并共线；R_{43} 的作用线与滑块运动方向成 $90°+\varphi$ 角（$\varphi=\arctan f$），且必通过 F 和 R_{23} 两力作用线的交点，如图 9-9（a）所示。在这三个力中，只有 R_{23} 和 R_{43} 两者的大小未知，因此可作力三角形求得，如图 9-9（b）所示。

（4）分析曲柄 1 的受力情况。曲柄 1 在生产阻力 Q、连杆 2 对曲柄 1 的推力 R_{21}，以及机架对曲柄 1 的总反力 R_{41} 的作用下成平衡状态。其中，Q 力的作用线为已知，因为是生产阻力，Q 力指向如图 9-9（a）所示，$R_{21}=(-R_{12}=R_{32}=)-R_{23}$ 已求得，而 R_{41} 的作用线必通过 Q 和 R_{21} 两力作用线的交点，其方向朝上；因 $\angle BAC$ 在增大，故 ω_{14} 必为逆时针转向，则 R_{41} 的作用线必切于 A 处摩擦圆的左边。至此，可作力三角形求得 Q 力的大小，如图 9-9（c）所示。

（5）最后讨论机构的自锁问题。当机构在图 9-9（d）所示的 ABC 位置时，推力 R_{21} 的作用线与 A 处摩擦圆相切或相割，此时不论驱动力 F 多大，R_{21} 始终不能使曲柄 1 产生预定方向的运动，即使 $Q=0$ 亦不能使机构运动，即机构发生自锁。图 9-9（d）中 B'、B''、B''' 各为与 B 点相对称的位置，由上述理由知，当曲柄位于 2θ 角的范围之内时，机构将自锁，由图知，有

$$\sin\theta=\frac{\rho_A+\rho_B}{l_{AB}}$$

式中，ρ_A 和 ρ_B 各为 A 和 B 处摩擦圆的半径，l_{AB} 为曲柄 1 的长度。

【例 9-3】 在图 9-10 所示的偏心夹具中，已知偏心圆盘 1 的半径 $r_1=60\text{mm}$，轴颈 A 的半径 $r_A=15\text{mm}$，偏心距 $e=40\text{mm}$，轴颈的当量摩擦系数 $f_v=0.2$，圆盘 1 和工件 2 之间的摩擦系数 $f=0.14$，求不加 F 力时机构自锁的最大楔紧角 α。

解 轴颈 A 的摩擦圆半径为

$$\rho=f_v r_A=0.2\times15=3\text{（mm）}$$

圆盘 1 与工件 2 之间的摩擦角为

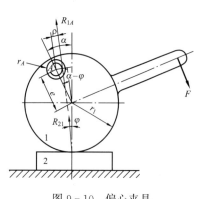

图 9-10 偏心夹具

$$\varphi = \arctan f = \arctan 0.14 = 7°58'$$

当 $F = 0$，机构反行程自锁时，圆盘有逆时针转动的趋势，故工件 2 对圆盘 1 的反力 $\boldsymbol{R}_{21}$ 的方向应向上并从接触处的法线向左偏 φ 角。因圆盘（不计本身重量）为二力构件，故圆盘 1 对轴 A 的反力 $\boldsymbol{R}_{1A} = (-\boldsymbol{R}_{A1}) = \boldsymbol{R}_{21}$ 并共线，而圆盘 1 相对于轴 A 的回转趋势为逆时针，因此 $\boldsymbol{R}_{1A}$ 对 A 点的力矩必为逆时针方向，故 $\boldsymbol{R}_{1A}$ 应相切于或相割于 A 处摩擦圆的右方，机构自锁。由图得知

$$e\sin(\alpha - \varphi) - r_1\sin\varphi \leqslant \rho$$

将已知数值代入并整理，得

$$\sin(\alpha - 7°58') \leqslant \frac{60 \times \sin 7°58' + 3}{40} = 0.2829$$

最大楔紧角为

$$\alpha = \arcsin 0.2829 + 7°58' = 24°24'$$

9.4.3 止推轴颈与轴承

止推轴颈与轴承的接触面可以是任意的旋转面，但实际上常用的是一个圆平面、一个或数个圆环面。若引用某些关于接触面上压力强度分布的假定，可以求得非跑合的和跑合的两种止推轴颈与轴承的摩擦力矩的公式。图 9-11 所示的圆环面止推轴颈与轴承的摩擦力矩公式如下所列。

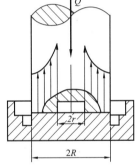

1. 非跑合的止推轴颈

$$M_f = \frac{2R^3 - r^3}{3R^2 - r^2} fQ \qquad (9-15)$$

2. 跑合的止推轴颈

$$M_f = \frac{1}{2}(R + r) fQ \qquad (9-16)$$

上面两式中，R 和 r 各为接触面的外半径和内半径，f 为接触面上的滑动摩擦系数，Q 为作用在轴颈轴线上的轴向载荷。

图 9-11 止推轴颈摩擦

9.5 机 械 的 效 率

机械在运转时，由于有摩擦力和空气阻力等存在，总有一部分驱动力所做的功消耗在克服这些有害阻力上。这部分的消耗完全是一种能量的损失，应力求减小。工程上用"效率"这个术语来衡量机械对能量有效利用的程度。效率高，能量的有效利用程度就高，机械的质量就好；反之，机械的质量就差。效率是机械的重要质量指标之一。还可利用效率来判别机械是否发生自锁。

9.5.1 机械效率的表达形式

1. 效率的定义

机械在稳定运动的一个运动循环中，输入功 W_d 等于输出功 W_r 和损耗功 W_f 之和（参阅 12.1 节），即

$$W_d = W_r + W_f \qquad (9-17)$$

在上式中，对于一定的输入功或驱动功 W_d，如输出功 W_r（或有益阻力功）越大或损

耗功 W_f 越小，则该机械对能量的有效利用程度越高，即能量损失越小。因此，可用输出功 W_r 与输入功 W_d 的比值来衡量机械对能量的有效利用程度，即

$$\eta = \frac{输出功}{输入功} = \frac{W_r}{W_d} \tag{9-18}$$

将式（9-17）代入上式得

$$\eta = \frac{W_d - W_f}{W_d} = 1 - \frac{W_f}{W_d} \tag{9-19}$$

比值 η 称为机械的效率，简称效率。由式（9-19）知，当机械中存在摩擦时，$W_f/W_d >0$，故 $\eta < 1$。由此可知，机械的效率总是小于 1，不会出现大于 1 或等于 1 的情况。

还应注意，机械的效率是指机械在稳定运动阶段一个运动循环内输出功 W_r 和输入功 W_d 的比值，即对整个循环而言，在一个运动循环中某一微小区间内的输出功与输入功的比值，则称为机械的瞬时效率。机械的效率和机械的瞬时效率有时相等，有时不等。当机械在稳定运动阶段做匀速运动时，因其动能在整个稳定运动阶段都保持不变，动能增量等于零，机械的效率就等于任一瞬时的瞬时效率；当机械作变速运动时，则任一微小区间内机械动能增量不一定等于零，机械的效率就不等于任一瞬时的瞬时效率，且各瞬时的瞬时效率不一定相同。

简单传动机械和运动副的效率，在一般机械手册中都可以查到。

2. 效率的其他表示法

（1）功率表示法。效率也可以用驱动力和生产阻力所产生的功率来表示。将式（9-18）的分子、分母都除以一个运动循环的时间后，即得

$$\eta = \frac{输出功率}{输入功率} = \frac{N_r}{N_d} = 1 - \frac{N_f}{N_d} \tag{9-20}$$

式中，N_d、N_r 和 N_f 分别为一个运动循环中输入功率、输出功率及有害功率的平均值。

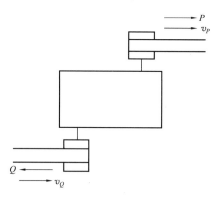

图 9-12 机组的效率

（2）力和力矩表示法。效率也可用力的比值形式来表示。图 9-12 所示为一机械传动示意图，设 P 为驱动力，Q 为生产阻力，v_P 和 v_Q 分别为 P 和 Q 作用点沿该力作用方向的速度，于是由式（9-20）得

$$\eta = \frac{N_r}{N_d} = \frac{Qv_Q}{Pv_P} \tag{9-21}$$

假想在该机械中不存在摩擦（称为理想机械）。这时，为了克服同样的生产阻力 Q，其所需的驱动力（称为理想驱动力）显然就不再需要像 P 那样大了。如果 P_0 表示不考虑摩擦时所需的驱动力，则因理想机械效率 η_0 应等于 1，故得

$$\eta_0 = \frac{Qv_Q}{P_0 v_P} = 1$$

$$Qv_P = P_0 v_P \tag{9-22}$$

将式（9-22）代入式（9-21），得

$$\eta = \frac{Qv_Q}{Pv_P} = \frac{P_0 v_P}{Pv_P} = \frac{P_0}{P} = \frac{理想驱动力}{实际驱动力} \tag{9-23}$$

设想机械中没有摩擦，驱动力仍为 $\boldsymbol{P}$，而阻力由 $\boldsymbol{Q}$ 变为 $\boldsymbol{Q}_0$，则称 $\boldsymbol{Q}_0$ 为理想阻力，即无摩擦状态下的阻力。显然，$\boldsymbol{Q}_0 > \boldsymbol{Q}$。在这一理想状态下，同理有

$$\boldsymbol{Q}_0 \boldsymbol{v}_Q = \boldsymbol{P}\boldsymbol{v}_P \tag{9-24}$$

将式（9-24）代入式（9-21），又可得到用力表达机械效率的另一种形式，即

$$\eta = \frac{Qv_Q}{Pv_P} = \frac{Qv_Q}{Q_0 v_Q} = \frac{Q}{Q_0} = \frac{实际阻力}{理想阻力} \tag{9-25}$$

用同样道理，机械的效率也可以用力矩之比的形式来表达，即

$$\eta = \frac{理想驱动力矩}{实际驱动力矩} = \frac{实际阻力矩}{理想阻力矩} \tag{9-26}$$

9.5.2　效率的计算

1. 机器或机组的效率计算

按机组连接方式的不同，其效率计算可分为下列三种情况。

（1）串联。如图 9-13 所示，设有 k 个机器依次相互串联，各个机器的效率分别为 η_1、η_2、η_3、$\cdots$、η_k，由于

$$\eta_1 = \frac{W_1}{W_d}; \quad \eta_2 = \frac{W_2}{W_1}; \quad \eta_3 = \frac{W_3}{W_2}; \quad \cdots; \quad \eta_k = \frac{W_k}{W_{k-1}}$$

所以机组的总效率为

$$\eta = \frac{W_k}{W_d} = \frac{W_1 W_2 W_3}{W_d W_1 W_2} \cdots \frac{W_k}{W_{k-1}} = \eta_1 \eta_2 \eta_3 \cdots \eta_k \tag{9-27}$$

由上式可知，串联机组总效率等于各个机器效率的连乘积。由于各个机器的效率都小于 1，故串联后的总效率必小于任一机器的效率，且串联的机器越多，其总效率越小。

（2）并联。图 9-14 所示为由 k 个相互并联的机器组成的机组，因其总输入功为：

$$W_a = W_1 + W_2 + W_3 + \cdots + W_k$$

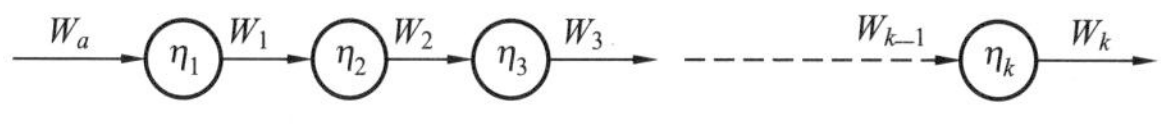

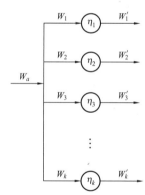

$$\xrightarrow{W_a} \eta_1 \xrightarrow{W_1} \eta_2 \xrightarrow{W_2} \eta_3 \xrightarrow{W_3} \text{------} \xrightarrow{W_{k-1}} \eta_k \xrightarrow{W_k}$$

图 9-13　串联机组效率

图 9-14　并联机组效率

总输出功为

$$W_r = W'_1 + W'_2 + W'_3 + \cdots + W'_k = \eta_1 W_1 + \eta_2 W_2 + \eta_3 W_3 + \cdots + \eta_k W_k$$

所以总效率为

$$\eta = \frac{W_r}{W_a} = \frac{\eta_1 W + \eta_2 W + \eta_3 W_3 + \cdots + \eta_k W_k}{W_1 + W_2 + W_3 + \cdots + W_k} \tag{9-28}$$

上式表明，并联机组的总效率不仅与各机器的效率有关，而且还与总输入功如何分配到各机器的分配方式有关。设 η_{max} 和 η_{min} 为各机器效率的最大值和最小值，则 $\eta_{min} < \eta < \eta_{max}$。若各个局部效率均相等，那么不论 k 的数目多少以及输入功如何分配，总效率等于任一局部效率。

（3）混联。混联是由串联和并联组合而成的，总效率的求法因组合方式的不同而不同。可先将输入功至输出功的路线弄清，然后分别按其连接的形式参照式（9－27）和式（9－28）的建立方法，推导出总效率的计算公式。

2. 螺旋机构的效率计算

现有的机构多种多样，各种机构的效率计算公式虽不相同，但其建立的思路有相同之处，或用功，或用功率，或用力来建立。下面仅以常用的螺旋机构为例，说明效率公式的建立方法。

由式（9－10），拧紧螺母时的实际驱动力矩为

$$M = Qr_0 \tan(\theta + \varphi_v)$$

当螺旋副中没有摩擦时，$\varphi_v = 0$，可得理想的生产阻力矩为

$$M_0 = Qr_0 \tan\theta$$

由式（9－26）得拧紧螺母时的效率为

$$\eta = \frac{M_0}{M} = \frac{\tan\theta}{\tan(\theta + \varphi_v)} \tag{9－29}$$

同理，拧松螺母时的效率为

$$\eta' = \frac{\tan(\theta - \varphi_v)}{\tan\theta} \tag{9－30}$$

由此可见，螺旋机构正反两行程的效率是不同的，其他机构也有这种特性。

9.5.3　机械的效率与自锁

若加在机械上的驱动力不管有多么大，都不能使机械产生运动，则这种现象称为机械的自锁。自锁，有时必须避免，有时却要利用。如螺旋机构用于传动时，正、反行程都要求运动，就不允许发生自锁现象；如螺旋机构用作起重装置（千斤顶），正行程要求能运动，而反行程必须有自锁性。

前三节曾从机构受力的观点研究过自锁问题。本节再从效率的观点来分析机器发生自锁的条件。

如果机器的效率 $\eta > 0$，则机器能运动，不会发生自锁。

若 $\eta = 0$，则有两种情况：①如果机器原来就在运动，那么它仍能运动，但是不做任何有用功，机器的这种运动统称为空转；②如果该机器原来就不动，那么不论其驱动力多么大而机器总不能运动，即发生自锁。若 $\eta < 0$，则全部驱动力所做的功尚不足以克服有害阻力的功，所以机器不论其原来情况如何，必定发生自锁。综上所述，机器发生自锁的条件为

$$\eta \leqslant 0 \tag{9－31}$$

式中，$\eta = 0$ 是有条件的自锁，即必须机器原来就静止不动。这种有条件的自锁一般不可靠。

机械设计时，可以利用上式来判断其是否自锁及出现自锁的条件：下面以螺旋机构为例，说明如何确定其自锁条件。

螺旋机构在拧松螺母（即滑块下降）时，如果发生自锁，应用式（9－30）与式（9－31），知其条件为

$$\eta' = \frac{\tan(\theta - \varphi_v)}{\tan\theta} \leqslant 0$$

$$\theta \leqslant \varphi_v \tag{9－32}$$

可见，当螺杆的螺旋线升角小于或等于摩擦角时，会发生自锁。千斤顶就利用了这个条件。

【例 9 - 4】　在图 9 - 15（a）所示平面机构中，若已知主动力 P 和生产阻力 Q 的作用方向和作用点 A 和 B（设此滑块不发生倾倒），以及滑块 1 的运动方向。运动副中的摩擦角和力的大小均为已知。试求此机构的效率和不发生自锁的条件。

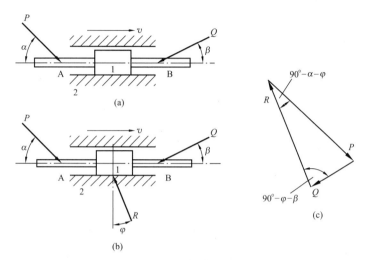

图 9 - 15　自锁条件应用

解　滑块 1 所受三力 P、Q 和 R 处于平衡

$$P + Q + R = 0$$

其中，反力 R 应与速度 v 成（$90° + \varphi$）钝角，因此 R 应由法线向逆时针偏转摩擦角 φ，如图 9 - 15（b）所示。

图 9 - 15（c）中做出了力三角形，并标出了有关的夹角。由图可得

$$P = Q \frac{\sin(90° + \varphi - \beta)}{\sin(90° - \alpha - \varphi)} = Q \frac{\cos(\beta - \varphi)}{\cos(\alpha + \varphi)}$$

$\varphi = 0$ 时，$P_0 = Q(\cos\beta / \cos\alpha)$。因此，机械效率为

$$\eta = \frac{P_0}{P} = \frac{\dfrac{Q\cos\beta}{\cos\alpha}}{\dfrac{Q\cos(\beta - \varphi)}{\cos(\alpha + \varphi)}} = \frac{\cos\beta\cos(\alpha + \varphi)}{\cos\alpha\cos(\beta - \varphi)}$$

令 $\eta > 0$，即得机构不发生自锁的条件为 $\alpha + \varphi < 90°$，或 $\alpha < (90° - \varphi)$。

【例 9 - 5】　图 9 - 16（a）所示为按 $\mu_l = 0.001$m/mm 绘制的机构运动简图。已知圆盘 1 与杠杆 2 接触处的摩擦角 $\varphi = 30°$，各转动副处的摩擦圆如图中所示，悬挂点 D 处的摩擦忽略不计。设重物 $Q = 150$N，试求出在图示位置时，需加在偏心

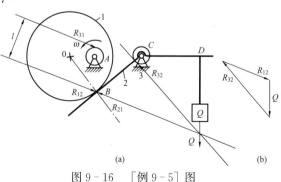

图 9 - 16　[例 9 - 5] 图

圆盘上的驱动力矩 M_1 的大小。

解　首先确定各个运动副中的反力的方向如图 9-16 (a) 所示。选取构件 2 为分离体，再选取力比例尺 μ_F，做出其力多边形，如图 9-16 (b) 所示，则

$$R_{12}=\frac{20}{13}Q=\frac{20}{13}\times150=231(\text{N})$$

依据作用力与反作用力的关系，得　　$R_{21}=R_{12}=231\text{N}$

最后得需加在偏心圆盘上的驱动力矩 M_1 的大小为

$$M_1=R_{21}l\mu_l=231\times14\times0.001=3.2(\text{N}\cdot\text{m})$$

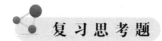

复习思考题

1. 为什么要研究机械中的摩擦？机械中的摩擦是否都有害？
2. 什么是摩擦角？如何决定移动副中总反力的方向？
3. 什么是楔形滑块的当量摩擦系数？引出这个概念有什么作用？
4. 为什么三角形螺纹常用于连接，而梯形螺纹常用于传动？
5. 什么是摩擦圆？怎样决定转动副中总反力的作用线？影响摩擦圆大小的因素是什么？
6. 在止推轴颈中，其摩擦力矩与哪些因素有关？
7. 机构正、反行程的机械效率是否相同？其自锁条件是否相同？原因是什么？
8. "自锁"与"不动"这两个概念有什么区别？"不动"的机械是否一定"自锁"？机械发生自锁是否一定"不动"？为什么？

习　题

9-1　在图 9-17 所示滑块机构中，已知 $Q=10\text{kN}$，$G=1\text{kN}$，$\alpha=20°$。试求当滑块 2 向右运动，物体 1 处于平衡状态时，1 与 2 之间的摩擦系数 f 为多少？（注：受有作用力 G 的滚轮与绳之间的摩擦不计）

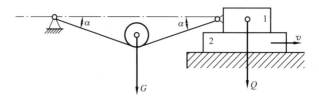

图 9-17　题 9-1 图

9-2　在图 9-18 所示双滑块机构中，滑块 1 在驱动力 P 作用下等速运动。设已知各转动副中轴颈半径 $r=10\text{mm}$，当量摩擦系数 $f_v=0.1$，移动副中的滑动摩擦系数 $f=0.1763$，$l_{AB}=200\text{mm}$。各构件的重量忽略不计。当 $P=500\text{N}$ 时，试求所能克服的生产阻力 Q 以及该机构在此瞬时位置的效率。

9-3　图 9-19 所示为一焊接用的楔形夹具。用楔块 3 将焊接的工件 1 和 1′夹紧在该楔块与夹具座 2 之间。已知各接触面的摩擦系数 f，摩擦角 $\varphi=\arctan f$。试问：楔角 α 在何种

条件下可保持楔块 3 不自动松脱？

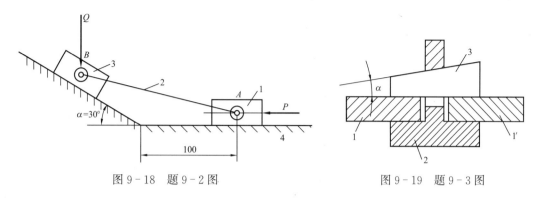

图 9-18　题 9-2 图　　　　　　　　　　图 9-19　题 9-3 图

9-4　如图 9-20 所示楔块机构，已知：P 为驱动力，Q 为生产阻力，f 为各接触平面间的滑动摩擦系数，试求：

(1) 摩擦角的计算公式；

(2) 在图中画出楔块 2 的两个摩擦面上所受到的全反力 R_{12}，R_{32} 两个矢量。

9-5　如图 9-21 所示双滑块机构中，转动副 A 与 B 处的细线小圆表示摩擦圆，在滑块 1 上加 P 力驱动滑块 3 向上运动。试在图上画出构件 2 所受作用力的作用线。

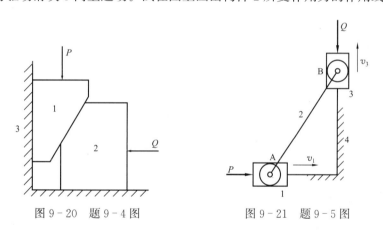

图 9-20　题 9-4 图　　　　　　　　图 9-21　题 9-5 图

本章知识点

1. 掌握移动副、转动副中摩擦力的计算和自锁问题的讨论。

2. 掌握计算机械效率的几种方法；掌握从机械效率的观点研究机械自锁条件的方法。

3. 了解螺旋效率的计算方法及其自锁问题的讨论。

4. 通过对串联机组及并联机组的效率计算，对我们设计机械传动系统有何重要启示？

*第 10 章　平面机构的动态静力分析

本章基于理论力学中的达朗伯原理，建立假想平衡力系，按静力学方法求解动力学问题；介绍了图解矢量力学的理论和方法，并且通过实例说明其应用方法。

10.1　概　　述

为了计算机构各零件的强度，研究机械零件的磨损，决定机器运转所需功率和效率，研究机器运转时的速度调整等问题，必须先知道机构运动副中约束反力的大小和性质，以及为了维持机器稳定运转而加在原动件上的平衡力或平衡力偶矩。因此机构力的分析是设计机械的一个很重要步骤。

对于低速机械，其运动构件的动载荷不大，往往只作静力计算，而对于高速运转机械，动载荷很大，其外力往往大于惯性力，此时必须计算动载荷的影响，通常作动力计算。这里的外力包括驱动力、阻力、重力等，惯性力也可作外力。需要注意的是惯性力不是作用在受力体上，而是作用在其周围的施力物体上的。

在动力计算中，往往用动态静力分析法。该方法的基本原理：根据达朗伯原理，在运动的机构上，人为地在各构件上加上各自的惯性力 Q，这些惯性力与实际作用在构件上的主动力 F、约束反力 R 组成假想的平衡力系，从而可按静力学方法求解动力学问题。

对于假想的平面平衡力系，其静力学平衡条件为

$$\begin{cases} \sum \boldsymbol{F} = 0, & \sum \boldsymbol{F}_i + \sum \boldsymbol{R}_i + \sum \boldsymbol{Q}_i = 0 \\ \sum \boldsymbol{M}_o = 0, & \sum \boldsymbol{M}_o(\boldsymbol{F}_i) + \sum \boldsymbol{M}_o(\boldsymbol{R}_i) + \sum \boldsymbol{M}_o(\boldsymbol{Q}_i) = 0 \end{cases}, \ 1 \leqslant i \leqslant n$$

即在每一瞬时，作用在一个或一组（杆组）构件上的主动力 $\boldsymbol{F}_i$、约束反力 $\boldsymbol{R}_i$、惯性力 $\boldsymbol{Q}_i$ 组成力系的主矢等于零，该力系对于任意选定点 O 的主矩为零。动态静力分析的一般步骤是：根据机构的位置和运动规律求惯性力和惯性力偶矩，利用动态静力条件求出约束反力和原动件上的平衡力或平衡力矩，再对组成构件的零件进行强度验算，然后根据结果修正各构件的初定形状和尺寸。如此反复进行，直至各构件的强度、寿命满足规定的要求为止。

平面机构动态静力分析的方法有图解法和解析法。下面先介绍机构构件惯性力的确定方法，再介绍图解法和解析法的分析过程。

10.2　机构构件惯性力的确定

当已知构件质心 S 的加速度 a_s 和构件的角加速度 ε（可用机构运动学分析方法确定）后，根据理论力学知识，就可以确定出构件质点系的惯性力的主矢和主矩，并且通过力系的简化原则，还可以将惯性力的主矢和主矩合成一个作用在构件上一点的总惯性力；有时，为了简化计算，往往用集中在某些选定点的假想质量的惯性力来代替原构件的惯性力，称之为质量代换法。

10.2.1　作平动的构件

构件作平动时，其角加速度 $\varepsilon = 0$，因此平动构件的惯性力对质心的主矩恒等于零，构件内各点的惯性力组成一个平行力系，因而惯性力合成为作用在质心的合力 Q_i 为

$$Q_i = -ma_s$$

10.2.2　作定轴转动的构件

如图 10-1 所示，当具有对称平面的构件 OA 绕垂直于这个面的固定轴 $O\text{-}O$ 转动时，惯性力向对称面与转轴交点 O 简化的结果是作用在对称面内的一个力和一个力偶。力的作用线通过点 O，大小等于构件的质量 m 和质心 S 加速度 a_s 的乘积，方向与质心加速度 a_s 相反；力偶矩的大小等于构件对转轴 $O\text{-}O$ 的转动惯量 J_s 和角加速度 ε 的乘积，方向与角加速度 ε 相反，即

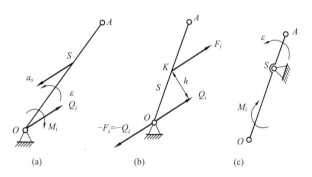

$$Q_i = -ma_s$$

$$M_i = -J_s\varepsilon$$

图 10-1　定轴转动构件的力系简化

类似于平面运动构件，惯性力 Q_i 和惯性力偶 M_i 可以合成一个总惯性力 F_i，如图 10-1（b）所示。当构件匀速转动时，惯性力偶为零，惯性力作用线通过质心 S。

当质心在转轴上时，如图 10-1（c）所示，惯性力只能合成一个力偶，其力偶矩为

$$M_i = -J_s\varepsilon$$

若构件还做匀速转动，此时，既不存在惯性力，也不存在惯性力偶。

10.2.3　作平面运动的构件

如图 10-2 所示，当具有对称平面的构件 BC 作平行于该平面的平面运动时，构件 BC 的总惯性力向其质心 S 简化的结果是一个作用在质心的惯性力和一个作用在对称平面内的惯性力偶。如图 10-2（a）所示，该惯性力主矢和主矩分别为

$$Q_i = -ma_s$$

$$M_i = -J_s\varepsilon$$

式中，m 为构件 BC 的质量；a_s 为其质心的加速度；ε 为其角加速度；J_s 是构件 BC 对质心轴的转动惯量，惯性力 Q_i 和惯性力偶矩 M_i 的方向分别与 a_s、ε 的方向相反。

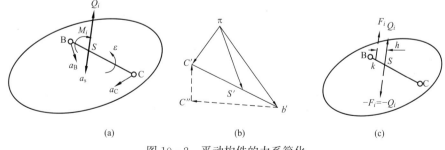

图 10-2　平动构件的力系简化

惯性力 Q_i 和惯性力偶矩 M_i 可以简化为一个总惯性力 F_i。如图 10-2（c）所示，将惯

性力偶用两个大小相等、方向相反且平行的两个力代替，其中一个力加在质心 S 上并与惯性力 Q_i 大小相等、方向相反且共线，另一个力到 Q_i 的垂直距离为 h，作用在 k 点。力偶的两个力的作用线间的距离为

$$h = \frac{M_i}{F_i}$$

这样，三个力组成的力系（Q_i，$-F_i$，F_i）就合成了一个力 F_i，即为构件BC的总惯性力。

10.2.4 质量代换法求构件惯性力

质量代换法就是构件的惯性力用集中在某些选定点（代换点）的假想集中质量（代换质量）的惯性力来代替。代换点一般选在构件上加速度容易求得的点，如回转轴上、转动副的中心处；代换质量一般选两个或三个，质量代换法适用于作平面运动，或绕不通过质心的定轴转动构件。

为使代换后的系统和原构件的惯性力主矢相等，必须满足下列两个条件：

（1）集中在各代换点的质量总和应等于原构件的质量，即代换前后构件的质量不变。

（2）集中在各代换点的总重心与原构件的重心相重合，即代换前后构件的重心不变。

为使代换前后构件的惯性力主矩相等，必须满足。

（3）集中在各个代换点的质量对通过质心轴的转动惯量的总和应等于原构件对该轴的转动惯量，即代换前后对质心轴的转动惯量不变。

满足（1）、（2）条件的代换称静代换（代换前后静力效应完全相同），同时满足（1）、（2）、（3）条件的代换称动代换（代换前后动力效应完全相同）。

1. 两质量代换

（1）静代换。如图 $10-3$（a）、（b）所示，选定构件的运动副中心 B 为代换点，以质心 S 为原点建立图示坐标系，则 B、C 两点坐标分别为 $x_B = -b$，$x_C = c$。由静代换条件有

$$m_B + m_C = m$$
$$m_B(-b) + m_C(c) = 0$$

解得

$$m_B = \frac{c}{b+c}m$$
$$m_C = \frac{b}{b+c}m$$

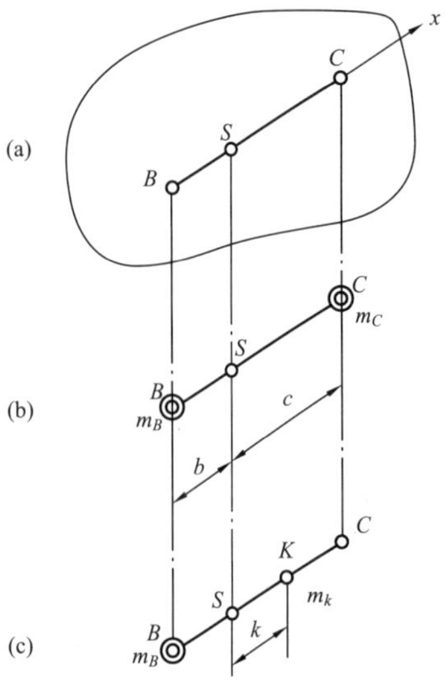

（2）动代换。如图 $10-3$（a）、（c）所示，先选定 B 的一个代换点，仍以 S 为坐标原点，建立如图所示的坐标系，再选定另一个代换点 K。B、K 两点坐标分别为 $x_B = -b$，$x_K = k$，由动代换条件有

$$m_B + m_K = m$$
$$m_B(-b) + m_K(k) = 0$$
$$m_B(-b)^2 + m_K(k)^2 = J_s$$

解得

$$k = \frac{J_s}{mb}$$

图 $10-3$ 两质量代换计算图

$$m_B = \frac{k}{b+k}m$$

$$m_K = \frac{b}{b+k}m$$

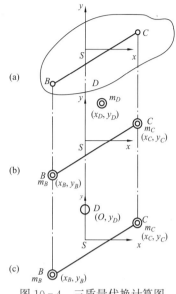

图 10-4 三质量代换计算图

2. 三质量代换

（1）静代换。如图 10-4（a）、（b）所示，任选构件 BC 上的三点 B、C、D 为代换点，以质心 S 为原点，建立坐标系 xsy，则 B、C、D 的坐标分别为（x_B，y_B）、（x_C，y_C）、（x_D，y_D）。

由静代换条件得

$$m_B + m_C + m_D = m$$

$$m_B x_B + m_C x_C + m_C x_D = 0$$

$$m_B y_B + m_C y_C + m_C y_D = 0$$

解得

$$m_B = \frac{(x_C y_D - x_D y_C)m}{x_B(y_C - y_D) + x_C(y_D - y_B) + x_D(y_B - y_C)}$$

$$m_C = \frac{(x_D y_B - x_B y_D)m}{x_B(y_C - y_D) + x_C(y_D - y_B) + x_D(y_B - y_C)}$$

$$m_D = \frac{(x_B y_C - x_C y_B)m}{x_B(y_C - y_D) + x_C(y_D - y_B) + x_D(y_B - y_C)}$$

（2）动代换。如图 10-4（a）、（c）所示，先选定 B、C 两个代换点，仍以质心 S 为原点建立坐标系，则 B、C 的坐标为（x_B，y_B）、（x_C，y_C）。再选定一个已知一个坐标分量的代换点 D，设其坐标为（0，y_D），由动代换条件得

$$m_B + m_C + m_D = m$$

$$m_B x_B + m_C x_C + m_C(o) = 0$$

$$m_B y_B + m_C y_C + m_C y_D = 0$$

$$m_B(x_B^2 + y_B^2) + m_C(x_C^2 + y_C^2) + m_D(o^2 + y_D^2) = J_s$$

由于四个方程有四个未知数 y_D、m_B、m_C、m_D，因此方程组可以解出未知量。

【例 10-1】 图 10-5 为单缸发动机用曲柄滑块机构。已知曲柄的角速度 $\omega_1 = 157\text{rad/s}$，连杆的质量 $m_2 = 2.5\text{kg}$，连杆绕其质心 s_2 的转动惯量 $J_{s_2} = 0.0417\text{kg} \cdot \text{m}^2$，活塞的质量 $m_3 = 2.1\text{kg}$，曲柄的质心在 A 点，各构件的长度为 $l_{AB} = 0.1\text{m}$，$l_{BC} = 0.33\text{m}$，$l_{BS_2} = \frac{1}{3}l_{BC}$。试确定连杆与活塞的惯性力。

解 （1）选定长度比例尺 $\mu_l = 0.01\left(\frac{\text{m}}{\text{mm}}\right)$，绘制机构运动简图如图 10-5（a）所示。

（2）作运动学分析。算出 $v_B = \omega_1 l_{AB} = 157 \times 0.1 = 15.7$（m/s），选定速度比例尺 $\mu_v = 0.75\left(\frac{\text{m/s}}{\text{mm}}\right)$，作速度矢量多边形如图 10-5（b）所示，求得 C 点的速度 $v_C = \mu_v \overline{pc} = 0.75 \times$

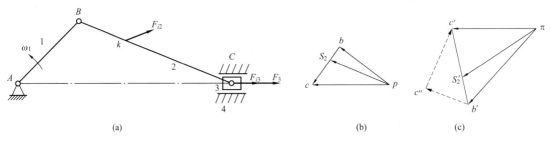

图 10-5 曲柄滑块机构惯性力计算图

21＝15.75（m/s），再利用速度影像原理，求得质心点 S_2 的速度 $v_{S_2}=\mu_v\overline{pS_2}=0.75\times20=$ 15（m/s），从而求出连杆的角速度 $\omega_2=\dfrac{\mu_v\overline{bc}}{l_{BC}}=\dfrac{0.75\times10}{0.33}=22.73$（rad/s）（顺时针方向）。计算 B 点的加速度 $a_B=\omega_1^2 l_{AB}=157^2\times0.1=2464.9$（m/s²），选定加速度比例尺 $\mu_a=100\left(\dfrac{\text{m/s}^2}{\text{mm}}\right)$，作加速度矢量多边形如图 10-5（c）所示，求得 C 点的加速度 $a_C=\mu_a\overline{\pi c'}=100\times8.5=$ 850（m/s²），再利用加速度影像原理，求得质心 s_2 点的加速度 $a_{s_2}=\mu_a\overline{\pi S'_2}=100\times$ 18＝1800（m/s²），从而求得连杆的角加速度 $\varepsilon_2=\dfrac{\mu_a\overline{c''c'}}{l_{BC}}=\dfrac{100\times21.5}{0.33}=6515.15$（rad/s²）（逆时针方向）。

（3）确定惯性力。连杆惯性力大小为

$$Q_{i2}=m_2 a_{S_2}=2.5\times1800=4500（N）\quad（方向与 \boldsymbol{a}_{S_2} 相反）$$

连杆惯性力偶矩大小为

$$M_{i2}=J_{S_2}\varepsilon_2=0.0417\times6515.15=271.68（N\cdot m）\quad（方向与 \varepsilon_2 相反）$$

连杆总惯性力大小

$$F_{i2}=Q_{i2}=4500（N）\quad（方向与 \boldsymbol{Q}_{i2} 相同）$$

连杆总惯性力作用点 k 到其质心 S_2 的距离为

$$h_2=\dfrac{M_{i2}}{F_{i2}}=\dfrac{271.68}{4500}=0.0604（m）\quad（由 \boldsymbol{M}_{i2} 方向决定了 k 点在 S_2 的左方）$$

活塞惯性力大小为

$$F_{i3}=m_3 a_C=2.1\times850=1785（N）\quad（方向与 \boldsymbol{a}_C 相反）$$

惯性力示于图 10-5（a）上。

10.3 平面机构动态静力分析的图解法

动态静力分析的目的是求解机构各运动副中的约束反力，确定维持机构稳定运转应施加在原动件上的平衡力或平衡力矩。用图解法进行动态静力分析的步骤和方法是：首先根据已知机构的位置和运动规律确定出构件的惯性力和惯性力偶，并求出构件总的惯性力，然后将惯性力与已知的外力、外力偶一起加在机构对应构件的对应位置上，这样整个机构就处于假想平衡状态。再任取一个或一组构件为隔离体，画出作用在其上的所有外力（主动力）、外力偶、约束反力、各构件总的惯性力。由于隔离体处于平衡状态，因此这些力的矢量和为零。若约束反力中仅一个力的大小和方向或两个力的大小未知，便可作力的矢量多边形将它们求出。同时，这些力对任一选定点的力矩之和也为零，因此可以用计算方法求出转动副中约束反力的切向分力的大小，移动副中约束反力的作用点等，然后再计算已知作用线的平衡力或约束反力的大小。

在图解法中，往往从已知的驱动力或生产阻力所作用的构件开始进行杆组分析，最后只剩下有未知外力的原动件和机架，然后从远离原动件的杆组开始，逐一取杆组为隔离体进行受力分析，并画出封闭的力的矢量多边形。

在分析过程中，由于每一个平面运动件只能列出三个平衡方程，要使基本组中的约束反力有唯一解，则基本组的运动副中未知参数个数与方程数目相等。一个确定的约束反力具有大小、方向和作用点，当不考虑摩擦时，转动副中的约束反力应通过转动副中心，但约束反力的大小、方向未知；移动副中的约束反力应垂直于移动副的导路方向，但其大小和作用点未知；平面高副中约束反力应沿接触点的公法线方向，但其大小未知。因此，确定平面低副中的约束反力需要求解两个未知量，而要确定平面高副中的约束反力只需求一个未知量。

下面用具体的例子来说明动态静力分析的图解法。

【**例 10 - 2**】　已知［例 10 - 1］中作用在活塞上的外力 $F_3 = 21600\text{N}$，方向向右，试用图解法对此机构进行动态静力分析。

解　（1）本题各构件的惯性力已求出，现将外力、惯性力加于机构构件上，如图 10 - 6（a）所示。

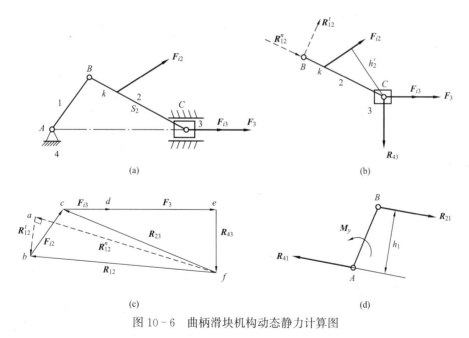

图 10 - 6　曲柄滑块机构动态静力计算图

（2）从已知外力 F_3 作用的构件开始，进行杆组分析，得连杆与活塞组成 II 级组，原动件为曲柄、机架。

（3）取 II 级组为隔离体进行受力分析，如图 10 - 6（b）所示。先将 II 级组各构件上的外力（包括惯性力）加在组中相应点上，再将组中外部运动副中的转动副的约束反力分解为沿构件轴线的法向分力和垂直于构件轴线的切向分力，移动副中的约束反力垂直于导路方向，它们的方向可假定，若求出的力为正，则约束反力指向与假定相同，若结果为负，则说明约束反力指向与假定相反。由图看出，该组仅 R_{12}^t、R_{12}^n、R_{43} 三个未知数，所以以杆组为分离体即可解出。列出平衡方程为

$$\sum M_C = 0 \quad R_{12}^t \overline{BC} \mu_L - F_{i2} h_2' \mu_L = 0$$

故

$$R_{12}^t = \frac{F_{i2} h_2'}{\overline{BC}} = 3606 \text{ （N）}$$

$$\sum \boldsymbol{F} = 0$$

$$\boldsymbol{R}_{12}^n + \boldsymbol{R}_{12}^t + \boldsymbol{F}_{i2} + \boldsymbol{F}_{i3} + \boldsymbol{F}_3 + \boldsymbol{R}_{43} = 0$$

| 大小： | ? | 3606 | 4375 | 1785 | 21 600 | ? |
| 方向： | $//\overline{BC}$ | $\perp \overline{BC}$ | $//\boldsymbol{F}_{i2}$ | $//\boldsymbol{F}_{i3}$ | $//\boldsymbol{F}_3$ | $\perp \boldsymbol{F}_3$ |

矢量方程有两个未知数（?），因此可以解。取力比例尺 $\mu_F = 400 \left(\dfrac{\text{N}}{\text{mm}}\right)$，从任一点 a 开始，连续作矢量 $\overrightarrow{ab}$、$\overrightarrow{bc}$、$\overrightarrow{cd}$、$\overrightarrow{de}$ 分别代表 $\boldsymbol{R}_{12}^t$、$\boldsymbol{F}_{i2}$、$\boldsymbol{F}_{i3}$、$\boldsymbol{F}_3$，再从 a 点作 $\boldsymbol{R}_{12}^n$ 的方向线，从 e 点作 $\boldsymbol{R}_{43}$ 的方向线交于 f 点，则矢量 $\overrightarrow{ef}$ 代表 $\boldsymbol{R}_{43}$，$\overrightarrow{fa}$ 代表 $\boldsymbol{R}_{12}$，如图 10 - 6 (c) 所示，从而可得

$$R_{12}^n = \mu_F \overline{fa} = 400 \times 64 = 25\ 600 \text{ （N）}$$

$$R_{43} = \mu_F \overline{ef} = 400 \times 15.2 = 6080 \text{ （N）}$$

$$R_{12} = \mu_F \overline{fb} = 400 \times 66 = 26\ 400 \text{ （N）}$$

杆组中内部运动副的反力求法。取活塞为隔离体，列出平衡方程为

$$\boldsymbol{R}_{23} + \boldsymbol{F}_{i3} + \boldsymbol{F}_3 + \boldsymbol{R}_{43} = 0$$

| 大小： | ? | 1785 | 21 600 | 6080 |
| 方向： | ? | $//\boldsymbol{F}_{i3}$ | $//\boldsymbol{F}_3$ | $\perp \boldsymbol{F}_3$ |

在图 10 - 6 (c) 中连接 $\overline{fc}$ 线，则矢量 $\overrightarrow{fc}$ 代表 $\boldsymbol{R}_{23}$，故有

$$R_{23} = \mu_F \overline{fc} = 400 \times 60 = 24\ 000 \text{ （N）}$$

（4）求原动件 1 的运动副约束反力和平衡力矩

如图 10 - 6 (d) 所示，取原动件 1 为隔离体进行受力分析，其中 $\boldsymbol{R}_{21}$ 为构件 2 对构件 1 的约束反力，它与 $\boldsymbol{R}_{12}$ 是作用力与反作用力，因此 $\boldsymbol{R}_{21} = -\boldsymbol{R}_{12}$，$\boldsymbol{R}_{41}$ 为机架对原动件的约束反力（未知），M_y 为加在原动件上的未知平衡力矩。列平衡方程为

$$\sum \boldsymbol{F} = 0, \ \boldsymbol{R}_{21} + \boldsymbol{R}_{41} = 0$$

所以，$R_{41} = 26\ 400$ （N）（与 $\boldsymbol{R}_{21}$ 相反）

$$\sum M_A = 0, \ R_{21} h_1 \mu_l - M_y = 0$$

故 $\quad M_y = R_{21} h_1 \mu_l = 26\ 400 \times 9.2 \times 0.001 = 2428.8 \text{ （N · m）}$

【例 10 - 3】 在图 10 - 7 (a) 所示的牛头刨床的六杆机构中，已知机构的位置和各构件尺寸，曲柄 1 的等角速度 ω_1，刨头质量 m_5，质心在点 s_5，惯性力为 $\boldsymbol{F}_{i5}$，切削阻力为 $\boldsymbol{F}_r$，不计其余构件的质量和惯性力。求各运动副中反力和应加于曲柄 1 上的平衡力偶矩。

解　（1）选定长度比例尺绘制机构运动简图如图 10 - 7 (a) 所示。

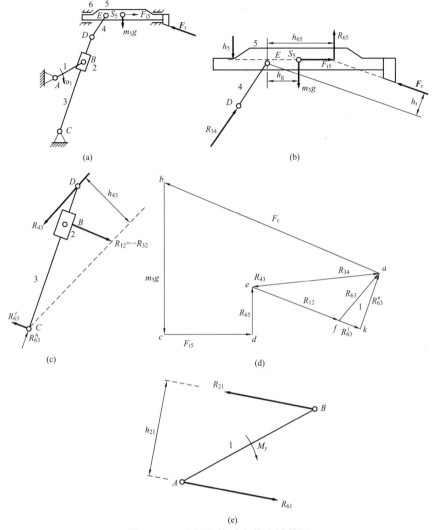

图 10-7　六杆机构动态静力计算图

（2）将已知的外力、惯性力加在相应构件上如图 10-7（a）所示。

（3）从已知外力 $m_5 g$、F_r 作用的构件 5 开始，对机构进行杆组分析，得构件 5、4 组成的 II 级组，构件 2、3 组成 II 级组，剩曲柄 1 和机架 6。

（4）取 II 级组 5、4 为隔离体进行受力分析，如图 10-7（b）所示，求运动副中的约束反力，图中因构件 4 为二力杆，故 $\boldsymbol{R}_{34}$ 沿杆 4 轴线，$\boldsymbol{R}_{65}$ 垂直于导路方向。列平衡方程为

$$\sum \boldsymbol{F} = 0$$

| $\boldsymbol{F}_r$ | $+$ | $\boldsymbol{m}_5 \boldsymbol{g}$ | $+$ | $\boldsymbol{F}_{i5}$ | $+$ | $\boldsymbol{R}_{65}$ | $+$ | $\boldsymbol{R}_{34} = 0$ |

大小：　　$\checkmark$　　　　　$\checkmark$　　　　　$\checkmark$　　　　　$?$　　　　　$?$

方向：　$/\!/\boldsymbol{F}_r$　　　$\perp 5$ 的导路　　$/\!/5$ 的导路　　$\perp 5$ 的导路　　　$/\!/\overrightarrow{DE}$

取力的比例尺 μ_F，从任一点 a 开始，连续作向量 $\overrightarrow{ab}$、$\overrightarrow{bc}$、$\overrightarrow{cd}$ 分别代表 $\boldsymbol{F}_r$、$\boldsymbol{m}_5 \boldsymbol{g}$ 和 $\boldsymbol{F}_{i5}$，再过 a 点作 $\boldsymbol{R}_{34}$ 的方向线，过 d 点作 $\boldsymbol{R}_{65}$ 的方向线并交于 e 点，则矢量 $\overrightarrow{ea}$ 代表 $\boldsymbol{R}_{34}$，矢量 $\overrightarrow{de}$ 代表 $\boldsymbol{R}_{65}$，如图 10-7（d）所示，由图可得

$$R_{34} = \mu_F \overline{ea}$$

$$R_{65} = \mu_F \overline{de}$$

求杆组中内部运动副 E 的约束反力。以构件 5 为隔离体，列平衡方程为

$$\sum M_E = 0, \ F_r h_r + R_{65} h_{65} - m_5 g h_g - F_{i5} h_5 = 0$$

所以

$$h_{65} = \frac{m_5 g h_g + F_{i5} h_5 - F_r h_r}{R_{65}}$$

因构件 4 为二力杆，所以 $\boldsymbol{R}_{54} = -\boldsymbol{R}_{34}$。

（5）取杆组 2、3 为分隔体进行受力分析，求出各运动副中约束反力，如图 10 - 7（c）所示。因 $\boldsymbol{R}_{43}$ 与 $\boldsymbol{R}_{34}$ 是作用力与反作用力，所以 $\boldsymbol{R}_{43} = -\boldsymbol{R}_{34}$。构件 2 是二力杆，构件 3 对构件 2 的约束反力 $\boldsymbol{R}_{32}$ 垂直于导路 $\overline{CD}$，所以构件 1 对 2 的约束反力 $\boldsymbol{R}_{12}$ 应与 $\boldsymbol{R}_{32}$ 等值、共线、反向，故 $\boldsymbol{R}_{32} = -\boldsymbol{R}_{12}$，又根据作用力与反作用力定律有 $\boldsymbol{R}_{23} = -\boldsymbol{R}_{32}$。由图知杆组约束反力仅 $\boldsymbol{R}_{12}$、$\boldsymbol{R}_{63}^n$、$\boldsymbol{R}_{63}^t$ 未知，所以可解，列平衡方程得

$$\sum M_C = 0, \ R_{43} h_{43} - R_{12} \overline{BC} = 0$$

故

$$R_{12} = \frac{R_{43} h_{43}}{\overline{BC}}$$

$$\sum \boldsymbol{F} = 0$$

$$\sum \boldsymbol{F} = 0, \ \boldsymbol{R}_{63}^n \ + \ \boldsymbol{R}_{63}^t \ + \ \boldsymbol{R}_{12} \ + \ \boldsymbol{R}_{43} = 0$$

大小：　　?　　　　　?　　　　$\checkmark$　　　　$\checkmark$

方向：　$/\!/\overline{CD}$　　$\perp \overline{CD}$　　$\perp \overline{CD}$　　$/\!/\overrightarrow{R_{43}}$

在图 10 - 7（c）中，矢量 $\overrightarrow{ae}$ 代表 $\boldsymbol{R}_{43}$，又作 $\overrightarrow{ef}$ 代表 $\boldsymbol{R}_{12}$，过 a 作 $\boldsymbol{R}_{63}^n$ 的作用线与过 f 作 $\boldsymbol{R}_{63}^t$ 的作用线并交于 k 点，则 $\overrightarrow{fk}$、$\overrightarrow{ka}$ 分别代表 $\boldsymbol{R}_{63}^t$、$\boldsymbol{R}_{63}^n$，$\overrightarrow{fa}$ 代表 $\boldsymbol{R}_{63}$，由图可得

$$R_{63}^t = -\mu_F \overline{fk} \quad \text{（与假设方向相反）}$$

$$R_{63}^n = \mu_F \overline{ka}$$

（6）求构件 1 中的约束反力和作用在其上的平衡力偶矩。如图 10 - 7（e）所示。由作用力与反作用力知 $\boldsymbol{R}_{21} = -\boldsymbol{R}_{12}$，列平衡方程得

$$\sum \boldsymbol{F} = 0, \ \boldsymbol{R}_{61} + \boldsymbol{R}_{21} = 0$$

所以

$$\boldsymbol{R}_{61} = -\boldsymbol{R}_{21} \quad \text{（与 } \boldsymbol{R}_{21} \text{ 平行且反向）}$$

$$\sum M_A = 0 \quad R_{21} h_{21} \mu_l - M_y = 0$$

故

$$M_y = R_{21} h_{21} \mu_l \quad \text{（顺时针方向）}$$

以上例子，均未考虑运动副中的摩擦力。若计入摩擦，可采用逐次逼近法求解，即首先不计算摩擦力，按上述方法求出的各运动副中的约束反力为第一次近似，再按第 10 章中的方法确定运动副中的摩擦力并施加于相应的运动副中，重复上述过程，得到运动副约束反力的第二次近似值，一般进行几次重复计算达到规定精度即可。

【例 10 - 4】 已知［例 10 - 2］中各运动副组成材料间的摩擦系数均为 f，并假设各转动副的摩擦圆半径为 ρ。求各运动副中的反力和应施加在曲柄 1 上的平衡力矩。

解 （1）首先不考虑摩擦，按［例 10 - 2］所述得到各运动副中的约束反力。

（2）求运动副中的摩擦力。活塞 3 移动副间的摩擦力大小 $F_{f3} = f R_{43}$，方向与活塞的运

动速度相反。$\boldsymbol{R}_{43}$ 与 $\boldsymbol{F}_{f3}$ 合成为总约束反力 $\boldsymbol{R}'_{43}=\boldsymbol{R}_{43}+\boldsymbol{F}_{f3}$，显然 $\boldsymbol{R}'_{43}$ 作用线与垂直于导路的直线夹角为 $\varphi=\tan^{-1}f$。转动副中的摩擦力矩大小，其中 $\boldsymbol{R}$ 为转动副中总约束反力，方向与相对角速度相反。利用力系简化原则，$\boldsymbol{M}$、$\boldsymbol{R}$ 可合成一个力且合成力与摩擦圆相切。

（3）取 2、3 杆组分析，确定此杆组中各运动副的约束反力，如图 10-8（b）所示。取定 $\boldsymbol{R}'_{43}$（大小、方向已知，作用点未知，或者取定 $\boldsymbol{R}'_{12}=\boldsymbol{R}_{12}$，大小、方向、作用点已知），选定力比例尺 μ_F，如图 10-8（c）所示。从任一点 a 开始，连续作矢量 $\overrightarrow{ab}$、$\overrightarrow{bc}$、$\overrightarrow{cd}$、$\overrightarrow{de}$ 分别代表 $\boldsymbol{F}_{i3}$、$\boldsymbol{F}_3$、$\boldsymbol{R}'_{43}$、$\boldsymbol{F}_{i2}$，则矢量 $\overrightarrow{ea}$ 代表 $\boldsymbol{R}'_{12}$ 并于铰销 B 处摩擦圆相切，$\boldsymbol{R}'_{12}$ 对 B 点的力矩方向应与 ω_{21} 方向相反，$\boldsymbol{R}'_{12}$ 可能不等于 $\boldsymbol{R}_{12}$。矢量 $\overrightarrow{da}$ 代表 $\boldsymbol{R}'_{23}$。$\boldsymbol{R}'_{23}$ 与铰销 C 处的摩擦圆相切且对 C 中心的矩与 ω_{32} 方向相反，从而得到 $\boldsymbol{R}'_{43}$ 作用点的位置，如图 10-8（d）所示，最后求得施加在曲柄 1 上的平衡力矩 M_y，如图 10-8（e）所示。

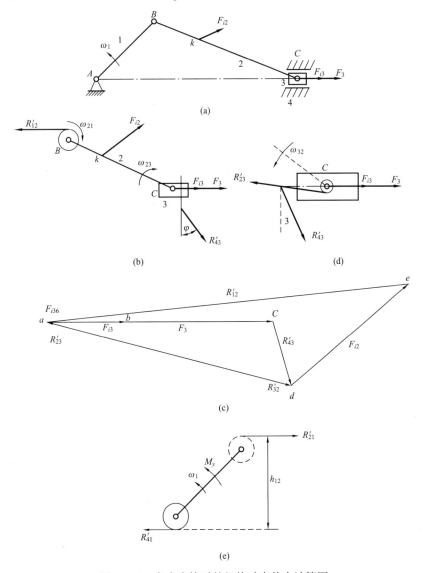

图 10-8　考虑摩擦时的机构动态静力计算图

*10.4　平面机构动态静力分析的解析法

在实际工程问题中，用图解法求解机构运动副中的约束反力和应加于原动件上的平衡力矩，可以满足精度要求。但是，对于复杂的机构，图解法工作量过大，而且对机构一个工作循环中各构件的受力均匀性，寻找受力问题的最优解也较为困难。若用解析法，并借助计算机进行求解，则问题就容易快速地解决。

平面机构动态静力分析的解析法也是基于达朗伯原理杆组分析方法，利用静力学平衡方程的矢量或直角坐标分量式方程，借助线性代数中的矩阵理论，以便于计算机求解。因此，解析法可以用矢量法，也可以用直角坐标法。具体方法可参看其他相关书籍。

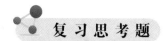

复习思考题

1. 作用在机械系统上的内力和外力各有哪些？
2. 什么是机构的静力计算和机构的动态静力计算？

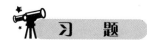

习　题

10-1　图 10-9 所示机构中，如已知转动副 A、B 的轴颈半径为 r 及当量摩擦系数 f_v，且各构件的惯性力和重力均略去不计，F 为驱动力，Q 为阻力，试做出各运动副中总反力的作用线。

10-2　在图 10-10 所示铰链机构中，各铰链处细实线小圆为摩擦圆，M_d 为驱动力矩，M_r 为生产阻力矩。试在图上画出下列约束反力的方向与作用线位置：$\vec{R}_{12}$、$\vec{R}_{32}$、$\vec{R}_{43}$、$\vec{R}_{41}$。

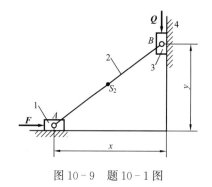

图 10-9　题 10-1 图

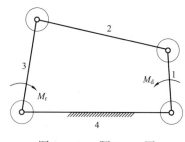

图 10-10　题 10-2 图

10-3　图 10-11 所示为导杆机构运动简图。杆 1 主动，在杆 3 的 D 点作用生产阻力 $\vec{Q}$。要求在图上画出运动副反力 $\vec{R}_{23}$、$\vec{R}_{43}$、$\vec{R}_{41}$ 的作用线及方向，并写出应加于构件 1 上驱动力矩 M_d 的计算式，指出方向。图中已画出用细线圆表示的摩擦圆与摩擦角，运动简图比例尺为 u_l。

10-4　图 10-12 所示偏心盘杠杆机构，机构简图按 $\mu_l=1\text{mm/mm}$ 做出，转动副 A、B 处细实线是摩擦圆，偏心盘 1 与杠杆 2 接触处的摩擦角 φ 的大小如图所示。设重物 $Q=$

1000N。试用图解法求偏心盘 1 在图示位置所需的驱动力矩 M_d 的大小和方向。

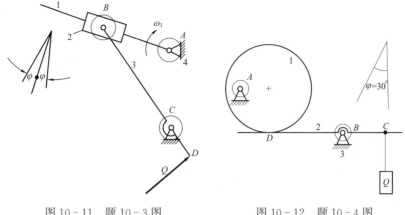

图 10 - 11　题 10 - 3 图　　　　　图 10 - 12　题 10 - 4 图

本章知识点

1. 确定径向轴颈转动副中总反力作用线的位置及方向的方法。
2. 确定移动副中总反力方向的方法。
3. 能确定各运动副中的反力和需加于机械上的平衡力及平衡力偶矩。
4. 掌握一般平面机构进行动态静力分析的方法。

第 11 章　机 械 的 平 衡

本章主要介绍机械平衡的基本概念、刚性转子的静平衡设计与动平衡设计。

11.1　机械平衡的目的和分类

在机械运转过程中，运动构件按其运动形态大体上可以分为三类：定轴转动的构件（齿轮、凸轮、飞轮、皮带轮、曲柄等）；往复移动的构件（滑块、凸轮的移动从动件等）和做平面复杂运动的构件（连杆等）。其中，除了中心惯性主轴与回转轴线重合的等角速度回转构件以外，其他构件在运动过程中都将产生惯性力。这些惯性力将在各个运动副中产生附加的动压力，从而使运动副中的摩擦力增大，这必然会加快运动副接触处的磨损，降低机械效率并影响构件的强度。值得注意的是，惯性力随着机械的运动而作周期性变化，如图 11-1 所示质量为 m 的圆盘，其质心 S 相对于回转轴 O 的偏心距为 e，当圆盘绕轴 O 以角速度 ω 回转时，由于偏心所产生的惯性力 $p = me\omega^2$，作周期性变化，这种周期性变化的附加作用力将会使机械及其基础产生振动，从而使机械的工作精度和可靠性下降，使零件材料内部的疲劳损伤加剧，并由振动而产生噪声。尤其当振动频率接近机械系统的固有频率时，将会引起共振，从而有可能使机械遭到破坏，甚至危及周围人员和厂房的安全。这一点在高速、精密机械中尤为突出。因此，尽量消除惯性力的影响，减轻机械的振动，是改善机械的工作性能、延长机械的使用寿命和改善工作环境的重要措施之一。

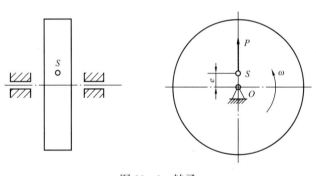

图 11-1　转子

研究机械中惯性力的分布规律，并设法使惯性力得到平衡的方法，称为机械的平衡。

机械的平衡问题可以分为以下两类：

11.1.1　回转构件的平衡

回转构件的平衡是指绕固定轴回转的构件（亦称转子）惯性力的平衡。造成转子不平衡的原因，主要是由于转子的质量分布不均匀或安装有误差等，致使其中心惯性主轴与回转轴线不重合，从而在转动时产生离心惯性力系的不平衡。在转子的离心惯性力系中，各惯性力的大小是与偏心质量（m）、偏心距（e）和回转角速度的平方（ω^2）成正比的，其方向随转子的回转而作周期性变化，且都通过回转轴。对于同一转子而言，各惯性力之间的相对关系（分布状态）不随回转角速度而变化，所以可以用重新调整回转构件本身的质量分布（添加或除去一定的质量）的方法，使转子上所有的惯性力构成一个平衡力系，从而使它们的惯性力的合力为零。

回转构件的平衡问题又可分为两种：

1. 刚性转子的平衡

当转子的工作转速（n）较低，其工作转速与转子本身的第一阶临界转速（n_{01}）之比 $\dfrac{n}{n_{01}} \leqslant 0.7$ 时，可以把回转构件视为一个刚性物体，称为刚性转子。刚性转子在不平衡惯性力系的作用下，不会产生明显的弹性变形，所以可以用刚体力学的方法加以处理，就能得到满意的结果。

2. 挠性转子的平衡

在高速机械中，当 $\dfrac{n}{n_{01}} > 0.7$ 时，转子将产生明显的弹性变形，这时转子就不再是一个刚体，而成为一个挠性体。这种转子称为挠性转子。在不平衡性力系的作用下，由于挠性转子的弹性变形加大了偏心距，因而又增加了转子的不平衡因素，从而使平衡问题复杂化。关于挠性转子的平衡理论和平衡技术，是 20 世纪 60 年代初才开始发展起来的新课题，它是近代高速、大型回转机械（如汽轮机、水轮机等）的设计、制造和运行的关键技术之一。

11.1.2 机构在机座上的平衡

当机构中含有往复运动的构件或作平面复杂运动的构件时，其惯性力不可能像回转构件那样可以在构件内部得到平衡，因此不能通过重新调整构件本身质量分布的方法来使机构达到平衡。各构件的惯性力和惯性力偶，最后以力的主矢（总惯性力）和力的主矩（总惯性力矩）的形式作用在机构的机座上。因此，把这类平衡问题称为机构在机座上的平衡。其中，总惯性力可以用重新调整整个机构质量分布的方法来加以平衡；而总惯性力矩的平衡还须考虑机构的驱动力矩和生产阻力矩。机构中的总惯性力和总惯性力矩有时能得到完全平衡，有时则只能部分得到平衡。因此，在高速机械中，尽可能采用由回转构件组成的机构，对解决平衡问题较为有利。

由于挠性转子的平衡问题比较复杂，在本课程中不予讨论，读者在必要时可参考有关专著。本章重点讨论刚性回转构件（刚性转子）的平衡问题。

对于回转构件，往往由于它的结构特点、材料密度和制造误差等原因，使得转子质量的分布情况有很大的随机性。但可以根据回转构件的轴向长度 L 与其直径 D 的比例，大体上把刚性转子平衡的状态分为以下两种。

1. 静平衡

对于长径比 $\dfrac{L}{D}$ 很小的低速转子或者轴的刚度足够大的盘状转子，当 $\dfrac{L}{D} \leqslant \dfrac{1}{5}$ 时，可以近似地认为转子的质量都分布在同一个回转平面内，这时若不平衡，则是由于转子的质心不在其回转轴线上的缘故。把这种转子放在摩擦力很小的支撑上，利用重力效果即可显示出转子的不平衡状态，而无须使转子启动旋转产生惯性力。因此，这种不平衡称为静不平衡。在图 11-2 中，若转子的质心 S 不在其回转轴线上，则在重力矩的作

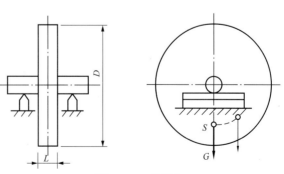

图 11-2 静平衡

用下，转子将会转动，直到质心 S 转到回转轴线的铅垂下方时方能停止。刚性转子的静平衡实际上是平面汇交力系的平衡问题。

2. 动平衡

当回转构件的长径比 $\dfrac{L}{D} > \dfrac{1}{5}$ 时，由于转子长度相对较长，就不能近似地认为其质量分布在同一个回转平面内了。这种转子若有偏心质量的话，这些偏心质量实际上是随机分布在不同的回转平面内的。在这种情况下，即使回转体的质心 S 位于回转轴线上（见图 11-3），但由于各偏心质量所产生的离心惯性力作用在相距较远的不同回转平面内，因而将产生不能忽略的惯性力矩，所以它仍然是不平衡的。这种不平衡状态，只有在使回转构件转动起来而产生惯性力时，才能显示出来，因而称为动不平衡。刚性转子的动平衡是空间力系的平衡问题。

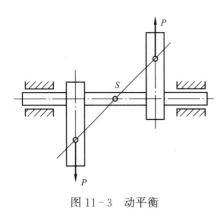

图 11-3　动平衡

使存在不平衡的回转构件达到平衡的方法分别称为静平衡法和动平衡法。平衡时所采用的方法有计算法和实验法两种。在对回转构件进行结构设计时，要进行粗略的平衡计算；在回转构件制造出来以后，还必须通过平衡试验，才能使之具有一定的平衡精度。

11.2　刚性回转构件的平衡计算

11.2.1　刚性转子的静平衡

对于 $\dfrac{L}{D} \leqslant \dfrac{1}{5}$ 的回转构件（如：叶轮、飞轮、砂轮、齿轮、皮带轮、盘形凸轮等），由于可以近似地认为各偏心质量均位于同一个回转平面内，所以只需进行静平衡计算。

当转子以角速度 ω 回转时，各偏心质量所产生的离心惯性力构成一个汇交于回转轴的平面汇交力系，此离心惯性力系的合力 $\sum \boldsymbol{P}_i$ 之和等于零，从而构成一个平衡力系。其数学表达式为

$$\boldsymbol{P}_b + \sum \boldsymbol{P}_i = 0 \tag{11-1}$$

式中，$\boldsymbol{P}_b$ 为应加平衡质量的离心惯性力；$\sum \boldsymbol{P}_i$ 为原有质量的离心惯性力的主向量。若以重量表示，则式（11-1）可改写成

$$\frac{G_b}{g} \boldsymbol{r}_b \omega^2 + \sum \frac{G_i}{g} \boldsymbol{r}_i \omega^2 = 0$$

消除公因子 g 和 ω 后可得

$$G_b \boldsymbol{r}_b + \sum G_i \boldsymbol{r}_i = 0 \quad \text{或} \quad m_b \boldsymbol{r}_b + \sum m_i \boldsymbol{r}_i = 0 \tag{11-2}$$

式中，G_b 和 $\boldsymbol{r}_b$ 为应加的平衡重量和其重心的向径；G_i 和 $\boldsymbol{r}_i$ 为原有各重量和各自重心的向径。

式（11-2）中重量与向径的乘积称为重径积（质量与向径的乘积称为质径积），它相对地代表了各质量的离心惯性力的大小和方向。在回转构件的平衡问题中，重径积是个很重要的参数。

当一个回转构件的结构设计确定之后，根据其几何形状和材料密度，可以求出各部分的

重量 G_i 和重心的向径 r_i，从而求出原有各质量的重径积 $\sum G_i r_i$。然后，由式（11-2）求得应加配重的重径积 $G_b r_b$，根据该回转构件的结构特点选定适当的 r_b，所需添加的平衡重量 G_b 即可确定。现举例说明。

如图 11-4（a）所示的盘形转子，已知在同一回转平面内的不平衡重量为 G_1、G_2、G_3 和 G_4（N），它们的向径分别为 r_1、r_2、r_3 和 r_4（m），则有

$$\sum G_i r_i = G_1 r_1 + G_2 r_2 + G_3 r_3 + G_4 r_4$$

代入式（11-2）得

$$G_b r_b + G_1 r_1 + G_2 r_2 + G_3 r_3 + G_4 r_4 = 0$$

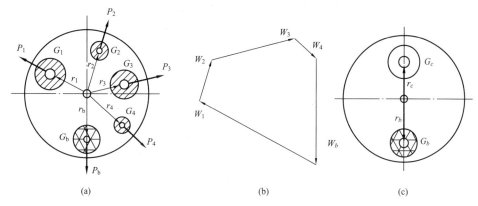

图 11-4　静平衡设计

在此向量方程中，只有 $G_b r_b$ 未知，因此可用投影的方式以解析法求解，也可用图解法求解，图解法的过程如下所述。

如图 11-4（b）所示，根据任一已知重径积选定比例尺 $\mu_w = \dfrac{G_i r_i}{W_i}\left(\dfrac{\text{N} \cdot \text{m}}{\text{mm}}\right)$，按向径 r_1、r_2、r_3 和 r_4 的方向分别作向量 W_1、W_2、W_3 和 W_4 代表重径积 $G_1 r_1$、$G_2 r_2$、$G_3 r_3$ 和 $G_4 r_4$，则封闭向量 W_b 代表应加配重的重径积 $G_b r_b$，其方位沿着向量 W_b 的方向，其大小为 $G_b r_b = \mu_w W_b$（N・m）。

根据结构特点，选定合适的 r_b，即可求出 G_b。然后，按 W_b 所指的方向，在半径 r_b 的位置处加上一个重量为 G_b 的配重，即可使该转子达到完全平衡。显然，只要结构上允许，一般应将 r_b 尽可能选大些，使 G_b 小一些，以免使转子的总重量过分增大。

由以上分析可知，对于静不平衡的回转构件，不论它有多少个偏心重量，都只需加上一个适当的配重，即可达到平衡。显然，根据结构条件，也可以在与向量 W_b 相反的方向，在半径为 r_c 的位置处去掉一部分重量 G_c，只要能保证 $G_b r_b = -G_c r_c$，同样能使转子达到平衡，如图 11-4（c）所示。

11.2.2　刚性转子的动平衡

对于 $\dfrac{L}{D} > \dfrac{1}{5}$ 的回转构件，由于长度较长，若构件材质不均匀，各偏心质量不能认为分布在同一平面内，而是分布在若干个不同的平面内，这些不平衡质量既产生惯性力，又产生惯性力偶，这时的转子若不平衡，就不能用前面静平衡的方法给予平衡。图 11-5（a）所示的单缸发动机的曲轴，就属于这种情况。对这类转子进行平衡时，就需要在另外两个可以加

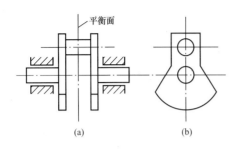

图 11-5　曲轴

装配重的平面内进行平衡。如图 11-6（a）所示，根据曲轴的结构，在不平衡重量所在平面两侧各选定一个平面 T' 和 T''，它们与不平衡重量所在平面的距离分别为 l' 和 l''。设在 T' 和 T'' 面内分别加上配重 $G_b' r_b'$、$G_b'' r_b''$ 与 $G_b r_b$ 方向相同。为了使配重 G_b' 和 G_b'' 在转子回转时能完全代替 G_b，则应使它们所产生的离心惯性力等效。由于 G_b' 和 G_b'' 所产生的离心惯性力 P_b' 和 P_b'' 的方向与 G_b 所产生的离心惯性力 P_b 的方向相同，则应有

$$\left.\begin{array}{r}P_b'+P_b''=P_b\\P_b'l'=P_b''l''\end{array}\right\}$$

以相应的重径积值代入上式，得

$$\left.\begin{array}{r}G_b'r_b'+G_b''r_b''=G_br_b\\G_b'r_b'l'=G_b''r_b''l''\end{array}\right\}$$

令 $l=l'+l''$，则由上式可解得

$$\left.\begin{array}{r}G_b'r_b'=\dfrac{l''}{l}G_br_b\\[2mm]G_b''r_b''=\dfrac{l'}{l}G_br_b\end{array}\right\} \tag{11-3}$$

选定 r_b' 和 r_b''，就能求得应加的重量 G_b' 和 G_b''。当 $r_b'=r_b''=r_b$ 时，式（11-3）可写成

$$\left.\begin{array}{r}G_b'=\dfrac{l''}{l}G_b\\[2mm]G_b''=\dfrac{l'}{l}G_b\end{array}\right\} \tag{11-4}$$

当 $l'=l''=\dfrac{1}{2}$ 时［见图 11-6（a）］，则有

$$G_b'=G_b''=\dfrac{G_b}{2}$$

图 11-6（b）所示的转子，其离心重是 G_1 和 G_2，分别位于相距 l 的两个回转平面内，

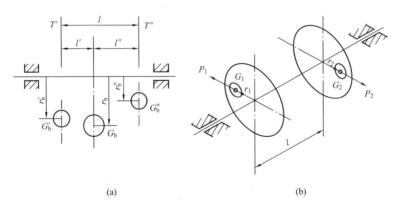

（a）　　　　　　　　　　　　　　（b）

图 11-6　动平衡计算

其重心的向径 $r_1 = -r_2$，当 $G_1 = G_2$ 时，由式（11-2）可知 $G_1 r_1 + G_2 r_2 = 0$，即此转子已满足静平衡条件。但由于 G_1 和 G_2 不在同一个回转平面内，故当转子回转时，离心惯性力 P_1 和 P_2 所形成的力偶不为零，此时转子仍处于不平衡状态，即存在动不平衡。显然，只在任何一个平面内加一个配重，是不能使之达到平衡的。

现在讨论各偏心重量位于若干个不同回转平面内回转构件动平衡的计算方法。

假定某回转构件的不平衡质量分布在 1、2、3 三个回转平面内，其重量分别为 G_1、G_2、G_3，其向径分别为 r_1、r_2、r_3，如图 11-7（a）所示。根据图 11-6（a）讨论下述情况：在一个平面内的一个偏心重量 G_i，可以分别用任意选定的两个平衡平面 T' 和 T'' 内的两个偏心重量 G_i' 和 G_i'' 来代替，若 G_i' 和 G_i'' 均在通过 G_i 的重心和回转轴线的轴向平面内，且其回转半径和 G_i 的相等（即三者的向径相等：$r_i' = r_i'' = r_i$），则其分配关系满足式（11-4）。根据这个关系，在转子两端任意选定两个平面 T' 和 T''，它们之间的距离为 l。于是，位于平面 1、2、3 内的重量 G_1、G_2、G_3 均可分别用 T' 和 T'' 面内的重量 G_1' 和 G_1''、G_2' 和 G_2''、G_3' 和 G_3'' 来代替，并且可参照式（11-4）求出它们的大小。

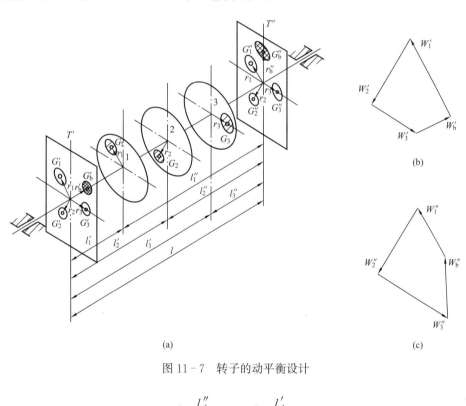

图 11-7 转子的动平衡设计

$$G_1' = \frac{l_1''}{l} G_1; \quad G_1'' = \frac{l_1'}{l} G_1$$

$$G_2' = \frac{l_2''}{l} G_2; \quad G_2'' = \frac{l_2'}{l} G_2$$

$$G_3' = \frac{l_3''}{l} G_3; \quad G_3'' = \frac{l_3'}{l} G_3$$

这样，原来分布在三个不同平面内的不平衡重量，就可以用集中在 T' 和 T'' 两个平面内的各不平衡重量的分量来代替，而且在代替前后所引起的不平衡效果是相同的。经过这样的处理以后，就可以分别在 T' 和 T'' 两个平面内，按照与静平衡计算相同的方法来进行动平衡计算。由式（11-2）可知，对于平面 T'，应有

$$G'_b r'_b + G'_1 r_1 + G'_2 r_2 + G'_3 r_3 = 0$$

选定比例尺 $\mu_w \left(\dfrac{\text{N} \cdot \text{m}}{\text{mm}} \right)$，按与图 11-4（b）相似的方法作向量多边形，如图 11-7（b）所示，则封闭向量 W'_b 即代表应在 T' 面内所加配重的重径积，其大小为：$G'_b r'_b = \mu_w W'_b$（N·m）。于是，沿着 W'_b 所指的方向选定 r'_b，即可求出应在 T' 面内所加的配重 G'_b。同理，对于平面 T''，应有

$$G''_b r''_b + G''_1 r_1 + G''_2 r_2 + G''_3 r_3 = 0$$

以同样的比例尺 μ_w 作向量多边形，如图 11-7（c）所示，则在 T'' 面内应加配重的重径积为：$G''_b r''_b = \mu_w W''_b$（N·m），选定 r''_b 即可求出应在 T'' 面内所加的配重 G''_b。

根据计算结果，只需在任选的两个平面 T' 和 T'' 内，在向径 r'_b 和 r''_b 相反的方向上各去掉一部分重量，同样也能使转子达到动平衡。

综上所述，对于任何一个回转构件，无论它的各个不平衡重量分布在多少个不同的平面内，均可依次将各偏心重量向任意选定的两个平面 T' 和 T'' 上分解，并按照由式（11-2）计算出结果，只需在 T' 和 T'' 面内各加一个配重（或去掉一定重量），即可使该回转构件达到动平衡。换句话说，对于任何刚性转子，无论它有多少个偏心重量，都只需在任选的两个平面 T' 和 T'' 内各加上一个适当的配重，就能使该转子全部偏子重量在回转时所产生的空间离心惯性力系的主向量和主矩均等于零。因此，刚性转子的动平衡也可称为双面平衡。

上述任意选定的两个平面 T' 和 T'' 称为平衡平面。在设计回转构件时，应根据具体结构选定平衡平面，并使之尽可能靠近转子的两端（即 l 应尽可能大些）。

由于动平衡同时满足了静平衡的条件，所以，达到动平衡的回转构件也一定是静平衡的。但是，达到静平衡的回转构件不一定是动平衡的，这一点必须特别注意。至于长径比 $\dfrac{L}{D} \leqslant \dfrac{1}{5}$ 的回转构件，由于可近似地认为它的全部重量都分布在同一个回转平面内，所以在它达到静平衡以后，也可近似地认为达到了动平衡。当然，严格来说，这时它仍可能存在着微小的动不平衡，只是一般可以忽略不计。因此，这类转子在经过静平衡计算以后，通常可以不必再进行行动平衡计算。

11.3　刚性回转机构的平衡试验

对于几何对称轴与回转轴线重合的密度均匀的回转构件，或者已经经过平衡计算并加装了所需配重的非对称回转构件，从理论上说应该是完全平衡的。但是，由于计算、制造和安装过程中存在的误差以及材料密度不均匀等因素，使得转子实际上仍可能存在不平衡。造成这种不平衡的因素有很大的随机性，即使同一批产品的不平衡状态也各不相同。显然，这种不平衡现象在设计和制造过程中是无法加以确定并予以消除的，只有在

回转构件制造出来以后，借助于平衡试验设备，用实验的方法来逐个地确定其不平衡重量的大小和方位，并用加配重（或减重）的方法使之达到平衡。因此，凡对平衡状态有一定要求的回转构件，不仅在设计时要进行平衡计算，而且在制造出来以后，还必须经过平衡试验，然后才能作为成品交付使用。随着信号分析技术和计算机技术的发展，转子的动、静平衡实验方法也在不断变化，具体的实验过程可通过本课程的实验教学来学习，也可参考相关资料。

11.4　回转构件的平衡精度

经过平衡试验的回转构件，可以使不平衡的效应大为降低。但是由于平衡试验设备不可避免地会存在误差，加上操作过程中的一些人为因素，很难完全消除转子的不平衡效应。所以，回转构件经过平衡试验后，总会有残余的不平衡量。在生产中，根据工作要求对不同的回转构件规定出允许的最大残余不平衡量，称为许用不平衡量。在进行平衡试验时，只要使回转构件的残余不平衡量不超过相应的许用不平衡量，即为合格。

11.4.1　许用不平衡量的表示法

转子重心相对于回转中心的偏离量称为偏心距 e。与许用不平衡重径积相对应的转子重心的偏心距，称为许用偏心距，用 $[e]$ 来表示。显然，它们之间的关系为

$$\left.\begin{array}{l} G[e]=[G_j r_j] \\ [e]=\dfrac{[G_j r_j]}{G} \end{array}\right\} \tag{11-5}$$

由上式看出，许用偏心距 $[e]$ 可以理解为单位重量的许用不平衡重径积，它与转子的重量无关，其量纲为长度（μm）。

11.4.2　平衡精度

回转构件平衡状态的优良程度称为平衡精度。显然，仅用许用不平衡重径积或许用偏心距，还不足以表示回转构件的平衡精度，因为由不平衡重量所引起的离心惯性力还与转速有关。实践经验表明，由于回转构件不平衡所产生的动力效应，与偏心距和回转角速度的乘积 $e\omega$ 有关。因此，工程上常用 $e\omega$ 来表示回转构件平衡精度，即

$$A=\frac{[e]\omega}{1000}\quad(\text{mm/s})$$

其中，A 为平衡精度；$[e]$ 为许用偏心距（μm）；ω 为回转角速度（rad/s）。显然，A 值越大，平衡精度越低。

目前，我国尚未制定出关于平衡精度的正式国家标准。表 11-1 给出的各种典型回转构件的平衡精度值可供参考。在平衡精度数值前面加一字母 G，表示相应的平衡精度等级。按平衡精度等级和回转构件的最大工作转速 n（rpm），即可由图 11-9 中查得该回转构件的许用偏心距 $[e]$。

在使用表 11-1 中推荐的数值时，应注意下列几种不同情况。

表 11-1　　　　　　　　　　各种典型刚性回转构件的平衡精度等级

精度等级	$\dfrac{e\omega}{1000}$ (mm/s)	回转构件类型示例
G4000	4000	刚性安装的具有奇数汽缸的低速[1]船用此油机曲轴部件[2]
G1600	1600	刚性安装的大型二冲程发动机曲轴部件
G630	630	刚性安装的大型四冲程发动机曲轴部件；弹性安装的船用柴油机曲轴部件
G250	250	刚性安装的高速[1]四缸柴油机曲轴部件
G100	100	六缸和六缸以上高速柴油机曲轴部件；汽车\机车用发动机整机
G40	40	汽车轮、轮缘、轮组传动轴；弹性安装的六缸和六缸以上高速四冲程发动机曲轴部件；汽车、机车用发动机曲轴部件
G16	16	特殊要求的传动轴（螺旋桨轴、万向节轴）；破碎机械和农业机械的零、部件；汽车和机车用发动机特殊部件；特殊要求的六缸和六缸以上发动机的曲轴部件
G6.3	6.3	作业机械的回转零件；船用主汽轮机的齿轮；风扇；航空燃气轮机转子部件；泵的叶轮；离心机的鼓轮；机床及一般机械的回转零、部件；普通电机转子；特殊要求的发动机回转零、部件
G2.5	2.5	燃气轮机和汽轮机的转子部件；刚性汽轮发电机转子；透平压缩机转子；机床主轴和驱动部件；特殊要求的大型和中型电动机转子；小型电动机转子；透平驱动泵
G1.0	1.0	磁带记录仪及录音机的驱动部件；磨床驱动部件；特殊要求的微型电动机转子
G0.4	0.4	精密磨床的主轴、砂轮盘及电动机转子；陀螺仪

① 按国际标准，低速柴油机的活塞速度小于 9m/s，高速柴油机的活塞速度大于 9m/s。

② 曲轴部件是指包括曲轴、飞轮、离合器、带轮等的组合件。

（1）对于静不平衡回转构件，按表 11-1 和图 11-8 查得的 $[e]$ 值即为其许用的偏心距。

（2）对于动不平衡回转构件，查出 $[e]$ 值后，需按式（11-5）求出其许用不平衡重径积 $[G_j r_j] = G[e]$，然后再将它分配到两个选定的平衡平面 T' 和 T'' 上去。当 T' 和 T'' 相对于转子的重心 S 对称分布时，则分配到每个面上的许用不平衡重径积各为 $\dfrac{1}{2}[G_j r_j]$。当 T' 和 T'' 相对于转子的重心 S 不对称时（见图 11-9），则分配到两个面上的许用不平衡重径积按下式求得

$$\left.\begin{aligned} [G'_j r'_j] &= [G_j r_j]\frac{b}{a+b} \\ [G''_j r''_j] &= [G_j r_j]\frac{a}{a+b} \end{aligned}\right\} \tag{11-6}$$

式中，a 和 b 分别为 T' 面和 T'' 面至转子重心 S 的距离。

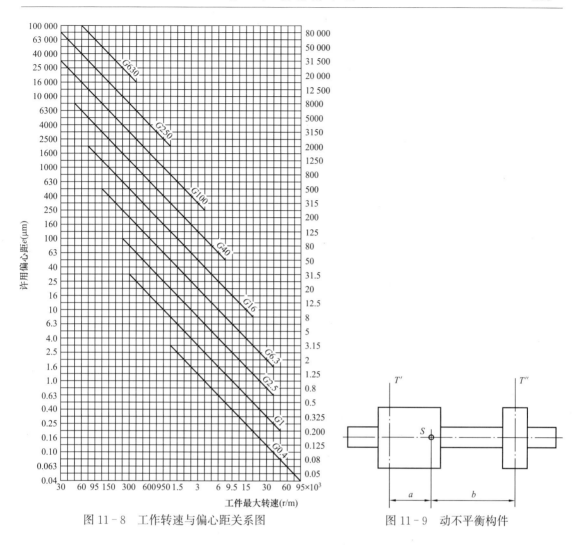

图 11-8　工作转速与偏心距关系图　　　　　　图 11-9　动不平衡构件

11.5　机 构 的 静 平 衡

前面已经提到，在一般平面机构中存在着作往复运动和平面复合运动的构件，它们的惯性力和惯性力偶矩不可能像回转件一样在构件内部得到平衡。但就整个机构而言，可以平衡其在机架上所承受的运动构件的总惯性力和总惯性力偶矩。由于力偶矩的平衡还必须与机构的驱动力矩与生产阻力矩综合考虑，故本节只讨论如何使作用在机架上的总惯性力得到平衡，从而减小或消除运动构件作用于机架上的动压力，使机构平衡。

设 F_i、m、a_s 分别为机构运动构件的总惯性力、总质量和总质心 S 的加速度，如要使作用于机架上的总惯性力得到平衡，必须使 $F_i = -ma_s = 0$。式中，m 不可能为零，故必须使 a_s 为零，即总质心 S 应作等速直线运动或者静止不动。由于各构件的运动是循环的，故总质心 S 也总是沿着一封闭曲线而运动，它不可能永远做等速直线运动。因此，只有使总质心 S 静止不动。本节讨论的问题也就集中在如何调整各运动构件的质量分布使其总质心在机构工作时静止不动。

11.5.1 完全平衡法

调整运动构件总质心位置的具体方法是在其中某些构件上加相应的平衡质量（又称对重），用来确定平衡质量大小和位置的计算方法有质量代换法、主要点矢量法和线性独立矢量法等。下面通过实例说明如何应用第 10 章中的质量代换法中的静代换求平衡质量的方法（最基本的），其他方法可参阅相关文献。

在图 11 - 10 所示的铰链四杆机构中，S_1、S_2、S_3 分别为构件 1、2、3 的质心。进行静平衡时，首先用静代换法将构件 2 的质量 m_2 代换到铰链 B 和 C 的中心上，得

$$m_{2B} = m_2 \frac{l_2 - h_2}{l_2}$$

及

$$m_{2C} = m_2 \frac{h_2}{l_2}$$

然后，在构件 1 的延长线上 r_1 处装上一个对重，使其质量 m' 与 m_{2B}、m_1 的总质心位于点 A，故有

$$m' = \frac{m_{2B} l_1 + m_1 h_1}{r_1}$$

同样，在构件 3 的延长线上 r_3 处装上一个对重，使其质量 m''' 与 m_{2C}、m_3 的总质心位于点 D，故有

$$m''' = \frac{m_{2C} l_3 + m_3 (l_3 - h_3)}{r_3}$$

当加上对重 m' 和 m''' 后，则可以认为在点 A 和 D 集中了两个质量 $m_A = m_1 + m_{2B} + m'$ 和 $m_D = m_3 + m_{2C} + m'''$。因此，整个机构所有运动构件质量（包括对重在内）的总质心 S 应位于 A、D 的连心线上，且 $\overline{AS} : \overline{DS} = m_D : m_A$。当该机构位置变化时，点 S 静止不动。

图 11 - 11 所示的曲柄滑块机构的平衡方法：首先用一对重使其质量 m'' 与 m_2、m_3 的总质心位于点 B，故有

$$m'' = \frac{m_2 h_2 + m_3 l_2}{r_2}$$

且

$$m_B = m'' + m_2 + m_3$$

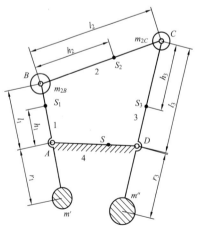

图 11 - 10 平衡实例一

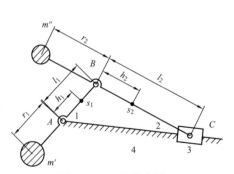

图 11 - 11 平衡实例二

然后用另一对重使其质量 m' 与 m_B、m_1 的总质心位于点 A，故有

$$m' = \frac{m_B l_1 + m_1 h_1}{r_1}$$

因 $m_A = m_B + m' = m'' + m_1 + m_2 + m_3 + m'$，此时该机构运动构件（包括配重）的总质心便落在点 A，不受机构位置变化的影响。

上述的平面机构在机架上的平衡方法理论上完全正确。在轧钢机升降台、插齿机的机构上，都曾应用上述平衡方法。因为这样平衡以后，不但能消除运动构件作用在基座上的动压力，而且还可减少原动机的距离。但是在实用上往往也有困难，因为这种平衡法的主要缺点是构件的质量要极大增加，尤其是把对重安装在连杆上时，对结构更为不利。所以，很多机器设计部门都不使用这种方法，而采用下述的近似平衡法。

11.5.2 近似平衡法

较常用的近似平衡法之一是用装在曲柄延长线上的一个对重来部分地平衡机构的总惯性力。在图 11-12（a）所示的曲柄滑块机构中，设 m_1、m_2 和 m_3 各为曲柄 1、连杆 2、滑块 3 的质量；k 和 l 分别为曲柄和连杆的实际长度；e 为曲柄的质心 S_1 到曲柄回转中心 A 的距离；a 和 b 各为连杆的质心 S_2 到曲柄销 B 和滑块销 C 中心的距离。整个机构的近似平衡方法如下所述。

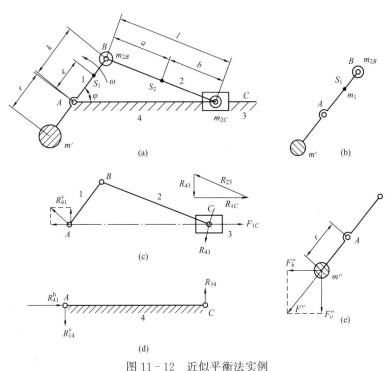

图 11-12 近似平衡法实例

首先将连杆 2 的质量静代换到点 B 和 C，得

$$\left. \begin{array}{l} m_{2B} = \dfrac{b}{l} m_2 \\[2mm] m_{2C} = \dfrac{a}{l} m_2 \end{array} \right\} \tag{11-7}$$

其次，如图 11 - 12 (b) 所示，回转质量 m_{2B} 和 m_1 可在曲柄 1 的延长线上的 r 处装上一个对重 m' 来平衡，m' 的大小应为

$$m' = \left(\frac{em_1 + km_{2B}}{r}\right) = \frac{k}{r}\left(\frac{e}{k}m_1 + \frac{b}{l}m_2\right) \tag{11-8}$$

如曲柄事先已经过动平衡，即 $e = 0$，则有

$$m' = \frac{kb}{rl}m_2$$

然后对滑块进行平衡，经上述代换后得

$$m_C = m_3 + m_{2C} \tag{11-9}$$

而点 C 的加速度 a_C 根据运动分析可知，为

$$a_C \approx -\omega^2 k\left(\cos\varphi + \frac{k}{l}\cos 2\varphi\right)$$

因此，m_C 所产生的惯性力 F_{iC} 为

$$F_{iC} \approx m_C\omega^2 k\left(\cos\varphi + \frac{k}{l}\cos 2\varphi\right)$$

上式右边用正号表示 F_{iC} 的方向与 a_C 相反。其第一项 $m_C\omega^2 k\cos\varphi$ 为第一级惯性力，第二项 $m_C\omega^2\dfrac{k^2}{l}\cos 2\varphi$ 称为第二级惯性力，由于通常后者比前者小得多，可以忽略不计，故得

$$F_{iC} \approx m_C\omega^2 k\cos\varphi$$

如图 11 - 12 (c) 所示，以曲柄、连杆和滑块为受力体可知，惯性力 F_{iC} 将使曲柄轴和滑块处引起动压力 R_{41} 和 R_{43}。因此，如图 11 - 12 (d) 所示，在机座上便受到一个力偶矩 $R_{34}l_{AC}$ 和一个作用在轴承 A 处的水平动压力 R_{14}^h 作用，且有

$$R_{14}^h = F_{iC}$$

为了消除 R_{14}^h，可以在曲柄 1 的延长线上 r 处再装上一个对重 m''，且使

$$m''r = m_C k$$

那么，如图 11 - 12 (e) 所示，对重 m'' 的离心惯性力 F'' 将在轴承 A 上产生一个水平动压力 F_h'' 和一个铅直动压力 F_v''，它们的方向如图所示，大小为

$$F_h'' = m''\omega^2 r\cos\varphi = m_C\omega^2 k\cos\varphi$$
$$F_v'' = m''\omega^2 r\sin\varphi = m_C\omega^2 k\sin\varphi$$

由上式可见，F_h'' 与 R_{14}^h 的大小相等而方向相反，故可互相抵消。这样平衡的结果在水平方向达到了目的，但在铅直方向又多出了一个动压力 F_v''，其最大值与原水平方向动压力的最大值相等，对机械的工作也不利。为了使水平和铅直两个方向都不产生过大的动压力，实际上常常采用较小的平衡质量，即令

$$m''r = pm_C k \tag{11-10}$$

式中，p 为平衡系数，其值恒小于 1，通常取 $p = \dfrac{1}{3} \sim \dfrac{2}{3}$。因此，除了力偶矩 $R_{34}l_{AC}$ 没有消除外，水平方向还有 $\dfrac{2}{3} \sim \dfrac{1}{3}$ 的动压力没有消除。根据式 (11 - 7)～式 (11 - 10) 可得

$$m'' = \frac{pm_C k}{r} = \frac{pk}{r}(m_3 + m_{2C}) = \frac{pk}{r}\left(m_3 + \frac{a}{l}m_2\right)$$

所以装在曲柄 1 延长线上 r 处的总对重的质量应为

$$m = m' + m'' = \frac{k}{4}\left(\frac{e}{k}m_1 + \frac{b}{l}m_2\right) + \frac{pk}{r}\left(m_3 + \frac{a}{l}m_2\right)$$

$$= \frac{k}{r}\left[\frac{e}{k}m_1 + \frac{(pa+b)}{l}m_2 + pm_3\right] \qquad (11-11)$$

当 $p = 1$ 时得

$$m = \frac{1}{r}[em_1 + (m_2 + m_3)k] \qquad (11-12)$$

若曲柄事先已经动平衡，则有

$$m = \frac{k}{r}(m_2 + m_3) \qquad (11-13)$$

由上述可知，这种平衡方法是近似的。但是在构造上却很简便，因此有时应用在原动机、压缩机、农业机械及其他机械上。

11.5.3　对称布置法

为了部分地或完全地平衡机构的惯性力，实际上还常常采用对称平衡或各种相同机构对称布置的设计。如图 11 - 13 所示，在曲柄 1 上固定一齿轮，通过中间轮带动另一对大小与之相等且与导路相对称的齿轮。在两齿轮的半径 r 处各装上质量为 m 的对重，位置如图所示。这样，当曲柄以角速度 ω 回转时，便分别产生了离心力 F，它们的铅直方向分力 F_v 互相抵消，而水平方向分力的合力为

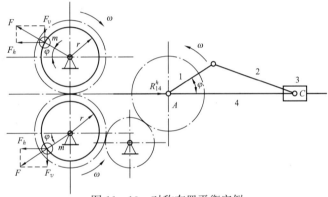

图 11 - 13　对称布置平衡实例一

$$2F_h = 2m\omega^2 r\cos\varphi$$

如要使它完全抵消前述由于 m_C 的惯性力而作用于机座上的水平方向动压力 R_{14}^h，则可令

$$2F_h = R_{14}^h$$

即

$$2m\omega^2 r\cos\varphi = m_C\omega^2 k\cos\varphi$$

则

$$m = \frac{k}{2r}mc \qquad (11-14)$$

这种布置的机构又称为双轴平衡机构。它的优点是不仅完全消除了第一级往复惯性力，而且不会发生附加的铅直方向的动压力。

如图 11 - 14 所示的摩托车发动机中，由于两个共曲轴的曲柄滑块机构以点 A 为对称，所以在每一瞬间其所有惯性力完全互相抵消。但是却产生了两滑块与机架间的动压力所构成的惯性力偶。它属于用相同机构对称布置的设计，它的优点是水平方向惯性力全部抵消不需加对重，但机构结构较为复杂。

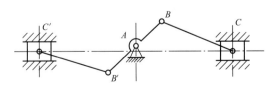

图 11 - 14　对称布置平衡实例二

【例 11 - 1】　图 11 - 15 所示盘状转子上有两个不平衡质量：$m_1 = 1.5\mathrm{kg}$，$m_2 =$

$0.8kg$，$r_1＝140mm$，$r_2＝180mm$，相位如图 11-15 所示。现用去重法来平衡，求所需挖去的质量的大小和相位（设挖去质量处的半径 $r＝140mm$）。

解 不平衡质径积

$$m_1r_1＝210kg \cdot mm$$

$$m_2r_2＝144kg \cdot mm$$

静平衡条件 $\qquad$ $m_1\vec{r}_1＋m_2\vec{r}_2＋m_b\vec{r}_b＝0$

解得 $\qquad$ $m_br_b＝140 kg \cdot mm$

应加平衡质量 $\qquad$ $m_b＝140/140＝1 kg$

挖去的质量应在 m_br_b 矢量的反方向，140mm 处挖去 1kg 质量，如图 11-16 所示。

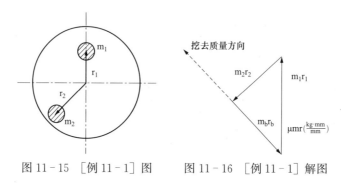

图 11-15 ［例 11-1］图 $\qquad$ 图 11-16 ［例 11-1］解图

【例 11-2】 某转子由两个互相错开 90°的偏心轮组成，如图 11-17 所示，每一偏心轮的质量均为 m，偏心距均为 r，拟在平衡平面 A、B 上半径为 $2r$ 处添加平衡质量，使其满足动平衡条件，试求平衡质量 $(m_b)_A$ 和 $(m_b)_B$ 的大小和方向。

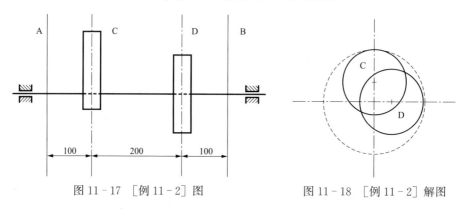

图 11-17 ［例 11-2］图 $\qquad$ 图 11-18 ［例 11-2］解图

解 偏心盘的不平衡质径积（见图 11-18）：$m_Cr_C＝m_Dr_D＝mr$

分解到平衡平面 A 和 B（见图 11-19）

$(m_Cr_C)_A＝(3/4)mr$ $\qquad$ $(m_Cr_C)_B＝(1/4)mr$

$(m_Dr_D)_A＝(1/4)mr$ $\qquad$ $(m_Dr_D)_B＝(3/4)mr$

动平衡条件 $\qquad$ $\begin{cases} (m_b\vec{r}_b)_A ＋(m_C\vec{r}_C)_A ＋(m_D\vec{r}_D)_A ＝0 \\ (m_b\vec{r}_b)_B ＋(m_C\vec{r}_C)_B ＋(m_D\vec{r}_D)_B ＝0 \end{cases}$

解得 $\qquad$ $\begin{cases} (m_br_b)_A＝0.788mr, & (m_b)_A＝0.394m \\ (m_br_b)_B＝0.788mr, & (m_b)_B＝0.394m \end{cases}$

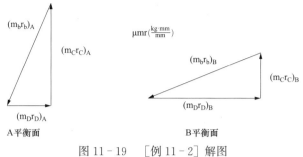

图 11-19 ［例 11-2］解图

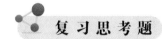

复习思考题

1. 什么是静平衡? 什么是动平衡? 各至少需要几个平衡平面?
2. 刚性回转件静平衡的充要条件是什么?
3. 刚性回转件动平衡的充要条件是什么?
4. 刚性回转件静平衡与动平衡的关系是什么?
5. 在刚性回转件的平衡问题中, 何谓质径积?
6. 动平衡的构件一定是静平衡的, 反之亦然, 对吗? 为什么?
7. 何谓平衡力或平衡力矩? 平衡力是否一定是驱动力?

习 题

11-1 在图 11-20 所示的盘形转子中, 有四个偏心质量位于同一回转平面内, 其大小及回转半径分别为 $m_1=5kg$, $m_2=7kg$, $m_3=8kg$, $m_4=6kg$, $r_1=r_4=100mm$, $r_2=200mm$, $r_3=150mm$, 方位如图所示。设平衡质量 m 的回转半径 $r=250mm$, 试求平衡质量 m 的大小及方位。

11-2 图 11-21 所示为摆动活齿减速器偏心盘激波器, 其直径为 $D=100mm$, 偏心距为 $e=8mm$, 轴孔直径 $d=20mm$。要求在该偏心盘上开 2～3 个圆孔达到静平衡, 试设计确定所开孔的大小和位置。

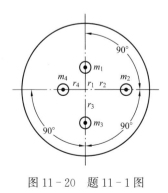

图 11-20 题 11-1图

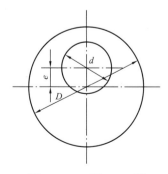

图 11-21 题 11-2图

11-3 在图 11-22 所示的转子中，已知各偏心质量 $m_1 = 10kg$，$m_2 = 15kg$，$m_3 = 20kg$，$m_4 = 10kg$，它们的回转半径分别为 $r_1 = 200mm$，$r_2 = r_4 = 150mm$，$r_3 = 100mm$，又知各偏心质量所在的回转平面间的距离为 $l_1 = l_2 = l_3 = 200mm$，各偏心质量间的方位角为 $\alpha_1 = 120°$，$\alpha_2 = 60°$，$\alpha_3 = 90°$，$\alpha_4 = 30°$。若置于平衡基面 I 及 II 中的平衡质量 m_I 和 m_{II} 的回转半径均为 400mm，试求 m_I 及 m_{II} 的大小和方位。

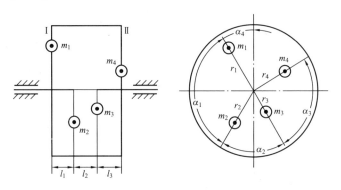

图 11-22 题 11-3 图

11-4 高速水泵的凸轮系由三个互相错开 120° 的偏心轮组成，每一偏心轮的质量为 4kg，其偏心距为 12.7mm，设在平衡平面 A 和 B 中各装一个平衡质量 G_A 和 G_B 使之平衡，其回转半径为 10mm，其他尺寸如图 11-23 所示（单位为 mm），求 G_A 和 G_B 的大小和位置。

11-5 如图 11-24 所示机构中，各杆长 $l_1 = 50mm$，$l_2 = 150mm$，$l_3 = 130mm$，$l_4 = 200mm$；其质量 $m_1 = 1kg$，$m_2 = 2kg$，$m_3 = 6kg$，质心位于各自构件的中点。试在构件 1、3 上加平衡质量来实现机构惯性力的完全平衡。

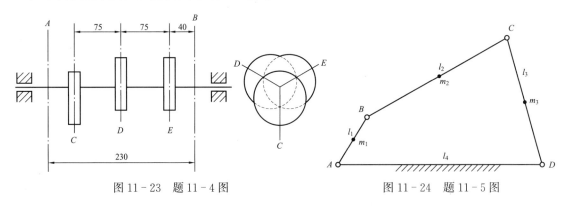

图 11-23 题 11-4 图   图 11-24 题 11-5 图

本章知识点

1. 机械平衡的目的是什么？
2. 机械平衡问题分哪两类？

3. 在什么条件下需要进行转动构件的静平衡？使转动构件达到静平衡的条件是什么？

4. 在什么条件下必须进行转动构件的动平衡？使转动构件达到完全平衡的条件是什么？

5. 刚性转子的静平衡计算和动平衡计算方法。

6. 为什么作往复运动的构件和作平面复合运动的构件不能在构件本身内获得平衡，而必须在基座上平衡？机构在基座上平衡的实质是什么？

扫一扫

第11章 知识点
视频资源

第 12 章　机械的运转及其速度波动的调节

本章的主要内容是讨论在外力作用下机器的真实运动规律，以及机器运转速度波动的调节问题。

12.1　概　　述

当对各种机构进行运动分析和受力分析时，认为其原动件的运动是已知的，并且假设其作等速运动。实际上，机器的真实运动规律是作用在机器上的外力、原动件的位置、所有构件的质量和转动惯量等的未知函数。对于某些机器来说，机器原动件的运动不仅会在机器的启动、停车和加载等发生变化，即使在正常工作时，原动件的速度也不是均匀的，而是波动的。因此，设计机器时，如果对执行构件的运动规律有比较严格的要求，或者需要精确地进行力的计算和强度计算时，就需要研究确定机器在外力作用下的真实运动规律。此外，机器工作时原动件速度的波动必将在运动副中引起附加的动压力，从而降低机械效率和机器的使用寿命，同时也影响其工作精度，使产品的质量降低，因此，必须设法加以调节。

12.1.1　机器的运转过程

1. 启动阶段

如图 12-1 所示，在机械的启动阶段，其主轴的角速度 ω 由零逐渐上升，直至达到正常工作运转的角速度为止。在这一阶段，机器的动能将不断增加。因此，作用在机器上的驱动力的功（即驱动功 W_d）必须大于阻抗力所消耗的功（即阻抗功 W_r）。设在启动阶段 $W_d = W_r + E$，E 为机器的动能。

在条件许可时，应让机器在空载下启动，即机器启动到应有的转速后再加上生产阻力，以减轻原动机在启动时的负担，从而可以选用功率较小的原动机。

2. 稳定运转阶段

当启动阶段结束后，机器进入稳定运转阶段。此时，机器主轴的角速度（或角速度的平均值）是稳定的。其中，某些机器主轴的角速度恒定不变，即 $\omega = \omega_s =$ 常数，如图 12-1（a）所示，这种运转叫等速稳定运转。此时，机器的动能也保持恒定。于是，驱动功必恒等于阻抗功，即

$$W_d = W_r$$

而另外一些机器，其主轴的角速度是周期波动的，而其平均角速度 ω_m 保持

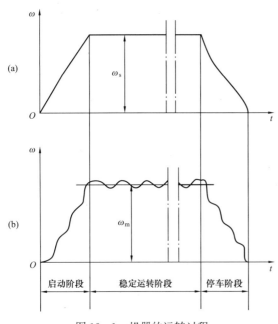

图 12-1　机器的运转过程

不变，即 $\omega_m=$ 常数，如图 12 - 1 （b）所示。这种稳定运转叫周期变速稳定运转。由于在角速度波动的一个周期的始末，主轴的角速度是相等的，因此机器的动能也是相等的。于是，在一个运动周期内，驱动功等于阻抗功，即

$$W_{dp}=W_{rp}$$

式中，W_{dp}、W_{rp} 分别代表周期变速稳定运转的一个运动周期内的驱动功与阻抗功。

3. 停车阶段

机器停车时应撤去驱动功，这时，机器在启动阶段积蓄起来的动能 E 将克服阻力而做功。于是，机器的动能将逐渐减少，主轴的角速度逐渐下降，直至动能耗尽，机器完全停住为止。在停车阶段有

$$E=W_r$$

一般来说，机器停车时，生产阻力已撤去，机器的动能全部消耗在克服摩擦阻力上。因此，停车过程往往需要很长时间。为了加速停车过程，在某些机器上装有制动装置。此时，阻抗功 W_r 包括机器中摩擦消耗的功和制动器中消耗的功。

由上述可见，机器在外力作用下的运动特征可以分为两种类型，即稳定运转和不稳定运转。稳定运转的特征是：机器主轴的角速度是稳定的，机器的驱动功等于阻抗功（即 $W_d=W_r$ 或 $W_{dp}=W_{rp}$）。不稳定运转的特征则是：机器主轴的角速度不稳定，驱动功与阻抗功不相等。显然，机器在启动和停车阶段，其运动属于不稳定运转。由于不稳定运转总是介于两种稳定状态之间，所以机器的不稳定运转过程又常称为机器的过渡过程。

12.1.2　作用在机器上的驱动力和生产阻力

确定机器的真实运动规律时，必须知道作用在机器的力及其变化规律。当机器零件的重力以及摩擦力等有害阻力忽略不计时（对一般机器来说，上述诸力对机器运转的影响很小，将其忽略不计是允许的），则作用在机器上的力将只有机器原动部分所受的驱动力和执行部分所承受的生产阻力。

机器原动部分所受的驱动力是由原动机提供的。根据原动机的特性不同，它们发出的驱动力可以是不同运动参数（位移、速度等）的函数，如蒸汽机、内燃机等原动机发出的驱动力是活塞位移的函数；机器中应用最广泛的原动机——电动机发出的驱动力矩 M 是转子角速度 ω 的函数。原动机发出的驱动力与某些运动参数之间的函数关系称为原动机的机械特性。

当研究机器在外力作用下的运动时，原动机发出的驱动力必须以解析式表示。为此，可以将原动机的机械特性曲线的某一部分近似地以简单的代数多项式表示出来，具体的表达式可参阅机械设计手册。

至于机器执行部分所承受的生产阻力的变化规律，取决于机器工艺过程的特点。有些机器在一段生产过程中，生产阻力可以认为是常数，如车床；而某些机器的生产阻力是执行构件速度的函数，如鼓风机、搅拌机等；也有极少数机器，其生产阻力是时间的常数，如球磨机。

由于驱动力和生产阻力可以是位移、速度或时间的函数，在复杂的情况下，甚至可能是一个以上自变量的函数，因此，外力 P 和力偶 M 的一般表达式将分别写为 $P(s, v, t)$ 和 $M(\varphi, \omega, t)$，其中 s 和 φ 分别为位移和角位移，v 和 ω 分别为线速度和角速度，t 则为时间。驱动力和生产阻力的确定涉及许多专业知识，已不属于本课程讨论的范围。本章研究机

器在外力作用下的运动问题时，认为它们都是已知的。

　　确定机器在外力作用下的真实运动规律是一个比较复杂的问题，本章将讨论单自由度机器的一些基本问题。此外，本章还将讨论机器速度波动的调节问题。

12.2　机器的运动方程

12.2.1　机器的等效力学模型

　　为了确定机器的真实运动规律，首先必须列出它的运动方程。应用理论力学中的质点系动能定理，对整个机器列出其运动方程，可以使各运动副中的约束反力不出现。设 E 为机器的动能，W 为作用在机器上的各个力所做的功之和，N 为各力瞬时功率之和，则由动能定理可以写出机器的运动方程为

$$\mathrm{d}E = \mathrm{d}W = N\mathrm{d}t \tag{12-1}$$

　　或

$$\mathrm{d}\left[\sum_{i=1}^{K}\frac{1}{2}m_i v_{ci}^2 + \sum_{i=1}^{K}\frac{1}{2}J_{ci}\omega_i^2\right] = \left[\sum_{i=1}^{K}P_i v_i \cos\alpha_i + \sum_{i=1}^{K}M_i\omega_i\right]\mathrm{d}t \tag{12-2}$$

式中　K——机器中全部活动构件的数目；

　　　　m_i——第 i 个活动构件的质量；

　　　　J_{ci}——第 i 个活动构件绕通过其质心 C_i 的轴转动惯量；

　　　　v_{ci}——第 i 个活动构件质心 C_i 的速度；

　　　　ω_i——第 i 个活动构件的角速度；

　　　　P_i——加在活动构件 i 上的力；

　　　　v_i——力 P_i 作用点的速度；

　　　　α_i——力 P_i 与速度 α_i 之间的夹角；

　　　　M_i——加在构件 i 上的力偶。

　　由于机器有许多个活动构件，式（12-2）中将包含许多个未知数如 v_i、ω_i 等。但是，对于单自由度的机器，独立的位置参数只有一个（设取构件 1 的转角 φ_1 为独立位置参数），而其余位置参数则和独立位置参数之间具有确定的函数关系。只要找出这些函数关系，则代入式（12-2）即可将其化简为只包含独立参数 φ_1 及其一阶导数 ω_1 的一元微分方程。为了便于将式（12-2）化简为一元微分方程，可以将该式改写为

$$\mathrm{d}\left\{\frac{1}{2}\omega_1^2\left[\sum_{i=1}^{K}m_i\left(\frac{v_{ci}}{\omega_1}\right)^2 + \sum_{i=1}^{K}J_{ci}\left(\frac{\omega_i}{\omega_1}\right)^2\right]\right\} = \left[\sum_{i=1}^{K}P_i\cos\alpha_i\left(\frac{v_i}{\omega_1}\right) + \sum_{i=1}^{K}M_i\left(\frac{\omega_i}{\omega_1}\right)\right]\omega_1\mathrm{d}t \tag{12-3}$$

　　我们知道，对于单自由度的机器，式中 ω_1 与其他参数的比值仅仅是独立位置参数 φ_1 的函数，而与机器的真实运动无关。因此，在机器真实运动未知的情况下，式（12-3）中的各速度比值是可以求的。此时，如果式中的 $P_i\cos\alpha_i$ 和 M_i 是独立参数 φ_1 或 ω_1 的函数，则上式已化为一元微分方程。如果 $P_i\cos\alpha_i$ 和 M_i 的表达式中仍含有非独立的运动参数，则应以独立参数 φ_1 或 ω_1 予以置换。

　　式（12-3）中等号左边方括弧中的量具有转动惯量的量纲，设以 J_e 表示，则有

$$J_e = \sum_{i=1}^{K}m_i\left(\frac{v_{ci}}{\omega_1}\right)^2 + \sum_{i=1}^{K}J_{ci}\left(\frac{\omega_i}{\omega_1}\right)^2 \tag{12-4}$$

式（12 - 3）中等号右边方括弧中的量具有力矩的量纲设以 M_e 表示，则有

$$M_e = \sum_{i=1}^{K} P_i \cos\alpha_i \left(\frac{v_i}{\omega_1}\right) + \sum_{i=1}^{K} M_i \left(\frac{\omega_i}{\omega_1}\right) \tag{12 - 5}$$

于是，式（12 - 3）可简写为

$$d\left[\frac{1}{2} J_e \omega_1^2\right] = [M_e \omega_1] \, dt \tag{12 - 6}$$

从形式上看，式（12 - 6）犹如一个单一构件的动能方程。可以假设一个如图 12 - 2 所示的构件。该构件的转动惯量为 J_e，而作用在其上的力矩为 M_e，当它以真实机器中构件 1 的角速度 ω_1 转动时，其所具有的动能 $\frac{1}{2} J_e \omega_1^2$ 将等于整个机器的动能 E，即其动能的变化规律与原动机动能的变化完全相同。可见，机器中各构件的质量可以用一个假想地转化到曲柄的量 J_e 表示，J_e 就称为等效转动惯量。

力矩 M_e 的瞬时功率 $M_e\omega_1$ 将等于作用在机器上各力的瞬时功率之和 N_e。其瞬时功率变化的规律将与作用在原机器上各外力的瞬时功率的变化规律完全相同。可见，假想作用在曲柄上的力矩 M_e 可以等效代替作用在原机器上的各外力及力矩。这一假想的力矩 M_e 被称为等效力矩。

在这个模型中（见图 12 - 2），假想的构件称为等效构件或转化构件，它所具有的转动惯量 J_e 称为等效转动惯量，作用在该构件上的力矩 M_e 称为等效力矩。以后研究机器动力学问题时，就以研究这个简单的模型来代替对于真实机器的研究。

上面介绍的等效力学模型是一个转动构件。显然，也可以取机器的某一个作直线移动的构件为等效构件，如图 12 - 3 所示。其位置参数为 S_1，速度参数为 v_1，此等效构件的假想质量称为等效质量，以 m_e 表示。作用在等效构件上的假想力称为等效力，以 P_e 表示。则该等效构件的运动方程为

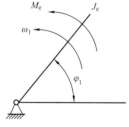

图 12 - 2　转动构件模型

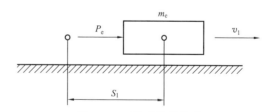

图 12 - 3　移动构件模型

$$d\left[\frac{1}{2} m_e v_1^2\right] = [P_e v_1] \, dt \tag{12 - 7}$$

式中的 m_e 和 P_e 的计算公式可仿照式（12 - 4）和式（12 - 5）写出，即

$$m_e = \sum_{i=1}^{K} m_i \left(\frac{v_{ci}}{v_1}\right)^2 + \sum_{i=1}^{K} J_{ci} \left(\frac{\omega_i}{v_1}\right)^2 \tag{12 - 8}$$

$$P_e = \sum_{i=1}^{K} P_i \cos\alpha_i \left(\frac{v_i}{v_1}\right) + \sum_{i=1}^{K} M_i \left(\frac{\omega_i}{v_1}\right) \tag{12 - 9}$$

必须强调的是，等效力或等效力矩是假想的力和力矩，并不是机器中所有被代替的已知

给定力和力矩的合力和合力矩。同样，等效质量或等效转动惯量是假想的质量或转动惯量，并不是机器中所有运动构件的质量或转动惯量的合成。

建立机器动力学模型时，主要的工作是计算等效质量（等效转动惯量）和等效力（等效力矩），在计算时是选转动构件还是选移动构件作为等效构件，应以实际机器中所求的真实运动参数而定。在实际应用中，多选机器的主轴作为等效构件。

12.2.2　等效质量和等效转动惯量的计算

如上所述，计算等效质量和等效转动惯量时，应保持动能不变。实际机器各活动构件动能的一般表达式为

$$E = \sum_{i=1}^{K} \frac{1}{2} m_i v_{ci}^2 + \sum_{i=1}^{K} \frac{1}{2} J_{ci} \omega_i^2 \tag{12-10}$$

设取转动构件 1 为转化构件，则等效转动惯量的动能为 $E = \frac{1}{2} J_e \omega_1^2$。于是可得

$$J_e = \sum_{i=1}^{K} m_i \left(\frac{v_{ci}}{\omega_1}\right)^2 + \sum_{i=1}^{K} J_{ci} \left(\frac{\omega_i}{\omega_1}\right)^2 \tag{12-11}$$

同理，当取移动件 1 为转化构件时，其等效质量为

$$m_e = \sum_{i=1}^{K} m_i \left(\frac{v_{ci}}{v_1}\right)^2 + \sum_{i=1}^{K} J_{ci} \left(\frac{\omega_i}{v_1}\right)^2 \tag{12-12}$$

由式（12-11）和式（12-12）可知，等效质量、等效转动惯量和速度比值有关，并且总为正值。对于单自由度机械系统，速比只取决于机构的位置，而与活动构件的真实速度无关。于是，等效质量和等效转动惯量为机构的位置的函数，即 $m_e = m_e(s_1)$，而 $J_e = J_e(\varphi_1)$（s_1 和 φ_1 为机器的独立坐标）。当机械系统的速比为常数时，等效质量和等效转动惯量亦为常数。

【例 12-1】 图 12-4 所示为一机床工作台的传动系统。设已知各齿轮齿数分别为 z_1、z_2、z_2'、z_3，齿轮 3 的分度圆半径为 r_3，各齿轮的转动惯量分别为 J_1、J_2'、J_2、J_3（当齿轮 z_1 直接安装在电动机轴上时，J_1 中还包括电动机转子的转动惯量），工作台和被加工零件的重量之和为 G。当取齿轮 1 为转化构件时，试求该机械系统的等效转动惯量 J_e。

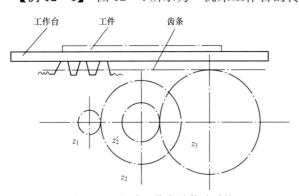

图 12-4　机床工作台的传动系统

解　根据转化构件的动能应等于整个机器的动能的条件，得

$$\frac{1}{2} J_e \omega_1^2 = \frac{1}{2} J_1 \omega_1^2 + \frac{1}{2}(J_2 + J_2')\omega_2^2 + \frac{1}{2} J_3 \omega_3^2 + \frac{1}{2} \frac{G}{g} v^2$$

于是

$$J_e = J_1 + (J_2 + J_2')\left(\frac{\omega_2}{\omega_1}\right)^2 + J_3 \left(\frac{\omega_3}{\omega_1}\right)^2 + \frac{G}{g}\left(\frac{v}{\omega_1}\right)^2$$

式中 $v = \omega_3 r$，为工作台的移动速度，而 $\frac{\omega_2}{\omega_1} = \frac{z_1}{z_2}$，$\frac{\omega_3}{\omega_1} = \frac{z_1 \times z_2'}{z_2 \times z_3}$，于是得

$$J_e = J_1 + (J_2 + J_2') \left(\frac{z_1}{z_2}\right)^2 + J_3 \left(\frac{z_1 \cdot z_2'}{z_2 \cdot z_3}\right)^2 + \frac{G}{g} r_3^2 \left(\frac{z_1 \cdot z_2'}{z_2 \cdot z_3}\right)^2$$

在此例题中，由于该传动系统是由具有定传动比的机构组成的，因此，其等效转动惯量是常数。在此例题中如设：$z_1 = 20$，$z_2 = 60$，$z_2' = 20$，$z_3 = 80$，可得

$$J_e = J_1 + \frac{1}{9}(J_2 + J_2') + \frac{1}{144} J_3 + \frac{1}{144} \frac{G}{g} r_3^2$$

由上式可以看出，当各构件转化到转化构件上时，转速高的构件，其等效转动惯量大；转速低的构件，其转动惯量小。例如，齿轮 1 的等效转动惯量即等于齿轮 1 原来的转动惯量，而齿轮 3 的转动惯量仅是它原来的 $\frac{1}{144}$。因此，对于传动系统的低速部分，如果其转动惯量不大时，常常可以忽略不计。

【例 12-2】　在图 12-5 所示的正弦机构中，设已知曲柄 1 绕轴 A 的转动惯量为 J_1，滑块 2 和滑块 3 的质量分别为 m_2 和 m_3。当取曲柄为转化构件时，试求机构的等效转动惯量 J_e。

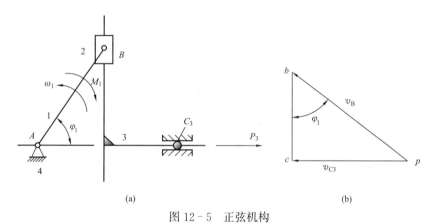

图 12-5　正弦机构

解　根据动能相等的条件，得

$$\frac{1}{2} J_e \omega_1^2 = \frac{1}{2} J_1 \omega_1^2 + \frac{1}{2} m_2 v_B^2 + \frac{1}{2} m_3 v_{C3}^2$$

于是，得

$$J_e = J_1 + m_2 \left(\frac{v_B}{\omega_1}\right)^2 + m_3 \left(\frac{v_{C3}}{\omega_1}\right)^2 \tag{12-13}$$

式中

$$v_B = \omega_1 l_1 \tag{12-14}$$

由速度多边形，如图 12-5（b）所示，可知

$$v_{C3} = v_B \sin\varphi_1 = \omega_1 l_1 \sin\varphi_1 \tag{12-15}$$

将式（12-14）和式（12-15）代入式（12-13），即可求得正弦机构的等效转动惯量为

$$J_e = J_1 + m_2 l_1^2 + m_3 l_1^2 \sin^2\varphi_1 \tag{12-16}$$

在本例题中，等效转动惯量 J_e 的前两项为常量，第三项则随转化构件的位置参数 φ_1 而

变化。对于某些机械系统，其等效转动惯量也是由常量和变量两个部分组成的。但由于在一般机械中，速比为变量的活动构件在总数中占的比例较小，又因为这类构件通常出现在机械系统的低速端，因而其等效转动惯量较小。所以，在工程上为了简便计算，有时将等效转动构件中的变量部分以平均值近似代替，甚至完全将其忽略不计。

12.2.3　等效力和等效力矩的计算

如上所述，计算等效力和等效力矩时，应保持瞬时功率不变。作用在机器上各外力的瞬时功率的一般表达式可写为

$$N = \sum_{i=1}^{K} P_i v_i \cos\alpha_i + \sum_{i=1}^{K} M_i \omega_i \qquad (12-17)$$

如取转动构件为转化构件，则等效力矩 M_e 的瞬时功率为 $N = M_e \omega_1$。于是可得

$$M_e = \sum_{i=1}^{K} P_i \cos\alpha_i \left(\frac{v_i}{\omega_1}\right) + \sum_{i=1}^{K} M_i \left(\frac{\omega_i}{\omega_1}\right) \qquad (12-18)$$

式中，当 M_i 与 ω_i 同方向时（即 M_i 为驱动力矩时），M_i 的等效力矩 $M_i\left(\dfrac{\omega_i}{\omega_1}\right)$ 取正值，当 M_i 与 ω_i 反方向时（即 M_i 为阻抗力矩时），M_i 的等效力矩 $M_i\left(\dfrac{\omega_i}{\omega_1}\right)$ 取负值。

对于单自由度机械系统，各速比 $\left(\dfrac{v_i}{\omega_1}\right)$、$\left(\dfrac{\omega_i}{\omega_1}\right)$ 是机构位置的函数时，则等效力矩 M_e 为转化构件位置的函数，即 $M_e = M_e(\varphi_1, \omega_1)$。在特殊条件下，当机械系统的速比为常数，而作用在机器上的力和力偶也都是常数时，则等效力矩是常数。

由式（12-18）求得的是全部外力的等效力矩。有时也可以分别就驱动力和阻抗力计算其等效力矩。设驱动力矩的等效力矩以 M_{ed} 表示，阻抗力的等效力矩以 M_{er} 表示，则有

$$M_e = M_{ed} - M_{er}$$

在上式中，等效力矩 M_{er} 之前冠有正负号，M_{er} 应取绝对值。

同理，如取移动构件为转化构件，其等效力的一般计算公式为

$$P_e = \sum_{i=1}^{K} P_i \cos\alpha_i \left(\frac{v_i}{v_1}\right) + \sum_{i=1}^{K} M_i \left(\frac{\omega_i}{v_1}\right) \qquad (12-19)$$

设 P_{ed}、P_{er} 分别代表等效力和等效阻力，则 $P_e = P_{ed} - P_{er}$，式中，P_{er} 取绝对值。

【例 12-3】 图 12-6 所示为一电动卷扬机，设已知电动机 1 输出的驱动力矩为 $M_1 = M_1(\omega_1)$，减速器 2 的总传动比 i_{13}，卷筒 3 的直径为 D，提升的物体 4 的重量 Q，当电动机 1 的轴为转化构件时，试求等效力矩 M_e。

解 计算阻抗的等效力矩时，应保持瞬时功率不变，即

$$M_{er}\omega_1 = Qv\cos 180°$$

于是

$$M_{er} = -\frac{Qv}{\omega_1} \qquad (12-20)$$

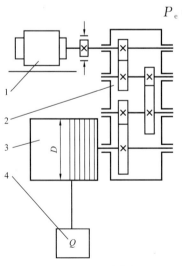

图 12-6　电动卷扬机

式中，v 为提升速度。设卷筒的角速度为 ω_3，则有

$$v = \omega_3 \frac{D}{2} = \frac{\omega_1}{i_{13}} \times \frac{D}{2}$$

代入式（12-20），得等效阻力矩为

$$M_{er} = -\frac{QD}{2i_{13}}$$

于是，等效力矩 M_e 为

$$M_e = M_1(\omega_1) \cdot \omega_1 - \frac{QD}{2i_{13}} \tag{12-21}$$

由式（12-21）可知，电动卷扬机的等效力矩是转化构件的角速度的函数。

【例 12-4】 在图 12-5 所示的正弦机构中，设已知作用在滑块 3 的阻力 $P_3 = Av_{c3}$（A 为一常数），试求其等效阻力矩 M_{er}。

解 由瞬时功率保持不变的条件可知

$$M_{er}\omega_1 = P_3 v_{c3} \cos 180°$$

于是

$$M_{er} = -P_3 \frac{v_{c3}}{\omega_1} = -\frac{Av_{c3}^2}{\omega_1} \tag{12-22}$$

为了将等效力矩以转化构件的运动参数（φ_1，ω_1）表示，现将［例 12-2］中的式（12-15）代入本例的式（12-22），得

$$M_{er} = -A\omega_1 l_1^2 \sin^2 \varphi_1$$

12.2.4　机器的运动方程

将实际机器简化为等效力学模型以后，可以很方便地建立机器的运动方程。由于模型中的等效力和等效质量已表示为独立坐标的函数，因此，有模型建立的机器运动方程将包含独立坐标。为了书写方便，在以后的叙述中，转化构件的转角和角速度以 φ 和 ω 表示（即将下标省略）。同时，等效转动惯量（等效质量）和等效力矩（等效力）的下标"e"也省略不写。当取转动构件为转化构件时，根据动能定理，其微分形式的动能方程为

$$d\left(\frac{1}{2}J\omega^2\right) = M d\varphi \tag{12-23}$$

将上式积分，即得积分形式的动能方程为

$$\frac{J\omega^2}{2} - \frac{J_0\omega_0^2}{2} = \int_{\varphi_0}^{\varphi}(M_d - M_r)d\varphi \tag{12-24}$$

式中，φ_0、ω_0 是转化构件的转角和角速度的初始值。J_0 为转化构件的转角为 φ_0 时的转动惯量，即 $J_0 = J(\varphi_0)$。

上面介绍的能量形式的运动方程由式（12-23）还可推导出力矩形式的运动方程。为此，将式（12-23）改写为

$$\frac{d\left(\frac{J}{2}\omega^2\right)}{d\varphi} = M$$

即

$$J \frac{d\left(\frac{\omega^2}{2}\right)}{d\varphi} + \frac{\omega^2}{2}\frac{dJ}{d\varphi} = M$$

式中

$$\frac{\mathrm{d}\left(\frac{\omega^2}{2}\right)}{\mathrm{d}\varphi} = \frac{\mathrm{d}\left(\frac{\omega^2}{2}\right)}{\mathrm{d}t} \cdot \frac{\mathrm{d}t}{\mathrm{d}\varphi} = \omega \frac{\mathrm{d}\omega}{\mathrm{d}t} \cdot \frac{1}{\omega} = \frac{\mathrm{d}\omega}{\mathrm{d}t}$$

代入上式，得

$$J \frac{\mathrm{d}\omega}{\mathrm{d}t} + \frac{\omega^2}{2} \frac{\mathrm{d}J}{\mathrm{d}\varphi} = M \qquad (12-25)$$

这就是力矩形式的运动方程。当 J＝常数时，则上式简化为

$$J \frac{\mathrm{d}\omega}{\mathrm{d}t} = M \qquad (12-26)$$

当转化构件为移动件时，可仿照式（12-23）～式（12-26）写出以下运动方程，即微分形式的动能方程。

$$\mathrm{d}\left(\frac{1}{2}mv^2\right) = P\,\mathrm{d}s \qquad (12-27)$$

积分形式的动能方程为

$$\frac{mv^2}{2} - \frac{m_0 v_0^2}{2} = \int_{s_0}^{s} (P_\mathrm{d} - P_\mathrm{r})\,\mathrm{d}s \qquad (12-28)$$

式中，s_0、v_0 为转化构件的位移和速度的初始值，而 $m_0 = m(s_0)$。

力形式的运动方程为

$$m \frac{\mathrm{d}v}{\mathrm{d}t} + \frac{v^2}{2} \cdot \frac{\mathrm{d}m}{\mathrm{d}s} = P \qquad (12-29)$$

实际应用时，具体选用哪一种形式的运动方程，应根据在给定的原始数据条件下，哪一种运动方程易于求解来确定。

12.3　机器的稳定运转及其条件

多数机器的工作过程是稳定运转过程，所以保证实现稳定运转是保证机器正常工作的必要条件。这一节将应用上一节介绍的机器运动方程来进一步分析机器稳定运转的特点及实现条件。如上所述，机器的稳定运转分等速运转和周期变速稳定运转。现将分别讨论。

12.3.1　机器的等速稳定运转

机器作等速运转时，其主轴的角速度 ω＝常数（在以后的叙述中，没有附加说明时，都取机器的主轴为转化构件），而要实现等速运转，必须具备一定条件。因为当 ω＝常数时 $\frac{\mathrm{d}\omega}{\mathrm{d}t}=0$，于是式（12-23）简化为

$$\frac{\omega^2}{2} \cdot \frac{\mathrm{d}J}{\mathrm{d}\varphi} = M$$

这就是机器作等速运转的运动方程。不难看出，对于等效转动惯量 J 是变量的机器，欲使上式成立，则等效力矩 M 必须随 $\frac{\mathrm{d}J}{\mathrm{d}\varphi}$ 的变化而作相应的变化，由于 $\frac{\mathrm{d}J}{\mathrm{d}\varphi}$ 是转角 φ 的函数，所以这实际是难以做到的。因此，为实现等速运转，机器的等效转动惯量必须是常量。这

时，$\dfrac{\mathrm{d}J}{\mathrm{d}\varphi}=0$。于是由上式可知，当机器等速运转时

$$M=0$$

或

$$M_{\mathrm{d}}=M_{\mathrm{r}} \qquad\qquad (12-30)$$

由此可见，机器实现等速稳定运转的条件是：

（1）组成机器的全部构件都是定传动比机构，即 $J=$ 常数。

（2）等效驱动力矩等于等效阻力矩。

用电动机驱动的车床、磨床、离心泵、鼓风机等机器，都满足上述条件，因而其稳定运转是等速的。

12.3.2　周期性变速稳定运转

当等效驱动力矩 M_{d} 或等效阻抗力矩 M_{r} 是机器主轴转角 φ 的函数时（这种情况出现在机器的运动链中包含连杆机构、凸轮机构等角速度之比不为常数的机构时，或者作用在机器上的驱动力或阻抗力是机器位置的函数时），则机器不满足等速运转的条件，其稳定运转是周期变速稳定运转。

当作用在机器上的驱动力矩或阻抗力矩随机器的位置而变化时，通常其变化规律具有周期性。因此，等效驱动力矩或等效阻力矩是机器主轴转角 φ 的周期函数，其变化的周期常对应于主轴转一整周或若干整周。例如，以单缸二冲程内燃机为原动机时，等效驱动力矩 M_{d} 的变化周期对应于曲轴转一周，而以单缸四冲程内燃机为原动机时，其等效驱动力矩 M_{d} 的变化周期对应于曲轴转两周。又如牛头刨床，其等效阻抗力矩对应于导杆机构的曲轴转一周（取该曲轴为转化构件时）。下面就来讨论这类机器实现周期变速运转的条件。

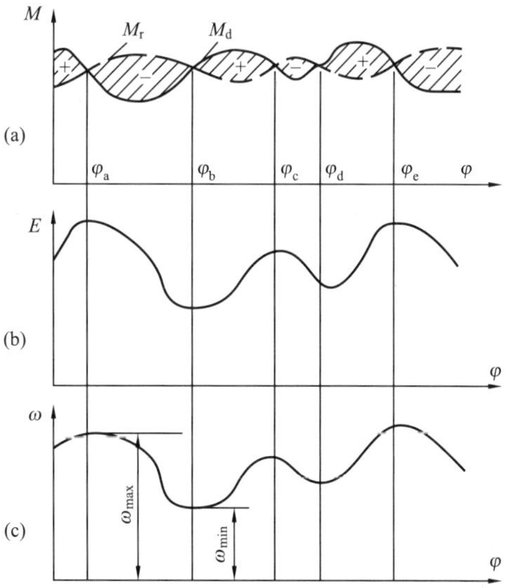

在图 12-7（a）中，等效驱动力矩 M_{d}（φ）以实线画出，等效阻抗力矩 M_{r}（φ）以虚线画出。由图可以看出，有时 $M_{\mathrm{d}}>M_{\mathrm{r}}$，因而驱动功大于阻抗功，驱动功大于阻抗功的部分叫盈功（图中标有正号的阴影部分）。此时，机器的动能增加，其主轴的转速增加〔参看图 12-7（b）及（c）〕。而有时 $M_{\mathrm{d}}<M_{\mathrm{r}}$，因而驱动功小于阻抗功。驱动功小于阻抗功的部分叫亏功（图中标有负号的阴影部分）。此时，机器的动能减少，其主轴的转速下降。如果在等效力矩变化的一个周期内，盈功与亏功的绝对值相等，即盈功与亏功之和为零，则机器的动能增量等于零，即

图 12-7　机器周期变速运转的功能关系

$$\int_{\varphi_{\mathrm{a}}}^{\varphi_{\mathrm{e}}}(M_{\mathrm{d}}-M_{\mathrm{r}})\mathrm{d}\varphi=\frac{1}{2}J(\varphi_{\mathrm{e}})\omega_{\varphi_{\mathrm{e}}}^{2}-\frac{1}{2}J(\varphi_{\mathrm{a}})\omega_{\varphi_{\mathrm{a}}}^{2}=0 \qquad (12-31)$$

于是，经过等效力矩变化的一个周期，机器的动能又恢复到原来的数值。设等效转动惯量 J 的变化周期与等效力矩 M 的变化周期相同，则在式（12-31）中 $J(\varphi_{\mathrm{e}})=J(\varphi_{\mathrm{a}})$，于是，由式（12-31）可知经过等效力矩 M 变化的一个周期，机器主轴的角速度又恢复到

原来的数值。等效转动惯量的变化周期也可能不等于等效力矩的变化周期，这时上述结果仍能实现，不过转角区间 $\varphi_a \sim \varphi_e$ 应为二者的公共周期（例如，设 J 的周期为 2π，M 的周期为 4π，则公共周期则为 4π）。由上述分析可知，欲使机器实现周期变速稳定运转，在等效力矩 M 和等效转动惯量 J 变化的公共周期内，驱动功应等于阻抗功（或者说，盈功等于亏功）。

12.4　周期性速度波动和非周期性速度波动的调节

12.4.1　飞轮调速

1. 飞轮的调速作用

对于作周期变速稳定运转的机器，其速度波动的程度通常以机器运转不均匀系数表示。如图 12-7 表示，设主轴速度最大值为 ω_{max}，最小值为 ω_{min}，而平均角速度为 ω_m，则主轴角速度的波动幅度（$\omega_{max} - \omega_{min}$）与平均角速度 ω_m 的比值就定义为机器运转的不均匀系数，设以 δ 表示，即

$$\delta = \frac{\omega_{max} - \omega_{min}}{\omega_m} \tag{12-32}$$

式中，平均角速度 ω_m 可以用最大角速度与最小角速度的算术平均值近似确定，即

$$\omega_m = \frac{\omega_{max} + \omega_{min}}{2}$$

不同类型的机器，对于运转速度均匀程度的要求是不同的。表 12-1 给出了某些常用机器运转速度不均匀系数的许用值 $[\delta]$，可供设计时参考。

表 12-1　　　　　　　常用各种机器运转不均匀系数的许用值 $[\delta]$

机器名称	运转不均匀系数许用值 $[\delta]$	机器名称	运转不均匀系数许用值 $[\delta]$
碎石机	1/5～1/20	水泵、鼓风机	1/30～1/50
冲床、剪床	1/7～1/10	造纸机、织布机	1/40～1/50
轧压机	1/10～1/25	纺纱机	1/60～1/100
汽车、拖拉机	1/20～1/60	直流发电机	1/100～1/200
金属切削机床	1/30～1/40	交流发电机	1/200～1/300

所谓机器运转周期性速度波动的调节，其目的在于减少速度波动，使其达到机器工作所允许的程度；或者说，减少机器运转的不均匀系数，使其不超过许用值 $[\delta]$。

周期性速度波动调节方法是，在机器中安装一个具有很大转动惯量的构件，即所谓的飞轮。先将飞轮的调速作用说明一下。

由图 12-7 可知，当 $\varphi = \varphi_a$，$E = E_{max}$；而当 $\varphi = \varphi_b$ 时，$E = E_{min}$。因此，在 $\varphi_a \sim \varphi_b$ 区间，驱动功与阻抗功之差有最大值，称为最大盈亏功，以 $[W]$ 表示，则有

$$[W] = E_{max} - E_{min}$$

当机器安装飞轮以后，机器的等效转动惯量中的变量部分常可以忽略不计，而仅计其等效转动惯量的常量部分。设等效转动惯量常量部分为 J_e，飞轮的等效转动惯量为 J_F，则上

式可写为

$$[W] = \frac{1}{2}(J_e + J_F)(\omega_{max}^2 - \omega_{min}^2) = (J_e + J_F)\omega_m^2 \delta \qquad (12-33)$$

在机器的等效力矩已给定的情况下,最大盈亏功 $[W]$ 是一个确定值。由式 (12-33) 可知,当机器中安装一个转动惯量很大的飞轮时,就使机器主轴角速度的波动得以减小。飞轮在机器中相当于一个容量很大的储能器。当机器出现盈功时,它将多余的能量以动能形式存储起来,并使机器转速升高的幅度减小;而当机器出现亏功时,它将存储的动能释放出来,以弥补能量的不足,并使机器转速下降的幅度减小。于是,减小了机器运转速度波动的程度,从而达到调速的目的。

2. 飞轮转动惯量的计算

在式 (12-33) 中,将 δ 取为许用值 $[\delta]$,即可求得飞轮的等效转动惯量为

$$J_F = \frac{[W]}{\omega_m^2 [\delta]} - J_e \qquad (12-34)$$

当机器的等效转动惯量 J_e 与飞轮的等效转动惯量 J_F 相比小得多时,则 J_e 也可忽略不计,于是可得

$$J_F \approx \frac{900[W]}{\pi^2 n^2 [\delta]} \qquad (12-35)$$

式中,n 为转化构件每分钟的转速。

由式 (12-34) 或式 (12-35) 求得的是飞轮的等效转动惯量。当飞轮安装在转化构件的轴上时,则求得的 J_F 就是飞轮实际的转动惯量。如果飞轮安装在其他轴上时,则求得 J_F 后,还需将 J_F 换算到安装飞轮的轴上求出飞轮实际的转动惯量。

又由式 (12-35) 可知,飞轮的转动惯量 J_F 与其转速的平方 (n^2) 成反比,因此,为了减小飞轮的尺寸和重量,应将飞轮安装在机器的高速轴上。

12.4.2　机器的自调性与调速器调速

机器在工作过程中,经常会由于种种原因而使稳定运转的调节受到破坏。例如,以电动机为原动机的机器,当网络电压波动时,将使机器的驱动力发生变化;而某些机器载荷在工作中也会发生变化(例如发电机发电时,其载荷将随着用户需电量的变化而经常改变)。当上述现象出现时,就破坏了机器稳定所需的条件,从而使机器的运转速度的大小发生波动。这种波动称为非周期速度波动。这时,如果不及时进行调节(即设法重新建立等效驱动力与等效阻抗力的平衡关系),则机器的转速将持续升高(当 $M_d > M_r$ 时)而导致所谓的"飞车"现象,从而使机器损坏;或者将使机器的转速持续下降(当 $M_d < M_r$ 时)而使机器停车。因此,为使机器能够正常工作,机器本身必须具有调节这种非周期性速度波动的能力,从而当机器的稳定运转条件遭到破坏时,能自动地得到恢复。

当机器的驱动力和生产阻力二者之一是速度的函数时,在一定条件下,机器将具有自动调节非周期速度波动的能力(简称机器的自调性)。下面将讨论机器的自调性及其条件。在图 12-8 中,M_d 为原动机的机械特性曲线,它是角

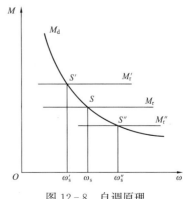

图 12-8　自调原理

速度的函数，并具有下降的特性，即当角速度增大时驱动力矩下降。M_r 为等效阻抗力矩的变化曲线（这里设 M_r＝常数）。以上两曲线的交点 S 称为机器的稳定工作点，点 S 对应的角速度 ω_s 即机器在该负载下稳定运转时主轴的角速度。如图所示，设在机器工作时，其生产阻力突然增大（由 M_r 变为 M_r'），这时，由于，等效驱动力矩 M_d 小于等效阻力矩 M_r'，因而使机器主轴的角速度由 ω_s 逐渐下降。而由原动机机械特性曲线 M_d 可知，它发出的驱动力矩将随着转速的下降而增大，当主轴的角速度由 ω_s 下降到 ω_s' 时，等效驱动力矩 M_d 将增大到与等效阻抗力矩 M_r' 相等，即两者又达到了平衡，于是机器又在一个新的稳定工作点 S' 恢复其稳定运动。反之，如果生产阻力突然减小（由 M_r 变为 M_r''），此时，由于 $M_d>M_r''$，而使机器转速上升。但是，原动机发出的驱动力矩将因转速的上升而减小，当主轴的角速度由 ω_s 上升到 ω_s'' 时，M_d 与 M_r'' 又达到了平衡，于是机器将在稳定工作点 S'' 恢复稳定运动。

在图 12-9 中，如果设原动机的机械特性曲线具有上升的特性，而 M_r 仍设为常数，

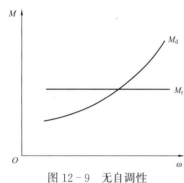

图 12-9 无自调性

则在这种情况下，机器不具有自调性，一旦稳定运转受到破坏，机器将不可能再使等效力矩和等效阻抗力矩自动地恢复平衡，所以这样的机器是不能正常工作的。将图 12-9 与图 12-8 加以比较后可以看出：如果在两曲线 M_d 与 M_r 交点的右边，$M_d<M_r$，而在交点的左边，$M_d>M_r$（即如图 12-8 所示的情况），则机器具有自调性；而在相反的情况下，机器就没有自调性（即如图 12-9 所示的情况）。如果机器没有自调性，为使机器能够正常工作，必须在机器内安装一种专门的调节装置——调速器。

由图 12-8 可以看出，利用自调性进行调节的机器，对应不同的载荷，就有不同的稳定工作点，即机器稳定运转的速度 ω_s 将随着负荷的变化而变化。因而不可能使机器稳定运转的速度保持一定的数值。对于某些机器来说，这种情况是不能满足工作要求的。对于交流发电机，为了使输出电流的频率保持恒定，就要求负荷变化时，发电机的转速始终保持在某个数值上。因此，当对于稳定运转的转速有比较严格的要求时，就不能依靠机器的自调性来进行调节了，这时，仍需在机器中安装专门的调速器。利用调速器进行调节时，原动机的驱动功率可以在一定范围内改变，因此，当机器的载荷变化时，仍能使机器稳定运转的速度保持不变。

总结以上所述可以得出以下几点结论：①为使机器能正常工作，机器必须具有调节非周期性波动的能力，以便在机器的稳定运转遭到破坏时，能自动地重新建立力的平衡，恢复稳定运转。②当机器的机械特性能满足具有自调性条件时，则机器具有自调性。在一般情况下，不需要安装调速器。③当机器没有自调性，或者依靠机器的自调性进行调节不能满足其工作要求时，就需要在机器中安装调速器来进行调节。

【例 12-5】 一机器作稳定运动，其中一个运动循环中的等效阻力矩 M_r 与等效驱动力矩 M_d 的变化线如图 12-10 所示。机器的等效转动惯量 $J=1kg \cdot m^2$，在运动循环开始时，等效构件的角速度 $\omega_0=20rad/s$，试求：

（1）等效驱动力矩 M_d；

（2）等效构件的最大、最小角速度 ω_{max} 与 ω_{min}；并指出其出现的位置；确定运转速度不均匀系数；

（3）最大盈亏功 ΔW_{max}；

（4）若运转速度不均匀系数 $\delta = 0.1$，则应在等效构件上加多大转动惯量的飞轮？

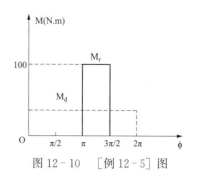

图 12-10　[例 12-5] 图

解　（1）设起始角为 $0°$，$M_d = \left(100 \times \dfrac{1}{2}\right)/2 = 25\text{N} \cdot \text{m}$

（2）最大角速度在 $\varphi = \pi$ 处，最小角速度在 $\varphi = \dfrac{3\pi}{2}$ 处。

（a）求 ω_{max}：$\displaystyle\int_0^\pi (M_d - M_r)\,\mathrm{d}\varphi = \dfrac{1}{2}J(\omega_{max}^2 - \omega_0^2)$，

$\omega_{max}^2 = 2 \times 25 \times \pi + 20^2$；$\omega_{max} = 23.6\text{rad/s}$

（b）同理 $\omega_{min}^2 = 2 \times (25 - 75/2) \times \pi + 20^2$；$\omega_{min} = 17.9\text{rad/s}$；

$\omega_m = \dfrac{1}{2}(\omega_{max} + \omega_{min}) = 20.75\text{rad/s}$；

（c）$\delta = \dfrac{23.6 - 17.9}{20.75} = 0.275$。

（3）$\Delta W_{max} = 25 \times \dfrac{3\pi}{2} = 37.5\pi = 117.81\text{J}$。

（4）$J_F = \dfrac{117.81}{20.75^2 \times 0.1} - 1 = 1.736\text{kg} \cdot \text{m}^2$。

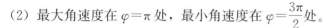

复习思考题

1. 为什么要进行机器的速度调节？

2. 简述"周期性速度波动"与"非周期性速度波动"的特点，它们各用什么方法来调节。

3. 为什么要建立等效力、等效质量、等效力矩、等效转动惯量的概念？它们是怎样求的？它们的性质如何？当机组的真实运动尚不知道时也能求出，为什么？

4. 在飞轮设计求等效力或等效力矩时是否要考虑惯性力？

5. 为减轻飞轮的重量，飞轮最好安装在何处？

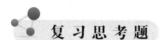

习　题

12-1　图 12-11 所示六杆机构中，已知滑块的质量 $m = 20\text{kg}$，$l_{AB} = l_{ED} = 100\text{mm}$，$l_{BC} = l_{CD} = l_{EF} = 200\text{mm}$，$\varphi_1 = \varphi_2 = \varphi_3 = 90°$，作用在滑块 5 的力 $P = 500\text{N}$。（其余构件的转动惯量忽略不计）当取曲柄 AB 等效构件时，求机构在图示位置时的等效转动惯量和 P 的等效力矩。

12-2　图 12-12 所示的轮系中，已知各齿轮齿数 $z_1 = z_2' = 20$，$z_2 = z_3 = 40$，$J_1 = J_{2'} = 0.01\text{kgm}^2$，$J_3 = J_2 = 0.04\text{kgm}^2$。作用在轴 O_3 的阻力矩 $M_3 = 40\text{N} \cdot \text{m}$。当取齿轮 1 为等效构件时，求机构的等效转动惯量和阻抗力矩 M_3 的等效力矩。

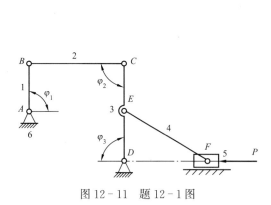

图 12-11 题 12-1 图

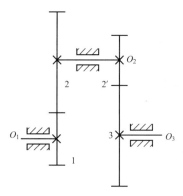

图 12-12 题 12-2 图

12-3 设某机器选用交流异步电动机为原动机。电动机的额定角速度 $\omega_n = 102.8s^{-1}$，同步角速度 $\omega_c = 104.6s^{-1}$，额定转矩 $M_n = 465N \cdot m$。已知等效阻抗力矩 $M_r = 400N \cdot m$（以电动机轴为等效构件），试求该机器稳定运转时的角速度 ω_s。

12-4 已知机器稳定运转时主轴的角速度 $\omega_s = 100s^{-1}$，机器的等效转动惯量 $J = 0.5kg \cdot m^2$，制动器的最大制动力矩 $M_r = 20N \cdot m$（制动器与机器主轴直接连接，并取主轴为等效构件）。设要求制动时间不超过 3s，试检验该制动器是否能满足工作要求。

12-5 设已知等效阻抗力矩 M_r 变化规律如图 12-13 所示。等效驱动力矩假定为常数。机器主轴的转速为 1000r/min。试求当运转不均匀系数 δ 不超过 0.005 时所需飞轮的转动惯量 J_F（飞轮安装在机器主轴上，机器其余构件的转动惯量忽略不计）。

12-6 在某机械系统中，取其主轴为等效构件，平均转速 $n_m = 1000r/min$，等效阻力矩 $M_r(\varphi)$ 如图 12-14 所示。设等效驱动力矩 M_d 为常数，且除飞轮以外其他构件的转动惯量均可忽略不计，求保证速度不均匀系数 δ 不超过 0.04，安装在主轴上的飞轮转动惯量 J_F。设该机械由电动机驱动，所需平均功率多大？如希望把此飞轮转动惯量减小一半，而保持原来的 δ 值，则应如何考虑？

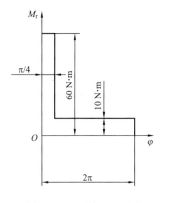

图 12-13 题 12-5 图

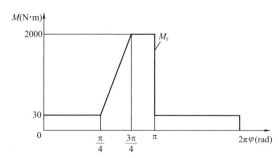

图 12-14 题 12-6 图

12-7 某原动机输出力矩 M_d 相对主轴转角 φ 的线图如图 12-15 所示。其运动循环周期为半转（图上为 $0° \sim 180°$）。主轴平均转速为 620r/min。当用该机驱动一等效阻力矩为常数的机器时，如要求不均匀系数为 $\delta = 0.01$。试求：

（1）主轴的最大转速 n_{max} 和相应的曲柄转角 φ_{max}；

（2）在主轴上应装的飞轮转动惯量 J_F（不计其余构件的等效转动惯量）。

12-8　已知机组在稳定运动时期的等效阻力矩变化曲线 $M_r - \varphi$ 如图 12-16 所示。等效驱动力矩为常数 $M_d = 19.6 \mathrm{N \cdot m}$，主轴的平均角速度 $\omega_m = 10 \mathrm{rad/s}$。为了减小主轴的速度波动，现装一个飞轮，飞轮的转动惯量 $J_F = 9.8 \mathrm{kg \cdot m^2}$。（主轴本身的等效转动惯量不计）试求：运动不均匀系数 δ。

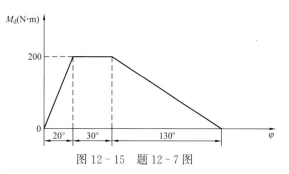

图 12-15　题 12-7 图

12-9　在机器稳定运动的周期中，转化到主轴上的等效驱动力矩 $M_d(\varphi)$ 的变化规律如图 12-17 所示。设等效阻力矩为常数，各构件等效到主轴的等效转动惯量 $J = 0.5 \mathrm{kg \cdot m^2}$。要求机器的运转速度不均匀系数 $\delta \leqslant 0.05$，主轴的平均转速 $n_m = 1000$ r/min，试求：

（1）等效阻力矩 M_r；

（2）最大盈亏功 ΔW_{max}；

（3）安装在主轴上的飞轮转动惯量 J_F。

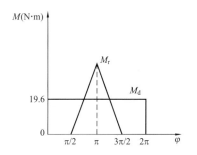

图 12-16　题 12-8 图

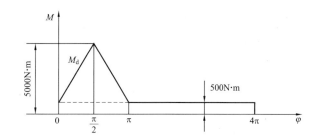

图 12-17　题 12-9 图

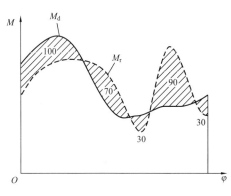

图 12-18　题 12-10 图

的杆 AB 的角加速度 ε_2。

12-10　图 12-18 所示为某机组在一个稳定运转循环内等效驱动力矩 M_d 和等效阻力矩 M_r 的变化曲线，并已在图中写出它们之间包围面积所表示的功值（N·m），试确定最大盈亏功 ΔW_{max}。

12-11　在图 12-19 所示机构中，已知齿轮 1、2 的齿数 $z_1 = 20$，$z_2 = 40$，其转动惯量分别为 $J_1 = 0.001 \mathrm{kg \cdot m^2}$，$J_2 = 0.002 \mathrm{kg \cdot m^2}$，导杆 4 对轴 C 的转动惯量 $J_4 = 0.003 \mathrm{kg \cdot m^2}$。其余构件质量不计。在轮 1 上作用有驱动力矩 $M_1 = 5 \mathrm{N \cdot m}$，在杆 4 上作用有阻力矩 $M_4 = 25 \mathrm{N \cdot m}$。又已知 $l_{AB} = 0.1 \mathrm{m}$，其余尺寸见图。试求在图示位置起动时，与轮 2 固连

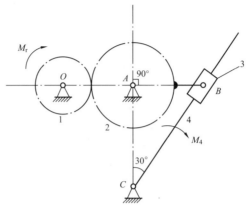

图 12-19 题 12-11 图

本章知识点

1. 机械的运转有哪三个阶段?
2. 什么是机械系统的等效力学模型?
3. 如何确定机械系统的等效质量、等效转动惯量、等效力和等效力矩?
4. 如何建立机械系统的运动方程式?
5. 在什么情况下机械才会作周期性速度波动?速度波动有何危害?如何调节?
6. 飞轮为什么可以调速?能否利用飞轮来调节非周期性速度被动,为什么?
7. 机械的周期性速度波动的原因是什么?
8. 什么是平均角速度和速度不均匀系数?
9. 在一个周期循环里,机械变速稳定运转的条件是什么?
10. 用飞轮调节周期性速度波动的基本原理是什么?
11. 什么是最大盈亏功?如何计算最大盈亏功?
12. 如何计算飞轮的转动惯量?如何确定飞轮的几何尺寸?
13. 非周期性速度波动应如何调节?为什么利用飞轮不能调节非周期性速度波动?

第四篇　机构设计的创新方法

第 13 章　机 械 创 新 设 计 基 础

本章主要介绍在机械产品原理方案设计和机构设计中，创造性思维的形成及特点、主要创新原理的特征和途径；主要创新设计方法和创新设计理论在机构、原理方案设计中的具体应用。

13.1　概　　　述

机械产品的设计是为了满足某种需要而引进的一种人类特有的活动，是一种从构思到实现的过程，是人类特有的一种创造性活动。人类在劳动中进化，在进化中锻炼了自身的劳动能力和思维能力，并将两种能力结合形成了创造性设计这种特殊能力。设计既不是一种单纯的思维活动，也不是一种单纯的制作，而是通过创造性思维去创造出过去没有或者比过去更好的物质产品。

所谓创新（Innovation）实际上是创造的某种实现，而创造（Creation）强调的是新颖性和独特性。机械创新设计是一种技术创新，而技术创新的内容包括新产品或新工艺设想的产生，经过技术的研究、开发、工程化、商业化生产到市场应用的整个过程，其显著特点是以市场为导向，以提高竞争力为目标。

因此，设计者在设计实践活动中应追求与前人不同的方案，突破思维定式，提出新功能、新原理、新机构，在求异和突破中体现创新，也就是设计必须具有独创性。创新设计必须具有实用性，其主要表现在市场的适应性和可生产性两方面。市场适应性指创新设计必须针对社会的需求，满足用户对产品功能的需求；可生产性要求设计者设计的产品具有较好的加工工艺性，并能以市场可接受的价格加工成产品投入使用。同时，创新设计要求设计者从多方面、多角度、多层次寻求多种解决问题的途径，以发散性思维探求多种方案，再通过收敛评价取得最佳方案。

创造性能力是每个正常人都具有的，不是个别天才人物所独有的神秘之物。一个设计人员的创造性素养，在很大程度上决定了他（她）在工作中的创造性效果，这种素养是可以通过学习来获得提升的。创新人才首先要有强烈的创新意识（欲望），具体体现在要具有敏锐的洞察力，善于观察事物，发现事物的矛盾，勇于探索事物的原理，用以解决矛盾；其次，要通过学习创造性知识，训练自己的创造性思维，培养良好的创造心理，加强非智力因素的培养，促进智力因素的发展；最后也是最重要的，必须要有创造实践的积极性，在设计实践中综合运用所学的一切，解决创造活动中的实际问题，才能形成、提高自己的创新能力。

13.2　创　新　思　维

思维是人脑对所接受和已存储的来自客观世界的信息进行有意识或无意识，直接地或间接地加工处理，从而产生新信息的过程。创造性思维是一种最高层次的思维活动，它是建立在各低层次思维基础上的人脑机能在外界信息激励下，自觉综合主观和客观信息而产生新的客观实体（如工程技术领域中的新成果，科学理论的新发现等）的思维活动的过程。创造性思维是人们从事创造发明的源泉，是创造原理和创造技法的基础。因而了解和掌握创造性思维的形成过程、主要特点、影响因素和激发方式有助于创造性思维的培养，也有利于人们从事各类创新活动。

13.2.1 创造性思维的形成过程

创造性思维是人脑的一种高级生理机能，具有对存在事务给出满足社会及人自身要求的具有新颖性、首创性特点的解决方法和方案，是人们创造能力的一种推动因素。创造性思维的形成过程大致分为三个阶段。

1. 信息的存储和准备阶段

在这一阶段，首先要明确待解决的问题，围绕问题收集信息，使问题和信息在大脑中留下印记。大脑中的信息存储和积累到一定程度就会诱发创造性思维。创造性思维是一个艰苦劳动、厚积薄发的过程，创造主体已明确待解决的问题，将积累的信息概括化和系统化，形成自己认识、了解问题的性能，同时开始尝试和寻找解决方案。

2. 悬想加工阶段

在这一阶段，人脑总体上根据各种感觉、知觉、表象提供的信息，不断地对神经网络中的递质、突触、受体进行能量的累积，使之成为受控的有目的的自觉活动。这一阶段的最大特点是潜意识的参与，针对创造主题而言，待解决的问题若被搁置起来，则主体并没做有意识的工作，但在神经细胞的潜意识指导下会朝最佳目标进行思考，因而这一阶段又称酝酿潜伏阶段。

3. 顿悟阶段

在这一阶段，创造主体突然间被特定情景下的某一特定启发唤醒，创造性的新意识猛然被发现，解决问题的方法和要点会在无意识中忽然涌现出来，以前的困扰顿时一一化解。问题的关键明朗化，并得到解决。这一阶段，客观上艰苦不懈的思索，主观上并未完全抛弃，无意识思维处于积极活动的状态。思维范围扩大，多种信息相互联系、相互影响，从而为问题的解决提供了良好条件。

13.2.2 创造性思维的特征

创造性思维实质是人脑的一种高级生理机能，是由神经元内化学物质及各神经元之间的相互联系决定的大脑神经网络的一种状态，它具有如下几个特征。

1. 思维结果的新颖性与独特性

它指的是思维结果的首创性，该结果是过去未曾有过的，也可以说是主体对知识、经验和思维材料进行新颖的综合分析、抽象概括，以致达到人类思维的高级形态，其思维结果包含着新的因素。

2. 思维过程潜意识的自觉性

创造性思维具有潜意识的自觉性，信息在神经元之间的流动按思考的方向进行有规律的流动。当主体思维放松时，信息在神经网络中进行无意识的流动、扩散，这时思维范围扩大，思路活跃，信息相互联系、相互影响，为问题的解决准备了更好的条件。

3. 顿悟性

创造性思维是长期实践和思考活动的结果，经过反复探索，思维运动发展到一定关节点时，或由外界偶然给予所引发，或由大脑内部积淀的潜意识所触动，就会产生一种质的飞跃，使问题突然得到了解决，这就是思维的顿悟性。

13.2.3 创造性思维的影响因素与激发条件

1. 影响因素

影响创造性思维能力的主要因素有三个。一是先天赋予的能力；二是生活实践的影响；三是科学安排的思维训练，以促进大脑机能的发展和掌握一定创造性思维的方法和技巧。

2. 激发条件

创造性思维是建立在知识、信息积累之上的高层次思维，是艰苦思维的结果，这些基础也是激发条件。除此之外，应掌握和使用有利于创造性思维发展的思维方法，如突破思维定式法、生疑提问法、欲擒故纵松弛法和智慧碰撞法等。

13.2.4 创造力的组成要素与主要特点

创造力是指人们在创新活动中表现出来的能力。创造性思维形成的方法和方案需要通过人的实践活动才能物化，创造力也就是在物化创造性思维过程中表现出的人类创造自然、改造自然的能力和品质，是创造性思维的延伸。创造性思维的结果能化为某种物化的结果时，只靠创造性思维是不行的，还需要其他的人类品质和相关因素，如智力因素（阅读、理解、记忆等）、非智力因素（感性、情操、团结、协作等），这些影响创造能力的主要因素可由图13-1所示的人的创造本能与影响成功的因素来表示。其中，乐观合作精神等是创造能力的核心。创造能力的形成机理可用图13-2来表示。

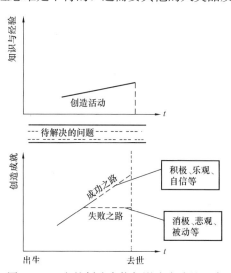

图13-1 人的创造本能与影响成功的因素

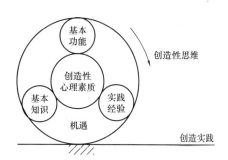

图13-2 创造能力形成的机理模型

由图13-2可见，创造能力由知识、经验、能力、机遇、心理素质构成。为培养学生的创造能力，应使学生具有一定的知识结构，掌握基本的创造原理和常用的创造技法，在教学的各环节上应以知识、能力、素质培养为目标，有意识地培养他们的创新精神，此外，还要营造良好的外部环境，加强创新实践的教育。

由于创造力是根据一定的目的和任务，运用一切已知信息，开展能动思维活动，产生出某种新颖、独特、有社会或个人价值的产品的智力品质。所以可把创造力归纳出如下特征：

（1）人人都有创造力；

（2）创造力可通过学习、教育来激发；

（3）创造力是创新思维的成果；

（4）创造力是诸多能力的综合表现；

（5）创造成果的首创性是基本特征；

（6）创造力的成果需要具有社会和个人价值。

13.3　创造原理与技术

创造原理是指导人们开展创造性实践活动的基本法则，创新技术是人们在创新设计中对创造性思维和创造原理的具体化应用。本节介绍常用的主要创造原理与技术，为机械创新设计提供创新思考的基本途径。

13.3.1　主要创造原理

1. 综合创造原理

综合创造，是指运用综合法则的创新功能去寻求新的创造。它的基本模式如图 13-3 所示。

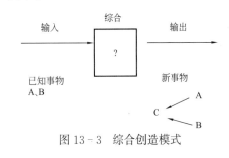

图 13-3　综合创造模式

在机械创新设计实践中，可以发现许多综合创造的成果。例如，同步带的出现，可以说是摩擦带传动技术与链传动技术的综合。这种新型带传动具有传动准确、传递功率较大的特点；过去一些精密机床利用机械的校正机构，只能校正机床的系统误差，而机电一体化的数控机床，凭借传感器计算机的功能，已有可能适时预报包括随机误差（偶然性误差）在内的机床误差，然后自动校正，从而使机床达到前所未有的高精度。此外，数控机床也能对阻尼进行预报，一旦发现接近临界状况就自动调整切削用量，防止颤振的发生，从而保证机床具有更高的生产率和更高的表面加工质量。

大量的创新设计实例表明，综合就是创造。从创造机制来看，综合创造具有以下三个基本特征。

（1）综合能发掘已有事物的潜力，并使已有事物在综合过程中产生出新的价值。

（2）综合不是将研究对象的各个构成要素进行简单的叠加或组合，而是通过创造性的综合使综合体的性能发生质的飞跃。

（3）综合创造比创造一种全新的事物在技术上更具可行性和可靠性，是一种实用性的创造思路。

综合创造的基本途径有非切割式综合与切割式综合。

非切割式综合，是指创新设计者为实现某一意图，直接将两种或两种以上的事物，在仍保持其各自相对独立的条件下，组合成为新的一体的创新设计模式。这种综合或组合，不是简单地事物拼凑，而是使事物由低级向高级发展。

【例 13-1】　双万向铰链机构设计原理。

在第 3 章中学习过如图 13-4 所示的单万向铰链机构。它由主动轴 1、从动轴 3 及十字形构件 2 组成。在传动过程中，两轴之间的夹角 α 可以改变，主动轴 1 匀速转动时，从动轴 3 作变速转动，从而产生惯性力和振动。为了消除万向铰链机构的这一缺点，人们设计出如

图 13-5 所示的双万向铰链机构。它用中间轴将两个万向铰链机构相连，并使三根轴位于同一平面，主、从动轴和中间轴的轴线之间的夹角相等。可以证明，它能使主、从动轴的角速度恒等。在机床、汽车传动系统中可以见到这种双万向铰链机构的应用。从创新设计方面分析，可以认为双万向铰链机构的创意是将两个单万向铰链机构的非切割式综合。

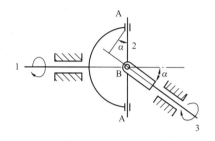

图 13-4 单万向铰链机构
1—主动轴；2—十字形构件；3—从动轴

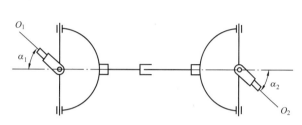

图 13-5 双万向铰链机构

切割式综合是指创新设计者为实现某一创新意图，切割、截取两种或两种以上的事物的某些部分（要素），在仍保持其各自相对独立性的条件下，组合成为新的一体的创新设计模式。

切割式综合又分为两种情况。第一种是部分性的事物与整体性的事物相结合；第二种是部分性的事物与部分性的事物相组合。例如，20 世纪 70 年代以前，空间技术的发展总是以一次性的火箭发射为基础，代价昂贵。人们迫切需要研制一种能反复使用的运载工具。1972 年，美国政府决定开发设计集火箭技术、宇航技术和飞机技术于一体的新型空间运载工具——航天飞机，经过科学家和工程师们的切割式综合，1976 年 9 月"企业号"航天飞机问世。1981 年 4 月"哥伦比亚号"航天飞机载着两名宇航员进行了太空首次试飞。1982 年 11 月，又首次将两颗通信卫星带到了同步轨道。航天飞机的创造和商业化应用，在创新设计史上写下了辉煌的一页。

2. 分离创造原理

分离创造原理是把某一创造对象进行科学的分解或离散，使主要问题从复杂现象中暴露出来，从而理清创造者的思路，便于人们抓住主要矛盾或寻求某种设计特色。分离原理的创造模式如图 13-6 所示。

图 13-6 分离创造模式

运用分离创造原理，人们获得了许多创新设计成果。如在机械领域、组合夹具、组合机床、模块化机床等的成果也都可以说是分离创造原理的应用。

由大量的创新设计实例，可以发现分离创造的基本特征是：

（1）分离能冲破事物原有形态的限制，在创造性分离中能产生新的价值；

（2）分离虽然与综合思路相反，但并不是相互排斥的两种思路，在实际创造过程中，二者往往要相辅相成。

分离创造的基本途径有结构分离创造和市场细分创造。

结构分离是对已有产品的结构进行创造性分解，并寻求创新的一种思路。在对结构进行分解之后，可以考虑能否减少或剔除某些零部件，以提高产品性能；或考虑能否进行结构重组，使重组后的产品在性能上发生新的变化。

【例 13-2】 接头 V 带的设计。

在机构传动中，人们广泛使用 V 带传动，但普通 V 带传动只适用于传动中心距不能调整的场合。为了扩大 V 带传动的适应性，人们对其进行分离创造，发明出图 13-7 所示的接头 V 带传动。它可以根据需要截取一定长度的普通 V 带，然后用专用接头连接而成为环形带，如图 13-7（a）所示；也可以是由多层胶帆布贴合，经硫化并冲切成小片，逐步搭叠后用螺栓连接而成，如图 13-7（b）所示。

市场细分创造，就是按照消费者的需要、动机及购买行为的多元性和差异性，将整体市场分为若干个子市场或细分市场，即将消费者区分为若干类似性的消费者群。机械创新设计的最终目的常常是为市场提供某种机械类商品，因此也可以根据市场细分理论进行创造性思考。

应用市场细分创造，通常以职业、年龄、性别、地域、环境、时差、经济条件等市场变量作为细分标准，然后按照形成差异的原则进行创新设计。

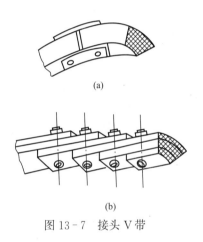

(a)

(b)

图 13-7　接头 V 带

3. 移植创造原理

"他山之石，可以攻玉"。若能吸取、借用某一领域的科学技术成果，引用或渗透到其他领域，用以变革或改进已有事物或开发新产品，就是移植创造。移植创造的原理模式可用图 13-8 表示。

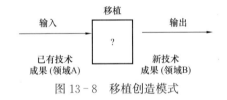

图 13-8　移植创造模式

移植创造是一种应用广泛的创新思路，通览人类的科技创新成果，可以在不少地方发现移植创造原理的应用。在机械创新设计方面，应用移植创造原理获得成功的例子也比比皆是。

例如，在设计汽车发动机的化油器时，人们移植了香水喷雾器的工作原理；有轨电车的设计，移植了滑冰鞋溜冰的运行原理；火车黑匣子的设计移植了飞机黑匣子的设计原理；组合机床、模块化机床的设计移植了积木玩具的结构方式。

移植创造具有以下基本特征：

（1）移植是借用已有技术成果进行新目的下的再创造，它使已有技术在新的应用领域得到延续和拓展；

（2）移植实质上是各种事物的技术和功能相互之间的转移和扩散；

（3）移植领域之间的差别越大，则移植创造的难度也越大，成果的创造性也越明显。

移植创造的基本途径有原理、结构、材料、综合等。

移植原理创造，是将某种科学技术原理向新的研究领域或设计课题上类推和外延，力求获得新的成果。由于原理功能具有普遍性的意义和广泛的作用，所以移植原理创造更能使思维发散。只要某种科技原理转移至新的领域时具有可行性，再辅以新的结构或新的工艺设计，就可以创造出一系列新产品。

结构是事物存在和实现功能目的的重要基础。将某种事物的结构形式或结构特征向另一事物移植，是结构创新的基本途径之一。

在创新设计中，常常需要综合运用原理、结构、材料等方面的移植。在这种移植创造过程中，首先要分析问题的关键所在，即搞清创造目的与创造手段之间的协调和适应关系，然后借助联想、类比等创新技法，找到被移植的对象，确定移植的具体形式和内容，通过设计计算和必要的试验验证，获得技术上可行的设计方案。

【例 13－3】　方形罐头自动贴商标机设计。

（1）工艺动作分析。对于这样的机器设计，先要分析在方形罐头上贴商标的动作，以针对这些动作进行运动规律设计。显然，要完成这样的工艺动作，机器至少需要具备以下四种功能：使商标纸从一叠中分离出一张的功能；在商标纸上刷上胶水的功能；罐头进入和送出贴商标位置的功能；贴上并压紧商标纸的功能。方形罐头的自动贴商标机所需的功能确定之后，就可以进一步逐个运用移植原理，以寻找实现各功能要求的解法。

（2）从一叠商标纸中取出一张纸问题的解法。对此问题，可以借鉴相同或类似的专业机械，如啤酒瓶上贴商标时的取纸方法，印刷机械中的取纸方法。图 13－9 所示为啤酒瓶上贴商标自动机的取纸方案。

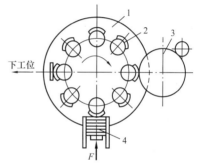

图 13－9　啤酒瓶上贴商标自动机的取纸方案
1—取纸转盘；2—带胶辊；3—刷胶辊；4—商标纸

图 13－9 中：4 为整叠的商标纸，纸的下面有一弹簧力 F 将纸托起，纸的上部由分纸夹压住（图中未画出）。当上胶取纸转盘 1 转动时，安装在上面的带胶辊 2 经刷胶辊 3 后转到商标纸上部，将最上面一张商标纸粘住而抽出一张，然后又随转盘 1 送到下一工位。

图 13－10 为印刷机械中用于分离大型纸张的原理方案。当松纸吹嘴 4 开始送气后，叠起的纸张上部松动上扬，压纸吹嘴 3 的尖端乘机插入被松纸吹嘴吹起的第一张纸的下面，并把第二张纸压住。当压纸吹嘴继续吹气使第一张全部飞起后，分纸吸嘴 2 将第一张纸吸走，送纸吸嘴 1 接住分纸吸嘴 2 的纸张并送到下一工序。

图 13－11 为小型纸张分离取送方案。置于框架中的纸张 1 用分纸针 4 压住，当橡皮辊 3 转动时，从分纸针中抽出一张纸，送到前导辊 2 中并将纸送出。

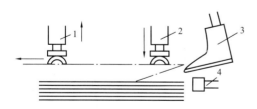

图 13－10　大型纸张分离取送方案

1—送纸吸嘴；2—分纸吸嘴；
3—压纸吹嘴；4—松纸吹嘴

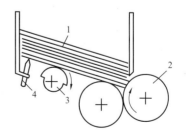

图 13－11　小型纸张分离取送方案

1—纸张；2、3—纸辊；4—分纸针

（3）罐头进入和送出贴商标位置问题。图 13－12 所示为邮票间接上胶方案。刷胶辊 2

先将胶水刷在八角鼓 4 上，然后八角鼓 4 转到邮票 3 的上方，邮票向上移而被黏取一张，经压盖 5 轻压促使胶水分布均匀，再由夹子 1 将带有胶水的邮票取走。除以上间接法外，还有一种直接上胶法，如图 13－13 所示，它由上胶带 1 带动圆柱形制品 4 在商标纸上滚动时把商标纸粘上，并在吸头 2 的协助下贴好，胶带 1 上的胶水由滚子 5 将容器 6 中的胶水涂上。

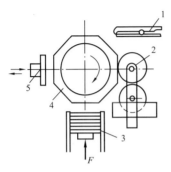
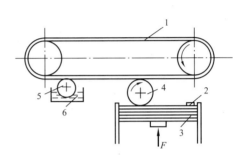

图 13－12 邮票上胶方案
1—夹子；2—胶辊；3—邮票；
4—八角鼓；5—压盖

图 13－13 直接上胶法
1—胶带；2—吸头；3—纸；4—纸辊；
5—滚子；6—容器

（4）将罐头自动送入和送出贴商标工位问题的解法。这个问题可参考各种形式的自动传送装置设计。

（5）将商标压紧在罐头上问题的解法。这个问题比较简单，采用图 13－12 所示的橡胶压盖或压刷便可解决。

（6）总体方案构思。有了上面的局部移植，就可以进行总体方案构思，这是一个综合局部解的过程。在这个过程中，要对移植来的解答进行分析以确定真正能用的方案。同时，还要从自动贴商标机的实际情况出发，将局部方案综合成一个新的技术系统，即在移植的基础上进行新的创造。

图 13－14 所示为经过移植创造后所获得的方形罐头自动贴商标机的一个原理方案。它是运用吸气泵（1 为吸气口）吸住一张商标纸并在转动时将第一张抽走（图中未画出纸针），转过 90° 后，由上胶辊 4 给商标纸上刷胶水，当转到下面工位时与送入工位的罐头 5 相遇，吹气泵（2 为吹气口）吹气将商标纸吹压在罐头上，罐头继续直线向前送进时，压刷 6 刷过商标纸将它压紧在罐头上，这样就连续不断地自动完成了贴商标的工作。

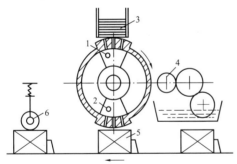

图 13－14 方形罐头自动贴商标机方案
1—吸气口；2—吹气口；3—商标纸；
4—上胶辊；5—罐头；6—压刷

4．还原创造原理

还原创造原理，是指创造者回到"创造原点"。所谓创造原点，简单地说，就是驱使人们创造的出发点。还原创造的本质是使思路回到事物的基本功能上去，因为从创造原点出发，才不会受已有事物具体形态结构的束缚，能够从最基本的原理方面去思考标新立异的方案。

还原创造的基本模式是还原换元。还原换元是指先还原后换元。还原思考时，不以现有事物的改进作为创造的起点，沿着现成技术思想的指向继续同向延伸，而是首先抛弃思维定式的影响，追本溯源，使创造起点还原到创造原点，再通过置换有关技术元素进行创造。

【例 13 - 4】 食品保鲜装置的新设计。

人们为了使食品在一定时间内保持良好的鲜度和品质，创造了各种冷冻保鲜方法及相应装置，如冰袋、电冰箱、真空冷却机、声波制冷装置等。为了创造新的食品保鲜装置，人们不断地进行探索，但常常都是在同一创造起点上搜肠刮肚地思考着同样的问题：什么物质能制冷？什么现象有冷冻作用？还有什么制冷原理？这样思考并不算错，但仅局限这种"冷冻"思维，无异于给自己套上了思维枷锁。如果运用还原创造原理求解这一问题，情况不至这样。按照还原换元原理，首先思考食品保鲜问题的原点在哪里？无论冰袋还是电冰箱，它们能够保鲜食品的根本原因在于能够有效地灭杀和抑制微生物的生长。凡具有这种功能的装置都可用来保鲜食品。这就是创新设计食品保鲜装置的创造原点。从这一创造原点出发，可以进行换元思考，即用别的办法来取代传统的冷冻方案。有人结合逆反思维的应用，想到了微波灭菌的技术方案，开发出微波保鲜装置。经过微波加热灭菌的食品，不仅能保持原有形态、味道，而且鲜度比冷冻时更好。

此外，从创造原点出发，人们还可以采用静电保鲜方法，并开发设计出电子保鲜装置。

13.3.2 主要创造技术

创造技术是创新思维和创新原理的具体应用。主要有群体集智法、系统分析法、联想法、类比法、转向创新法、组合创新法等。这里仅简单介绍一些常用技术。

1. 联想法

联想是从一个概念想到其他概念，从一个事物想到其他事物的一种心理活动或思维方式。联想思维由此及彼、由表及里、形象生动、无穷无尽。每个正常人都具有联想本能。世间万物或现象间存在着千丝万缕的联系，有联系就会有联想。联想犹如心理中介，通过事物之间的关联、比较、联系，逐步引导思维趋向广度和深度，从而产生思维突变，获得创造性联想。

（1）相似联想。相似联想是从某一思维对象想到与它具有某些相似特征的另一思维对象的联想思维。这种相似，既可能是形态上的，也可能是空间、时间、功能等意义上的。尤其是把表面差别很大，但意义上相似的事物联想起来，更有助于将创造思路从某一领域引导到另一领域。

传统的金属轧制方法如图 13 - 15（a）所示，两轧辊反向同速转动，板材一次成型。采用这种方法，由于一次压下量过大，钢板在轧制过程中极易产生裂纹。日本一技术员看到用擀面杖擀面时，即其连续渐进、逐渐擀薄的过程，由此特点产生联想，从而发明了行星轧辊，如图 13 - 15（b）所

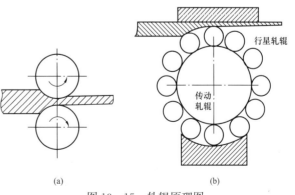

图 13 - 15 轧辊原理图
（a）轧钢机原理图；（b）行星轧辊原理图

示，使金属的延展划分为多次进行，消除了钢材裂纹现象，并取得专利。

（2）接近联想。接近联想是从某一思维对象想到与它有接近关系的思维对象上去的联想思维。这种接近关系可能是时间和空间上的，也可能是功能和用途上的，还可能是结构和形态上的等。美国发明家威斯汀豪斯一直希望寻求一种同时作用于整列火车车轮的制动装置。当他看到在挖掘隧道时，驱动风钻的压缩空气是用橡胶软管从数百米之外的空气压缩站送来的现象时，运用接近联想，脑海里立刻涌现了气动刹车的创意，从而发明了现代火车的气动刹车装置。这种装置将压缩空气沿管道迅速送到各节车厢的气缸里，通过气缸的活塞将刹车闸瓦抱紧在车轮上，从而极大提高了火车运行的安全性，至今仍被广泛采用。

（3）对比联想。客观事物之间广泛存在着对比关系，诸如冷与热、白与黑、多与少、高与低、长与短、上与下、宽与窄、凸与凹、软与硬、干与湿、远与近、前与后、动与静等。对比联想就是由事物间完全对立或存在某些差异而引起的联想。由于是从对立的、颠倒的角度去思考问题，因而具有背逆性和批判性，常会产生转变思路、出奇制胜的良好效果。

1901年的除尘器只能吹尘，而飞扬的尘土令人窒息。英国人赫伯布斯运用对比联想，吹尘不好，吸尘如何？他用捂着手绢的嘴试着吸尘土，结果成功了，继而发明出带有灰尘过滤装置的负压吸尘器。

2. 类比法

比较分析两个对象之间某些相同或相似点，从而认识事物或解决问题的方法。"他山之石，可以攻玉"就是这种方法的生动写照。类比法以比较为基础。将陌生与熟悉、未知与已知相对比，这样，由此物到彼物，由此类到彼类，可以启发思路、提供线索、触类旁通。

（1）拟人类比。拟人类比是将人设想为创造对象的某个因素，设身处地想想，从而得到有益的启示。

拟人类比将自身思维与创造对象融为一体。在人与人的关系中，设身处地地考虑问题；以物为创造对象时，则投入感情因素，将创造对象拟人化，把非生命对象生命化，体验问题，产生共鸣，从而悟出某些无法感知的因素。比如，为改善人际关系，可采用拟人类比法，设身处地体会对方的心理活动，从而提出解决问题的有效方案。比利时布鲁塞尔的某公园，为保持洁净、优美的园内环境，采用拟人类比法对垃圾桶进行改进设计，当把废弃物"喂"入垃圾桶内时，让它道声"谢谢!"，由此游人兴趣盎然，专门捡起垃圾放入桶内。

（2）直接类比。将创造对象直接与相类似的事物或现象进行比较称为直接类比。

直接类比简单、快速，可避开盲目思考。类比对象的本质特征越接近，则成功率越大。比如，由天文望远镜制成了航海、军事、观剧以及儿童望远镜，不论它们的外形及功能有何不同，其原理、结构完全一样。物理学家欧姆将电与热从流动特征考虑进行直接类比，把电势比作温度，把电流总量比作一定的热量，终于首先提出了著名的欧姆定律。

（3）象征类比。象征类比是借助事物形象和象征符号来比喻某种抽象的概念或思维感情。象征类比是直觉感知，并使问题关键显现、简化。文学作品、建筑设计多用此法。像玫瑰花喻爱情，绿色喻春天，火炬喻光明，日出喻新生等，纪念碑、纪念馆要赋予"宏伟""庄严"的象征格调，音乐厅、舞厅则要赋予"艺术""幽雅"的象征格调。

（4）因果类比。两事物间有某些共同属性，根据一事物的因果关系推出另一事物因果关系的思维方法，称为因果类比法。因果类比需要联想，要善于寻找过去已确定的因果关系，善于发现事物的本质。

广东海康药品公司通过研究发现，牛黄生成的机理是因为混进胆囊内的异物刺激胆囊分泌物增多，日积月累形成胆结石。他们联想到河蚌育珠的过程，由此作因果类比，在牛的胆囊内植入异物，果然形成胆结石——牛黄。加入发泡剂的合成树脂，其中充满微小孔洞，具有省料、轻巧、隔热、隔音等良好性能。

3. 仿生法

从自然界获得灵感，再将其应用于人造产品中的方法，称为仿生法。

自然界有形形色色的生物，漫长的进化使其具有复杂的结构和奇妙的功能。人类不断地从自然界得到启示，并将其原理应用于生活中。仿生法具有启发、诱导、拓宽创造思路之功效。运用仿生法向自然界索取启迪，令人兴趣盎然，而且涉及内容相当广泛。从鸟类想到飞机，从蝙蝠想到雷达，从锯齿状草叶想到锯子，千奇百态的生物，精妙绝伦的构造，赐予人类无穷无尽的创造思路和发明设想，永远吸引着人们去研究、模仿，从中进行新的创造。自然界不愧为发明家的老师，探索者的课堂。

（1）原理仿生。模仿生物的生理原理而创造新事物的方法称为原理仿生法。比如模仿鸟类飞翔原理的各式飞行器，按蜘蛛爬行原理设计的军用越野车等。

蝙蝠用超声波辨别物体位置的原理使人类大开眼界。经过研究发现，蝙蝠的喉内能发出十几万赫兹的超声波脉冲。这种声波发出后，遇到物体就会反射回来，产生报警回波。蝙蝠根据回波的时间确定距障碍物的距离，根据回波到达左右耳的微小时间差确定障碍物的方位。人们利用这种超声波的探测本领，测量海底地貌、探测鱼群、寻找潜艇、探测物体内部缺陷、为盲人指路等。

科学家们发现平时走路速度很慢的企鹅，在危急关头，一反常态，将其腹部紧贴在雪地上，双脚快速蹬动，在雪地上飞速前进。由此受到启发，仿效企鹅动作原理，设计了一种极地汽车，使其宽阔的底部贴在雪地上，用轮勺推动，结果汽车也能在雪地上飞速前进。

（2）结构仿生。模仿生物结构取得创新成果的方法称结构仿生法。比如，从锯齿状草叶到锯子。苍蝇和蜻蜓是复眼结构，即在每一个小六角形的单眼中，都有一小块可单独成像的角膜。在复眼前边，即使只放一个目标，但通过一块块小角膜，看到的却是许多个相同的影像。人们仿照这种结构，把许多光学小透镜排列组合起来，制成复眼透镜照相机，一次就可拍出许多张相同的影像。

（3）外形仿生。研究模仿生物外部形状的创造方法称外形仿生法。比如，从猫、虎的爪子想到在奔跑中急停的钉子鞋，从鲍鱼想到的吸盘等。

传统交通工具的滚动式结构难以穿越沙漠。苏联科学家仿袋鼠行走方式，发明了跳跃运行的汽车，从而解决了用于沙漠运输的运载工具。

（4）信息仿生。通过研究、模拟生物的感觉（包括视觉、嗅觉、听觉、触觉等）、语言、智能等信息及其存储、提取、传输等方面的机理，构思和研制出了新的信息系统的仿生方法称信息仿生法。

人们根据蛙眼的视觉原理，制成了"电子蛙眼"。这种电子蛙眼由电子元器件制成，可准确识别形状一定的物体，在雷达系统里可提高雷达的抗干扰能力，有效地识别目标；

在机场可监视飞机的起落；可根据导弹的飞行特性识别其真伪；在人造卫星发射系统内，可对信息进行识别抽取，既可减少信息发送量，又可削弱远距离信号传输的各种干扰等。

13.4　机械系统原理方案的创新设计

机械产品作为一个系统，其构成要素可以是构件、机构，或者是机构子系统，各组成部分是相互协调、相互适应的，共同完成用户对产品提出的总功能要求。因此机械系统除了具有整体性、目的性、相关性、层次性和适应性等一般系统具有的特性外，同时还具有能量流、物料流和信息流变化的特殊性。原理方案的创新设计作为产品设计的一个重要阶段，目的是对产品的主要功能提出原理性构思，探索解决问题的物理效应，寻求工作原理，求出实现功能的原理性方案，并由机械运动简图、液压图、电路图等规定的广义机构符号来表示构思的内容。

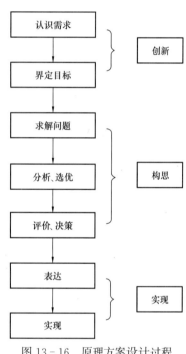

图 13 - 16　原理方案设计过程

原理方案设计又称概念设计，是设计者在创造性原理指导下，进行创造性思维的一种创造活动过程，其创造成果的好坏关系到产品水平和竞争力。这一创造过程可用图 13 - 16 表示。所以原理方案设计也可归结为创新、构思、实现三个环节。

本节仅介绍用系统工程方法进行产品原理方案创新设计中的功能设计方法，并用实例说明这种方法的具体应用。

1. 功能的概念

功能一词是 1947 年美国电气工程师麦尔斯在它的《价值工程》一书中首先提出来的概念。他认为，顾客购买的不是产品本身，而是产品所具有的功能。

功能是产品或技术系统特定工作能力的抽象化描述，它与"性能""用途""能力"等概念既有区别又有联系。例如，钢笔的用途是写字，而它的功能是"存送墨水"；电动机的功用是做原动机，用途是驱使电扇、机床等工作装置，性能是它的效率、耐用性等指标，能力是功率、转速等参数表现，而它的功能是"将电能转化为机械能"。

功能的描述是用准确、简洁、合理的语言文字进行描述的，同样的动作或行为要求可以有不同的功能描述，进而会有不同的功能原理解法。例如，取核桃仁这一功能动作，可以用"砸壳"描述功能，其原理解法可用砸、夹、压、冲等；也可以用"压壳"描述功能，其原理既可用砸、夹、压、冲外部加压方法，也可用内加压、整体加压、内压破壳等内部加压方法；还可用"壳仁分离"描述功能，其解法原理可以用前两种功能描述的原理解法，也可用化学方法溶壳取仁。

2. 功能类型

不同的功能类型，对应的求解思路不同，得到的解法原理也不同。为研究问题方便，对现有的机械产品的动作或行为按如下功能分类。

简单动作功能，如拉链的连接功能，其特点是构件少，实现动作的构思巧妙。复杂动作功能是机械产品具有多个动作行为，并且往往有动作协调和配合关系，可以根据机构学的知识解决这类问题；工艺类功能是指机械产品的工作头要对工作对象进行加工的这类机械产品的功能，其特点是必须具有工作头形状、运动方式与作用场组成完整的物场体系；关键技术功能是指产品由于特殊的工作条件和使用要求的约束，用已有或常规技术达不到，而必须在材料或制造工艺或设计方面进行特殊变换的技术；综合技术功能就是引入多种物理效率来代替纯机械功能，以便实现更好的动作或工艺功能。

3. 功能原理设计步骤

功能原理设计就是针对某一确定的功能目标，寻求一些物理效应并借助某些作用原理来求得一些实现该功能目标的解法原理。其工作步骤是利用黑箱法提取总功能，通过创造性思维设计工艺动作方案，并利用功能树的方法对总功能进行功能分解，利用创造性技法求解每个分功能，通过形态学矩阵求出系统原理解，对每个原理方案按收敛方式进行综合评价，从而选出满意的原理方案。这一过程可用图 13-17 表示。

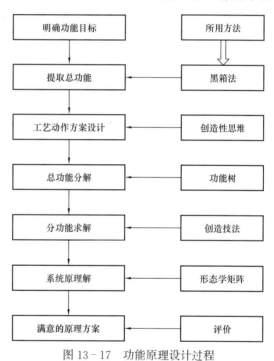

图 13-17　功能原理设计过程

4. 原理方案设计过程

我们用"手动剃须刀原理方案设计"这个实例来说明设计过程。

（1）明确功能目标。便携式手动微型剃须刀，要求体积小、使用方便、价格低。

（2）提取总功能。如图 13-18 所示，分析输入、输出关系，可以看出目标是将胡须从皮肤上去除并能将胡须保存起来。所以总功能为：须肤分离。

图 13-18　提取总功能

（3）工艺动作方案分析、设计。联想到切削工件是将切削与坯件分离过程，显然皮肤更需要很好保护。机械式去须可用拔须、剪须、剃须原理。剃须又可采用移动刀具或回转刀

图 13 - 19　功能分解

具，为了提高去须效果，保护皮肤，刀具运动要均匀，刀头外形要光滑。剃下来的胡须必须有容器盛装。

（4）功能分解，如图 13 - 19 所示。

（5）分功能求解。分功能求解应以发散的思维方式，利用创造原理和技法进行构思，并以二维表格这种形态学矩阵形式写出各功能，见表 13 - 1。

表 13 - 1　　　　　　　　　　　　　　手动剃须刀形态学矩阵

分功能名 \ 分功能解	1	2	3
A	手动	往复移动	往复摆动
B1	往复移动→连续回转	齿条齿轮	滑块曲柄
B2	往复摆动→连续回转	扇形齿轮	摇杆曲柄
C	升速	定轴轮系	周转轮系
D	运动调节	离心调速	飞轮调速
E	贮须	盒子	袋子

显然，方案总数为 $2 \times 2 \times 2 \times 3 \times 2 \times 2 = 2 \times 48$，即手动往复移动和手动往复摆动各 48 种方案。

（6）原理方案确定。对每一种方案在确定的评价指标体系下，经过综合评价，确定出最佳方案，并绘制出原理方案草图。本例评价齿轮/齿条往复移动、一组定轴轮系带动飞轮和盒式贮须的组合方式。其原理方案如图 13 - 20 所示。

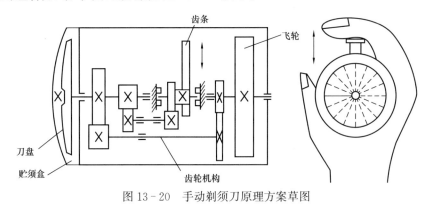

图 13 - 20　手动剃须刀原理方案草图

13.5　机构的创新设计方法

机械系统功能原理方案能否实现，机构的设计是关键。机构的设计包括了机构的类型选择设计（选型）和机构的构型设计。由于设计者在求解分功能时所选的机构类型往往不能完全实现预期的功能要求或者是结构过于复杂，或者运动精度不够，或者动力性能欠佳，为追求新颖和性能优良特性，可用创新的方法进行构型设计。机构的创新方法很多，但基本思路是：选定初步机构，再通过变异、组合、再生等方法进行突破，从而得到新的机构。

1. 运动副的变异法

运动副的变异包括了高副与低副之间的互换（如高副低代、低副高代）、运动副尺寸和运动副类型的变换。

如图 13-21（a）所示为凸轮高副机构，低副代换后如图 13-21（b）所示。代换前后的运动特性虽然没有变化，但低副的耐磨性高于高副，且易于加工。

当然也可以进行低副高代方式，如缝纫机的送布机构就是全铰链五杆机构演变而来的。如图 13-22（a）为五杆低副机构，图 13-22（b）为低副高代后情况，这样构件 2 可作近似矩形运动。

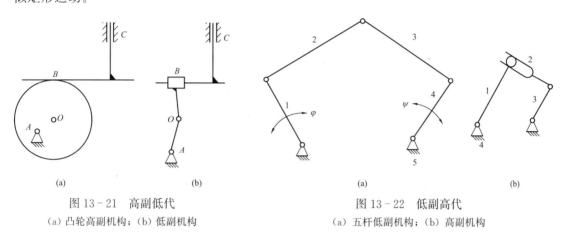

图 13-21　高副低代
（a）凸轮高副机构；（b）低副机构

图 13-22　低副高代
（a）五杆低副机构；（b）高副机构

对于运动副尺寸变化和类型变换的例子在连杆机构一章学过：铰链四杆机构图 13-23（a）可以变化成图 13-23（b）的曲柄滑块机构和图 13-23（c）滚滑副机构等。

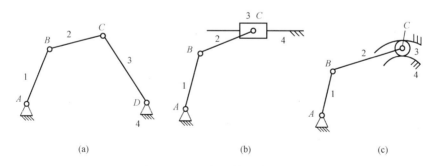

图 13-23　四杆机构运动副变化
（a）铰链四杆机构；（b）曲柄滑块机构；（c）滚滑副机构

2. 尺寸变异法

机构构件尺寸改变，如铰链四杆机构构件相对尺寸变异，就会变成曲柄摇杆机构。双曲柄机构和双摇杆机构，它们的运动特性是不同的，已在前面连杆机构一章中讲过。

3. 机构的组合与叠加法

工程实际中，常常会出现采用几种基本机构不能满足工作要求的情况。例如，要实现大的传动比；实现大的行程而机构尺寸又受到一定的限制；要求实现很大的力的机械效益；低副机构要求实现长时间的停歇；实现某些特殊的运动规律、动力学特性以及轨迹和刚体位置的要求等。还常常会遇到空间布置、尺寸、质量、传动距离及运动平面等诸多条件的要求。这就要求设计者能够根据实际需要在基本机构的基础上创造新的机构。其中一种常用的有效方法就是机构的组合。

　　机构的组合，就是利用两种或两种以上的基本机构，按一定方式连接，通过结构上的组合达到运动的组合，扩大或改变了原基本机构的性能，重新形成一种新的机构。组合后的机构，可称为组合机构或多构件机构。它可以是同一类机构的组合（如多杆机构、轮系等），也可以是不同种类机构的组合（如连杆-齿轮机构、连杆-凸轮机构、齿轮-凸轮机构等）。下面简要介绍机构组合的基本原理和方式。

　　按照基本机构组成方式不同，常见的组合机构有以下几种。

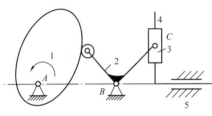

图 13‐24　串联式凸轮连杆机构

　　（1）由两个或两个以上基本机构串联而成的组合机构。这种组合机构中前一种基本机构的从动件输出，就是后一种基本机构主动件的输入。如图 13‐24 所示，构件 1、2、5 组成凸轮机构，而后一种基本机构为连杆机构，由构件 2、3、4、5 组成；构件 2 是凸轮机构的从动件，也是连杆机构的主动件。

　　采用基本机构的串联，机构比较容易构造，但它往往不能避开原基本机构所固有的局限性，尤其是当串联基本机构比较多时，构件的数目增多，会失掉应用的价值。

　　关于这种组合机构的分析和综合，基本是利用前面各章节中有关基本机构的分析和综合的方法一个个地解决，一般不会遇到太大的困难。

　　（2）由一个基本的机构或两个串联的机构去封闭一个具有两个自由度的基本机构所组成的组合机构。如图 13‐25 所示的齿轮-连杆组合机构，就是由一个自由度的四连杆机构（由 1、2、3、4 构件组成）去封闭一差动轮系机构（由 2、3、4、5 构件组成）。

　　（3）由两个单自由度的基本机构并联而成的组合机构。如图 13‐26 所示的联动凸轮机构。在自动机和自动机床中，为了实现在平面上的任意轨迹，经常采用联动凸轮机构。图中 A、B 是两个单自由度的凸轮机构，将其凸轮机构的从动件用十字导杆机构并联起来。

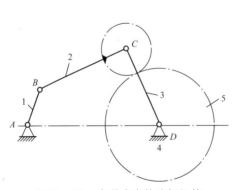

图 13‐25　串联式齿轮连杆机构

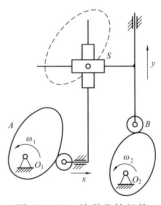

图 13‐26　并联凸轮机构

它不像串联组合机构是"首""尾"相连,而将它们的"尾"连接起来,得到了一种"新"的组合,从而适应生产上对运动的需要。设计这种机构时,一般根据工程上所需的轨迹 $y=f(x)$,分别算出 $x=f(\varphi_1)$ 和 $y=f(\varphi_2)$,而凸轮轮廓的设计就按照前面所讲的方法。

简单的齿轮、连杆、凸轮机构在实际生产中难以满足对执行机构的运动规律和动力特性的高要求,往往要将两种或多种简单的机构组合起来,目的是充分利用各简单机构的优点,创造出满足需求的新型机构。图 13-27(a)所示为钢锭热锯机构,它有双曲柄机构和曲柄滑块机构串联而成,曲柄滑块机构的输入曲柄也是双曲柄机构的输出曲柄。该机构能使滑块(锯条)在工作行程时作近似等速运动,回程是急回特性系数大,且效率高。

如图 13-27(b)所示为送布机构,其中 1、2、3、4、5 为二自由度输出连杆机构,凸轮 3 与构件 5,凸轮 6 与构件 2 分别为两个单自由度输入机构,称为并联组合。

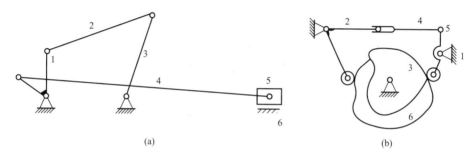

图 13-27 机构的组合

(a)钢锭热锯机构;(b)送布机构

图 13-28 为全液压挖掘机的工作装置机构简图,它通过三个油缸分别或协调动作完成挖掘、提升和卸载动作。这种把后一个基本机构叠联在前一个基本机构之上的组合方式称叠加。

4. 再生运动链法

再生运动链法的基本思路是:将一个具体机构,通过释放原动件、机构,将机构运动简图抽象为一般运动链,然后按机构所需的功能所赋予的约束条件,演化出许多再生运动链和相应的新机构。

该创新方法的主要步骤可用图 13-29 表示。下面越野摩托车尾部悬挂装置的设计为例说明再生运动链法的应用。

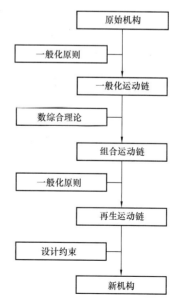

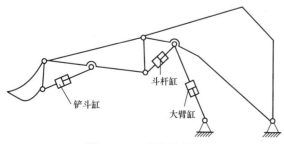

图 13-28 机构的叠加

图 13-29 再生运动链法的主要步骤

（1）初选原始机构。图 13 - 30 为越野摩托车尾挂原始装置的机构运动简图。其中，1 为机架，2 为支持臂，3 为摆动杆，4 为浮动杆，5、6 分别为吸振器的活塞与气缸。

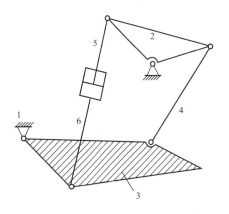

图 13 - 30　摩托车尾挂机构运动简图
1—机架；2—支持臂；3—摆动杆；
4—浮动杆；5—吸振器的活塞；6—吸振器的气缸

（2）一般化运动链。这一过程就是将原来机构，通过一般化原则，变为只有连杆和转动副的运动链，其抽象原则是：

1）将非转动副转化为转动副；

2）将非连杆形状的构件转化为构件；

3）将非刚性构件转化为刚性构件，并使构件与运动副的连接保持不变；

4）解除固定构件约束，使机构变为运动链；

5）机构的自由度应保持不变。

图 13 - 31 为该机构的一般运动链。图 13 - 32 为本例具有 6 杆、7 杆运动副的一般化运动链。

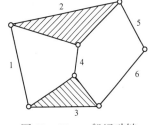

图 13 - 31　一般运动链

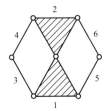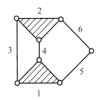

图 13 - 32　具有 6 杆、7 杆运动副的一般化运动链

（3）设计约束。本例设计约束为：

1）必须有一固定杆作为机架；

2）必须有一安装后轮的摆杆；

3）必须有吸振器；

4）固定杆、摆杆、吸振器必须是不同的构件。

（4）具有固定杆的特殊运动链。设 Gr 表示固定杆，Sw 表示摆杆，Ss 表示吸振器。在设计约束限定下，可得 10 种类型的特殊运动链，如图 13 - 33 所示。

（5）新机构的确定。对本例，如果没有其他实际约束，图 13 - 33 中的 10 种类型均是可行的。但实际问题中，约束是多变的。例如，再增加一个约束条件：摆杆与固定杆相连，则可行的设计方案在图 13 - 33 中只有（a）～（f）这六种。对应的机构如图 13 - 34 所示。当然，它仅解决机构的型、数综合，实际中还应考虑尺度综合。

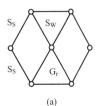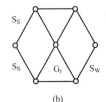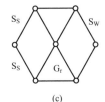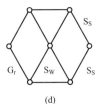

（a）　　　　　　　　（b）　　　　　　　　（c）　　　　　　　　（d）

图 13 - 33　10 种类型的特殊运动链（一）

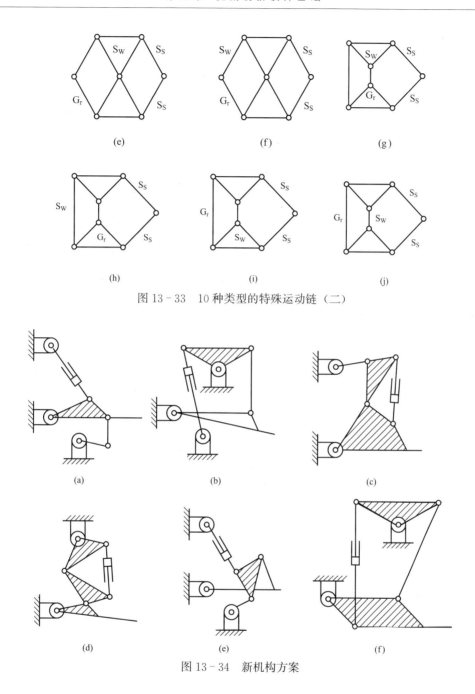

图 13-33　10 种类型的特殊运动链（二）

图 13-34　新机构方案

13.6　机械创新设计实例

一、实例 1：飞剪机剪切机构的运动设计

1. 飞剪机的功能和设计要求

（1）功能。能够横向剪切运行中的轧件的剪切机。飞剪机安置在连续轧制线上。

（2）设计要求。

1）剪刃在剪切轧件时要随着轧件一起运动，剪刃在轧件运行方向的瞬时分速度与轧件运行速度相等或大于轧件运行速度（不超过3%）。如果小于轧件运行速度，会使轧件弯曲，甚至产生轧件缠刀事故。反之，刀刃在轧件运行方向的瞬时速度比轧件运行速度大很多，会产生大的拉应力，影响轧件的剪切质量、增加飞剪机的冲击载荷。

2）为保证剪切质量和节省能量，剪刃最好作平动，即剪刃垂直于轧件表面。

3）剪刃不得阻碍轧件的连续运动。

2. 飞剪机剪切机构的选型

生产中使用的飞剪机剪切机构的类型很多，有圆盘式、滚筒式、曲柄杠杆式、摆动式等，它们的结构特点、运动特性、适用范围各不相同。就剪切机构而言，可以是一个基本机构，也可以是组合机构。下面介绍几种飞剪机剪切机构的形式及其运动特点，可以根据不同情况，在机构选型时进行分析比较、评价选优。

（1）四连杆式剪切机构。图13-35所示为四连杆式剪切机构。上剪刃与曲柄1固接，下剪刃与摇杆2固接。剪切时上剪刃随主动件曲柄1做整周转动，下剪刃随从动件摇杆2做往复摆动。该方案结构简单，剪切速度高，但由于在剪切过程中，剪刃间隙变化，剪切质量不好，且下剪刃空行程时将阻碍轧件运动。

（2）双四杆剪切机构。如图13-36所示，该方案由两套完全对称的铰链四杆机构组成，曲柄1与1′同步运动。上下剪刃分别与连杆2和2′固接。如果曲柄1、1′与摇杆3、3′的长度设计得相差不大，剪刃则能近似地作平动，故剪刃在剪切时刀刃垂直于轧件，使剪切断面较为平直，剪切时刀刃的垂叠也容易保证。该方案的缺点是结构较复杂，机构运动质量较大，动力特性不够好，故刀刃的运动速度不宜太快。

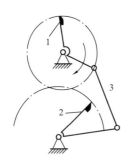

图13-35　四连杆式剪切机构
1—曲柄；2—摇杆；3—连杆

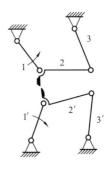

图13-36　双四杆剪切机构
1、1′—曲柄；2、2′——连杆；3、3′—摇杆

（3）摆式剪切机构。图13-37所示的剪切机构为六杆机构，构件1为主动件，通过连杆2和导杆4及摆杆5使滑块3既相对于导杆移动，又随导杆一起摆动。上下剪刃分别装在滑块3与导杆4上。该机构可始终保持相同的剪刃间隙，故剪切断面质量较好。如果将摆杆5制成弹簧杆，可保证剪切时剪刃随轧件一起运动，剪切终了靠弹簧力返回原始位置。该剪切机构能够剪切断面较大的钢坯。

（4）杠杆摆动式剪切机构。如图13-38所示，构件1为主动件，作往复移动，上下剪刃分别安装在构件3和构件4上。当主动件运动时，通过连杆2带动摆杆5往复摆动。由于构件2、5与滑块3铰接，使其沿构件滑动且带动构件往复摆动。该机构无剪刃间隙变化，但由于主动件作往复移动，使剪刃的轨迹为非圆周的复杂运动轨迹。另外，由于往复运动的惯性，限制了剪切速度，一般用于速度较低的场合。

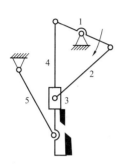

图13-37　摆式剪切机构

1—主动件；2—连杆；3—滑块；

4—导杆；5—摆杆

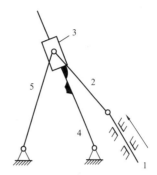

图13-38　杠杆摆动式剪切机构

1—主动件；2—连杆；3—滑块；

4—导杆；5—摆杆

（5）偏心轴式摆动剪切机构。如图13-39所示，偏心轴1为主动件，上、下剪刃分别安装在构件3和构件2上，偏心轴转动时，上、下剪刃靠拢进行剪切，该剪切机构主要用于剪切钢坯的头部，剪切断面较平直。

（6）滚筒式剪切机构。如图13-40所示，上、下剪刃分别安装在滚筒1、2上。滚筒旋转时，刀片作圆周运动。当剪刃在图示位置相遇时，对轧件进行剪切。由于这种剪切机构的剪刃作简单的圆周运动，所以可剪切运动速度较高的轧件，但由于上、下剪刃之间间隙有变化，剪切断面质量较差，仅适用于剪切线材或截面尺寸较小的轧件。

图13-39　偏心轴式摆动剪切机构

1—偏心轴；2—连杆；3—从动件

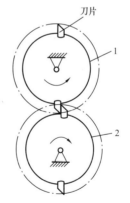

图13-40　滚筒式剪切机构

1,2—滚筒

（7）移动式剪切机构。如图13-41所示，它含有两个移动副，移动导杆1为主动件，上、下剪刃分别安装在导杆1和滑块2上。当移动导杆运动时，上剪刃2在前进过程中与下剪刃相遇将轧件剪断。该剪切机构剪刃无间隙变化，故剪切质量较好，但下剪刃由于装在移动导杆上，其运动轨迹为直线。

（8）凸轮移动式剪切机构。如图13-42所示，该机构的执行构件与方案7相同，只是主动件采用了等宽凸轮，凸轮机构的从动件则为移动导杆。与方案7比较，由于主动件为连续的回转运动，避免了往复运动的惯性，剪切速度可相对提高，但其他性能与方案 7 大致相同。

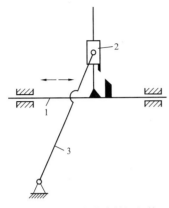

图 13-41　移动式剪切机构

1—导杆；2—滑块；3—曲柄

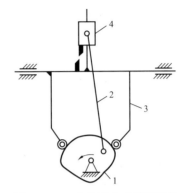

图 13-42　凸轮移动式剪切机构

1—凸轮；2—滑块；3—移动导杆；4—滑块

（9）偏心摆式剪切机构。如图 13-43 所示，偏心轴 1 为主动件，偏心 OE 通过连杆 2 与上刀台 3 相连，另一偏心 OB 与下刀台相连。偏心轴 6 由偏心轴 1 通过齿轮机构带动，其运动与主动偏心轴 1 同步。通过连杆 2、5 分别带动上下刀台 3 和 4 作相同的摆动同时又有相对移动，以完成剪切动作。为得到不同的剪切速度，还可将连杆 5 制成弹簧杆。

（10）轨迹可调摆式剪切机构。如图 13-44 所示，构件 1 为主动件，下剪刃与滑块 3 固接，上剪刀固接于导杆 4 上。构件 6 为调节构件，可以通过其位置调节剪刃的运动轨迹和剪切位置，以使飞剪在最有利的条件下工作。剪切机工作时，构件 6 不动。

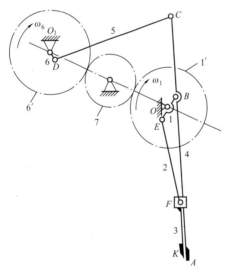

图 13-43　偏心摆式剪切机构

1、6—偏心轴；2、5—连杆；3—上刀台；

4—下刀台；1′、6′、7—齿轮

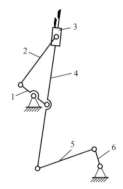

图 13-44　轨迹可调摆式剪切机构

1—主动件；2、5—连杆；3—滑块；

4—导杆；6—调节构件

（11）曲柄摇杆摆式剪切机构。如图 13-45 所示，其主机构为曲柄摇杆机构 A_0ABB_0，分别在连杆 3 和摇杆 4 上安装上刀片 5 和下刀片 6。连杆 3 和摇杆 4 两构件相对运动将钢带 7 切断。

（12）剪刀间隙可调剪切机构。图 13-46 所示为曲柄摇杆摆式剪切机构。为实现剪切不同厚度的钢板，在上刀架 2 与下刀架 3 之间设置一偏心轴 O_2O_3，其中铰链点 O_2 固接于上刀架上，O_3 固接在下刀架上。通过旋转下刀架上的调整螺栓，使偏心轴转动，以达到调整剪刃间隙的目的。当调整完毕后，O_2O_3 相对于下刀架不能运动，即与下刀架固接。

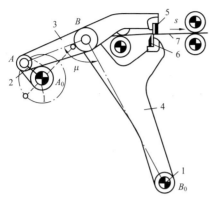 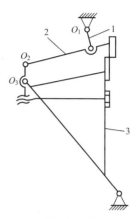

图 13-45 曲柄摇杆摆式剪切机构

1—偏心轴；2—销轴；3—连杆；4—摇杆；

5—上刀片；6—下刀片；7—料件

图 13-46 剪刃间隙可调剪切机构

1—曲柄；2—上刀架；3—下刀架

（13）具有空切装置的摆式剪切机构。图 13-47（a）为该机构的传动示意图，图（b）为机构运动简图。构件 6、5 分别为上、下刀架，下刀架 5 在上刀架 6 的滑槽中上下滑动。上刀架 6 与剪切机构的主轴 1 铰接，下刀架 5 与连杆 4 铰接，通过外偏心套 3 和内偏心套 2 装在主轴 1 上，内、外偏心套各自独立运动。只有当内、外偏心套转到最上位置，且主轴 1 上的偏心也在同一时刻转到最下位置时，上、下剪刃才能相遇来进行剪切。如果内、外偏心套和主轴 1 的转速相同，则刀架每摆动一次剪切一次。若外偏心套的转速为主轴 1 转速的 1/2 时，则刀架每摆动两次剪切一次。

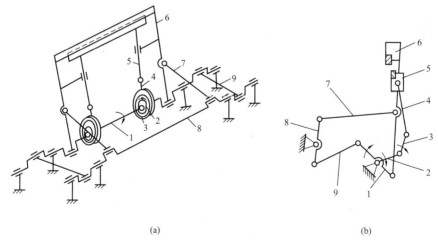

(a)　　　　　　　　　　(b)

图 13-47 具有空切装置的摆式剪切机构

（a）传动示意图；（b）机构运动简图

1—主轴；2—内偏心套；3—外偏心套；4、7、9—连杆；5—下刀架；6—上刀架；8—曲柄

3. 飞剪机剪切机构方案评价

根据机构选型的基本方法，首先考虑满足基本运动形式的要求，即切头、切尾的速度要求及开口度和重叠量的要求。对上述 13 种方案进行分析、比较，筛选出满足要求的第 2、3、9 种方案为初选方案，进一步用模糊综合评价法进行评价选优。对选中的机构进行尺度设计，具体评价选优过程可参看相关书籍。

二、实例 2：小型钢轨砂带成型打磨机设计

1. 设计背景

火车钢轨（见图 13-48）是轨道结构最重要的部件，它直接承受车辆荷载。由于长时

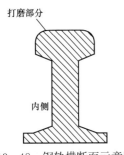

图 13-48　钢轨横断面示意图

间行车，致使轨面疲劳点蚀和磨损破坏，圆弧部分压溃为不规则形状及侧面形成毛刺等。钢轨打磨技术可以用来消除钢轨的波形磨耗、车轮擦伤、轨头裂纹、接头的马鞍形磨耗和轨道表面裂纹萌生，控制钢轨表面接触疲劳的发展。因此，钢轨打磨是铁道建设和养护的重要措施。随着高速、重载列车的开行，钢轨打磨尤为重要。

目前，线路维修用于钢轨打磨的机具主要分为两类：一是进口的大型钢轨打磨列车；二是各铁路单位自行研制的小型钢轨打磨机。二者均是以砂轮为磨具，在现场使用中，这两类打磨工具分别存在一些不足。前者价格昂贵，能耗大，砂轮耗材大等；后者的功能和应用多限于小范围离散病害点的单一性病害的修理性打磨，而且因结构局限性，不能打磨道岔，对钢轨顶面、侧面和圆弧连接部分须分次打磨，因此打磨效率低，无法打磨出较理想的标准轨头的复杂廓面。因此，设计出一种实用可靠、效率高的小型打磨机很有必要。

2. 创新构思及设计过程

（1）打磨机的设计要求。产品的性能要求来自市场及用户的需求，根据调研，铁路现场对小型打磨机性能的要求主要有：

1）安全实用、轻便，两个人能搬动；

2）能打磨道岔；

3）能较准确地打磨标准钢轨轮廓面；

4）打磨效率高，质量好，调节方便。

上述性能要求中的大部分是现有小型打磨机不具备的，也就是新型打磨机应达到的主要功能要求。

（2）设计过程。

1）总体创新构思。

在小型打磨机的总体构思中，突破了原产品的约束，提出以下三个创新点。

① 采用移植创造原理，把切削加工中的砂带磨削技术引入打磨机的设计中，变刚性打磨为柔性打磨，从而改善了磨削质量。

② 在柴油机气缸盖等复杂曲面砂带磨削装置的诱导启发下，构思出快速、准确打磨钢轨轮廓面的成型打磨头。

③ 现有小型砂轮打磨机都是单轨行驶，由于道岔宽度宽于单轨宽度，所以不能打磨道岔，为此运用变性创造原理和技法，设计出双轮行走部分，解决了打磨道岔的问题。

在上述创新构思基础上，通过功能设计法，设计出了小型砂带打磨机，其总体方案如图 13-49 所示。

该打磨机由打磨系统和行走系统两部分组成。打磨系统安装在滑板 6 上，滑板可在导轨上移动，导轨固定在带四个行走轮的减振底盘上。滑板移动至预定位置，可通过锁紧机构 8 加以固定。两个打磨头 4 经两个带滚动轴承的多片摩擦离合器 3 分别由两台汽油机 2 驱动，打磨头与钢轨相对接触位置的调节和锁定由竖直方向和轨距方向的螺旋调节机构进行。底盘轮轴上装配可调间隙的圆柱滚子轴承，使打磨机通过时其曲线具有随轨自适性。

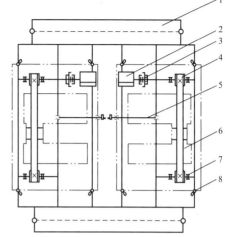

图 13-49 打磨机传动示意图
1—行走系统；2—汽油机；3—摩擦离合器；
4—打磨头；5—执行构件；6—滑板；
7—轴承；8—锁紧机构

该打磨机的执行动作为：将打磨机推至工作区间，放下接触轮，然后预调打磨头与钢轨的接触位置。根据钢轨病害诊断结果（由专门设备完成），确定分次打磨的实际切深，再细调并锁定，最后开机至一定转速，合上离合器，开始打磨。打磨机由人力推动进给，打磨效果用专门的检验设备检验。

2）打磨磨具的移植创新。

与砂轮磨削相比，砂带磨削有如下特性：

① 高效。磨削效率约为砂轮磨削 4 倍以上。

② 低耗。一般，砂轮旋转运动所消耗的能量占总功率的 15%～20%，而维持砂带运动的功率占 4%～10%，工作时，磨削热低。

③ 适用范围广。可打磨各种钢轨及进行各种复杂形面的修整。

④ 磨削质量好。表面粗糙度值可小于 Ra0.1～0.5μm，在工件表面的残余应力状态及微观裂纹等方面，优于砂轮磨削。

⑤ 寿命较高。由于涂附磨料磨具的新发展和静电植砂砂带的使用，以及抗"粘盖"添加剂的采用，砂带使用寿命可达 8～12h。

因此在打磨机功能实现上，完全可以引入砂带磨削技术，但它也有下列问题需通过进一步的试验才能解决，即砂带选型、最佳砂带打磨速度、最佳打磨进给量、最佳行走速度等。

（3）成型打磨头部件的相似诱导移植设计。

为了提高打磨效率和打磨质量，在创新构思的基础上，对成型打磨构件进行了相似诱导移植技术设计。相似诱导移植指的是，借助类似或相近结构和技术，移植相似元中的部分要素或全部要素，结合当前的具体问题，使求解该问题的有用信息幅度极大增加，以至于形成突发性灵感思维，从而解决当前问题。图 13-50 为打磨头传动示意图。图中驱动轮 1、张紧轮 2 和接触轮 3 为实体式，以钢、铝材料为轮芯，由外包弹性橡胶等耐磨材料制成，其外缘硫化一层耐磨的耐油胶料。张紧轮和接触轮采用凹型结构，如图 13-51（a）所示，形状与钢轨轮廓相似，以减少砂带在打磨过程中的变形次数，从而提高寿命；接触轮的轮廓曲线采用仿轮缘踏面曲线，如图 13-51（b）所示，X 锯齿形外缘，并在轮缘上沿圆周方向开平行的环形沟槽，即消气槽，以防止运行中砂带憋气，同时可增加摩擦力，提高磨削质量和效率。接触轮硬度在 $40\sim70\mathrm{HBS}$ 之间。

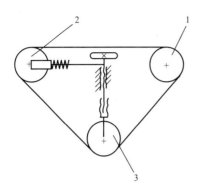

图 13-50 打磨头传动示意图

1—驱动轮；2—张紧轮；3—接触轮

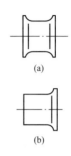

图 13-51 轮的外形轮廓图

(a) 凹形结构；(b) 仿轮缘踏面曲线

图 13-52 为砂带张紧快换机构。砂带通常在张紧状态下工作，因此在砂带由于受热等因素的影响变长后，必须进一步张紧。砂带的张紧通过改变张紧轮与驱动轮之间的中心距来实现。现采用弹簧手柄式砂带快换机构来实现砂带磨削中的张紧。机构运动原理如下（见图 13-52）：转动手柄 1，带动拉杆 3，使支架 4 在支杠 8 中左右移动。若支架带动张紧轮 6 向右压缩弹簧 2，则缩短了张紧轮和驱动轮的中心距，便于装卸砂带。反之，弹簧推动支架张紧砂带。为保证张紧可靠，在调整后用螺钉 5 将支架与支杠 8 固定。图中的 7 和 9 是用于张紧轮调偏的螺钉和螺栓，调偏采用扁轴调偏结构。

图 13-53 为磨削量进给调节机构，为竖直方向的螺旋调节机构，用以控制接触轮与钢轨的正确接触和施力。设计中采用结构简单、易于自锁、运转平稳的差动螺旋装置。图中，支架 1 上的螺纹与手轮螺杆 7 的螺纹构成一螺旋副，与接触轮 6 连接在一起的螺母 4 中的螺纹与螺杆 7 的螺纹构成另一螺旋副，两螺旋副组成差动螺旋机构。套筒 J 通过螺钉 2 与支架 1 固联为一体，螺母可在套筒 3 内移动。为使打磨接触轮工作可靠，调整结束后，用紧定螺钉 5 将螺母固定在套筒 3 上。轨距方向的螺旋调节机构（如图 13-49 中的 5）用以实现接触

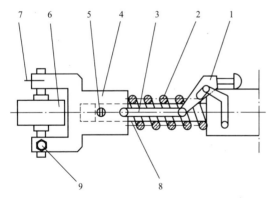

图 13-52 砂带张紧快换机构

1—手柄；2—弹簧；3—拉杆；4—支架；5—螺钉；
6—张紧轮；7—螺钉；8—支杠；9—调偏螺栓

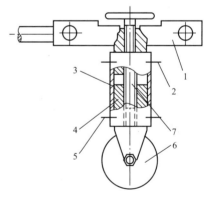

图 13-53 磨削量进给调节机构

1—支架；2—螺钉；3—套筒；4—螺母；
5—紧定螺钉；6—接触轮；7—螺杆

轮与钢轨的轨距方向的正确接触和施力，其设计也选用了差动螺旋机构。它们焊接在装有燕尾型导轨的滑板上，一端与底板支撑梁固定在一起，螺杆可通过螺纹孔旋进，图 13-53 磨削量进给调节机构能够自锁。为严格保证滑板的定位，滑板可通过四个专用的锁紧机构固定在底盘架上。

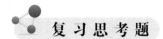

复习思考题

1. 机械传动系统方案设计的主要目的是什么？
2. 在进行机构选型时，首先要考虑的两个主要因素是什么？
3. 常见机构的组合方式有哪些？各举一例加以说明。

习　题

13-1　某作往复移动的执行构件，行程为 100mm，工作行程近似等速运动，工作行程所需时间为 5s，并有急回要求，行程速比系数 $K=1.4$。在回程结束后，有 2s 停歇。设原动机为电动机，其额定转速为 960r/min。试设计该机构系统运动方案。

13-2　某供应四种不同原材料的四工位料架，可以正、反转，每次步进（前进或后退）$90°$，该料架的转动惯量较大，每次停歇的位置应较为准确，每次转位的时间不大于 1s。试设计此机构系统的运动方案。

13-3　图 13-54 所示为洗瓶机有关部件的工作情况示意图。待洗的瓶子放在两个转动着的导辊 D 上，导轨带动瓶子 P 旋转。当推头 M 把瓶子推向前时，转动着的刷子 S 就把瓶子外面洗净；当瓶子即将洗刷完毕时，后一个瓶子送入导辊待推。试设计洗瓶机的推瓶机构〔要求推头 M 在 600mm 的工作行程中作近似匀速运动，平稳地接触和脱离瓶子，然后推头快速返回原位，行程速比系数 $K=3$（只需列举两三种设计方案）〕。

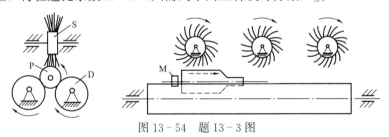

图 13-54　题 13-3 图

13-4　图 13-55 所示为齿轮-连杆组合机构。齿轮 $2'$ 与连杆 2 固接，齿轮 5 可绕铰链 A 转动。设已知杆长 l_{AB}、l_{BC} 及齿轮的齿数。

（1）若 1 为原动件，该机构为何种组合方式？并写出 ω_5 与 ω_1 之间的关系式。

（2）以 3 为原动件，该机构又为何种组合方式？并导出 ω_5 与 v_3 之间的关系式。

13-5　凸轮-连杆组合机构如图 13-56 所示。欲使连杆 C 点的轨迹（S）为图中所示，试设计此组合机构。

13-6　设需要传递两垂直交错轴间的运动，使得当

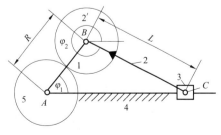

图 13-55　题 13-4 图

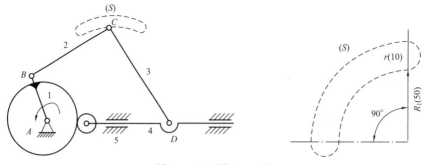

图 13-56　题 13-5 图

主动轴连续匀速转动时，从动轴做往复摆动，并且除在两摆动端点处均作匀速运动。试问：

（1）应采用何种机构来实现？

（2）画出其机构示意图。

13-7　如图 13-57 所示，有一小型工件，需要以手动快速压紧或松开，并要求工件被压紧后，在工人手脱离的情况下，不会自行松脱。试确定用什么机构实现这一要求；绘出机构在压紧工件状态时的运动简图，并说明设计该机构时的注意事项。

13-8　如图 13-58 所示，为修磨钢笔笔尖，要求夹持笔尖的主轴能绕其自身的轴线往复摆动（摆动的角度应大于 180°），同时又能沿其自身的轴线往复移动（两种运动互相独立）。试确定使该主轴实现上述运动的机构，画出其机构示意图；并对机构的功能进行必要的说明。

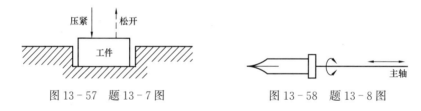

图 13-57　题 13-7 图　　　　　图 13-58　题 13-8 图

13-9　如图 13-59 所示，炼钢炉倾倒钢水时，需要由电动机驱动，使炉体缓慢转动以倒出钢水。为防止因电机故障炉体停转使钢水凝结在炉体内，要用两个电机驱动，当一个电机因故障停转后，另一电机仍可使炉体继续转动，试问用何种机构可实现这一要求？试画出其机构示意图。

13-10　如图 13-60 所示，某码头需设计一上下船用的扶梯，由于船随水位的升降要上下浮动，扶梯一端固定在码头上，另一端连接在船上，要求人能沿扶梯上水平的阶梯上下船。请提出一机构方案，并画出其机构示意图。

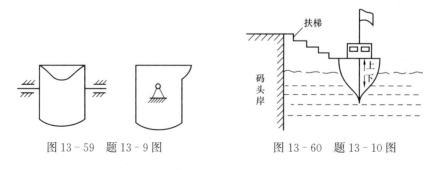

图 13-59　题 13-9 图　　　　　图 13-60　题 13-10 图

本章知识点

1. 创新思维的形成特点。
2. 激发和影响创造力的因素。
3. 创造原理有哪些?
4. 各主要创造原理的主要特点。
5. 主要创造技法的特点。
6. 机构的组合创新与重叠的区别。
7. 产品的原理方案构思的主要内容与步骤。

附录 A　习题参考答案

第 1 章

1-1

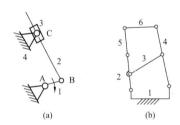

1-2

(a) $F=1$，C 处为复合铰链。

(b) $F=1$，B 处为局部自由度。

(c) $F=1$，B、D 两处为局部自由度。

(d) $F=1$，构件 HC、DG 中有一构件为虚约束，I 或 J 中有一处为虚约束，B 处为局部自由度。

(e) $F=2$。

(f) ① 当未刹车时，机构自由度为 $F=2$。

② 当闸瓦之一刹紧车轮时，机构自由度为 $F=1$。

③ 当两个闸瓦同时刹紧车轮时，机构自由度为 $F=2$。

1-3　(a) $F=0$，没有确定运动，解决方法不唯一，在构件 2 与 3 之间加一构件（杆件或滑块均可）。

　　　(b) $F=3$，没有确定运动，解决方法不唯一。

1-4　$F=1$，B、C 为复合铰链。

1-5　a) $F=1$，有确定运动，给凸轮一个原动件。

　　　b) $F=2$，无确定运动，需要再增加一个动力源。

1-6　$F=1$，J 处有局部自由度，机构级别为Ⅱ级。

1-7　1) 以构件 2 为原动件，$F=1$，Ⅱ级杆组，机构级别为Ⅱ级。

　　　2) 以构件 4 为原动件，$F=1$，Ⅱ级杆组，机构级别为Ⅱ级。

　　　3) 以构件 8 为原动件，$F=1$，有一个Ⅲ级杆组，机构级别为Ⅲ级。

1-8　$F=1$，凸轮为原动件，机构为Ⅲ级，以滑块为原动件，机构为Ⅱ级。

1-9　$F=1$，机构级别为Ⅱ级。

第 2 章

2-1　(1) 有曲柄存在；

　　　(2) 取杆 1 为机架，获得双曲柄机构，取杆 3 为机架，获得双摇杆机构；

　　　(3) $440 \leqslant d \leqslant 760\text{mm}$

2-2 （1）$\theta \approx 18.56°$，$\varphi \approx 70.56°$，$\gamma_{min} \approx 23°$

（2）双曲柄机构，C、D 还是摆转副。

2-3 $l_{AB} \approx 170$mm；$l_{BC} \approx 610$mm；$l_{AD} \approx 330$mm

2-4 $l_{AB} \approx 25$mm，$l_{BC} \approx 42$mm

2-5

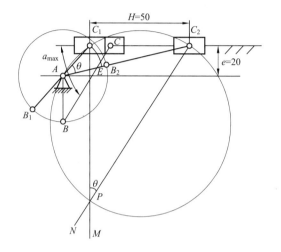 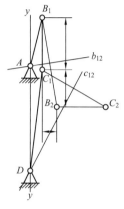

附图 A-1 题 2-4 图解 附图 A-2 题 2-5 图解

2-6 $l_{AB} \approx 49.5$mm，$l_{BC} \approx 120$mm；另一组解：$l_{AB} \approx 22.5$mm；$l_{BC} \approx 49.5$mm。

2-7 $l_{BC} \approx 300$mm；$l_{AD} \approx 265$mm；$\gamma_{min} \approx 30° < [\gamma]$。

2-8

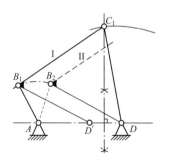 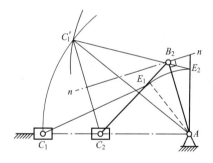

附图 A-3 题 2-8 图解 附图 A-4 题 2-13 图解

2-9 （1）双摇杆机构；（2）作图（略）；（3）不会，死点位置。

2-10 见书中例题。

2-11 $l_{AB} \approx 75$mm，$l_{BC} \approx 225$mm。

2-12 $l_{AB} \approx 11$mm；$l_{BC} \approx 42$mm；$l_{AD} \approx 31$mm。

2-13

2-14

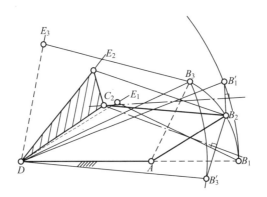

附图 A - 5 题 2 - 14 图解

2 - 15 $l_{AB} \approx 14\text{mm}$，$l_{BC} \approx 24\text{mm}$。

2 - 16 $l_{BC} \approx 33.5\text{mm}$，$l_{CD} \approx 53\text{mm}$。

第 3 章

3 - 1 1) $n_{3(\text{min})} = n_1 \cos\alpha = 1299\text{rad/min}$

      2) $\varphi_1 = 42°56'$, $222°56'$, $137°4'$, $317°4'$

      3) 当动轴 3 在最高转速时，$\varphi_1 = 0°$ 或 $180°$，此时动轴 1 叉面在 XOY 平面上；当动轴 3 在最低转速时，$\varphi_1 = 90°$ 或 $270°$，此时动轴 1 叉面垂直 XOY 平面。

3 - 2 $s_2 = 2.4\text{mm}$，$\varphi_2 = \pi/5$。

3 - 3 $h_B = 3\text{mm}$，螺旋副 B 为右旋。

第 4 章

4 - 1 (1) 这两种凸轮机构的运动规律不相同。(2) 压力角如附图 A - 6 所示。

4 - 2

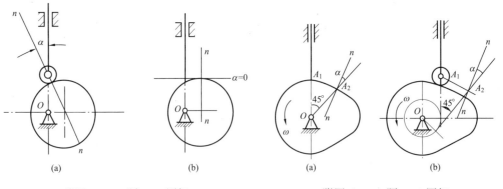

附图 A - 6 题 4 - 1 图解   附图 A - 7 题 4 - 2 图解

4 - 3

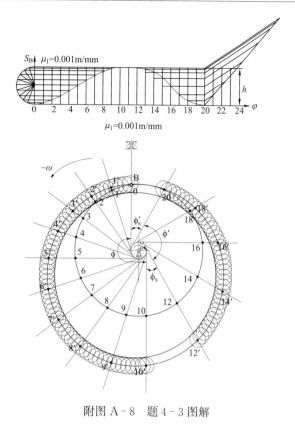

附图 A-8　题 4-3 图解

4-4　略

4-5　略

4-6　（1）理论廓线如图；（2）$r_0=25\text{mm}$；（3）$h=50\text{mm}$；（4）$\alpha_{\max}=\arcsin\dfrac{OA}{OC}=30°$；（5）有变化。

4-7

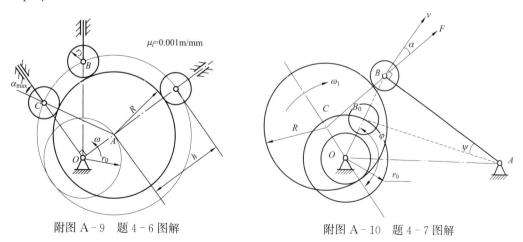

附图 A-9　题 4-6 图解　　　　　　　　附图 A-10　题 4-7 图解

4-8　（1）$v_B=\omega r_0$ 方向朝上。

（2）假设推杆与凸轮在 A 点接触时凸轮的转角为零，则推杆的运动规律为

$$s = vt = \omega r_0 \frac{\delta}{\omega} = r_0 \delta$$

（3）因导路方向与接触点的公法线重合，所以压力角 $\alpha = 0°$。

（4）有冲击，刚性冲击。

4-9　（1）顺时针；（2）略；（3）略。

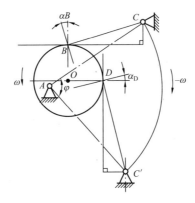

附图 A-11　题 4-10 图解

4-10

4-11　（1）$r_0 = R - OA = 80 - 30 = 50 \text{mm}$；

（2）$h = 84.85 \text{mm}$；

（3）$\alpha_{\max} = \alpha_{\min} = \beta = 45°$；

（4）$\Phi = \Phi' = 180°$；

（5）$v_{\max} = \omega \cdot AP = 1 \times 30 \times \sqrt{2} = 42.4264 \ (\text{mm/s})$。

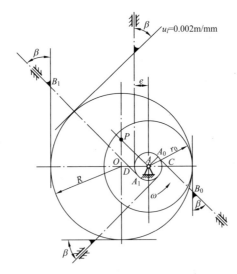

附图 A-12　题 4-11 图解

第 5 章

5-1　$\theta_K = \tan\alpha_K - \alpha_K$；$r_K = r_b / \cos\alpha_K$；$\rho_K = r_K \tan\alpha_K$

5-2　$m=5\text{mm}$，$h_a^*=1$，$c^*=0.25$

5-3　(1) $z=\dfrac{2(h_a^*+c^*)}{1-\cos\alpha}=\dfrac{2\times(1+0.25)}{1-\cos20°}=41.45$；

(2) 齿根圆大于基圆。

5-4　当实际中心距比标准中心距大时：传动比不变，齿侧间隙变大，顶隙变大，啮合角变大，重合度变小。

5-5

$$z_2=100$$
$$d_1=mz_1=400\text{mm}\qquad d_2=1000\text{mm}$$
$$d_{b1}=d_1\cos\alpha=375.88\text{mm}$$
$$d_{b2}=d_2\cos\alpha=939.69\text{mm}$$
$$d_{a1}=d_1+2h_a^*m=420\text{mm}$$
$$d_{a2}=d_2+2h_a^*m=1020\text{mm}$$
$$d_{f1}=d_1-2(h_a^*+c^*)m=375\text{mm}$$
$$d_{f2}=d_2-2(h_a^*+c^*)m=975\text{mm}$$
$$p_1=p_2=\pi m=31.416\text{mm}$$

5-6　(1) $p_b=p\cos\alpha=m\cos\alpha=14.76\text{mm}$

(2) 求实际啮合线长度 $\overline{B_1B_2}\approx23\text{mm}$

(3) 重叠系数：$\varepsilon_a=\dfrac{\overline{B_1B_2}}{p_b}=\dfrac{23}{14.76}=1.558$

5-7　略。

5-8　(1) $z_1=20$，$z_2=48$；

(2) $d_1=100\text{mm}$；$d_2=240\text{mm}$；$d_{a1}=110\text{mm}$；$d_{a2}=250\text{mm}$；$d_{b1}=93.97\text{mm}$；$d_{b2}=225.53\text{mm}$

5-9　由实际作图尺寸来判断。

5-10　$a=127.5\text{mm}$；$\alpha'\approx23°$；$a'\approx132.2\text{mm}$。

5-11　$a_{12}=68\text{mm}$；$a_{34}=67.5\text{mm}$，为保证中心距相等。

方案1：z_1，z_2 标准传动，z_3，z_4 正传动；

方案2：z_1，z_2 高变位传动，z_3，z_4 正传动；

方案3：z_3，z_4 标准传动，z_1，z_2 负传动；

方案4：z_3，z_4 高变位传动，z_1，z_2 负传动。

考虑到互换性和尽量采用正传动，方案1最好。

5-12　$x_{\min}\geqslant0.294$

5-13　(1) 标准中心距为 $a_{12}=150\text{mm}$；$a_{13}=154\text{mm}$

(2) 当 $a'=a_{13}$ 时，设计方案为轮1、3采用高度变位齿轮传动，轮1、2采用正传动。

(3) 若齿轮2采用标准齿轮，为了避免根切和凑中心距，齿轮1应采用正变位齿轮，而齿轮3应采用负变位齿轮。

5-14　(1) $\dfrac{mz_1}{2}=26$ $z_1=17.3$，所以齿轮不能用标准齿轮。

若取 $z_1=17$，则用正变位齿轮，变位量

$$x_1m=26-\frac{1}{2}\times3\times17=0.5\ （mm）\qquad x=\frac{0.5}{3}=\frac{1}{6}$$

$$d_1=mz_1=51mm$$

$$d_{a1}=d_1+2\ (h_a^*+x_1)\ m=58mm$$

$$d_{f1}=d_1-2\ (h_a^*+c^*-x_1)\ m=44.5mm$$

分度圆齿厚 $s_1=\left(\dfrac{\pi}{2}+2x_1\tan\alpha\right)m=5.076mm$

(2) $v_2=\dfrac{51}{2}\omega_1$，因齿轮分度圆与齿条节线纯滚动。

5-15　(1) $p_n=25.133mm$，$p_t=29.021mm$。

(2) $d_1=184.752mm$，$d_2=369.504mm$，$a=277.128mm$，其他略。

(3) $z_{v1}=30.792$，$z_{v2}=61.584$。

(4) $\varepsilon=1.9425$。

5-16　$\beta=\arccos\sqrt[3]{z/17}$

5-17　(1) $m_{t2}=m_{x1}=7mm$

　　　(2) $L=p_{x1}=21.99mm$

　　　(3) $d_1=qm_{x1}=63mm$

　　　(4) $a=0.5m\ (q+z_2)\ =171.5mm$

$$i_{12}=z_2/z_1=40/1=40$$

5-18（按书中表计算）。

第 6 章

6-1　$i_{15}=577.8$

6-2　$i_{41}=\dfrac{\omega_4}{\omega_1}=-\dfrac{3}{2}$

6-3　$i_{14}=\dfrac{i_{1H}}{i_{4H}}=10.5\times\ (-56)\ =-588$

6-4　(1) $i_{1H}=-39406$；

(2) $i_{1H}\approx558$。

6-5　(1) $i_{III}=2.08$；

(2) $i_{III}=3.25$。

6-6　$n_{H2}=69.47rpm$

6-7　$n_8=8rpm$，方向向右。

6-8　(1) 轮 3 刹住，$n_H=528.3rpm$；

(2) 轮 6 刹住，$n_H=867.9rpm$

6-9　$i_{14}=-9/125$

6-10　$i_{16}=9$

6-11　$i_{1H}=1000$

6-12　$n_4\approx6.29rpm$

6 - 13　$Z_2 \approx 68$

6 - 14　$n_3 \approx -154.3\text{rpm}$，转向与电机相反。

第 7 章

7 - 1　(1) $\delta = 360^\circ / z = 360^\circ / 40 = 9^\circ$;

(2) $s = l \cdot \dfrac{\delta}{2\pi} = 0.125\text{mm}$; $\alpha > \varphi = \arctan f = \arctan 0.15 = 8.53^\circ$。

7 - 2　(1) $k = \dfrac{t_d}{t} = \dfrac{1}{3}$;

(2) $\omega_1 = 0.419\text{rad/s}$;

(3) $t_d = 5\text{s}$。

7 - 3　$n = \dfrac{1}{t} \times 60 = 1.33\text{r/min}$

7 - 4　略

第 8 章

8 - 1

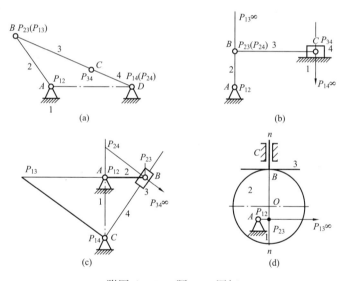

附图 A - 13　题 8 - 1 图解

8 - 2　$\omega_1 / \omega_3 = P_{36}P_{13} / P_{16}P_{13} = DK/AK$

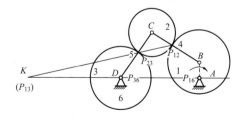

附图 A - 14　题 8 - 2 图解

8 - 3　$\omega_2 \approx 2.6\text{rad/s}$

8-4　(1) $v_C = 0.547 \text{m/s}$;

(2) $v_E = 0.189 \text{m/s}$;

(3) $\varphi_1 = 160.42°$, $\varphi_2 = 313.43°$。

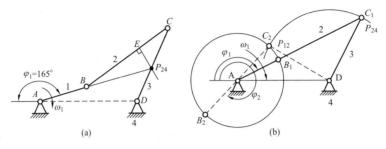

附图 A-15　题 8-4 图解

8-5

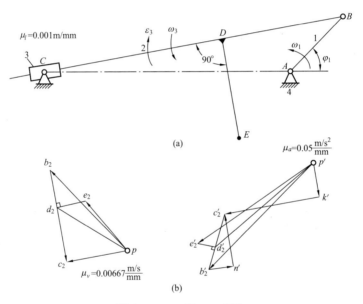

附图 A-16　题 8-5 图解

(1) $v_E = \overline{pe}\mu_v = 26 \times 0.00667 = 0.1734$ (m/s);

$v_D = \overline{pd}\mu_v = 26 \times 0.00667 = 0.1734$ (m/s)

$\omega_3 = \dfrac{v_{C2B2}}{l_{BC}} = \dfrac{37 \times 0.00667}{123 \times 0.001} = 2.015$ (rad/s)

方向如附图 A-16 (a)。

(2) $a_E = \overline{p'e'}_2 \cdot \mu_a = 56.5 \times 0.05 = 2.825$ (m/s^2)

$a_D = \overline{p'd'}_2 \cdot \mu_a = 56.5 \times 0.05 = 2.825$ (m/s^2)

$\varepsilon_3 = a^t_{C2B2}/l_{BC} = \dfrac{20 \times 0.05}{123 \times 0.001} = 8.13$ (rad/s^2)

方向如附图 A-16 (b)。

8-6　略。

8-7　$v_3 \approx 0.707\mathrm{m/s}$，$a_3 \approx 14.14\mathrm{m/s^2}$。

8-8　$v_C \approx 0.68\mathrm{m/s}$；$a_C \approx 3\mathrm{m/s^2}$。

8-9　$\omega_3 = \overline{AP_{13}} \cdot \omega_1 / \overline{DP_{13}} = v_{B3}/l_{BD}$

$$\varepsilon_3 = \frac{a_{B3}^{\mathrm{t}}}{l_{BD}}$$

8-10　（1）$v_C = v_B + v_{CB} = v_D + v_{CD}$；$v_E = v_C + v_{EC}$；

$a_C = a_B + a_{CB}^n + a_{CB}^\tau = a_D + a_{CD}^n + a_{CD}^\tau$；$a_E = a_C + a_{CE}^n + a_{CE}^\tau$

（2）略；

（3）略。

8-11

$v_{C2} = \overline{pc_2}\mu_v \approx 0.4\mathrm{m/s}$；$\omega_3 = \omega_2 = v_{C2B2}/l_{B2C2} \approx 0.62\mathrm{rad/s}$，
顺时针方向。

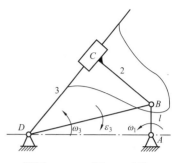

附图 A-17　题 8-9 图解

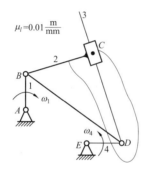

附图 A-18　题 8-11 图解

8-12

（1）选 μ_v 作图，$v_E = \overline{pe}\mu_v$

（2）$\omega_2 = \omega_3 = \overline{pb_3}\mu_v / (\overline{BD}\mu_l)$，逆时针方向。

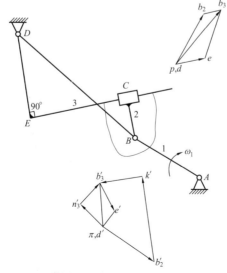

附图 A-19　题 8-12 图解

取 μ_a 作图，$a_E = \overline{\pi e}\mu_a$

$\varepsilon_3 = a_{B3}^t / l_{BD} = (\overline{n_3 b_3}\mu_a) / (\overline{BD}\mu_l)$，逆时针方向。

第 9 章

9-1　$f \approx 0.131$。

9-2　$Q \approx 1150\text{N}$；$\eta \approx 0.81$。

9-3　$\alpha \leqslant 2\phi$。

9-4　$\tan\varphi = \dfrac{P - R_{32}\cos\varphi}{Q + R_{32}\sin\varphi}$，作图略。

9-5　构件 2 为受压的二力杆，为铰链 A、B 两个摩擦圆的内公切线。

第 10 章

10-1

10-2

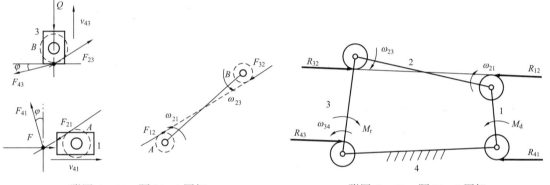

附图 A-20　题 10-1 图解　　　　　　附图 A-21　题 10-2 图解

10-3

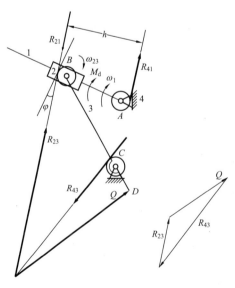

附图 A-22　题 10-3 图解

10 - 4　$M_d = R_{21} h \mu_l$

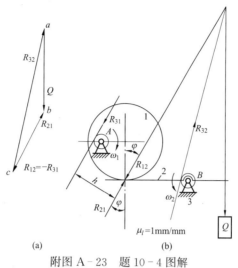

附图 A - 23　题 10 - 4 图解

第 11 章

11 - 1　$m \approx 4.25\text{kg}$，$\alpha \approx -41.18°$。

11 - 2　略。

11 - 3　略。

11 - 4　$G_A = 2.86\text{kg}$、210°。顺时针方向。

$G_B = 2.86\text{kg}$、30°。顺时针方向。

11 - 5　$m_{e1} r_{e1} = 75\text{kg} \cdot \text{m}$；$m_{e3} r_{e3} = 520\text{kg} \cdot \text{m}$。

第 12 章

12 - 1　等效力矩 25N · m；等效转动惯量：0.05kg · m²。

12 - 2　$J_e = 0.025\text{kg} \cdot \text{m}^2$；$M_r = 10\text{N} \cdot \text{m}$。

12 - 3　$\omega_s \approx 103.5\text{rad/s}$。

12 - 4　$t = 2.5 < 3$ (s)，能满足工作要求。

12 - 5　$J_F \approx 0.627 \text{ kg} \cdot \text{m}^2$。

12 - 6　$J_F \approx 3.64\text{kg} \cdot \text{m}^2$，$P = 54.71\text{kW}$。

12 - 7　(1) $n_{\max} = 623.1\text{rpm}$；$\phi_{\max} - 104.17°$；

(2) $J_F \approx 2.113\text{kg} \cdot \text{m}^2$。

12 - 8　$\delta \approx 0.071$。

12 - 9　(1) $M_r = 1062.5\text{N} \cdot \text{m}$；

(2) $\Delta W_{\max} = 5411.88$；

(3) $J_F = \dfrac{\Delta W_{\max}}{\delta \omega_m^2} - J = 9.37\text{kg} \cdot \text{m}^2$。

12 - 10　$\Delta W_{\max} = 130\text{N} \cdot \text{m}$

12 - 11　$\varepsilon_2 = \dfrac{M}{J} \approx 605.82 \text{ rad/s}^2$。

附录 B   解析法求解程序

附录 B - 1   给定连杆机构极限位置和速比系数 *K* 设计问题实例

已知：曲柄摇杆机构摇杆的长度 250mm，摇杆摆角 30°，以及行程速比系数 1.25，要求机构的最小传动角 40°。

M 文件和运算结果如下：

```
% 铰链四杆机构运动设计(调用 siganshejiK.m)
x0=[50 120 200 0.5];
k=1.25;                              % 行程速比系数
theta=pi*(k- 1)/(k+ 1);             % 极位夹角
yg=250;                              % 摇杆长度
psi=pi/6;                            % 摇杆摆角
gamin=2*pi/9;                        % 最小传动角
x=fsolve(@qbyg,x0);                  % 铰链四杆机构非线性参数方程组
function f=qbyg(x)
k=1.25;                              % 行程速比系数
theta=pi*(k- 1)/(k+ 1);             % 极位夹角
yg=250;                              % 摇杆长度
psi=pi/6;                            % 摇杆摆角
gamin=2*pi/9;                        % 最小传动角
% x(1)是曲柄长度;x(2)是连杆长度;x(3)是机架长度;x(4)是摇杆初始位置角
f1=(x(2)+x(1))^2+(x(2)-x(1))^2-2*(x(2)+x(1))*(x(2)-x(1))*cos(theta)-(2*yg*sin
(psi/4))^2;
f2=yg^2+x(3)^2-2*yg*x(3)*cos(x(4))-(x(2)-x(2))^2;
f3=yg^2+x(3)^2-2*yg*x(1)*cos(x(4)+psi)-(x(2)+x(1))^2;
f4=yg^2+x(2)^2-2*yg*x(2)*cos(gamin)-(x(2)-x(1))^2;
f=[f1;f2;f3;f4]
```

程序运行结果如下：

曲柄长度 a=62.9934mm，连杆长度 b=105.9045mm，机架长度 d=245.0702mm。

附录 B - 2   给定连架杆对应位置设计连杆机构问题实例

已知图示的铰链四杆机构中，两连架杆 AB 和 DC 沿逆时针方向转动，初始位置角 $\varphi_i=0$ 和 $\psi_i=0$，其余对应三组位置 $\varphi_1=45°$ 和 $\psi_1=52°$；$\varphi_2=90°$ 和 $\psi_2=82°$；$\varphi_3=135°$ 和 $\psi_3=112°$，机架长度 $d=50$mm。要求设计此铰链四杆机构的构件尺寸。

M 文件和运算结果如下：

```
% 实现连架杆角位移(3组)的连杆机构运动设计
% 已知条件
f0=0;p0=0;                           % 连架杆初始位置角
```

```
[f]=[45 90 135]* pi/180;              % 曲柄输入角
[p]=[52 82 112]* pi/180;              % 摇杆输出角
% 杆件相对长度参数 R1、R2 和 R3 的系数矩阵
a1=[1-cos(f(1)+f0) cos(p(1)+p0)];
a2=[1-cos(f(1)+f0) cos(p(2)+p0)];
a3=[1-cos(f(1)+f0) cos(p(3)+p0)];
a=[a1;a2;a3]
% 线性方程组右边的常数矩阵
b1=[cos(f(1)-p(2))+(f0+p0)];
b2=[cos(f(2)-p(2))+(f0+p0)];
b3=[cos(f(3)-p(2))+(f0+p0)];
b=[b1 b2 b3]
R=inv(a)* b
% 杆件长度
d=50;                                 % 机架长度(已知数据)
x(1)=d/R(3);
x(3)=d/R(2);
x(2)=sqrt(x(1)^2+x(2)^2+d^2-2* x(2)* x(3)* R(1));
```

程序运行结果如下：

曲柄长度   a=27.6293mm
连杆长度   b=57.2363mm
摇杆长度   c=41.1104mm
机架长度   d=50.0000mm

附录 B-3 已知连杆位置设计四杆机构计算实例

一铰链四杆机构，已知连杆三位置为：$(x_{M1}, y_{M1})=(10, 32)$，$\varphi_1=52°$，$(x_{M2}, y_{M2})=(36, 39)$，$\varphi_2=29°$，$(x_{M3}, y_{M3})=(45, 24)$，$\varphi_3=0°$，两固定铰链中心的位置坐标为 $A(0, 0)$，$D(63, 0)$（单位 mm），要求其余构件的长度。

M 文件和运算结果如下：

```
% zhuchengxu
xm1=10;ym1=32;phi1=52* pi/180;
xa=0;ya=0;xd=63;yd=0;

% 计算 AB 长度
x=[0;0]
x=fsolve(@linkfunB,x);% 求动坐标系中 B1 坐标
xb1=xm1+x1* cos(phi1)-x2* cos(phi1);% 求固定坐标系中 B1 横坐标
yb1=ym1+x(2)* sin(phi1)+x2* sin(phi1);% 求固定坐标系中 B1 纵坐标
xb=xb1;yb=yb1;
lab=sqrt((xb1-xa1)^2+(yb1-ya1)^2);% 计算 AB 长度

% 计算 CD 长度
```

```
x=[34;48]
x=fsolve(@linkfunC,x);% 求动坐标系中 C1 坐标
xc1=xm1+x(2)*cos(phi1)-x2*sin(phi1);% 求固定坐标系中 c1 横坐标
yc1=ym1+x(2)*sin(phi1)+x2*cos(phi1);% 求固定坐标系中 c1 纵坐标
xc=xc1;yc=yc1;
lcd=sqrt((xc1-xc)^2+(yc1-yc)^2);% 计算 CD 长度

% 计算 BC 长度

lbc=sqrt((xc1-xb)^2+(yc1-yb)^2);% 计算 BC 长度
lad=sqrt((xa-xd)^2+(ya-yd)^2);% 计算 AD 长度

% B 点坐标子程序
function f=linkfunB(x)
xm=[10;36;45];ym=[32;39;24];
phi=[52;29;0]* pi/180;
xa=0;ya=0;

% 求固定坐标系中 B 点坐标
for i=1:3
xb(i)=xm(1)+x(1)*cos(phi(i))-x2*sin(phi(i));% 求固定坐标系中 B 横坐标
yb(i)=ym(1)+x(1)* sin(phi(i))+x2*cos(phi(i));% 求固定坐标系中 B 纵坐标
end

% 固定坐标系中 B 点方程
f=[(xb(1)-xa)^2+(yb(1)-ya)^2-(xb(1)-xa)^2-(yb(2)-ya)^2;
   (xb(2)-xa)^2+(yb(2)-ya)^2-(xb(1)-xa)^2-(yb(2)-ya)^2];

% C 点坐标子程序

function f=linkfunC(x)
xm=[10;36;45];ym=[32;39;24];
phi=[52;29;0]* pi/180;
xd=63;yd=0;

% 求固定坐标系中 C 点坐标
for i=1:3
xc(i)=xm(i)+x(2)*cos(phi(i))-x2*sin(phi(i));% 求固定坐标系中 C 横坐标
yc(i)=ym(i)+x(2)*sin(phi(i))+x2*cos(phi(i));% 求固定坐标系中 C 纵坐标
end

% 固定坐标系中 C 点方程
f=[(xc(3)-xd)^2+(yc(3)-yd)^2-(xc(1)-xd)^2-(yc(1)-yd)^2;
```

```
(xc(1)- xd)^2+(yc(1)-yd)^2-(xc(2)-xd)^2-(yc(2)-yd)^2];
```

程序运行结果如下：

```
lcd=29.9406,lbc=82.4779,lad=63。
```

附录 B-4 曲柄摇杆机构的运动分析实例

已知一铰链四杆机构各构件尺寸，$L_1=300cm$，$L_2=100cm$，$L_3=254cm$，$L_4=180cm$，曲柄角速度 $w_2=250rad/s$，试分别求连杆 2 和摇杆 3 的角位移、角速度和角加速度的变化值。

曲柄摇杆机构运动分析 M 文件和运算结果如下：

首先创建函数 FoutBarPosition，函数 fsolve 通过他确定 θ_3，θ_4。

```
function t=fourbarposition(th,th2,L2,L3,L4,L1)
t=[L2*cos(th2)+L3*cos(th(1))- L4*cos(th(2))- L1;...
L2*sin(th2)+L3*sin(th(1))- L4*sin(th(2))];
```

主程序如下：

```
L1=300;L2=100;L3=254;L4=180;
th2=[0:pi/6:2]* pi;
th34=zeros(length(th2),2);
options=optimset('display','off');
for m=1:length(th2)
th34(m,:)=fsolve('fourbarposition',[1 1],...
[],th2(m),L2,L3,L4,L1);
end
y=L2*sin(t2)+L3*sin(th34(:,1)');
x=L2*cos(th)+L3*cos(th34(:,1)');
xx=[L2*cos(th12)];
yy=[L2*sin(th21)];
figure(1)
plot([x;xx],[y;yy],'k',[0 L1],[0 0],...
'k- - ^',x,y,'ko',xx,yy,'ks')
title('连杆 3 的几个位置点')
xlabel('水平方向')
ylabel('垂直方向')
axis equal
th2=[0:2/72:2]*pi;
th34=zeros(length(th1),2);
options=optimset('display','off');
for m=1:length(th2)
th34(m,:)=fsolve('fourbarposition',[1 1],...
options,th2(m),L2,L3,L4,L1);
end
figure(2)
plot(th2*180/pi,th34(1),th2*180/pi,th4(:,2))
```

```
plot(th2*180/pi,th34(:,1)*180/pi,...
th2*180/pi,th34(:,2)*180/pi)
axis([0 360 0 170])
grid
xlabel('主动件转角\theta_2(度)')
ylabel('从动件角位移(度)')
title('角位移线图')
text(120,120,'摇杆 4 角位移')
text(150,40,'连杆 3 角位移')
w2=250;
for i=1:length(th2)
A=[-L3*sin(th34(1,1)) L4*sin(th34(i,2));...
  L3*cos(th34(1,1))-L4*cos(th34(i,2))];
B=[w2*L2*sin(th2(i));-w2*L2*cos(th2(i))];
w=inv(A)*B;
w3(i)=w(1);
w4(i)=w(2);
end
figure(3)
plot(th2*180/pi,w3,th2*180/pi,w4);
axis([0 360-175 200])
text(50,160,'摇杆 4 角速度(\omega_4)')
text(220,130,'连杆 3 角速度(\omega_3)')
grid
xlabel('主动件转角\theta_2(度)')
ylabel('从动件角速度(rad\cdot s^{-1})')
title('角速度线图')
for i=1:length(th2)
C=[-L3*sin(th34(1,1)) L4*sin(th34(i,2));...
L3*cos(th34(i,1))-L4*cos(th34(i,2))];
D=[w2^2*L2*cos(th2(1))+w3(i)^2*L3*cos(th34(i11))-w4(i)^2*L4*cos(th34(i,2));...
  w2^2*L2*sin(th2(i))+w3(i)^2*L3*sin(th34(i,1))-w4(i)^2*L4*sin(th34(i,2))];
a=inv(C)*D;
a3(i)=a(1);
a4(i)=a(2);
end
figure(4)
plot(th2*180/pi,a3,th2*180/pi,a4);
axis([0 360-70000 65000])
text(50,50000,'摇杆 4 角加速度(\alpha_4)')
text(220,12000,'连杆 3 角加速度(\alpha_3)')
grid
xlabel('从动件角加速度')
```

```
ylabel('从动件角加速度(rad\cdot s^{-2})')
title('角加速度线图')
ydcs=[th2'*180/pi,th34(:,1)*180/pi,th34(:,2)*180/pi,w3',w4',a3',a4']
disp(ydcs)
```

程序运行结果如附图 B-1 所示。

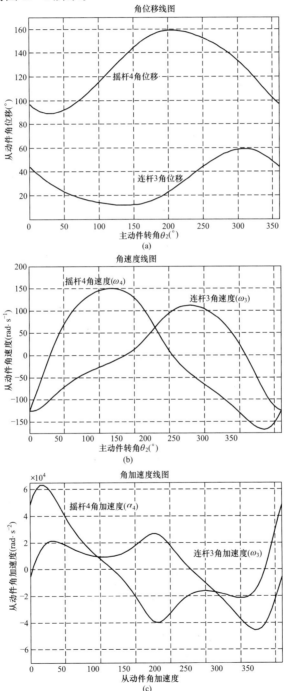

附图 B-1 曲柄摇杆机构的程序运行结果

附录 B‑5   曲柄滑块机构的运动分析实例

一偏置曲柄滑块机构。设曲柄 $l_1=50mm$，连杆 $l_2=100mm$，偏心距 $e=20mm$，曲柄转动的角速度 $w_1=2rad/s$，设 ϕ_1 的初始值为 0，则 ϕ_1 变化时，试求连杆 2 的角位移、角速度和角加速度以及滑块 3 的位移、速度和加速度的变化值。

曲柄滑块机构运动分析 M 文件和运算结果（见附图 B‑2）如下：

```
% 滑块运动程序
e=20;
l1=50;
l2=100;
w1=2;
t=(0:0.01:2*pi);
r1=w1*2;
r2=- asin([2+l1*sin(r1)]/l2);
xc=l1*cos(r1)+l2*cos(r2)
vc=l1*w1./cos(r2).*sin(r2-r1)
ac1=- l1*w1*w1*[cos(r2+r1)./cos(r2)];
ac=l1*cos(r1).*cos(r1)./[l2*cos(r2).*cos(r2).*cos(r2)]
ac=ac*l1*w1*w1
ac=- ac
ac=ac+ac1
plot(t,xc,t,vc,t,ac)
```

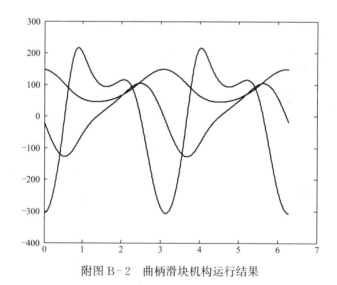

附图 B‑2   曲柄滑块机构运行结果

参 考 文 献

[1] 孙恒，陈作模，葛文杰. 机械原理. 8 版. 北京：高等教育出版社，2013.

[2] 朱如鹏. 机械原理. 北京：航空工业出版社，1998.

[3] 王知行，刘廷荣. 机械原理. 北京：高等教育出版社，2002.

[4] 申永胜. 机械原理教程. 北京：清华大学出版社，2006.

[5] 申永胜. 机械原理学习指导. 北京：清华大学出版社，2015.

[6] 张春林. 机械原理. 北京：高等教育出版社，2006.

[7] 魏兵，熊禾根. 机械原理. 武汉：华中科技大学出版社，2007.

[8] 郑文纬，吴克坚. 机械原理. 7 版. 北京：高等教育出版社，1997.

[9] 王跃进. 机械原理. 北京：北京大学出版社，2009.

[10] 华大年. 机械原理. 北京：高等教育出版社，1984.

[11] 邹慧君，傅祥志，张春林，李杞仪. 机械原理. 北京：高等教育出版社，2004.

[12] 禹营，杜戊，李贵三. 机械原理. 北京：北京大学出版社，2005.

[13] 谭学润. 机械原理. 北京：中国石化出版社，1991.

[14] 王春燕. 机械原理. 北京：机械工业出版社，2001.

[15] 罗绍新. 机械创新设计. 北京：机械工业出版社，2008.

[16] 高志. 机械创新设计. 北京：清华大学出版社，2009.

[17] 姜琪. 机械运动方案及机构设计——机械原理课程设计题例及指导. 北京：高等教育出版社，1991.

[18] 张世民. 机械原理. 北京：中央广播电视大学出版社，1993.

[19] 张春林，等. 机械创新设计. 北京：机械工业出版社，2016.

[20] 徐灏. 机械设计手册. 北京：机械工业出版社，1991.

[21] 王淑仁. 机械原理课程设计. 北京：科学出版社，2006.

[22] 邹慧君. 机械运动方案设计手册. 上海：上海交通大学出版社，1994.

[23] 邹慧君. 机械原理课程设计手册. 北京：高等教育出版社，2003.

[24] 孟宪源. 现代机构手册. 北京：机械工业出版社，1994.

[25] 朱景梓. 变位齿轮移距系数的选择. 北京：高等教育出版社，1964.

[26] 《现代机械传动手册》编辑委员会. 现代机械传动手册. 北京：机械工业出版社，1995.

[27] 周开利，邓春晖，李临生. MATLAB 基础及其应用教程. 北京：北京大学出版社，2007.

[28] 郭仁生，等. 机械工程设计分析和 MATLAB 应用. 4 版. 北京：机械工业出版社，2015.

[29] 李滨城，徐超. 机械原理 MATLAB 辅助分析. 北京：化学工业出版社，2011.

[30] 彭学锋，鲁兴举，吕鸣. 基于 SimMechanics 的两轮机器人建模与仿真. 系统仿真学报. 2010. 11.

[31] 陈长秀. 基于 MATLAB 的曲柄滑块机构设计与运动分析. 轻工科技. 2012. 01.

[32] 田亚平. 基于 MATLAB/SimMechanics 的牛头刨床机构动力学仿真. 煤矿机械，2013. 04.

[33] 薛定宇，陈阳泉. 基于 MATLAB/Simulink 的系统仿真技术与应用 [M]. 2 版. 北京：清华大学出版社，2011.

[34] 杨绿云，郭飞. 基于 SimMechanics 的六杆机构动力学仿真 [J]. 华北水利水电学院学报，2010，(4)：86 - 88.

[35] 薛定宇，陈阳泉. 基于 MATLAB/Simulink 的系统仿真技术与应用 [M]. 北京：清华大学出版社，2011

[36] 胡峰，骆德渊，雷霆，等. 基于 Simulink/SimMechanics 的三自由度并联机器人控制系统仿真 [J].

自动化与仪器仪表，2012（5）：221-223.

[37] 刘艳娜. 两足步行机器人的步态规划及 Simmechanics 建模 [D]. 杭州：杭州电子科技大学，2011.

[38] 彭学锋，鲁兴举，吕鸣. 基于 SimMechanics 的两轮机器人建模与仿真 [J]. 系统仿真学报，2010，22（11）：2643-2645.

[39] 陈修龙，齐秀丽. 机械原理同步辅导与习题解析 [M]. 北京：中国电力出版社，2013.

[40] 卜王辉，陈茂林，李梦如. MATLAB 基础与机械工程应用 [M]. 北京：科学出版社，2015.